현대기하학

박준식 지음

KM 경문사

머리말

전공서적을 읽으면서, 이해하기 힘든 부분이 나타나면, 그만 상당히 고민하게 마련인데 2, 3일 지나서 다시 생각하면 해결될 때도 있었고 그렇지 않는 경우도 있었다. 이런 점을 감안하여 이 책을 쓰면서, 저자는 가급적 쉽고 친절하게 소개하려고 노력하였다.

용어 (정의)는 수학사전 (출판사 : 이사쿠라 쇼텐)을 이용하여 우리말과 원어 (영어)로 병기하였으나, 미비한 점이 많을 걸로 여겨진다.

이 책에서 소개하는 내용들은 참고문헌들의 참고부분을 적시하고 있는데, 이 책에서는 참고문헌에서의 증명보다는 좀 더 덧붙여 상세하게 독자로 하여금 이해하기 쉽게 서술하려고 하였지만 인용문헌의 참고 부분과 동시에 읽어나가면 더 효율적이라 사료된다.

저자는 이전부터, Lie군 (연속군)과 Lie대수에 관하여 소개하고 싶은 생각을 가지고 있었으나, 저자로선 이 분야에 관심 있는 학생들에겐 이 책의 내용의 이해가 먼저인 것 같이 생각했다.

이 책의 독자들에게는, 학부 수학과 교과과정의 선형대수, 미분기하, 위상수학, 대수학 등의 학과목에 관련된 학습이 선행되어야 효율적일 것이다.

이 책은 다음과 같이 편성되어져 있다.

제1장에서는 위상군 G, 주어진 위상군 G의 부분군 H에 의한 상공간(quotient space) G/H, Lie군, Lie군의 폐(closed)Lie부분군에 의한 상공간인 등질공간, 주파이버번들, 주파이버번들에 관련된 동반파이버번들 (특히, 동반벡터번들) 등에 관하여 소개한다.

제2장에서는 주파이버번들상의 접속에 의한, 기저다양체상의 곡선을 따른 평행이동을 정의한다. 주파이버번들간의 준동형사상에 의해 정의역 (또는 변역) 주파이버번들상의 접속을 변역 (또는 정의역) 번들로의 사상 및, 호로노미번들의 구조군 (호로노미군)에 대응하는 호로노미대수는 곡률에 의해 결정됨 (호로노미정리)을 소개한다. 그리고 평탄접속의 특성 및 주파이버번들 상의 접속의 구성에 관하여 약술한다. 마지막으로, 주파이버번들 상의 주어진 접속에 의한, 기저다양체로부터 동반파이버번들 (벡터번들)로의 절단(section)의 공변미분을 정의한다.

제3장에서는 파이버번들이, 미분가능인 다양체 M상의 선형프레임번들 $L(M)$ 및 아파인프레임번들 $A(M)$일 때, $L(M)$ 및 $A(M)$에서의 접속을 각각 M의 선형접속 및 일반

아파인접속(generalized affine connection)이라 하는데, $L(M)$에서의 선형접속 및 $A(M)$에서의 일반아파인접속의 성질 및 특성에 관하여 소개한다.

제4장에서는 리만다양체 (M, g)의 선형접속 중에서, 특히 리만계량 g에 의해 결정된 M상의 프레임번들 $L(M)$에서의 접속을 (M, g)상의 리만접속이라 하는데, 리만접속에 관한 성질 및 특성 (즉, 리만기하)에 관하여 소개한다.

마지막으로 이 책이 출판되기까지, 책의 구성으로부터 탈고까지 여러모로 진지하게 많은 도움을 주신 부경대학교 표용수 교수님, 출강 및 중등임용강의 등 바쁜 와중에도 정기적 세미나의 speaker 역할을 수행하며 저에게 적절한 전공교재의 서술을 지속적으로 권유하던 김현웅 교수, 그리고 원고 타이핑에 조력한 한주완 씨에게 깊은 감사의 말씀을 드립니다. 더욱이 어려운 여건에서도 기꺼이 출판을 허락해 주신 경문사 사장님을 비롯한 임직원 여러분들의 적극적인 협조에 깊은 감사의 말씀을 올립니다.

2014년 11월

저자 박준식(朴俊植)

차 례

제1장 주파이버번들과 동반파이버번들

제2장 주파이버번들상의 접속에 의한 평행이동

제3장 선형접속과 일반아파인접속

제4장 리만접속

제1장

주파이버번들과 동반파이버번들

이 장에서는 위상군 G, 주어진 위상군 G의 부분군 H에 의한 상공간(quotient space) G/H, Lie군, Lie군의 폐(closed)Lie부분군에 의한 상공간인 등질공간, 주파이버번들, 주파이버번들에 관련된 동반파이버번들 (특히, 동반벡터번들) 등에 관하여 소개한다.

§1. 위상군(topological group)

집합 G가 군(group)이고 위상공간으로, 사상(mapping)

$$G\times G\ni(x,\ y)\mapsto xy\in G \text{ 및 } G\ni x\mapsto x^{-1}\in G$$

가 연속일 때, G를 **위상군**(topological group)이라 한다. 위상군 G의 원소 g에 대해서

$$L_g(x):=gx,\ R_g(x):=xg\quad(x\in G)$$

로 정의하면, 위상군의 정의에 의해 L_g와 R_g $(g\in G)$는 G의 위상동형사상(homeomorphism)이 된다.

위상군의 예:

(1) R^n은 덧셈이 군연산(group operation)인 위상군,

(2) $GL_n(R):=\{A\in M_n(R)\mid\det(A)\neq 0\}$ 및 $GL_n(C):=\{A\in M_n(C)\mid\det(A)\neq 0\}$ 는 행렬의 곱이 군연산인 위상군,

(3) 임의로 주어진 군(group) G상의 위상을 $2^G=:\mathfrak{I}$로 두면, $(G,\mathfrak{I}=2^G)$는 위상군이 되고, 이러한 위상군 $(G,\mathfrak{I}=2^G)$를 **이산위상군**(discrete topological group)이라 한다.

위상군 G, G의 부분집합 A와 B, 그리고 $g \in G$에 대해서

$$A^{-1} := \{a^{-1} | a \in A\},$$
$$AB := \{ab | a \in A,\ b \in B\} = \bigcup_{b \in B} R_b(A) = \bigcup_{a \in A} L_a(B),$$
$$gAg^{-1} := \{gag^{-1} | a \in A\}$$

로 두면, A가 G의 개부분집합(open subset)이면 $R_g(A)$ 및 $L_g(A)$는 G의 개부분집합이고, A 또는 B가 개부분집합이면 AB도 G의 개부분집합이고, 그리고 A가 개부분집합이면 A^{-1} 및 gAg^{-1}도 G의 개부분집합이 된다.

이제, G의 항등원 e의 모든 (개)근방들의 집합을 $\mathfrak{U}$라 하고, $g\mathfrak{U} := \{gU \mid U \in \mathfrak{U}\}$ $(g \in G)$로 두면, $g\mathfrak{U}$는 g의 근방 전체의 집합이 된다. 그리고 $\mathfrak{U}$는 다음과 같은 특성을 갖는다.

(1) $\mathfrak{U}$는 공집합이 아니고, 만약 $U \in \mathfrak{U}$이면 $e \in U$이고,
(2) $U_1,\ U_2 \in \mathfrak{U}$이면, $U_3 \subset U_1 \cap U_2$를 만족하는 U_3 $(\in \mathfrak{U})$가 존재하고,
(3) 임의로 주어진 $U \in \mathfrak{U}$에 대해 $VV^{-1} \subset U$를 만족하는 $V \in \mathfrak{U}$가 존재하고,
(4) 임의로 주어진 $U(\in \mathfrak{U})$ 및 $a(\in U)$에 대해서 $aV \subset U$를 만족하는 $V(\in \mathfrak{U})$가 존재하고,
(5) 임의로 주어진 $U(\in \mathfrak{U})$ 및 G의 원소 g에 대해, $gVg^{-1} \subset U$를 만족하는 $V(\in \mathfrak{U})$가 존재한다.

이러한 $\mathfrak{U}$의 특성들은 위상군의 정의로 부터 쉽게 증명된다.

문 1.1 G가 위상군일 때, $G \ni x \mapsto x^{-1} \in G$는 위상동형사상(homeomorphism)이다.

증명 주어진 사상을 f라 하자. 사상 f는 전단사사상이고, f의 역 사상 f^{-1}는 $f^{-1} = f$이고, 위상군의 정의에 의해 $f,\ f^{-1}$는 연속이므로 주어진 사상은 위상동형사상이다. ■

문 1.2 G는 위상공간이고 군일 때

(i) $G \times G \ni (x,\ y) \mapsto xy \in G$는 연속이고 $G \ni x \mapsto x^{-1} \in G$도 연속일 필요충분조건은
(ii) $G \times G \ni (x,\ y) \mapsto xy^{-1} \in G$는 연속이다.

증명 조건 (i)이 만족된다고 하면, 다음 두 과정의 함수들은 연속함수들이다.

$$G \times G \ni (x,\ y) \mapsto (x,\ y^{-1}) \mapsto\ xy^{-1} \in G$$

따라서 사상 $G \times G \ni (x,\ y) \mapsto xy^{-1} \in G$는 위 두 연속함수의 합성함수이므로 연속이다.

역으로, (ii)에 의해서

$$G \cong \{e\} \times G \ni (e,\ x) \equiv x \mapsto x^{-1} \in G$$

는 연속이고

$$G \times G \ni (x,\ y) \mapsto (x,\ y^{-1}) \mapsto x(y^{-1})^{-1} = xy \in G$$

도 연속이다. 즉, $G \times G \ni (x,\ y) \mapsto xy \in G$ 및 $G \ni x \mapsto x^{-1} \in G$가 연속이다. ■

위상군 G가 Hausdorff공간이면, 이때 G를 **Hausdorff군**이라 한다.

문 1.3 위상군 G가 Hausdorff군이 되어줄 필요충분조건은 $\bigcap_{U \in \mathfrak{U}} U = \{e\}$이다.

증명 $(\bigcap_{U \in \mathfrak{U}} U) \supset \{e\}$임은 명백하다. 이제, $x \in G(x \neq e)$이면, e의 근방 $U(\in \mathfrak{U})$와 x의 근방 V를 $U \cap V = \varnothing$이 되게 취할 수 있으므로

$$x \notin (\bigcap_{U \in \mathfrak{U}} U), \quad (\bigcap_{U \in \mathfrak{U}} U) = \{e\}.$$

역으로, $g,\ h \in G(g \neq h)$이면, $h^{-1}g \neq e$이므로 가정 $(\bigcap_{U \in \mathfrak{U}} U) = \{e\}$로부터 $h^{-1}g$를 포함하지 않는 $U\ (\in \mathfrak{U})$가 존재한다. 한편, e의 근방 V로 $VV^{-1} \subset U$를 만족하는 V가 존재한다. 이때, $h^{-1}g \notin VV^{-1}$이고, $hV \cap gV = \varnothing$이 된다.

왜냐하면, $hV \cap gV \neq \varnothing$이면, $x\,(\in hV \cap gV)$가 존재하고, $hv_1 = gv_2 = x$를 만족하는 $v_i \in V(i = 1,\ 2)$가 존재한다. 따라서

$$v_1 = h^{-1}gv_2, \quad v_1v_2^{-1} = h^{-1}g \in VV^{-1} \subset U$$

가 되어 모순이다. ■

§2. 부분군(subgroup)과 위상군의 상공간(quotient space)

G를 위상 $\mathfrak{I}$를 갖는 위상군, H를 군으로서 G의 부분군, $\mathfrak{I}_H := \{U \cap H \mid U \in \mathfrak{I}\}$를 H상의 상대위상이라 할 때, $(H, \mathfrak{I}_H)$도 위상군이 된다. 이러한 위상군 $(H, \mathfrak{I}_H)$를 위상군 $(G, \mathfrak{I})$의 **위상부분군**(topological subgroup) 혹은 간략히 **부분군**이라 한다. 특히, 위상부분군 H가 G의 폐집합이면, H를 G의 **폐부분군**(closed subgroup)이라 한다.

보제 2.1 G는 위상군, H는 G의 부분군일 때

(1) $\overline{H}$ (the closure of H)는 G의 부분군이고,

(2) H가 G의 정규부분군(normal subgroup)이면, $\overline{H}$도 G의 정규부분군이 되고,

(3) H가 G에서 개집합이면 H가 G의 폐부분군(closed subgroup)이다.

증명 (1) $\overline{H}$에 속하는 임의의 원 g, h에 대해서, $gh^{-1} \in \overline{H}$임을 밝히면 충분하다. 따라서 임의로 주어진 $U \in \mathfrak{U}$에 대해서 $gh^{-1}U \cap H \neq \varnothing$임을 밝히면 된다. $U \in \mathfrak{U}$이므로, $hVV^{-1}h^{-1} \subset U$를 만족하는 $V (\in \mathfrak{U})$가 존재하고 $VV^{-1}h^{-1} \subset h^{-1}U$로 된다. 한편, 그러한 $V (\in \mathfrak{U})$에 대해서 $g, h \in \overline{H}$이므로, $gV \cap H \neq \varnothing$이고 $hV \cap H \neq \varnothing$. 그러므로 $gu \in H$이고 $hv \in H$인 $u \in V$, $v \in V$가 존재한다. 더욱이, H는 군이므로

$$(gu)(hv)^{-1} = guv^{-1}h^{-1} \in H$$

이고

$$guv^{-1}h^{-1} \in gVV^{-1}h^{-1} \subset g(h^{-1}U).$$

즉

$$guv^{-1}h^{-1} \in (gh^{-1}U) \cap H \neq \varnothing, \ i.e. \ \ gh^{-1} \in \overline{H}.$$

(2) $g \in G$일 때, G의 위상동형사상

$$A_g : G \ni x \mapsto gxg^{-1} \in G$$

에 대하여 $A_g(H) = gHg^{-1}$인데, 가정에 의해 H가 정규부분군이므로

$$A_g(H) = gHg^{-1} = H$$

가 된다. A_g는 연속이므로 $A_g(\overline{H}) \subset \overline{A_g(H)}$이고, A_g는 위상동형사상이므로

$A_g(\overline{H})$는 G의 폐부분집합이 된다. 따라서

$$A_g(\overline{H}) = \overline{A_g(H)} = \overline{gHg^{-1}}.$$

더욱이, (1)에 의해 $\overline{H}$는 G의 폐부분군이고 가정에 의해 H가 G의 정규부분군이므로

$$g\overline{H}g^{-1} = \overline{gHg^{-1}} = \overline{H} \ (g \in G).$$

즉, H가 G의 정규부분군이면 $\overline{H}$도 G의 정규부분군이 된다.

(3) $G = H \cup (\bigcup_{\alpha \in A} a_\alpha H)$, 여기서

$$H \cap a_\alpha H = \varnothing \ (\alpha \in A), \quad a_\alpha H \cap a_\beta H = \varnothing \ (\alpha, \ \beta \in A, \ \alpha \neq \beta)$$

이 성립되도록 $a_\alpha (\in G)$들을 취할 수 있다. H가 G의 개부분집합이므로, $(\bigcup_{\alpha \in A} a_\alpha H)$도 G의 개부분집합이다. 따라서 H는 G의 폐부분군이다. ■

문 2.2 G를 paracompact (cf. 3장 정의 3.10) 위상군, H를 G의 폐부분군이라 할 때

$$N(H) := \{ x \in G \mid xHx^{-1} = H \}$$

는 G의 폐부분군이다.

증명 $H \subset N(H)$이고, H는 $N(H)$의 정규부분군임은 명백하다. $N(H)/H$를 H에 의한 $N(H)$의 상부분군(the quotient subgroup of $N(H)$ by H)이라 하자. 만약 $y \in \overline{N(H)}$ $(y \in G)$라 하면, G에서 y의 임의의 근방 V_y에 대해서, $V_y \cap N(H) \neq \varnothing$이므로, $V_y \cap nH \neq \varnothing$인

$$nH = \overline{n} \in (N(H)/H) \quad (n \in N(H))$$

가 존재한다. 이때, H가 G의 폐집합이므로 nH도 G의 폐집합이다. 따라서

$$y \in nH = \overline{n} \subset N(H)$$

이고 y는 $\overline{N(H)}$의 임의의 원이므로, $\overline{N(H)} \subset N(H)$가 성립된다. 그러므로 $\overline{N(H)} = N(H)$. ■

위상공간 E의 점 x와 E의 폐부분집합 $F(\not\ni x)$가 임의로 주어졌을 때, $x \in U$, $F \subset V$,

$U \cap V = \varnothing$ 인 개집합 U, V가 존재하는 위상공간 E를 **정칙공간**(regular space)이라 한다.

문 2.3 위상군 G는 정칙공간(regular topological space)이다.

증명 e를 G의 항등원, $F(\not\ni e)$를 G의 폐부분집합이라 할 때, $F^c =: U \in \mathfrak{U}$이고, $VV^{-1} \subset U$인 $V(\in \mathfrak{U})$가 존재한다. 이때, $\overline{V} \subset U$이다. 왜냐하면 $p \in \overline{V}$이면 $pV \cap V \neq \varnothing$ 이므로, $pu = v$인 $u \in V$, $v \in V$가 존재한다. $p = vu^{-1} \in VV^{-1} \subset U$이므로 $\overline{V} \subset U$. 그러므로 $F = U^c \subset (\overline{V})^c$이고 $e \in V$. 여기서, G는 등질공간(homogeneous space)이므로, G의 임의의 점 x와 임의의 폐부분집합 $F(\not\ni x)$에 대해서도 마찬가지로 성립된다. ■

위상공간 E에서 각 $\{x\}\,(x \in E)$가 E의 폐부분집합인 위상공간 E를 **T_1-공간**(T_1-space)이라 한다.

문 2.4 위상군 G가 T_1-공간일 때, G의 중심(center)

$$C := \{x \in G \mid G\text{의 모든 } y\text{에 대해서 } xy = yx\}$$

는 G의 폐부분군이다.

증명 $a \notin C$인 $a \in \overline{C}$가 존재한다고 가정하자. 이때, $xax^{-1} = b \neq a$인 $x \in G$가 존재한다. 위상군 G는 정칙공간이고 (cf. 문 2.3), 가정에 의해 G가 T_1-공간이므로 G는 T_2-공간이다. 그러므로 $a \in U$, $b \in V\,(U \cap V = \varnothing)$인 개집합 U, V가 존재한다. $W := U \cap C\,(\subset V^c)$로 두면 $a \in \overline{W}$이고 $W \subset C$이므로, G의 (위상동형사상인) 내부동형사상 A_x에 의해

$$b = xax^{-1} \in x\overline{W}x^{-1} = \overline{xWx^{-1}} = \overline{W} \subset V^c$$

로 된다. 이는 모순이다. ■

G가 위상군, H가 G의 부분군, 사영사상 $\pi : G \ni x \mapsto \pi(x) := xH \in G/H$일 때

$$\mathfrak{I} := \mathfrak{I}_{G/H} := \{O \subset G/H \mid \pi^{-1}(O)\text{가 } G\text{에서 개집합}\}$$

은 G/H상의 위상(topology)이 되고, 위상공간 $(G/H, \mathfrak{I})$를 H에 의한 G의 **상공간**(the quotient space of G by H)이라 한다. 이때, $\pi: G \to G/H$는 개사상(open mapping)이다. 왜냐하면, U가 G의 개부분집합이면, $\pi^{-1}(\pi(U)) = UH\ (\subset G)$는 G의 개부분집합이므로 $\pi(U)$는 G/H에서 개집합이다. 따라서 π는 개사상이다.

문 2.5 G가 위상군, H가 G의 부분군이라 하자. 만약 O가 G/H에서 개집합이면, $\pi(U) = O$인 G에서 개부분집합 U가 존재한다.

증명 $\pi^{-1}(O) = \{x \in G \mid \pi(x) \in O\} =: U$는 G의 개부분집합이고 $\pi(U) \subset O$이지만, π가 전사사상이므로 $\pi(U) = O$이다. ■

문 2.6 G가 위상군, H가 G의 부분군, $h,\ g \in G$, $a \in G/H$일 때

(1) 사상 φ: $G \times G/H \ni (g,\ \pi(k)) \mapsto \pi(gk) \in G/H$는 연속이다.

(2) T_g: $G/H \ni a \mapsto T_g(a) = \varphi(g,\ a) \in G/H$는 위상동형사상이고, $T_g \circ T_k = T_{gk}$.

증명 (1) O가 위상공간 G/H에서 $\varphi(g, \pi(k))(= gkH)$의 임의로 주어진 개근방일 때, 문 2.5에 의해 $\pi(U) = O$인 G의 개집합 U가 존재한다. 더욱이, $g \in U_1$, $k \in U_2$이면서, $U_1U_2 \subset U$를 만족하는 G의 개부분집합 U_1, U_2가 존재한다. 이때

$$U_1U_2H = \varphi(U_1,\ \pi(U_2)) = \pi(U_1U_2) \subset \pi(U) = O.$$

여기서, U_1은 G에서 개집합이고, π가 개사상이므로 $\pi(U_2)$도 G/H에서 개집합이다. 따라서 φ는 $(g,\ kH)(\in G \times G/H)$에서 연속이고, $(g,\ kH)$는 $(G \times G/H)$의 임의의 점이므로 $\varphi: G \times G/H \to G/H$는 연속이다.

(2) $bH \in G/H$이면

$$T_g(g^{-1}bH) = bH$$

이므로 T_g는 전사사상이다. $T_g(xH) = T_g(yH)$이면 $xH = yH$이므로 T_g는 단사사상이다. G/H상의 임의로 주어진 개부분집합 O에 대해서, $\pi(U) = O$인 G의 개부분집합 U가 존재한다 (cf. 문 2.5). 이때, $T_g^{-1}(O) = \pi(g^{-1}U)$. 왜냐하면

$$T_g(\pi(g^{-1}U)) = \varphi(g,\ \pi(g^{-1}U)) = \pi(U) = O$$

이고, π가 개사상이므로 $T_g^{-1}(O)=\pi(g^{-1}U)$는 G/H에서 개집합이 된다. 따라서 T_g는 연속이고, 마찬가지로 $(T_g)^{-1}=T_{g^{-1}}$도 연속이다.

마지막으로

$$(T_g \circ T_k)(xH)=gkxH=T_{gk}(xH)$$

이므로 $T_g \circ T_k=T_{gk}$. ■

문 2.7 G가 위상군, H가 G의 정규부분군(normal subgroup)일 때, G/H는 위상군이다.

증명 ψ: $G/H\times G/H\ni(xH,\ yH)\mapsto xy^{-1}H\in G/H$가 연속임을 밝히면 충분하다. 이제, O가 G/H에서 $xy^{-1}H$의 임의로 주어진 개근방(open neighbourhood)이라 하자. 이때, $\pi(xy^{-1}U)=O$인 $U(\in\mathfrak{U})$가 존재한다. 또한, $(xV)(yV)^{-1}\subset xy^{-1}U$를 만족하는 $V(\in\mathfrak{U})$가 존재하고, π가 개사상이므로 $\pi(xV)$, $\pi(yV)$는 G/H에서 각각 xH, yH의 개근방이 되고

$$\psi(\pi(xV),\ \pi(yV))\subset\pi(xy^{-1}U)=O.$$

따라서 ψ는 $(xH,\ yH)(\in G/H\times G/H)$에서 연속이다. 여기서, $(xH,\ yH)$는 $G/H\times G/H$의 임의의 점이므로, ψ: $G/H\times G/H\to G/H$는 연속이다. 그러므로 G/H는 위상군이다. ■

문 2.7의 위상군 G/H를 위상군 G의 정규부분군 H에 의한 **상군**(the quotient group of G by the normal subgroup H)이라 한다.

문 2.8 G가 위상군이고 H가 G의 부분군일 때, G/H가 T_2-공간일 필요충분조건은 H가 G의 폐부분군인 것이다.

증명 G/H가 T_2-공간이라 하자. 이때, $\bar{e}=\{H\}$는 G/H에서 폐집합이다. π가 연속이므로, $\pi^{-1}(\{e\})=H$는 G에서 폐집합이다.

이제, $aH,\ bH\in G/H\,(aH\neq bH)$이라 하자. 이때, $a^{-1}b\notin H=\overline{H}$이므로 $a^{-1}bU\cap H=\varnothing$인 $U(\in\mathfrak{U})$가 존재한다. 더욱이

$$(aV)^{-1}(bV)\subset a^{-1}bU$$

인 $V(\in \mathfrak{U})$가 존재한다. 명백히 $(aV)^{-1}(bV) \cap H = \varnothing$ 이 된다. 따라서

$$aVH \cap bVH = \varnothing$$

이다. 왜냐하면, $aVH \cap bVH \neq \varnothing$ 이라면

$$x = av_1h_1 = bv_2h_2$$

인 $v_1, v_2(\in V)$, $h_1, h_2(\in H)$가 존재하고

$$H \ni h_1h_2^{-1} = v_1^{-1}a^{-1}bv_2 \in (aV)^{-1}(bV) \subset a^{-1}bU$$

이므로, $a^{-1}bU \cap H = \varnothing$ 에 모순이기 때문이다. 그러므로 $\pi(aV) \cap \pi(bV) = \varnothing$.

■

§3. 위상군의 준동형사상(homomorphism)과 동형사상(isomorphism)

G_1, G_2가 위상군이고 사상 $\varphi: G_1 \to G_2$가 연속인 군준동형사상(group homomorphism)일 때, φ를 위상군 G_1, G_2간의 **준동형사상**(homomorphism)이라 한다. 위상군 간의 준동형사상 φ가 군동형사상(group isomorphism)일 때, 사상 φ를 위상군 G_1, G_2간의 **동형사상**(isomorphism)이라 한다. 한편, φ가 위상군 G_1, G_2간의 (위상)준동형사상이고 개사상(open mapping)일 때, φ를 위상군 G_1, G_2간의 **개준동형사상**(open homomorphism)이라 한다.

예 3.1 G가 위상군이고 H가 G의 정규부분군(normal subgroup)일 때

$$\pi: G \ni x \mapsto xH = \pi(x) \in G/H$$

는 두 위상군 G와 G/H 간의 개준동형사상(open homomorphism)이다.

G_1, G_2가 위상군이고 사상 $\varphi: G_1 \to G_2$가 준동형사상이면, $\ker(\varphi)$는 G_1의 정규부분군이다. 이때, G_2가 Hausdorff(T_2-)위상공간이면, $\{x\}$ $(x \in G_2)$는 G_2의 폐부분집합이므로 $\ker(\varphi)$는 위상군 G_1의 폐정규부분군(closed normal subgroup)이다.

> **정리 3.2 준동형사상정리(homomorphism theorem)** G_1, G_2가 위상군이고 $\varphi: G_1 \to G_2$가 전사인 개동형사상(surjective open isomorphism)이면, $G_1/\ker(\varphi) \cong G_2$ (위상군으로서 동형)이다.

증명 사상 f를

$$f: G_1/N \ni \overline{x} = xN \mapsto f(\overline{x}) := \varphi(x) \in G_2 \ (N := \ker(\varphi))$$

로 정의한다. 이때, $\varphi = f \circ \pi$ (π는 $\pi: G_1 \to G_1/N$인 사영사상)이다. 먼저, f가 전단사사상임을 밝힌다. $f(\overline{x}) = f(\overline{x'})$ $(x, x' \in G_1)$이면 $\varphi(x) = \varphi(x')$이므로, $\varphi(x'x^{-1}) = e_{G_2}$. 즉, $x'x^{-1} \in N = \ker(\varphi)$이므로 $\overline{x'} = \overline{x}$ (f는 단사사상). $f \circ \pi = \varphi$이고 φ가 전사사상이므로, f는 전사사상이다. f가 군 간의 동형사상임은 $N := \ker(\varphi)$가 G_1의

정규부분군이고 $\varphi = f \circ \pi$이므로 명백하다.

이제, f와 f^{-1}가 연속임을 밝히자. G_2의 임의로 주어진 개집합 O에 대해서, φ가 연속이고 $\varphi = f \circ \pi$이므로

$$(f \circ \pi)^{-1}(O) = \pi^{-1}(f^{-1}(O)) = \varphi^{-1}(O)$$

는 G_1의 개부분집합이다. 따라서 $f^{-1}(O)$는 G_1/N에서 개집합이다. 즉, f는 연속이다. $f^{-1} = g : G_2 \to G_1/N$에 대해서, G_1/N의 개부분집합 O가 임의로 주어졌다고 하자. 이때, $\pi(U) = O$인 G_1에서의 개집합 U가 존재한다 (cf. 문 2.5). φ가 개사상(open mapping)이므로

$$(f \circ \pi)(U) = \varphi(U) =: V$$

가 G_2의 개부분집합이다. 따라서

$$(f \circ \pi)(U) = f(O) = g^{-1}(O) = V$$

가 개집합이다. 즉, $g = f^{-1}$도 연속이다. ■

§4. 위상군의 연결성분 (connected component of topological group)

위상공간 $(E, \mathfrak{J})$에서, $U_1 \cup U_2 = E$이고 $U_1 \cap U_2 = \varnothing$를 만족하는 E의 개부분집합 U_1, U_2가 존재하면, $U_1 = \varnothing$ 혹은 $U_2 = \varnothing$이 되는 위상공간을 **연결위상공간**(connected topological space)이라 한다.

> **정리 4.1** G가 연결위상군일 때 $U = U^{-1}$를 만족하는 G의 개부분집합인 $U(\in \mathfrak{U})$가 존재하고, $g(\in G)$에 대해서
>
> $$g = g_1 g_2 \cdots g_k \quad (g_i \in U ; i = 1, 2, \cdots, k)$$
>
> 를 만족하는 $g_1, g_2, \ldots, g_k \in U$가 존재한다.

증명 위상군 G에서 단위원 e의 개근방 전체의 집합 $\mathfrak{U}$의 원 V를 취하고 $V \cap V^{-1} =: U$라 두면, $U^{-1} = U \in \mathfrak{U}$가 된다.

$$U^k := \{ g_1 g_2 \cdots g_k \mid g_i \in U \quad (i = 1, 2, \ldots, k)\}$$

라 두면 U^k는 G에서 개집합이다. 그러므로 $G' := \bigcup_{k=1}^{\infty} U^k$로 두면, G'는 G의 개부분집합이다. 더욱이, G'은 G의 부분군이다. 왜냐하면, $a, b \in G'$이면, $a \in U^k$이고 $b \in U^j$ (적절한 k, $j \in Z^+$). $b^{-1} \in (U^j)^{-1} = U^j$이고

$$ab^{-1} \in U^k U^j = U^{k+j} \subset G'$$

이므로, G'은 G의 부분군이다. G'은 개집합이므로, 보제 2.1 (3)에 의해 G'은 폐집합이다. G'의 정의에 의해 $G' \neq \varnothing$이고 G는 연결이므로, $G = G'$가 된다. 따라서 G의 각 원소 g에 대해서, $g \in U^k$을 만족하는 적절한 양의 정수 k가 존재한다. ■

> **정리 4.2** G가 긴밀(compact)연결위상군일 때, $G = U^k$ (U는 $U = U^{-1}$, $U(\in \mathfrak{U})$)를 만족하는 양의 정수 k가 존재한다.

증명 U가 G에서 개집합이므로, $gU(g \in G)$도 개집합이고 $\{gU\}_{g \in G}$는 G의 개피복(open covering)이 된다. G가 긴밀연결위상군이므로 $g_1, g_2, \ldots, g_n \in G$를 적절히 취하면, $(\bigcup_{i=1}^{n} g_i U) = G$가 된다. 정리 4.1에 의해 $g_i \in U^{k_i}$ $(i = 1, \ldots, n)$를 만족하는 자연수 k_i가 존재한다. 따라서 각 $g_i U \in U^{k_i} U = U^{k_i + 1}$ $(i = 1, \ldots, n)$이므로

$$k = Max_i\{k_i + 1\} \quad (i = 1, \ldots, n)$$

이라 두면, $G = U^k$가 된다. ■

> **정리 4.3** G가 위상군이고 H가 G의 부분군일 때, G/H와 H가 연결이면 G도 연결이다.

증명 $O_1 \cup O_2 = G$이고 $O_1 \cap O_2 = \varnothing$인 G의 개집합 O_1, O_2가 있다고 가정하자. 이때

$$\pi(G) = \pi(O_1 \cup O_2) = \pi(O_1) \cup \pi(O_2) = G/H$$

이다. 그리고 $\pi(O_1) \cap \pi(O_2) = \varnothing$이 된다. 왜냐하면, $\pi(O_1) \cap \pi(O_2) \neq \varnothing$라고 하면

$$g_1 H = g_2 H \ (\in \pi(O_1) \cap \pi(O_2)) \quad (g_1 \in O_1, \ g_2 \in O_2)$$

인 G/H의 원이 존재한다. 여기서, $g_1 H \cap O_1 \neq \varnothing$이고, H가 연결이므로 $g_1 H$도 연결이다. 또

$$g_1 H = (g_1 H \cap O_1) \cup (g_1 H \cap O_2)$$

이므로, $g_1 H \subset O_1$이다. 마찬가지로, $g_2 H \subset O_2$이다. 따라서

$$g_1 H = g_2 H \subset (O_1 \cap O_2) = \varnothing$$

이므로 모순이다. 한편, G/H는 연결이고 π는 개사상이므로

$$\pi(O_1) = \varnothing \ \text{ 혹은 } \ \pi(O_2) = \varnothing$$

이므로 $O_1 = \varnothing$ 혹은 $O_2 = \varnothing$이 된다. ■

위상공간 $(E, \mathfrak{I})$에서 $C(\subset E)$가 E의 연결부분집합이고 E의 연결부분집합 $D\,(\supset C)$가 존재하면, $C = D$일 때, C를 $(E, \mathfrak{I})$의 **연결성분**(connected component)이라 한다.

문 4.4 위상공간 $(E, \mathfrak{I})$의 연결성분 C는 폐부분집합이다.

증명 $\overline{C}$가 연결집합임을 밝히면 충분하다.

$$(U \cup V) \cap \overline{C} = \overline{C}\text{이고, } (U \cap \overline{C}) \cap (V \cap \overline{C}) = \varnothing$$

인 E에서 개집합 U, V가 존재한다고 하자. 이때

$$(U \cup V) \supset C\text{이고, } (U \cap C) \cap (V \cap C) = \varnothing$$

이 된다. C가 연결집합이므로, $U \cap C = \varnothing$ 혹은 $V \cap C = \varnothing$이다.

$U \cap C = \varnothing$이면, $x \in U \to x \not\in \overline{C}$이므로 $U \cap \overline{C} = \varnothing$. 마찬가지로, $V \cap C = \varnothing$이면, $V \cap \overline{C} = \varnothing$. ■

$(E, \mathfrak{I})$가 위상공간이고, x가 E에서 임의로 주어진 점이고, V가 점 x의 임의로 주어진 근방일 때, $x \in U \subset V$인 연결개부분집합 U가 존재하면 $(E, \mathfrak{I})$를 **국소연결(locally connected)위상공간**이라 한다.

문 4.5 국소연결위상공간 $(E, \mathfrak{I})$의 연결성분 C는 개집합이다.

증명 x를 C에서 임의로 취한 점이라 하자. $(E, \mathfrak{I})$가 국소연결이므로 x를 포함하는 연결개집합 U가 존재한다. 따라서 C는 C에 속하는 각 점의 근방이므로 C는 E의 개부분집합이다. ■

문 4.6 $(E, \mathfrak{I})$가 위상공간이고, A, B가 $A \cap B \neq \varnothing$인 E의 연결부분집합일 때, $A \cup B$도 연결이다.

증명 $A \cup B$가 연결이 아니라고 하자. 이때

(i) $\{(A \cup B) \cap U_1\} \cup \{(A \cup B) \cap U_2\} = A \cup B$,

(ii) $\{(A \cup B) \cap U_1\} \cap \{(A \cup B) \cap U_2\} = \varnothing$,

(iii) $(A \cup B) \cap U_1 \neq \varnothing$, $(A \cup B) \cap U_2 \neq \varnothing$

들을 만족하는 개집합 U_1, U_2가 존재한다. 가정에 의해, $x_0\ (\in A \cap B)$가 존재한다. 조건 (i)에 의해, $(A \cup B) \subset (U_1 \cup U_2)$이다. 한편, $A \subset (A \cup B) \subset (U_1 \cup U_2)$이고 A가 연결이므로, (ii)에 의해 $A \subset U_1$ 혹은 $A \subset U_2$가 된다. 마찬가지로, $B \subset U_1$ 혹은

$B \subset U_2$이다. 여기서, 조건 (ii), (iii)에 의하여

$$A \subset U_1\text{이고 } B \subset U_1, \text{ 혹은 } A \subset U_2\text{이고 } B \subset U_2$$

인 경우는 일어날 수 없다.

이제, $A \subset U_1$이고, $B \subset U_2$ (혹은 $A \subset U_2$이고, $B \subset U_1$)이면

$$\begin{aligned} \varnothing &= \{(A \cup B) \cap U_1\} \cap \{(A \cup B) \cap U_2\} \\ &= \{A \cup (B \cap U_1)\} \cap \{(A \cap U_2) \cup B\} \quad (\ni x_0) \end{aligned}$$

$$(\text{혹은 } \varnothing = \{(A \cap U_1) \cup B\} \cap \{A \cup (B \cap U_2)\} \quad (\ni x_0))$$

이므로, 이는 모순이다. 따라서 $A \cup B$는 연결이다. ■

문 4.7 $(E, \mathfrak{I})$가 위상공간이고 X, Y가 E의 연결부분집합일 때, $X \times Y$는 연결이다.

증명 $p = (x_1, y_1) \in X \times Y$, $q = (x_2, y_2) \in X \times Y$ $(p \neq q)$일 때

$$p = (x_1, y_1) \in \{x_1\} \times Y\text{이고 } q = (x_2, y_2) \in X \times \{y_2\}$$

가 된다. 문 4.6에 의해, $(\{x_1\} \times Y) \cup (X \times \{y_2\})$는 연결이다. 즉, 두 점 p와 q는 같은 연결성분에 속한다. 여기서, 두 점 p와 q는 $X \times Y$의 임의의 두 점이므로 $X \times Y$는 연결이다. ■

> **정리 4.8** G가 위상군이고, G_0가 G의 단위원 e를 포함하는 G의 연결성분일 때
> (1) G_0는 G의 폐정규부분군(closed normal subgroup)이고,
> (2) $\bar{e}\,(= eG_0 = \{G_0\} \in G/G_0)$를 포함하는 G/G_0의 연결성분 $(G/G_0)_0$는 $\{\bar{e}\}$ $(= \{G_0\} \in (G/G_0))$이고,
> (3) G가 국소연결(locally connected)이면, G/G_0는 이산위상군(discrete topological group)이다.

증명 (1) G_0에 속하는 임의의 g에 대해서, $G \ni x \mapsto xg^{-1} \in G$는 G의 위상동형사상이고, $G_0 g^{-1} \ni gg^{-1} = e$이고 $G_0 g^{-1}$는 연결성분이므로, $G_0 g^{-1} = G_0$. 따라서 G_0에서 임의로 주어진 h, g에 대해서 $hg^{-1} \in G_0$이므로, G_0는 G의 부분군이다.

임의로 주어진 $g\,(\in G)$에 대해서

$$A_g : G \ni x \mapsto A_g(x) = gxg^{-1} \in G$$

는 위상동형사상이므로, $A_g(G_0)$는 연결성분이다. 더욱이, $A_g(G_0) \ni e$이므로 $A_g(G_0) = G_0$, 즉 G_0는 G의 정규부분군이다. 또한, 문 4.4에 의해 $\overline{G_0} = G_0$이므로, G_0는 G의 폐정규부분군이다.

(2) $\pi : G \to G/G_0$에 대해서 $\pi^{-1}((G/G_0)_0) =: H$로 두면, H는 G_0를 포함하는 G의 부분군이다. 왜냐하면, $x,\ y$가 $\pi^{-1}((G/G_0)_0)\,(=H)$의 원소라 하면, $\pi(x) \in (G/G_0)_0$이고 $\pi(y) \in (G/G_0)_0$이다. (1)에 의해 $(G/G_0)_0$는 G/G_0의 폐정규부분군이므로

$$\pi(x)\pi(y)^{-1} = \pi(x)\pi(y^{-1}) = \pi(xy^{-1}) \in (G/G_0)_0.$$

즉, $xy^{-1} \in \pi^{-1}((G/G_0)_0)\,(=H)$이기 때문이다.

또한, π가 전사사상이므로, $\pi(H) = (G/G_0)_0$가 된다. 한편, $(G/G_0)_0$ $(= H/G_0)$와 G_0가 연결이므로, 정리 4.3에 의해 H가 연결이다. 더욱이, $G_0 \subset H$이므로, $G_0 = H$가 되고 $(G/G_0)_0 = \pi(G_0) = \{\bar{e}\}$가 된다.

(3) $\pi : G \to G/G_0$와 G/G_0의 임의의 부분집합 A에 대해서

$$\pi^{-1}(A) = \{x \in G \mid \pi(x) \in A\} =: B$$

로 둔다. G가 국소연결이므로, 문 4.5에 의해 G_0는 G의 개부분집합이다.

$$B = BG_0 = \bigcup_{b \in B} bG_0$$

는 G에서 개집합이고, π는 전사사상이고 개사상(open mapping)이므로

$$\pi(B) = \pi(BG_0) = A$$

는 G/G_0에서 개집합이다. ■

보제 4.9 $GL^+(n,\ R) := \{A \in M(n,\ R) \mid \det(A) > 0\}$이라 두면, $GL^+(n,\ R)$은 $e\,(=I_n)$를 포함하는 $GL(n,\ R)$의 연결성분이다.

증명 $G_0 :=$ ($e\,(=I_n)$를 포함하는 $G = GL^+(n,\ R)$의 연결성분)으로, 그리고

$$R^* := R - \{0\} = GL^+(1,\ R)$$

로 두자. 이때, (R^*의 항등원 1을 포함하는 연결성분)$= (0, \infty) =: R^+$이다. 사상

$$\varphi\ ;\ GL(n,\ R) \ni A \mapsto \varphi(A) := \det(A) \in R^*$$

는 두 위상군 간의 군준동형사상(연속사상)이므로, $\varphi(G_0)$는 1을 포함하는 R^*의 연결성분이다. 따라서 $\varphi(G_0) \subset R^+$, 즉 $G_0 \subset GL^+(n,\ R)$이다.

이제, $GL^+(n,\ R) = G_0$임을 밝히면 충분하다. 귀납법에 의해 이를 증명한다.

$n = 1$일 때, $GL^+(1,\ R) = R^+ = G_0$이다.

$n > 1$일 때, $GL^+(n-1,\ R) = G_0$라고 가정하자.

$H := \{A \in GL^+(n,\ R) \mid A = \begin{bmatrix} 1 & * * \cdots * \\ 0 & \\ \vdots & D \\ 0 & \end{bmatrix},\ D \in GL^+(n-1,\ R)\}$이라 두면,

H는 $GL^+(n,\ R)$의 (위상)부분군이다. 더욱이

$$H \cong R^{n-1} \times GL^+(n-1,\ R) \quad (\text{위상동형})$$

이고, 가정에 의해 $GL^+(n-1,\ R)$이 연결이고 $R^{n-1}(n \geq 2)$도 연결이므로, 문 4.7에 의해, H는 연결이다.

$n \geq 2$일 때, 사영사상 $\pi : GL^+(n,\ R) \to GL^+(n,\ R)/H$와 $A,\ B \in GL^+(n,\ R)$에 대해서, $\pi(A) = \pi(B)$이기 위한 필요충분조건은 (A의 1열)=(B의 1열)이라는 것이므로

$$GL^+(n,\ R)/H \cong R^n - \{0\} \ \ (n \geq 2)\ (\text{위상동형})$$

이다. 그러므로 $GL^+(n,\ R)/H$와 H가 연결이므로, 정리 4.3에 의해 $GL^+(n,\ R)$은 연결이다. ■

문 4.10 $GL(n,\ R)$은 두 개의 연결성분으로 되어 있다.

증명 $A := diag(-1 1 1 \cdots 1)$, $GL^-(n,\ R) := \{A \in M(n,\ R) \mid \det(A) < 0\}$로 두면

$$\begin{aligned} GL(n,\ R) &= GL^+(n,\ R) \cup GL^-(n,\ R) \\ &= (A \cdot GL^-(n,\ R)) \cup (A \cdot GL^+(n,\ R)) \end{aligned}$$

이다. 보제 4.9에 의해

$$GL^{-}(n,\ R) = A \cdot GL^{+}(n,\ R)$$

도 $GL(n,\ R)$의 연결성분이다. ■

문 4.11 $GL(n,\ \mathbb{C})$는 연결이다.

증명 귀납법으로 증명한다.

$GL(1,\ \mathbb{C})(= \mathbb{C} - \{0\}) \cong R^2 - \{0\}$는 연결이다.

$GL(n-1,\ \mathbb{C})\ (n > 1)$가 연결이라고 가정하자.

$$H := \left\{ \begin{bmatrix} 1 & * * \cdots * \\ 0 & \\ \vdots & D \\ 0 & \end{bmatrix} \middle| D \in GL(n-1,\ \mathbb{C}) \right\} \quad (n \geq 2)$$

는 $GL(n,\ \mathbb{C})$의 부분위상군이고, $n \geq 2$일 때

$$H \cong \mathbb{C}^{n-1} \times GL(n-1,\ \mathbb{C}) \quad \text{(위상동형)}$$

이므로, H는 문 4.7의 도움으로 연결이다. $n \geq 2$일 때, 사영사상

$$\pi : GL(n,\ \mathbb{C}) \to GL(n,\ \mathbb{C})/H$$

와 $A,\ B \in GL(n,\ \mathbb{C})$에 대해 $\pi(A) = \pi(B)$이기 위한 필요충분조건은 (A의 1열)= (B의 1열)이라는 것이므로

$$GL(n,\ \mathbb{C})/H \cong \mathbb{C}^n - \{0\} \quad \text{(위상동형)}$$

이다. 여기서, H와 $GL(n,\ \mathbb{C})/H\ (n \geq 2)$가 연결이므로, 정리 4.3에 의해 $GL(n,\ \mathbb{C})$ $(n \geq 2)$도 연결이다. ■

§5. Lie군

집합 G는 군이고, C^{∞} 다양체이다. 더욱이, 사상

$$G \times G \ni (x,\ y) \mapsto xy \in G \text{ 및 } G \ni x \to x^{-1} \in G$$

가 C^{∞} 사상일 때, G를 **Lie군**(Lie group)이라 한다.

$e(\in G)$는 Lie군 G의 항등원이고, G_0는 e를 포함하는 G의 연결성분이라 할 때, 국소연결위상공간의 연결성분은 개집합이므로, G_0는 위상공간 G의 개부분집합이다. 일반적으로, 위상공간의 연결성분은 위상공간의 폐부분집합이다 (cf. 문 4.4). 따라서 G_0는 G의 폐정규부분군(closed normal subgroup)이다 (cf. 정리 4.8 (1)).

이제, $a \in G$에 대하여

$$L_a : G \ni x \to L_a(x) := ax \in G \text{ 와 } \quad R_a : G \ni x \to R_a(x) := xa \in G$$

는 Lie군의 정의에 의해 C^{∞} 사상이고, L_a는 a에 의한 G의 **좌이동**(left translation of G by a), R_a는 a에 의한 G의 **우이동**이라고 한다.

Lie군 G상의 C^{∞} 벡터장(vector field)이고, 더욱이 각 $a \in G$에 대하여

$$(L_a)_* X = X$$

를 만족할 때, X를 **좌불변**(left invariant)이라 한다.

$$\mathfrak{g} := \{X \in \mathfrak{X}(G) \mid X\text{는 좌불변벡터장(left invariant vector field)}\}$$

로 두면

$$(X_A)_x := (L_x)_{*_e} A \quad (x \in G)$$

에 의해 정의된 사상

$$T_e G \ni A \mapsto X_A \in \mathfrak{g}$$

는 선형동형사상(linear isomorphism)이다.

보제 5.1 M, N은 C^{∞} 다양체, $\Phi : M \to N$은 C^{∞} 사상이고

$$(d\Phi)(X_i) =: Y_i \quad (X_i \in \mathfrak{X}(M),\ \ Y_i \in \mathfrak{X}(N);\ i = 1,\ 2),$$

즉, 각 $p \in M$에 대하여 $(d\Phi)_p\big((X_i)_p\big) = (Y_i)_{\Phi(p)}$일 때

$$(d\Phi)[X_1, X_2] = [Y_1, Y_2]$$

가 성립한다.

증명 $f \in C^\infty(N)$에 대해 $(Y_i f) \circ \Phi = X_i(f \circ \Phi)$이므로

$$\big((d\Phi)[X_1, X_2]\big)(f) \circ \Phi = [X_1, X_2](f \circ \Phi)$$

이고

$$\begin{aligned}[Y_1, Y_2](f) \circ \Phi &= (Y_1(Y_2 f) - Y_2(Y_1 f)) \circ \Phi \\ &= X_1((Y_2 f) \circ \Phi) - X_2((Y_1 f) \circ \Phi) \\ &= X_1(X_2(f \circ \Phi)) - X_2(X_1(f \circ \Phi)) \\ &= [X_1, X_2](f \circ \Phi)\end{aligned}$$

가 성립된다. 따라서

$$(d\Phi)[X_1, X_2] = [Y_1, Y_2]$$

를 얻는다. ■

벡터공간이고 환(ring)인 A를 대수(algebra)라 하고, 더욱이 환의 연산이 다음의 두 조건
(i) $xy = -yx$이고
(ii) $(xy)z + (yz)x + (zx)y = 0 \quad (x, y, z \in A)$
를 만족하는 대수 A를 **Lie대수(Lie algebra)**라 한다.

$X, Y (\in \mathfrak{g} \subset \mathfrak{X}(G))$이면, 각 $x \in G$에 대하여

$$(L_x)_* X (= (dL_x)(X) = X, \quad (L_x)_* Y = Y$$

이고, 보제 5.1에 의해

$$(L_x)_*[X, Y] = [X, Y]$$

이므로, $[X, Y] \in \mathfrak{g}$가 된다. 벡터공간 $\mathfrak{g} (= T_e G)$의 원소 X, Y, Z에 대해서

$$XY := [X, Y] \quad (\in \mathfrak{g})$$

로 두면

(i) $XY := [X, Y] = -[Y, X] =: -YX$,

(ii) $[[X, Y], Z] + [[Y, Z], X] + [[Z, X], Y] =: (XY)Z + (YZ)X + (ZX)Y = 0$

가 성립함으로 $\mathfrak{g}$는 Lie대수이고, 이러한 Lie대수 $\mathfrak{g}$를 Lie군 G의 **Lie대수**라 한다.

M은 C^∞ 다양체이고, 각 $t \in R$에 대하여 사상 $\varphi_t : M \to M$이 C^∞ 미분동형사상(C^∞ diffeomorphism)이고, 다음 두 조건

(i) $\varphi_t \circ \varphi_s = \varphi_{t+s}$ $(t, s \in R)$,

(ii) $R \times M \ni (t, p) \to \varphi_t(p) \in M$은 C^∞ 사상

을 만족할 때, $\{\varphi_t \mid t \in R\}$을 다양체 M의 **1−매개변수변환군**(1-parameter transfor-mation group)이라 한다.

$\{\varphi_t\}_{t \in R}$를 C^∞ 다양체 M의 1-매개변수변환군이라 할 때

$$X_p := \lim_{t \to 0} \frac{\varphi_t(p) - \varphi_0(p)}{t}$$

에 의해 $X \in \mathfrak{X}(M)$이 정의되고, 1-매개변수변환군을 $\{\varphi_t =: \operatorname{Exp} tX\}_{t \in R}$로 표기한다. 그러나, 일반적으로 벡터장 $X \in (\mathfrak{X}(M))$에 의한 1-매개변수변환군은 정의되지 않는다.

M은 C^∞ 다양체이고, $\{U_\alpha, \varepsilon_\alpha, \varphi^{(\alpha)}\}$는 다음 조건들을 만족한다고 하자.

(i) 각 U_α는 M의 개집합이고, $\bigcup_{\alpha \in \Lambda} U_\alpha = M$이다. 각 $\varepsilon_\alpha > 0$에 대하여

$$\varphi^{(\alpha)} : (-\varepsilon_\alpha, \varepsilon_\alpha) \times U_\alpha \ni (t, p) \to \varphi_t^{(\alpha)}(p) \in \varphi_t(U_\alpha) \subset M$$

은 C^∞ 사상이고, 각 t에 대해 $\varphi_t^{(\alpha)} : U_\alpha \to \varphi_t^\alpha(U_\alpha)$는 C^∞ 미분동형(C^∞ diff-eomorphic)이고, $\varphi_0^{(\alpha)}$는 U_α상에서 항등변환이다.

(ii) 만약, $|t|, |s|, |s+t| < \varepsilon_\alpha$일 때, $\varphi_t^{(\alpha)} \circ \varphi_s^{(\alpha)}$가 정의되고 $\varphi_t^{(\alpha)} \circ \varphi_s^{(\alpha)}$의 정의역이 U_α에 포함될 때, 각 $q \in U_\alpha$에 대하여 $(\varphi_t^{(\alpha)} \circ \varphi_s^{(\alpha)})(q) = \varphi_{t+s}^{(\alpha)}(q)$이다.

(iii) 만약 $U_\alpha \cap U_\beta \neq \varnothing$ $(\alpha, \beta \in \Lambda)$이면, 각 $p \in U_\alpha \cap U_\beta$에 대하여 p의 충분히 작은 개근방(open neighborhood)상에서 $\varphi_t^{(\alpha)} = \varphi_t^{(\beta)}$ $(|t| < \varepsilon)$을 만족하는 $\varepsilon < \operatorname{Min}(\varepsilon_\alpha, \varepsilon_\beta)$가 존재한다.

이때, $\left\{U_\alpha,\ \varepsilon_\alpha,\ \varphi^{(\alpha)}\right\}_{\alpha\in\Lambda}$를 M의 **국소적 1-매개변수변환군**(local 1-parameter transformation group)이라 한다.

$X(\in\mathfrak{X}(M))$에 의해, M의 국소적 1-매개변수변환군(local 1-parameter transformation group)이 생성되어진다 (cf. [13, Theorem 1, p.82]).

다음 두 조건은 동치조건이다 (cf. [13, Theorem 2, p.83]).

(i) $X\ (\in\mathfrak{X}(M))$에 의해 M의 1-매개변수변환군(1-parameter transformation group)이 생성되어진다.

(ii) X에 의해서 생성되어진 국소적 1-매개변수변환군(local 1-parameter transformation group) $\left\{U_\alpha,\ \varepsilon_\alpha,\ \varphi_\alpha\right\}_{\alpha\in\Lambda}$으로 $\inf_{\alpha\in\Lambda}\varepsilon_\alpha>0$를 만족시키는 $\left\{U_\alpha,\ \varepsilon_\alpha,\ \varphi_\alpha\right\}_{\alpha\in\Lambda}$가 존재한다.

$X\ (\in\mathfrak{g}\subset\mathfrak{X}(G))$에 의해 $e(\in G)$의 근방 U에서 생성된 G의 국소적 1-매개변수변환군 $\{\varphi_t\}_{t<|\varepsilon|}$가 존재한다. 이때, $a\in G$, $aU:=\{ax\mid x\in U\}$에 대해서

$$L_a\circ\varphi_t\circ L_{a^{-1}}:aU\to G\quad(t<|\varepsilon|)$$

도 국소변환이고, $\left\{\left(L_a\circ\varphi_t\circ L_{a^{-1}},\ aU\right)_{t<|\varepsilon|}\right\}_{a\in G}$는 G의 국소변환(local transformation)들의 국소적 1-매개변수변환군이다. 따라서 위 동치조건에 의해서 $X\ (\in\mathfrak{g})$에 의해 생성된 G의 1-매개변수변환군 $\{\varphi_t\}_{t\in R}$ $(=\{\mathrm{Exp}\,tX\}_{t\in R})$이 존재한다. 일반적으로, C^∞ 다양체 상에서 1-매개변수변환군에 의해 생성되어진 다양체상의 C^∞ 벡터장(vector field)을 **완비**(complete)**벡터장**이라 한다. $X\,(\in\mathfrak{g})$는 Lie군 G상의 완비벡터장이다.

$X\,(\in\mathfrak{g}\subset\mathfrak{X}(G))$를 생성하는 Lie군 G상의 1-매개변수변환군 $\{\varphi_t=\mathrm{Exp}\,tX\}_{t\in R}$과 임의로 주어진 G의 원 b에 대하여

$$\mathrm{Exp}((L_b)_*(tX))=L_b\circ\mathrm{Exp}\,tX\circ L_{b^{-1}}\quad(t\in R)$$

가 성립되는데 (cf. [13, the corollary to Theorem 3, p.85]), 이 식은 $X\in\mathfrak{g}$이므로

$$\mathrm{Exp}(tX)=L_b\circ\mathrm{Exp}\,tX\circ L_{b^{-1}}\quad(t\in R)$$

로 된다. 즉, $L_b\circ\varphi_t=\varphi_t\circ L_b\ (t\in R)$가 성립된다.

이제, $\varphi_t(e)=:a_t$로 두면, $(L_b\circ\varphi_t)(e)=L_b(a_t)=b\,a_t$이고

$$(\varphi_t \circ L_b)(e) = \varphi_t(b) = (L_b \circ \varphi_t)(e) = b\,a_t$$

이므로, G 상에서 $\varphi_t = R_{a_t}$이다. 한편, $\varphi_{t+s} = \varphi_t \circ \varphi_s$이므로

$$a_{t+s} = \varphi_{t+s}(e) = (\varphi_t \circ \varphi_s)(e) = \varphi_t(a_s) = a_s\,a_t$$

가 된다. 그러므로 $a_{t+s} = a_{s+t} = a_s a_t$이다. 즉, $a : R \to G$는 군준동형사상(group homomorphism)이다.

$$a(0) := a_0 = \varphi_0(e) = e,$$
$$\lim_{t\to 0}\frac{\varphi_t(e) - \varphi_0(e)}{t} = \lim_{t\to 0}\frac{a_t - a_0}{t} =: X \in T_e G = \mathfrak{g}$$

가 된다. 여기서, $a(t) = a_t =: \exp tX\ (X \in T_e G = \mathfrak{g},\ t \in R)$로 표기하고

$$\mathfrak{g} \ni X \to \exp X \in G$$

를 **지수사상**(exponential mapping)이라 하고 $\{a_t = (\operatorname{Exp} tX)(e) = \exp(tX)\}_{t\in R}$을 G의 **1-매개변수부분군**(1-parameter subgroup of G)이라 한다.

한편, $a_t = \exp tX\ (X \in \mathfrak{g},\ t \in R)$에서

$$a_t' := \lim_{\Delta t\to 0}\frac{a_{t+\Delta t} - a_t}{\Delta t} = \lim_{\Delta t\to 0}\frac{a_t(a_{\Delta t} - a_0)}{\Delta t}$$
$$= a_t \lim_{\Delta t\to 0}\frac{a_{\Delta t} - a_0}{\Delta t} = (L_{a_t})_{*e}(X_e) = (L_{a_t})_{*e}\,a_0'\,(= a_t\,a_0')$$

이므로, $(L_{a_t^{-1}})_{*a_t}(a_t') = a_0' = X\ (a_t^{-1}a_t' = a_0' \in T_e G = \mathfrak{g})$가 성립된다. 그러므로 초기치 $a_0 = e$와 $a_t^{-1}a_t' = a_0'$를 만족하는 해 $a_t = \exp tX$가 구해진다.

예제 5.2 $GL_n(R) := \{A \in M_n(R) \mid \det A \neq 0\}$은 R^{n^2}의 개부분다양체(open submanifold)로, 행렬 $a = [a^i_j]_{ij}$의 n^2개의 성분이 $GL_n(R)$ 상의 좌표계를 이루고 있다. $GL_n(R)$의 곡선 a_t에 대해서

$$a_t^{-1}\frac{da_t}{dt} = A\ \ (A \in \mathfrak{g}(n, R) = M(n, R)),\quad a_0 = I_n\ (\text{단위행렬})$$

을 만족하는 해는 $a_t = \exp tA := \sum_{k=0}^{\infty} \frac{t^k A^k}{k!}$ 이다.

Lie군 G의 Lie부분군(Lie subgroup) H란 다음 3조건

(i) H가 군으로서 G의 부분군

(ii) H 자신이 Lie군

(iii) 포함사상(inclusion mapping) $i: H \hookrightarrow G$가 immersion을 만족하는 것이다. 여기서, immersion i란 H의 각 점 p에서, 미분사상

$$(i_*)_p : T_pH \to T_pG$$

가 단사(injective)사상임을 의미한다. 일반적으로, H의 위상은 G의 상대위상은 아니다. 즉, 위상공간으로서 H는 G의 위상부분공간(topological subspace)은 아니다.

Lie군 G의 Lie부분군(Lie subgroup) H에 대해서

$$\mathfrak{h} = \{X \in \mathfrak{g} \mid X_e \in T_eH\}$$

는 $\mathfrak{g}$의 Lie부분대수(Lie subalgebra)이고, H의 Lie대수(Lie algebra)이다.

역으로, $\mathfrak{h}$가 Lie군 G의 Lie대수 $\mathfrak{g}$의 Lie부분대수라고 하자. G의 각 점 a에 대해서

$$\triangle_a := \{X_a \mid X \in \mathfrak{h}\} \subset T_aG$$

를 대응시킴으로써 $\mathfrak{h}$와 같은 차원의 분포(distribution) $\triangle$가 얻어진다. 이때, $\triangle$는 미분가능, 완전적분가능(completely integrable; G의 임의로 주어진 점 x에 대해서, x를 지나는 분포 $\triangle$의 적분다양체가 존재할 때 완전적분가능이라 함)이고, 더욱이 단위원 e를 지나는 극대적분다양체(maximal integral manifold)를 H라고 하면, H는 G의 Lie부분군(Lie subgroup)임이 밝혀진다. 이 Lie부분군 H를 $\mathfrak{h}$로부터 생성되어진 **Lie군 G의 Lie부분군**이라 한다.

Lie군 G의 부분군 H가 어떤 경우에 G의 Lie부분군이 되는지에 대한 문제에 관해서, 다음 정리들이 알려져 있다.

정리 5.3 H가 호상연결(arcwise connected) (H의 임의의 두 점 a, b에 대해서, $f: [0, 1] \to G$로 조건 $f(0) = a$, $f(1) = b$, $f([0, 1]) \subset H$를 만족하는 연속인 사상 f가 존재한다)이면, H는 G의 Lie부분군(Lie subgroup)이다.

> **정리 5.4** H가 G의 폐부분군(closed subgroup)이면, H는 G의 Lie부분군(Lie subgroup)이고, H는 위상공간으로서 G의 위상부분공간(topological subspace)이다.

M은 n차원, N은 m차원 C^∞ 다양체이고, M은 N의 부분집합이다. M의 임의로 주어진 점 p에 대해서

$$V_p \cap M = \{q \in V_p \mid x^{n+1}(q) = \cdots = x^m(q)\}$$

인 N의 좌표근방계(coordinate neighborhood system)

$$(V_p \,;\, x^1,\ x^2,\ \ldots,\ x^n,\ x^{n+1},\ \ldots,\ x^m)$$

이 존재할 때, M을 N의 n차원 **국소부분다양체구조**(local n-dimensional submanifold structure)를 갖는다고 한다.

여기서, 정리 5.4의 유용한 예로는, 부분군 H가 국소부분다양체구조를 가지는 imbedded (injectively immersed) 부분다양체를 들 수 있다. 예로써, $SL(n,\ R)$과 $O(n)$은 $GL_n(R)$의 Lie부분군이다.

Lie군 G의 각 원 a에 대해서 C^∞ 다양체 M의 변환 (M에서 M으로의 미분동형사상) φ_a가 대응되고, $\varphi_{ab} = \varphi_a \circ \varphi_b$가 임의의 원소 $a,\ b \in G$에 대해 성립되고

$$G \times M \ni (a,\ x) \mapsto \varphi_a(x) \in M$$

이 C^∞ 사상이 되어줄 때, Lie군 G가 C^∞ 다양체 M에 **작용**(action)한다고 한다. 이때, G의 단위원 e에 대응하는 변환 φ_e는 M의 항등변환이다.

역으로, φ_a가 항등변환이면 $a = e$일 때, G의 M상의 작용은 **효과적**(effective)이라 한다. 또, M상의 임의의 두 점 $x,\ y$에 대해서 $\varphi_b(x) = y$인 $b \in G$가 존재하면, G의 M상의 작용은 **추이적**(transitive)이라 한다. Lie군 G가 C^∞ 다양체 M상에서 추이적으로 작용할 때, C^∞ 다양체 M은 Lie군 G의 **등질공간**(homogeneous space)이라 한다.

Lie군 G가 M에 작용할 때, M의 점 x_0에 대해서

$$H(x_0) := \{a \in G \mid \varphi_a(x_0) = x_0\}$$

를 x_0에서의 **고정군**(isotropy group)이라 한다. 고정군은 T_2−space M의 부분집합 $\{x_0\}$는 M의 폐부분집합이므로, G의 폐Lie부분군(closed Lie subgroup)이다.

G가 Lie군, H가 G의 폐Lie부분군(closed Lie subgroup)일 때, $x,\ y \in G$에 대해서

$$x \sim y \Leftrightarrow x^{-1}y \in H$$

에 의해, G상의 동치관계 $\sim$을 정의한다. 그리고 동치류(equivalence class) 전체를 G/H로 둔다. 전사(surjective)사상

$$\pi : G \ni x \mapsto xH = \overline{x} \in G/H$$

가 연속이 되도록 G/H에 위상을 넣는다. 즉, G/H는 동치관계 $\sim$에 의한 G상의 상공간(quotient topological space)이다. 이때, $a \in G$에 대해서, 사상

$$t_a : G/H \ni xH = \overline{x} \mapsto axH = \overline{ax} \in G/H$$

는 G/H의 변환(미분동형사상)이다.

이때, 다음 정리는 잘 알려져 있다.

정리 5.5 Lie군 G, H가 G의 폐Lie부분군(closed Lie subgroup)일 때, G/H에는 다음 조건을 만족하는 미분가능(differentiable)인 구조가 유일하게 존재한다.

1) $\pi : G \to G/H$는 미분가능이다.

2) $G \times G/H \ni (a,\ \overline{g}) \mapsto t_a(\overline{g}) := \overline{ag} \in G/H$는 미분가능이다.

3) G/H의 임의의 점 p에 대해서, p의 적절한 근방 U에서 G로의 미분가능인 사상 σ가 존재해서 $\pi(\sigma(q)) = q\ (q \in U)$를 만족한다.

정리 5.6 C^∞ 다양체 M은 G의 등질공간인 다양체이고, H는 M의 한 점 p_0에서 G의 등방부분군(isotropy subgroup)일 때, 사상 $\alpha : G/H \to M$을

$$\alpha : G/H \ni gH \hookrightarrow \alpha(gH) := \varphi_g(p_0) := gp_0 \in M$$

로 정의할 때, 사상 α는 미분동형사상이고

$$\alpha(t_g(\overline{x})) = t_g(\alpha(\overline{x})) \quad (\overline{x} \in G/H,\ g \in G)$$

를 만족한다.

정리 5.5의 조건3)에서의 σ를 U에서 G로의 **절단**(section)이라 하고, 조건 2)는 G가 G/H

에 작용하고 있음을 의미한다. 다양체 G/H는 G의 등질공간(homogeneous space)이다.

다양체 M에 대하여 $\{\phi \mid \phi: M \to M$은 미분동형사상$\}$은 일반적으로 Lie군이 아니다. 그러나 M상에 기하학적 구조가 주어졌을 때, 그 구조를 만족하는 변환(미분동형사상) 전체는 Lie군이 될 수 있다. 예를 들면, 리만다양체 (M, g)에 대해

$$\{\phi \mid M\text{의 변환 } \phi\text{가 } g(\phi_* X, \phi_* Y) = g(X, Y),\ (X, Y \in \mathfrak{X}(M))\} =: \mathrm{Iso}(M, g)$$

는 Lie군임이 알려져 있고, $\phi \in \mathrm{Iso}(M, g)$를 (M, g)의 **등장변환**이라 한다.

Lie군 G, $a \in G$에 대해서 사상

$$A_a : G \ni x \mapsto axa^{-1} = A_a(x) \in G$$

를 G의 **내부자기동형사상**(inner automorphism)이라 하고, 이는 G의 변환(미분동형사상)이다. G의 내부동형사상 $A_a\ (a \in G)$에 대한, G의 단위원 e에서의 미분사상

$$(A_a)_{*e} =: Ad(a) ; \mathfrak{g} \to \mathfrak{g}$$

는 Lie대수 $\mathfrak{g}$의 동형사상이고, $Ad : G \to GL(\mathfrak{g})$는 군준동형사상(group homomorphism)이고 G의 **수반표현**(adjoint representation)이라 한다.

보제 5.7 $A \in \mathfrak{g}$가 생성하는 1-매개변수부분군(1-parameter subgroup) $a_t = \exp tA$와 $B \in \mathfrak{g}$에 대해 (cf. [13, Theorem 4, p.85])

(*) $$[B, A] = \lim_{t \to 0} \frac{Ad(a_t^{-1})B - B}{t}.$$

증명 $A (\in \mathfrak{g} \subset \mathfrak{X}(G))$는 Lie군 G상의 완비벡터장이고, A에 의해 생성된 G상의 1-매개변수변환군 $\{\varphi_t = R_{a_t}\}_{t \in R}$이므로 $g \in G$에 대해

$$\begin{aligned}
[B, A]_g = -[A, B]_g &= -\lim_{t \to 0} \frac{B_g - \left((R_{\exp tA})_* B\right)_g}{t} \\
&= -\lim_{t \to 0} \frac{B_g - \left((R_{\exp tA})_* (L_{\exp(-tA)*}(B))\right)_g}{t} \\
&= -\lim_{t \to 0} \frac{B_g - (Ad(\exp(-tA))(B))_g}{t} \\
&= -\lim_{t \to 0} \frac{B_g - (L_g)_{*e}((\exp(-t\,ad(A)))(B))}{t}
\end{aligned}$$

$$= -(L_g)_{*e} \lim_{t \to 0} \frac{B - \exp(-t\, adA)(B)}{t}$$
$$= (L_g)_{*e} \lim_{t \to 0} \frac{(Ad(a_t^{-1}))(B) - B}{t}$$

이므로

$$[B, A] = \lim_{t \to 0} \frac{\left(Ad(a_t^{-1})\right)(B) - B}{t}$$

가 성립한다. ■

참고 5.8 (1) G를 Lie군, $\mathfrak{g} = T_e G$를 G의 Lie대수, $\rho : G \to G$를 준동형사상(homomorphism)이라 할 때, $X \in \mathfrak{g}$에 대해서

$$\rho(\exp tX) = \exp(t\, d\rho(X)) \quad (t \in R)$$

가 성립한다 (cf. [17, Theorem 4.19, p.154]). 여기서, $d\rho : \mathfrak{g} \to \mathfrak{g}$는 ρ의 미분사상이다.

(2) G를 Lie군, $\mathfrak{g} = T_e G$를 G의 Lie대수라 할 때, $X, Y \in \mathfrak{g}$에 대해서

$$\lim_{t \to 0} \frac{1}{t}\{Ad(\exp tX)Y - Y\} = (ad(X))(Y)$$

이다 (cf. [17, Theorem 5.13, p.183]).

참고 5.8 (2)에서 사상

$$ad : \mathfrak{g} \ni X \mapsto ad(X) \in \{\alpha \mid \alpha : \mathfrak{g} \to \mathfrak{g}\text{는 } R\text{-선형사상}\}$$
$$((ad(X))(Y) := [X, Y],\ X, Y \in \mathfrak{g})$$

는 두 Lie대수 $\mathfrak{g}$와 $\{\alpha \mid \alpha : \mathfrak{g} \to \mathfrak{g}\text{는 } R\text{-선형사상}\}$ 간의 Lie대수 준동형사상이다. 이 Lie대수 사이의 준동형사상 ad를 Lie대수 $\mathfrak{g}$의 **수반표현**(adjoint representation)이라 한다.

이제, M을 n 차원 벡터공간 R^n상의 정정치내적(positive definite inner product) 전체의 집합이라 하고, $a \in GL_n(R)$, $<\ ,\ > \in M$에 대해서

$$(\varphi_a(\langle\ ,\ \rangle))(x, y) = \langle\ ,\ \rangle'(x, y) = \langle x, y \rangle'$$
$$= \langle a^{-1}x, a^{-1}y \rangle \quad (x, y \in R^n)$$

와 같이 M의 변환 φ_a를 정의한다. 이때

$$\varphi_{ab} = \varphi_a \circ \varphi_b \quad (a,\ b \in G)$$

가 성립된다. 왜냐하면

$$\begin{aligned}(\varphi_{ab}(\langle\ ,\ \rangle))(x,\ y) &= \langle (ab)^{-1}x,\ (ab)^{-1}y \rangle = \langle b^{-1}a^{-1}x,\ b^{-1}a^{-1}y \rangle \\ &= (\varphi_b\langle\ ,\ \rangle)(a^{-1}x,\ a^{-1}y) = (\varphi_a(\varphi_b\langle\ ,\ \rangle))(x,\ y)\end{aligned}$$

이므로, $\varphi_{ab}\langle\ ,\ \rangle = \varphi_a(\varphi_b\langle\ ,\ \rangle)$가 성립된다.

상기 M상의 $GL_n(R)$의 작용(action)은 추이적(transition)이다. 실제, 내적 $\langle\ ,\ \rangle$, $\langle\ ,\ \rangle' \in M$과, 그리고 R^n의 표준기저(basis) $\{e_i\}_{i=1}^n$에 대해

$$\langle e_i,\ e_j \rangle = a_{ij}, \quad \langle e_i,\ e_j \rangle' = a_{ij}'$$

로 두자. 이때

$${}^t b[a_{ij}]b = I_n, \quad {}^t b'[a_{ij}']b' = I_n$$

을 만족하는 정칙행렬 $b = [b_{ij}]_{ij}$, $b' = [b_{ij}']_{ij}$가 존재한다. 또한

$$be_i =: \sum_k e_k b_{ki} =: d_i, \quad b'e_i =: \sum_k e_k b_{ki}' =: d_i'$$

로 두면, $\langle d_i,\ d_j \rangle = \langle d_i',\ d_j' \rangle' = \delta_{ij}$가 된다. 이때

$$\langle\ ,\ \rangle' = \varphi_{b'b^{-1}}\langle\ ,\ \rangle$$

가 성립된다. 왜냐하면

$$\begin{aligned}\langle d_i',\ d_j' \rangle' &= (\langle\ ,\ \rangle')(d_i',\ d_j') = \delta_{ij}, \\ (\varphi_{b'b^{-1}}\langle\ ,\ \rangle)(d_i',\ d_j') &= \langle (b'b^{-1})^{-1}d_i',\ (b'b^{-1})^{-1}d_j' \rangle\end{aligned}$$

인데

$$\begin{aligned}bb'^{-1}d_i' &= bb'^{-1}\sum_k e_k b_{ki}' = b\sum_{k,t} e_t b_{tk}'^{-1} b_{ki}' \\ &= be_i = \sum_k e_k b_{ki} = d_i,\ (b_{tk}'^{-1}\text{는 } b'^{-1}\text{의 } (t,\ k)\text{성분}),\end{aligned}$$

이므로

$$(\varphi_{b'b^{-1}}\langle\,,\,\rangle)(d_i',\ d_j') = \langle d_i,\ d_j\rangle = \delta_{ij}$$

가 된다. 그러므로 $\langle\,,\,\rangle' = \varphi_{b'b^{-1}}\langle\,,\,\rangle$가 성립된다.

위의 과정에서, M(R^n상의 positive definite 내적 전체의 집합)상의 작용 φ_a $(a \in GL(n,\ R))$는 추이적이므로, M은 Lie군 $GL_n(R)$의 등질공간이다.

표준내적 $\langle\,,\,\rangle_0 =: p_0 \in M$에 대한 고정군(isotropy subgroup)은

$$\{a \in GL_n(R) \mid \varphi_a(p_o) = p_o\} = O(n)$$

이므로, 정리 5.6에 의해 $M = GL_n(R)/O(n)$이 된다. 한편

$$M \equiv \{A = [a_{ij}] \mid A\text{는 정정치(positive definite) 실대칭행렬}\} =: \mathfrak{p}(n),$$
$$\mathfrak{s}(n) := \{A = [a_{ij}] \mid A\text{는 } n\text{차 실대칭행렬}\}$$

로 둘 때, $\mathfrak{s}(n)$은 $n(n+1)/2$ 차원 실벡터공간이고, $\mathfrak{p}(n)$은 $\mathfrak{s}(n)$의 개부분집합(open subset)이므로 $R^{n(n+1)/2}$의 개부분다양체로 간주할 수 있다. 실제, 지수사상

$$\exp : \mathfrak{s}(n) \to \mathfrak{p}(n)$$

은 미분동형사상임이 알려져 있다 (cf. [22, Lemma 1, p.92]).

§6. 주파이버번들(principal fiber bundle)

다양체 M상의 Lie군 G를 구조군으로 갖는 주파이버번들 P를 정의하자.

P는 다양체이고, 다음 조건들을 만족한다;

1) Lie군 G는 P상에서 작용한다. 환언하면

$$P \times G \ni (u,\ a) \mapsto ua \in P$$

는 C^∞ 사상이고, $a \in G$를 고정하면

$$R_a : P \ni u \mapsto ua \in P$$

는 미분동형(diffeomorphic)사상이 되고

$$(ua)b = u(ab), \quad i.e.,\ R_{ab} = R_b \circ R_a \quad (a,\ b \in G)$$

가 성립된다. 더욱이, $G \ni a\,(\neq e)$이면 R_a는 P상에서 부동점을 갖지 않는다. 이러한 P상의 G의 작용을 free action이라 한다.

2) C^∞ 전사사상 $\pi: P \to M$이 존재하여, $u,\ v \in P$에 대해

$$\pi(u) = \pi(v) \Leftrightarrow v = ua \quad (a \in G)$$

가 되고, 여기서 전사사상 π를 **사영**(projection)이라 한다.

3) M의 각 점 x에 대해, 위상공간 M에서 x의 적절한 개근방 U에 대해서 미분동형사상

$$\Phi : \pi^{-1}(U) \ni u \mapsto (\pi(u),\ \phi(u)) \in U \times G$$

가 정의되어

$$\phi(ua) = \phi(u)a \quad (u \in \pi^{-1}(U),\ a \in G)$$

가 성립된다.

이러한 조건들이 성립될 때, P를 (M을 **기저공간**(basis space), G를 **구조군**(structure group)으로 갖는) **주파이버번들**(principle fiber bundle) 또는 **전공간**(total space)이라 한다.

이제, $x \in M$, $\pi(u) = x\ (u \in P)$에 대해서, 조건 2)에 의해 $\pi^{-1}(x) = \{ua \mid a \in G\}$이고, 조건 1)에 의해

$$ua = ub \Leftrightarrow a = b$$

이므로, u를 고정했을 때

$$G \ni a \mapsto ua \in \pi^{-1}(x)$$

는 미분동형사상이고, $\pi^{-1}(x)$를 x상의 **파이버**(fiber)라 한다. 각 파이버는 G와 미분동형이다. 조건 3)을 설명하기 위해, 다양체 M과 Lie군 G가 주어졌을 때, $P := M \times G$로 두고 G의 P상의 작용을

$$(x,\ g)a = (x,\ ga) \quad ((x,\ g) \in P,\ \ a \in G)$$

로 정의하고, $\pi(x,\ g) =: x$로 정의하면 명백히 조건 1), 2)는 만족되어지고, 조건 3)은 $U = M$로 두면 자명하다. 이러한 P를 M상의 **직적 주파이버번들**(direct product principal fibre bundle) 또는 **자명한 주파이버번들**(trivial principal fibre bundle)이라 한다.

조건 3)은 $\pi^{-1}(U)$가 직적 주파이버번들 $U \times G$와 미분동형임을 의미하기도 한다. 예로써, Lie군 G와 G의 폐부분군 H가 주어졌을 때, G는 $M = G/H$상의 구조군 H를 갖는 주파이버번들이 된다. 실제, H의 G상의 작용을

$$R_h : G \ni g \mapsto gh \in G$$

로 정의하면, 사영(projection) $\pi : G \to G/H = M$에 대해 조건 1), 2)는 §5의 정리 5.5에 의해 만족되어진다. 더욱이, 이 경우 조건 3)을 확인하기 위해, M의 임의로 주어진 한 점 x에 대해서, §5의 정리 5.5에 의해 x의 적절한 개근방 U에서 G로의 절단(section) σ가 존재하므로 $\phi : \pi^{-1}(U) \to H$를

$$\phi(g) := (\sigma(\pi(g)))^{-1} g \in H \quad (g \in \pi^{-1}(U))$$

로 정의하면, $\phi(gh) = \phi(g)h\ (h \in H)$가 성립한다. 따라서

$$\Phi_U : \pi^{-1}(U) \ni g \mapsto \Phi_U(g) = (\pi(g),\ \phi(g)) \in U \times H$$

는 조건 3)을 만족하는 미분동형사상이다.

주파이버번들 $P(M,\ G,\ \pi)$가 주어졌을 때, 조건 3)에 의해 M의 적절한 개피복(open covering) $\{U_\alpha\}_{\alpha \in \Lambda}$가 존재해서, 각 $\alpha(\alpha \in \Lambda)$에 대해서 미분동형사상

$$\Phi_\alpha : \pi^{-1}(U_\alpha) \ni u \to (\pi(u),\ \phi_\alpha(u)) \in U_\alpha \times G$$

가 주어진다. $U_\alpha \cap U_\beta \neq \varnothing\ (\alpha,\ \beta \in \Lambda)$이면 $u \in \pi^{-1}(U_\alpha \cap U_\beta)$에 대해

$$\phi_\beta(ua)(\phi_\alpha(ua))^{-1} = \phi_\beta(u)aa^{-1}(\phi_\alpha(u))^{-1} = \phi_\beta(u)(\phi_\alpha(u))^{-1} \quad (a \in G)$$

이므로, 미분사상

(6.1) $$\psi_{\beta\alpha} : U_\alpha \cap U_\beta \ni x \mapsto \psi_{\beta\alpha}(x) := \phi_\beta(u)(\phi_\alpha(u))^{-1} \in G \quad (\pi(u) = x)$$

가 유도되어진다. $U_\alpha \cap U_\beta \cap U_\gamma \neq \varnothing$ $(\alpha,\ \beta,\ \gamma \in \Lambda)$이면

(6.2) $$\psi_{\gamma\alpha}(x) = \psi_{\gamma\beta}(x)\psi_{\beta\alpha}(x) \quad (x \in U_\alpha \cap U_\beta \cap U_\gamma)$$

가 성립된다.

위와 같은 사상들의 족(family) $\{\psi_{\beta\alpha}\}_{\beta,\ \alpha\in\Lambda}$을 $\{U_\alpha\}_{\alpha\in\Lambda}$에 대응된 **좌표변환** 또는 **변환함수**(transition function)라 한다. 또 다른 관점에서, 각 $\alpha(\in\Lambda)$에 관해서, $x \in U_\alpha$에 대해 $\sigma_\alpha(x) \in \pi^{-1}(U_\alpha)$를

$$\pi(\sigma_\alpha(x)) = x, \quad \phi_\alpha(\sigma_\alpha(x)) = e \text{ (단위원)}$$

를 만족하도록 U_α 상의 절단 σ_α를 정의한다. 이때, $U_\alpha \cap U_\beta \neq \varnothing$ $(\alpha,\ \beta \in \Lambda)$이면

$$\sigma_\alpha(x) = \sigma_\beta(x)\psi_{\beta\alpha}(x) \quad (x \in U_\alpha \cap U_\beta)$$

가 성립한다. 실제, $x \in U_\alpha \cap U_\beta$에 대해 $\phi_\alpha(\sigma_\beta(x))(\phi_\beta(\sigma_\beta(x)))^{-1} = \psi_{\alpha\beta}(x)$이므로

$$\phi_\alpha(\sigma_\beta(x)) = \psi_{\alpha\beta}(x)$$

가 된다. 따라서

$$\phi_\alpha(\sigma_\beta(x)\psi_{\beta\alpha}(x)) = \phi_\alpha(\sigma_\beta(x))\psi_{\beta\alpha}(x) = \psi_{\alpha\beta}(x)\psi_{\beta\alpha}(x) = e$$

이므로, $\sigma_\beta(x)\psi_{\beta\alpha}(x) = \sigma_\alpha(x)$ $(x \in U_\alpha \cap U_\beta)$이다.

이제, 다양체 M과 Lie군 G가 주어졌을 때, 주파이버번들 $P(M,\ G,\ \pi)$가 어떤 조건을 주면 구성될 수 있을까? M의 개피복(open covering) $\{U_\alpha\}_{\alpha\in\Lambda}$와 미분가능사상 (6.1)의 족(family) $\{\psi_{\beta\alpha}\}_{\beta,\ \alpha\in\Lambda}$가 주어져, 조건 (6.2)를 만족한다고 하자. 이때, $\{\psi_{\beta\alpha}\}_{\beta,\ \alpha\in\Lambda}$를 좌표변환으로 하는 주파이버번들 $P(M,\ G,\ \pi)$를 다음과 같이 구성할 수 있다.

우선, (6.2)에 의해

(6.3) $$\psi_{\alpha\alpha}(x) = e \quad (x \in U_\alpha)$$

(6.4) $$\psi_{\alpha\beta}(x)\psi_{\beta\alpha}(x) = e \quad (x \in U_\alpha \cap U_\beta)$$

가 성립된다. 그런데, $\alpha(\in\Lambda)$에 대해 $U_\alpha \times G =: X_\alpha$로 두고

$$X = \bigcup_{\alpha\in\Lambda} X_\alpha$$

를 위상합(topological sum)으로 간주한다. 즉, $\alpha \neq \beta(\alpha,\ \beta \in \Lambda)$이면 X_α와 X_β는 공통 원소(element)를 갖지 않는 것으로 하고, 모든 $X_\alpha(\alpha \in \Lambda)$의 합집합(union)을 취해, 그 합집합 X에서 X_α의 개집합을 X의 개부분집합이 되도록 X상에 위상을 도입한다. 각 $X_\alpha(\alpha \in \Lambda)$가 다양체이기 때문에, X도 또한 다양체이다. X의 원

$$(x,\ a) \in U_\alpha \times G \subset X \text{와 } (y,\ b) \in U_\beta \times G \subset X$$

에 대해

$$(x,\ a) \sim (y,\ b) \Leftrightarrow x = y \text{이고 } b = \psi_{\beta\alpha}(x)a \tag{6.5}$$

와 같이, X상의 동치관계 $\sim$를 정의한다.

X의 $\sim$에 의한 상공간(quotient space)을 P로 하고, P가 주파이버번들인 다양체임을 증명하자.

먼저, G를 P의 우측에서 다음과 같이 작용시킨다. $(x,\ a) \in U_\alpha \times G$를 포함하는 동치류(equivalence class)를 $u = \rho(x,\ a) \in P$로 두고

$$ug = \rho(x,\ a)g = \rho(x,\ ag) \quad (g \in G) \tag{6.6}$$

로 정의한다. 이때, $g \neq e$이면 g에 의한 P의 변환은 명백히 부동점을 갖지 않는다.

P의 점 $u = \rho(x,\ a)((x,\ a) \in U_\alpha \times G)$에 대해서, $\pi(u) = \pi(\rho(x,\ a)) =: x$에 의해 사영(projection) $\pi : P \to M$을 정의한다. 이제

$$u = \rho(x,\ a) \quad ((x,\ a) \in U_\alpha \times G), \quad v = \rho(y,\ b) \quad ((y,\ b) \in U_\beta \times G)$$

에 대해, $\pi(u) = \pi(v)$이면 $x = y$이므로

$$\rho(x,\ a) = \rho(y,\ \psi_{\beta\alpha}(x)a) = \rho(x,\ \psi_{\beta\alpha}(x)a)$$

이고, $\rho(x,\ \psi_{\beta\alpha}(x)a) = \rho(x,\ b)g = \rho(y,\ b)g$인 $g \in G$가 존재하므로 $u = vg$가 된다.

역으로, $u = vg$이면

$$\rho(x,\ a) = \rho(y,\ b)g = \rho(y,\ bg)$$

이므로 $x = y$, 즉 $\pi(u) = \pi(v)$이다.

동치관계(equivalence relation) $\sim$는 각 X_α $(\alpha \in \Lambda)$상에서는 항등관계 (X_α에 속하는 두 원이 동치이면 같은 원(element))이므로

$$\pi^{-1}(U_\alpha) = \{\rho(x,\ a) \mid x \in U_\alpha,\ a \in G\} \text{와 } U_\alpha \times G$$

는 1 : 1 대응관계에 있다.

더욱이, $\pi^{-1}(U_\alpha)(\alpha \in \Lambda)$가 $U_\alpha \times G$와 미분동형이도록, $P(=X/\sim)$에 미분가능인 구조를 넣을 수 있다. 실제, 임의의 $u \in P$에 대해서

$$u = \rho(x,\ a) = \rho(y,\ b) \quad ((x,\ a) \in U_\alpha \times G,\ (y,\ b) \in U_\beta \times G)$$
$$\Leftrightarrow\ x = y \text{이고 } b = \psi_{\beta\alpha}(x)a$$

이므로

$$U_\alpha \times G \supset (U_\alpha \cap U_\beta) \times G \ni (x,\ a) \mapsto (x,\ \psi_{\beta\alpha}(x)a) \in (U_\alpha \cap U_\beta) \times G \subset U_\beta \times G$$

와 그 역 사상(inverse mapping)도 미분가능사상이기 때문이다.

이와 같은 다양체 P는 M상의 구조군 G를 갖는 주파이버번들(principal fibre bundle)임은 명백하다.

주파이버번들(principal fiber bundle)의 예로, 다양체 M의 프레임번들(bundle of all frames) $L(M)$을 정의하고, 그 좌표변환 $\psi_{\beta\alpha}$에 관하여 고찰하자.

n차원 다양체 M의 점 x에서의 프레임(frame)이란 접공간 T_xM의 기저(base)이다. M의 모든 점에서의 프레임 전체를 $L(M)$이라 하고, $u \in L(M)$가 M의 점 x에서의 프레임 $(X_1 X_2 \cdots X_n)$일 때 $\pi(u) = x$에 의해 사영(projection) $\pi : L(M) \to M$을 정의한다.

일반선형군(general linear group) $GL(n,\ R)$의 원 $a = [a^i_j]_{ij}$, $b = [b^i_j]_{ij}$에 대해, 곱 ab는

$$(ab)^i_j := \sum_{k=1}^{n} a^i_k b^k_j \quad (1 \le i,\ j \le n)$$

로 정의된다. 지금 $GL(n,\ R)$의 $L(M)$상의 우측작용(right action)을 점 x에서의 프레임 $u = (X_1 X_2 \cdots X_n)$ 및 $a\ (\in GL(n,\ R))$에 대해서 $ua = (Y_1 Y_2 \cdots Y_n)$은 점 x에서의 프레임

$$Y_j := \sum_{i=1}^{n} a^i_j X_i \quad (1 \le j \le n) \tag{6.7}$$

로 정의한다. 이때, 단위행렬 이외의 원은 부동점을 갖지 않는다. 그리고

$$u = (X_1 X_2 \cdots X_n), \quad v = (Y_1 Y_2 \cdots Y_n)$$

이 점 x에서의 프레임이라면, $v = ua$인 $a \in GL(n,\ R)$가 존재한다. U_α가 국소좌표계

$\{x_1, x_2, ..., x_n\}$을 갖는 근방일 때, U_α의 임의의 점 x에서의 임의로 주어진 프레임 $u = (X_1 X_2 \cdots X_n)$은

$$X_j = \sum_{i=1}^{n} a_j^i \left(\frac{\partial}{\partial x^i}\right)_x \quad (1 \le j \le n) \tag{6.8}$$

이므로, 사상(mapping)

$$\Phi_\alpha : \pi^{-1}(U_\alpha) \ni u \to \Phi_\alpha(u) = (x, [a_j^i]_{ij}) \in U_\alpha \times GL(n, R) \tag{6.9}$$

이 정의되는 데, 이 사상은 $\pi^{-1}(U_\alpha)$에서 $U_\alpha \times GL(n, R)$으로의 전단사(bijective)사상이다.

U_β의 좌표계를 $\{y_1, y_2, ..., y_n\}$이라 하고, $U_\alpha \cap U_\beta \neq \varnothing$이면 $x \in U_\alpha \cap U_\beta$에서의 프레임 $u = (X_1 X_2 \cdots X_n)$은 식 (6.8)과

$$X_j = \sum_{i=1}^{n} b_j^i \left(\frac{\partial}{\partial y^i}\right)_x \quad (1 \le j \le n) \tag{6.10}$$

으로 표기된다. 여기서

$$\psi_{\beta\alpha}(x) = \left[\frac{\partial y^i}{\partial x^k}\right]_{ik} \in GL(n, R) \tag{6.11}$$

로 두면, (6.8)과 (6.10)으로부터

$$b_j^k = \sum_{i=1}^{n} \frac{\partial y^k}{\partial x^i} a_j^i$$

즉

$$b = \psi_{\beta\alpha}(x) a \quad (b = [b_j^i]_{ij},\ a = [a_j^i]_{ij}) \tag{6.12}$$

로 된다. 식 (6.12)는 점 x에서의 프레임 u를 서로 다른 좌표계 $\{x^1, x^2, ..., x^n\}$, $\{y^1, y^2, ..., y^n\}$에 대해서, (6.9)와 같이 대응시킬 때, 그 상(image)의 관계가 $\psi_{\beta\alpha}$에 의해 전이된다는 것을 의미한다.

$L(M)$이 다양체이기 위해 M의 좌표근방 U_α들에 의한 개피복(open covering) $\{U_\alpha\}_{\alpha \in \Lambda}$를 취해

$$L(M) := \bigcup_{\alpha \in \Lambda} \pi^{-1}(U_\alpha)$$

로 둔다. 각 $\pi^{-1}(U_\alpha)$를 $L(M)$의 개부분집합(open subset)으로 하고, 위상동형사상 (6.9)에

의해 $L(M)$은 C^{∞} 다양체가 된다. 실제, $\pi^{-1}(U_\alpha)\cap\pi^{-1}(U_\beta)$에서의 변환

$$(U_\alpha\times G\supset)(U_\alpha\cap U_\beta)\times G\ni(\pi(u),\ a)$$
$$\mapsto(\pi(u),\ \psi_{\beta\alpha}(u)a)\in(U_\alpha\cap U_\beta)\times G(\subset U_\beta\times G)$$

및 그 역 사상(inverse mapping)이 모두 미분동형사상이므로 $L(M)$에 미분가능구조(differentiable structure)가 들어간다. 따라서 $L(M)$은 다양체 M상의 구조군 $GL(n,\ R)$을 갖는 주파이버번들(principal fiber bundle)이 된다.

주파이버번들인 프레임번들(the bundle of all frames)의 원소

$$u=(X_1X_2\cdots X_n)\quad(\in L(M))$$

이 점 $x\in M$에서의 프레임일 때, u를 선형동형사상(linear isomorphism)

$$u:R^n\ni e_i\mapsto X_i\in T_xM\quad(e_i:={}^t(0,\ \ldots,\ 0,\ 1,\ 0,\ \ldots,\ 0);1\text{은 } i\text{번째},\ i=1,\ 2,\ \ldots,\ n)$$

으로 간주한다. $a=[a^i_j]_{ij}\in GL(n,\ R)$에 대해

$$L(M)\ni ua=(Y_1\,Y_2\cdots Y_n)\quad\left(Y_j=\sum_{i=1}^{n}a^i_jX_i\right)$$

이고, 사상 $ua\ (\in L(M))$는

$$ua:R^n\ni e_i\mapsto(ua)(e_i)=Y_i\in T_xM$$

인 선형동형사상이다. 실제

$$(ua)(e_i)=u\left(\sum_{k=1}^{n}e_ka^k_i\right)=\sum_{k=1}^{n}a^k_iu(e_k)=\sum_{k=1}^{n}a^k_iX_k=Y_i$$

이므로, $ua:R^n\to T_xM$은 두 선형동형사상 $a:R^n\to R^n$과 $u:R^n\to T_xM$의 합성사상이다.

주파이버번들 $P(M,\ G,\ \pi)$상의 기본벡터장(fundamental vector field)을 소개한다.

구조군 G의 Lie대수(좌불편벡터장 전체)를 $\mathfrak{g}$로 둘 때. $\mathfrak{g}$의 원 A에 대해 $a_t:=\exp tA$로 하고, P의 1-매개변수변환군 $R_{a_t}:P\ni u\mapsto ua_t\in P$가 유도하는 P상의 벡터장을 A^*로 표기하고, A^*를 A에 대응하는 **기본벡터장**(fundamental vector field)이라 한다.

정의로부터, A^*_u는 곡선 ua_t의 $t=0$에서의 접 벡터이므로, u를 지나는 $\pi(u)$상의 파이버

를 Q_u 로 두면 $A_u^* \in T_u(Q_u)$ 이다. u 를 고정했을 때, $G \ni a \mapsto ua \in Q_u$ 는 미분동형사상이므로 단위원 e 에서의 미분사상

$$\mathfrak{g} = T_e G \ni A \mapsto A_u^* \in T_u(Q_u)$$

는 선형동형사상이다. 따라서 $A \neq 0\ (A \in \mathfrak{g})$ 이면 어떠한 점 $u\ (\in P)$ 에 대해서도 $A_u^* \neq 0$ 가 된다.

이 대응 $\mathfrak{g} \ni A \mapsto A^* \in \mathfrak{X}(P)$ 에 대해 다음 보제 6.1, 6.2는 잘 알려져 있다.

보제 6.1 $a \in G,\ B \in \mathfrak{g}$ 에 대해서, $(R_a)_* B^* = (Ad(a^{-1})B)^*$ 이다.

증명 $b_t := \exp tB\ (t \in R)$ 로 둘 때, P 의 점 u 에서 $\left((R_a)_* B^*\right)_u = (R_a)_* B^*_{ua^{-1}}$ 이고, $B^*_{ua^{-1}}$ 는 곡선 $ua^{-1}b_t$ 의 $t=0$ 에서의 접벡터이므로, 그것의 $(R_a)_*$ 에 의한 상(image)은 곡선 $R_a(ua^{-1}b_t) = ua^{-1}b_t a$ 의 $t=0$ 에서의 접벡터이다. 그런데, 참고 5.8에 의해

$$a^{-1}b_t a = a^{-1}\exp tB\, a = \exp(t\, Ad(a^{-1})B)$$

이므로, $ua^{-1}b_t a$ 의 $t=0$ 에서의 접벡터는 기본벡터장 $(Ad(a^{-1})B)^*$ 의 u 에서의 값이다. ■

보제 6.2 $X,\ Y \in \mathfrak{g}$ 에 대해서, $[X,\ Y]^* = [X^*,\ Y^*]$ 이다.

증명 $a_t := \exp tX$ 로 두면, 보제 5.7, 참고 5.8과 보제 6.1에 의해

$$\begin{aligned}[X^*,\ Y^*] &= \lim_{t\to 0}\frac{Y^* - \left(R_{a_t}\right)_* Y^*}{t} \\ &= \lim_{t\to 0}\frac{Y^* - \left(Ad\left(a_t^{-1}\right)Y\right)^*}{t} = (ad(X)(Y))^*\end{aligned}$$

이므로, $[X^*, Y^*] = [X, Y]^*$ 가 된다. ■

§7. 동반파이버번들 (fiber bundle associated to a principal fiber bundle)

주어진 주파이버번들 $P(M,\ G,\ \pi)$의 **동반파이버번들**(fiber bundle associated to $P(M,\ G)$)을 구성하자.

구조군 G가 다양체 F상의 좌측작용을

$$G\times F \ni (a,\ \xi) \mapsto a\xi \in F$$

로 두면

$$(ab)\xi = a(b\xi) \quad (a,\ b\in G,\ \xi\in F)$$

가 성립된다. 이때, F를 **표준파이버**(standard fiber, 혹은 단순히 fiber)로 하는 $P(M,\ G,\ \pi)$의 동반파이버번들은 다음과 같이 구성되어진다.

먼저, 각 $a\in G$에 대해

$$P\times F \ni (u,\ \xi) \mapsto (u,\ \xi)a := (ua,\ a^{-1}\xi) \in P\times F$$

로, $P\times F$상의 G의 우측작용(right action)을 정의한다. 이 작용에 의해 $P\times F$상의 동치관계(equivalence relation)를

"$(u,\ \xi)\sim(v,\ \eta) \Leftrightarrow v=ua$이고 $\eta=a^{-1}\xi$ 인 $a\in G$가 존재한다"

로 정의한다. 동치류(equivalence class) 전체의 집합에 상위상(quotient topology)이 도입된 상공간(quotient topological space)을 $E:=(P\times_G F)$ (혹은 $(P\times F)/\sim$)로 표기하고, E의 원소인 $(u,\ \xi)$의 동치류를 $\pi(u)\in M$에 대응시키는 사영(projection)사상 $\pi_E : E\to M$을 정의한다.

M의 각 점 x에 대해서, $\pi_E^{-1}(x)$는 $\pi(u)=x$인 P의 점 u와 임의의 $\xi\in F$를 취한 $(u,\ \xi)$의 동치류 전체의 집합이다. 이제, $\pi(u_0)=x$ 인 $u_0\in P$를 고정하면, $u\in\pi^{-1}(x)$는 $u=u_0 a$ $(a\in G)$이고 $(u,\ \xi)\sim(u_0,\ a\xi)$이므로

$$\pi_E^{-1}(x) = \{(u_0,\ \xi) =: u_0\xi \in (P\times_G F) \mid \xi\in F\} \cong F$$

로 간주할 수 있다.

P의 정의로부터, M의 적절한 개피복(open covering) $\{U_\alpha\}_{\alpha\in\Lambda}$에 대해서, 미분동형사상

$$\Phi_\alpha : \pi^{-1}(U_\alpha) \ni u \mapsto (\pi(u),\ \phi_\alpha(u)) \in U_\alpha \times G \quad (\alpha \in \Lambda)$$

와 $\pi^{-1}(U_\alpha) \cap \pi^{-1}(U_\beta) \neq \varnothing$ $(\alpha,\ \beta \in \Lambda)$일 때, 변환함수

$$\psi_{\beta\alpha} : U_\alpha \cap U_\beta \to G$$

를 이용하여, $P \times_G F$가 C^∞ 다양체임을 밝힌다.

$P \times_G F$의 국소좌표근방을 구성하기 위하여 사상 $\Phi_{G,\alpha}$를

(7.1)
$$\Phi_{G,\alpha} : \pi_E^{-1}(U_\alpha) = \{u\xi \in P \times_G F \mid u \in \pi^{-1}(U_\alpha),\ \xi \in F\}$$
$$\ni u\xi \mapsto (\pi(u),\ \phi_\alpha(u)\xi) \in U_\alpha \times F \quad (\alpha \in \Lambda)$$

로 정의한다. 이 대응 (7.1)이 위상동형사상(homeomorphism)임을 밝히자.

우선, $u\xi = u'\xi'$ $(\in P \times_G F)$이면, $u' = ua,\ \xi' = a^{-1}\xi$를 만족시키는 $a \in G$가 존재하고

$$\pi(u') = \pi(u), \quad \phi_\alpha(u')\xi' = \phi_\alpha(ua)a^{-1}\xi = \phi_\alpha(u)\xi$$

이므로, 사상 $\Phi_{G,\alpha}$는 well-defined이다.

$U_\alpha \times F$ 의 임의의 원 $(x,\ \xi)$에 대해서, u $(\in \pi^{-1}(\{x\}))$를 취한 후 $\xi' := \phi_\alpha(u)^{-1}\xi$로 두면

$$\Phi_{G,\alpha}(u\xi') = (\pi(u), \phi_\alpha(u)\xi') = (x, \xi) \quad (\in U_\alpha \times F)$$

가 되므로, $\Phi_{G,\alpha}$는 전사사상이다.

$$\Phi_{G,\alpha}(u\xi) = \Phi_{G,\alpha}(u'\xi') \quad (u\xi,\ u'\xi' \in P \times_G F)$$

이면

$$\pi(u) = \pi(u'), \quad \phi_\alpha(u)\xi = \phi_\alpha(u')\xi'$$

가 되므로, $u' = ua$인 $a \in G$가 존재하고 $a\xi' = \xi$ $(\xi' = a^{-1}\xi)$가 된다. 따라서

$$u\xi = u'\xi' \quad (\in P \times_G F)$$

가 되므로 $\Phi_{G,\alpha}$는 단사사상이다.

$\Phi_{G,\alpha}$ 및 $\Phi_{G,\alpha}^{-1}$가 연속사상임을 밝히기 위해 연속인 사영사상 $\pi_1,\ \pi_E$를

$$\pi_1 : P \times F \ni (u,\ \xi) \mapsto \pi_1(u,\ \xi) := u\xi \in P \times_G F =: E$$
$$\pi_E : P \times_G F \ni u\xi \mapsto \pi(u) \in M$$

와 같이 정의한다. 이때

$$(\pi_E \circ \pi_1)(u,\ \xi) = \pi(u) \quad ((u,\ \xi) \in P \times F)$$

가 성립한다. P_1, F_1이 각각 P, F의 개부분집합일 때

$$\pi_1(P_1 \times F_1) = \{u\xi \in P \times_G F \mid u \in P_1,\ \xi \in F_1\} =: V\ \ (\subset P \times_G F)$$

로 두면

$$\pi_1^{-1}(V) = \cup_{g \in G}(P_1 g \times g^{-1}F_1)\ \ (\subset P \times F)$$

는 직적 위상공간 $P \times F$의 개부분집합이므로, V는 $P \times_G F$의 개분분집합이고 사상 $\pi_1 : P \times F \to P \times_G F$는 개사상(open mapping)이다 (cf. §2). 상위상공간(quotient topological space) $P \times_G F$ 상의 임의의 개부분집합 V가 주어졌을 때, 직적 위상공간 $P \times F$의 개부분집합 O를 $\pi_1(O) = V$가 되도록 취할 수 있다 (cf. 문 2.5). U_α $(\subset M)$로부터 P로의 절단(cross section) σ_α를

$$\sigma_\alpha : U_\alpha \ni x \mapsto \sigma_\alpha(x) := \Phi_\alpha^{-1}(x,\ e) \in \pi^{-1}(U_\alpha)(\subset P)$$

로 정의한다. 이때, 절단 σ_α에 의해

$$\begin{aligned}\pi_E^{-1}(U_\alpha) &= \{\sigma_\alpha(x)\xi \in (P \times_G F) \mid x \in U_\alpha,\ \xi \in F\} \\ &= \{\pi_1(\sigma_\alpha(x)G,\ F) \mid x \in U_\alpha\}\end{aligned}$$

가 되고, 사상 (7.1)은

(7.2) $$\Phi_{G,\alpha} : \pi_E^{-1}(U_\alpha) \ni \sigma_\alpha(x)\xi \mapsto (\pi(\sigma_\alpha(x)),\ \phi_\alpha(\sigma_\alpha(x))\xi) = (x,\ \xi) \in U_\alpha \times F$$

인 사상이다. U_1, F_1이 각각 U_α, F의 개부분집합일 때

$$\Phi_{G,\alpha}^{-1}(U_1 \times F_1) = \pi_1(\sigma_\alpha(U_1)G,\ F_1')$$
$$(\cup_{g \in G}\, g^{-1}F_1' = F_1,\ i.e.,\ G^{-1}F_1' = F_1)$$

가 되는데, $G^{-1}F_1' = F_1 = GF_1'$과 $\sigma_\alpha(U_1)G\ (= \pi^{-1}(U_1))$는 각각 F와 $\pi^{-1}(U_\alpha)$의 개부분집합이고, π_1은 개사상이고 $GF_1 = F_1'$이므로

$$\Phi_{G,\alpha}^{-1}(U_1 \times F_1) = \pi_1(\sigma_\alpha(U_1)G,\ F_1') = \pi_1(\pi^{-1}(U_1),\ F_1')$$

은 $\pi_E^{-1}(U_\alpha)$의 개부분집합이다. 따라서 $\Phi_{G,\alpha}$는 연속이다.

역 사상 $\Phi_{G,\alpha}^{-1}$가 연속임을 밝히기 위해선 $\Phi_{G,\alpha}$가 개사상(open mapping)임을 밝히면 충분하다.

V_E $(\subset \pi_E^{-1}(U_\alpha) \subset P \times_G F)$를 임의로 주어진 개부분집합이라 하면, 직적 위상공간 $P \times F$의 개부분집합 $V_{P\times F}$를 $\pi_1(V_{P\times F}) = V_E$가 되도록 취할 수 있다. 더욱이

$$V_{P\times F} = \cup_i(\sigma_\alpha(U_i)G_i \times F_i) \quad \text{(각 } U_i,\ G_i,\ F_i\text{는 각기 } U_\alpha,\ G,\ F\text{의 개부분집합)}$$

으로 나타낼 수 있다 (cf. [15, Chapter 2, Section 2]). 이때

$$\begin{aligned}\Phi_{G,\alpha}(V_E) &= (\Phi_{G,\alpha} \circ \pi_1)(\cup_i(\sigma_\alpha(U_i)G_i \times F_i)) \\ &= \cup_i(\Phi_{G,\alpha} \circ \pi_1)(\sigma_\alpha(U_i)G_i \times F_i), \\ (\Phi_{G,\alpha} \circ \pi_1)(\sigma_\alpha(U_i)\, G_i \times F_i) &= \Phi_{G,\alpha}(\sigma_\alpha(U_i) \cdot G_i^{-1}F_i) \\ &= U_i \times G_i^{-1}F_i\,(\subset U_\alpha \times F)\end{aligned}$$

에 의해, $\Phi_{G,\alpha}(V_E)$는 $U_\alpha \times F$의 개부분집합이므로 $\Phi_{G,\alpha}$는 개사상이다. 환언하면, 역 사상 $\Phi_{G,\alpha}^{-1}$도 연속이다.

$E = P \times_G F$의 국소좌표근방계 $\{\pi_E^{-1}(U_\alpha); U_\alpha \times F\}_{\alpha \in \Lambda}$에서, 겹치는 근방간의 좌표변환이 미분가능임을 밝히기 위하여 변환함수를 구한다.

$\pi_E^{-1}(U_\alpha) \cap \pi_E^{-1}(U_\beta) \neq \varnothing$ $(\alpha,\ \beta \in \Lambda)$라 하자. 이때

$$\sigma_\alpha(x) = \sigma_\beta(x)\psi_{\beta\alpha}(x) \ (x \in U_\alpha \cap U_\beta \subset M;\ \alpha,\ \beta \in \Lambda) \ \text{(cf. 6절)}$$

와 위상동형사상 (7.2)에 의해

$$\sigma_\alpha(x)f = \sigma_\beta(x)(\psi_{\beta\alpha}(x)f) \in \pi_E^{-1}(U_\alpha) \cap \pi_E^{-1}(U_\beta) \subset P \times_G F$$

이므로

$$\begin{aligned}\Phi_{G,\alpha}^{-1}(x,\ f) &= \sigma_\alpha(x)f \in \pi_E^{-1}(U_\alpha)(\subset P \times_G F), \\ \Phi_{G,\beta}(\sigma_\alpha(x)f) &= \Phi_{G,\beta}(\sigma_\beta(x)(\psi_{\beta\alpha}(x)f)) \\ &= (\pi(\sigma_\beta(x)),\ \phi_\beta(\sigma_\beta(x))\psi_{\beta\alpha}(x)f) \\ &= (x,\ \psi_{\beta\alpha}(x)f) \in U_\beta \times F.\end{aligned}$$

환언하면, $\pi_E^{-1}(U_\alpha) \cap \pi_E^{-1}(U_\beta)$ 상에서

$$\begin{aligned}\Phi_{G,\beta} \circ \Phi_{G,\alpha}^{-1} : U_\alpha \times F &\supset (U_\alpha \cap U_\beta) \times F \ni (x,\ f) \\ &\mapsto (x,\ \psi_{\beta\alpha}(x)f) \in (U_\alpha \cap U_\beta) \times F \subset U_\beta \times F\end{aligned}$$

가 된다. 따라서 $P(M,\ G,\ \pi)$의 동반파이버번들 $E(M,\ F,\ \pi_E)$ $(E=P\times_G F)$는 C^∞ 다양체가 되고 사영 $\pi_E: E \to M$도 미분가능이다. 이 다양체 E $(=P\times_G F)$를 P의 **동반파이버번들**, 그리고 M의 각 점 x에 대해 $\pi_E^{-1}(x)$를 점 x $(\in M)$상의 **파이버**라 한다.

P의 점 u를

$$u: \xi \ni F \to \overline{(u,\ \xi)} = u\xi \in \pi_E^{-1}(x) \quad (\pi(u) = x \in M)$$

로 정의하면, u는 다양체 F로부터 파이버 $\pi_E^{-1}(x)$로의 미분동형사상으로 간주할 수 있다. G의 원 a 및 사상 ua $(\in P)$에 대하여

$$(ua)(\xi) = u(a\xi) \quad (\xi \in F)$$

가 성립된다. M의 점 x를 고정했을 때, $\pi^{-1}(x)$에 속하는 $u,\ v$ $(\in P)$는

$$u: F \to \pi_E^{-1}(x),\ v: F \to \pi_E^{-1}(x),\ v = ua \quad (a \in G)$$

이므로, $u^{-1}v = a: F \to F$는 다양체 F의 변환 (미분동형사상)이다. 이러한 관점에서, 예를 들면 다양체 F상에 군 G의 작용에 의한 불변의 구조가 존재하면, 그 구조를 M의 각 점 x상의 파이버 $\pi_E^{-1}(x)$로 옮겨서 생각할 수 있다. 다양체 F의 군 G의 작용에 의한 불변의 구조를 F의 특수한 성질의 기하(Klein's Erlangen Program)로 간주하면, 이러한 성질들을 파이버 $\pi_E^{-1}(x)$ $(\cong F)$상에 도입할 수 있다. 동반파이버번들 E는 다양체 M의 각 점 x마다 본질적으로 같은 성질(다양체 F에서 군 G의 작용에 독립인 성질)을 갖는 $\pi_E^{-1}(x)$들이 미분가능성을 잃지 않고 붙어져 있는 것들의, 총체라고 간주할 수 있다. 대략적으로 논하면, 이러한 기하학이 Elie Cartan의 '일반화된 기하학의 연구 방법 ([31, Cartan의 접속이론 (파이버상의 구조군에 의한 사상)])'이다.

간단한 예를 들기 위해, (긴밀)반(半)단순((compact) semisimple) Lie대수 $\mathfrak{g}$ 및 $\mathfrak{g}$에 대응하는 (긴밀)반(半)단순((compact) semisimple) Lie군을 간략히 소개한다.

일반적으로, Lie대수 $\mathfrak{g}$가 주어졌을 때

$$B: \mathfrak{g}\times\mathfrak{g} \ni (X,\ Y) \mapsto \mathrm{tr}(ad(X) \circ ad(Y)) \in R$$

로 정의되어진 $R-$쌍선형형식(bilinear form) B를 Lie대수 $\mathfrak{g}$의 Killing**형식**(Killing form)이라 하고, $\mathfrak{g}$의 Killing 형식 B가 비퇴화(non-degenerate)일 때 Lie대수 $\mathfrak{g}$를 **반(半)단순**

(semisimple) Lie**대수**라 한다. 특히 반(半)단순 Lie대수 $\mathfrak{g}$의 Killing 형식 B가 음 정치 (negative definite)일 때, 반(半)단순 Lie대수 $\mathfrak{g}$를 **긴밀반(半)단순 Lie대수**(compact semisimple Lie algebra)라 한다. 반(半)단순(semisimple) Lie대수 $\mathfrak{g}$에 대응하는 Lie군을 **반(半)단순**(semisimple) Lie**군**이라 하고, 긴밀반(半)단순(compact semisimple) Lie대수 $\mathfrak{g}$에 대응하는 Lie군을 **긴밀반(半)단순**(compact semisimple) Lie**군**이라 한다.

예로써, 주파이버번들 $P(M,\ G,\ \pi)$의 구조군 G를 긴밀연결반단순(compact connected semisimple) Lie군이라 하고, $\mathfrak{g}$를 긴밀연결반단순(compact connected semisimple) Lie군 G에 대응하는 긴밀반(半)단순(compact semisimple) Lie대수라 하자. $\mathfrak{g}$상에서 군 G의 작용(action)을

$$gX := (Ad(g))(X) \quad (g \in G,\ X \in \mathfrak{g})$$

로 정의한다. 여기서, $Ad(g) := (A_g)_{*e}$ (e는 G의 항등원), $A_g : G \ni x \mapsto gxg^{-1} \in G$인 G의 내부자기동형사상(inner automorphism of G)이다. 이 작용에 의해 $P\times\mathfrak{g}$상의 동치관계(equivalence relation)를

$$\text{“}(u,\ X) \sim (v,\ Y) \Leftrightarrow v = ua \text{ 그리고 } Y = Ad(a^{-1})X \text{ 인 } a \in G \text{ 가 존재한다”}$$

로 정의한다. 이때, $(P\times\mathfrak{g})/\sim =: P\times_{Ad(G)}\mathfrak{g} =: \mathfrak{g}_P =: E$ (fiber bundle associated to P)로 표기하고 주파이버번들 P의 **수반번들**(adjoint bundle of P)이라 한다. 수반번들 $P\times_{Ad(G)}\mathfrak{g}$ $=: E$의 국소좌표근방계 $\{\pi_E^{-1}(U_\alpha) \cong U_\alpha \times \mathfrak{g}\}_{\alpha\in\Lambda}$에서

$$\pi_E^{-1}(U_\alpha) \cap \pi_E^{-1}(U_\beta) \neq \varnothing \quad (\alpha,\ \beta \in \Lambda)$$

이면

$$\begin{aligned}\Phi_{G,\beta} \circ \Phi_{G,\alpha}^{-1} : (U_\alpha \times \mathfrak{g} \supset)(U_\alpha \cap U_\beta) \times \mathfrak{g} \ni (x,\ X) \\ \mapsto (x,\ Ad(\psi_{\beta\alpha}(x))(X)) \in (U_\alpha \cap U_\beta) \times \mathfrak{g} (\subset U_\beta \times \mathfrak{g})\end{aligned}$$

로 된다. $\mathfrak{g}$가 긴밀반단순 Lie대수이므로 $-B =: \langle\ ,\ \rangle$로 두면, $\langle\ ,\ \rangle$는 $\mathfrak{g}$상의 $Ad(G)$-불변내적이 된다. 사영사상

$$\pi_E : P\times_{Ad(G)}\mathfrak{g} = E \ni uX \mapsto \pi(u) \in M$$

에 대한 x $(\in M)$의 역 상인 파이버 $\pi_E^{-1}(x)$상으로, (변환함수 $Ad(\psi_{\beta\alpha}(x))$ $(x \in U_\alpha \cap U_\beta)$의 도움으로) $\mathfrak{g}$상의 $Ad(G)$-불변내적 $\langle\ ,\ \rangle$을 옮겨 파이버계량(fiber metric)으로 이용한다.

동반파이버번들의 중요한 예로 벡터번들(vector bundle)을 들 수 있다.

주파이버번들 $P(M,\ G,\ \pi)$의 구조군 G가 유한차원 실 (또는 복소)벡터공간 $V=R^n$(또는 C^n)에 선형으로 작용하고 있다고 하자. 즉, 미분가능인 군준동형사상

$$\rho : a \in G \to \rho(a) \in GL(n,\ R) \quad (\text{또는 } GL(n,\ C))$$

이 주어져, $a(\in G)$는 $\xi \in R^n$ (또는 C^n)을 $\rho(a)\xi$에 대응시킨다. 이 벡터공간 V를 파이버로 하는 $P(M,\ G,\ \pi)$의 동반파이버번들을 **벡터번들**이라 한다. M의 각 점 x상의 파이버 $\pi_E^{-1}(x)$는 V와 동형인 벡터공간으로 간주할 수 있다. 실제, 동반파이버번들에서와 같이 $\pi(u)=x$인 P의 점 u에 의해 사상

$$u:\ V \ni \xi \mapsto u\xi \in \pi_E^{-1}(x)\ (\subset P\times_{\rho(G)} V =: E)$$

가 정의되어지는데, 이 대응에 의해 V의 벡터공간으로서의 구조가 $\pi_E^{-1}(x)$로 옮겨져, $\pi_E^{-1}(x)$를 벡터공간으로 간주할 수 있다.

일반적으로, 다양체 M으로부터 벡터번들 $E(M,\ G,\ \pi_E)$ $(E=P\times_{\rho(G)}V)$로의 미분가능사상 $\sigma: M \to E$가 $\pi_E \circ \sigma = id_M$일 때, σ를 E의 **절단**(cross section)이라 한다.

벡터번들(vector bundle)의 경우, 절단 전체의 족(family) $Sec(E)$는 벡터공간이 된다. 실제, $\sigma,\ \tau \in Sec(E)$에 대해

$$(\sigma+\tau)(x) := \sigma(x)+\tau(x) \quad (x \in M)$$
$$(c\sigma)(x) := c\sigma(x) \quad (c \in R\ (\text{또는 } C),\ x \in M)$$

로 정의하면, 벡터공간이 됨은 명백하다.

주파이버번들의 동반파이버번들이, 벡터번들인 접벡터번들과 텐서번들(직적벡터번들)을 소개한다.

(1) 접벡터번들(tangent vector bundle)

n차원 다양체 M의 프레임번들 $L(M)$의 구조군 $GL(n,\ R)$은 R^n상에 자명하게 작용하고 있다. R^n을 파이버로 하는 $L(M)$의 동반파이버번들 $E:=(L(M)\times_{GL(n,\ R)}R^n)$는 M상의 접벡터번들(tangent bundle) $TM := \bigcup_{x\in M} T_xM$이다.

$L(M)$의 원 u는 R^n에서 T_xM $(x\in\pi(u))$상으로의 선형동형사상

$$u: R^n \ni \xi \mapsto u\xi \in T_xM$$

을 유도한다. 한편, 동반파이버번들 E의 구성에 있어서, $(u,\ \xi)$ $(\in L(M)\times R^n)$와 $(v,\ \eta)$ $(\in L(M)\times R^n)$가 동치(equivalent)라는 것은 $v=ua$, $\eta=a^{-1}\xi$를 만족하는 $a\in GL(n,\ R)$가 존재한다는 것을 의미한다. 따라서 $v(\eta)=(ua)(a^{-1}\xi)=u(\xi)$이므로, $(u,\ \xi)$의 동치류(equivalence class)를 $u(\xi)\in T_xM$에 대응시킴으로써

$$E:=L(M)\times_{GL(n,\ R)}R^n=\cup_{x\in M}T_xM=:TM$$

으로 된다. 더욱이, $Sec(TM)=Sec(E)=\mathfrak{X}(M)$이다.

(2) 텐서번들(tensor bundle)

R^n 상의 $(r,\ s)$형 텐서공간을 $T^r_s(R^n)$으로 표기한다. R^n 및 $(R^n)^*$상의 $GL(n,\ R)$의 작용 ρ 및 ρ^*는

$$\rho : a\in G\to\rho(a)=:a\in GL(n,R)\quad (\rho(a)\boldsymbol{x}=a\boldsymbol{x}\quad(\boldsymbol{x}\in R^n))$$
$$\rho^* : a\in G\to\rho^*(a)\in GL(n,\ R)\quad (\rho^*(a)(\omega))(\boldsymbol{x}):=\omega(\rho(a)^{-1}\boldsymbol{x})=\omega(a^{-1}\boldsymbol{x})$$
$$(\omega\in(R^n)^*,\ \boldsymbol{x}\in R^n)$$

로 정의된다. R^n 상의 $(r,\ s)$형 텐서

$$x_1\otimes x_2\otimes\cdots\otimes x_r\otimes\omega^1\otimes\cdots\otimes\omega^s\quad(\text{각 } x_i\in R^n,\ \text{그리고 각 } \omega^j\in(R^n)^*)$$

에 대한 군 $GL(n,R)$의 작용(action)은

$$\rho(a)(x_1\otimes x_2\otimes\cdots\otimes x_r\otimes\omega^1\otimes\cdots\otimes\omega^s)$$
$$:=\rho(a)x_1\otimes\cdots\otimes\rho(a)x_r\otimes\rho^*(a)\omega^1\otimes\cdots\otimes\rho^*(a)\omega^s\quad(a\in G)$$

로 정의된다.

일반적으로, 벡터공간 V상의 Lie군 G의 작용 ρ로부터 쌍대공간(dual space) V^* 상의 G의 작용 ρ^*는 다음과 같이 정의된다;

선형동형사상 $\rho(a): V\to V$ $(a\in G)$에 의해 $\rho^*(a): V^*\to V^*$는

$$(\rho^*(a)\omega)(\boldsymbol{x})=\omega(\rho(a^{-1})\boldsymbol{x})\quad(\omega\in V^*,\ \boldsymbol{x}\in V)$$

로 정의되는 선형동형사상이다.

이제, $\{e_i\}^n_{i=1}$, $\{d_j\}^n_{j=1}$을 실벡터공간 R^n의 기저라 하고, $\{f^j\}^n_{j=1}$, $\{g^i\}^n_{i=1}$을 각기 주어

진 기저들의 쌍대기저(dual basis)라 하자. 즉, $\{f^j\}_{j=1}^n$, $\{g^i\}_{i=1}^n$는

$$f^j(e_i)=\delta_i^j,\ g^i(d_j)=\delta_j^i \quad (i,\ j=1,\ ...,\ n)$$

를 만족하는 $(R^n)^*$의 기저이다. 이때

$$(d_1d_2\cdots d_n)=(e_1e_2\cdots e_n)a,\ {}^t(g^1g^2\cdots g^n)=a^{-1}\,{}^t(f^1f^2\cdots f^n) \quad (a\in GL(n,\ R))$$

이 되고, 만약

$$(l_1l_2\cdots l_n)\,{}^t(g^1g^2\cdots g^n)=(k_1k_2\cdots k_n)\,{}^t(f^1f^2\cdots f^n) \quad (l_i,\ k_j\in R;\ i,\ j=1,\ 2,\ ...,\ n)$$

이면, $(l_1l_2\cdots l_n)=(k_1k_2\cdots k_n)a$가 된다.

이를 토대로, $GL(n,\ R)$의 $(R^n)^*\times L(M)^*$상의 작용(action)을 다음과 같이 정의한다:

$$\begin{aligned}&x\in R^n,\ u=(u_1u_2\cdots u_n)\in L(M),\ a\in GL(n,\ R)\text{가 주어졌을 때}\\&{}^tx\in(R^n)^*,\ u^*:={}^t(u_1^*u_2^*\cdots u_n^*)\in L(M)^* \quad (u_j^*(u_i)=\delta_{ji};\ j,\ i=1,\ 2,\ ...,\ n),\\&({}^tx,\ u^*)a:=({}^tx\,a,\ a^{-1}u^*)\in(R^n)^*\times L(M)^*.\end{aligned}$$

여기서, $u^*:={}^t(u_1^*u_2^*\cdots u_n^*)$ $(\in L(M)^*)$는 $u=(u_1u_2\cdots u_n)$ $(\in L(M))$의 쌍대기저(dual basis)이다. 이를 편의상

$$\begin{aligned}&(R^n)^*\times L(M)^*(\equiv L(M)\times(R^n)^*)\\&\qquad\ni({}^tx,\ u^*)a=({}^tx\,a,\ a^{-1}u^*)\equiv(a^{-1}u^*,\ {}^tx\,a)=(u^*,\ {}^tx)a\end{aligned}$$

로 표기한다. 환언하면, $u,\ v\in L(M)$, u^*, v^*는 $u,\ v$의 쌍대프레임(dual frame), $x,\ y\in R^n$, ${}^tx,\ {}^ty\in(R^n)^*$, $a\in G$에 대해서

$$\begin{aligned}&(u,\ x)a:=(u\circ a,\ a^{-1}\circ x):=(ua,\ a^{-1}x),\\&(u^*,\ {}^tx)a:=(u^*\circ a,\ a^{-1}\circ{}^tx):=(a^{-1}u^*,\ {}^tx\,a)\end{aligned}$$

로 정의된다.

$$(u,\ x_1\otimes\cdots\otimes x_r\otimes\mu^1\otimes\cdots\otimes\mu^s),\ (v,\ y_1\otimes\cdots\otimes y_r\otimes\nu^1\otimes\cdots\otimes\nu^s)\in L(M)\times T_s^r(R^n)$$

(각 x_i, y_i는 n차 열벡터이고, 각 μ^i, ν^i는 n차 행벡터)

가 동치이라는 것은

$$v=ua,\quad v^*=u^*\circ a=a^{-1}u^*,$$

$$y_i = a^{-1}x_i \quad (i = 1,\ 2,\ \ldots,\ r),$$
$$\nu^j = a^{-1} \circ \mu^j = \mu^j a \quad (j = 1,\ 2,\ \ldots,\ s)$$

를 만족시키는 $a \in GL_n(R)$가 존재함을 의미한다. 이와 같은 적벡터번들(product vector bundle)

$$(L(M) \times T_s^r(R^n))/\sim\ = (\otimes_r TM) \bigotimes (\otimes_s TM^*) =: T_s^r(M)$$

을 M상의 $(r,\ s)$형 **텐서번들(tensor bundle)**이라 하고,

$$E = T_s^r(M) = L(M) \times_{GL(n,R)} T_s^r(R^n)$$

는 파이버로 벡터공간 $T_s^r(R^n)$을 가지는 $L(M)$의 동반파이버번들인 텐서번들(직적벡터번들)이다. 더욱이

$$T\ \ (\in Sec(E) = \{T \mid T: M \to T_s^r(M) = E\text{가 미분가능이고 } \pi_E \circ T = id_M\})$$

인 $Sec(E)$의 원 T는 M상의 $(r,\ s)$형 텐서장(tensor field)이다.

(3) $P = L(M)$**, 다양체** F**가** $F := GL_n(R)/O(n)$**이고** $L(M) \times_{GL_n(R)} F =: E$**인 경우**:

$$\mathscr{M} := \{g \mid g\text{는 } M\text{상의 리만계량}\},$$
$$F := GL_n(R)/O(n) \equiv \{<\ ,\ > \mid <\ ,\ >\text{은 } R^n\text{상의 정정치(positive definite)내적}\},$$
$$\{<\ ,\ > \mid <\ ,\ >\text{은 } R^n\text{ 상의 정정치(positive definite) 내적}\}$$
$$\equiv \{a = [a_{ij}]_{ij} \mid a\text{는 정정치실대칭행렬}\} =: \mathfrak{p}(n)$$

이라 하자. $g(\in \mathscr{M})$, $p(\in M)$와 $u = (x_1 x_2 \cdots x_n)(\in L(M))$, $(\pi(u) = p)$들이 $\mathscr{M}$, M과 $L(M)$에서 임의로 취한 원이라 하자. 이때

$$((x_1 \cdots x_n),\ [g_p(x_i, x_j)]_{ij}) \quad (\in L(M) \times \mathfrak{p}(n)),$$
$$(x_1 \cdots x_n)a = (y_1 \cdots y_n) \quad (\in L(M),\ a = [a_{ij}]_{ij} \in GL_n(R))$$

에 대하여

$$((x_1 \cdots x_n),\ [g_p(x_i, x_j)]_{ij})\,a := ((y_1 \cdots y_n),\ [g_p(y_i,\ y_j)]_{ij})$$
$$(= ((x_1 \cdots x_n) \circ a,\ a^{-1} \circ [g_p(x_i, x_j)]_{ij}))$$

$$= \left((x_1 \cdots x_n)\, a,\ \left[g_p \left(\sum_l x_l a_{li},\ \sum_t x_t a_{tj} \right) \right]_{ij} \right)$$

로, $L(M) \times \mathfrak{p}(n)$상에서 $GL_n(R)$의 우작용(right action)을 정의한다. 이 작용은 well-defined 이다. 실제

$$(x_1 \cdots x_n)\, a =: (y_1 \cdots y_n),\ (y_1 \cdots y_n) b =: (z_1 \cdots z_n)$$
$$(\in L(M);\ a = [a_{ij}]_{ij},\ b = [b_{ij}]_{ij} \in GL_n(R))$$

이라 하면

$$((x_1 \cdots x_n),\ [g_p(x_i,\ x_j)]_{ij})(ab) := \left((z_1 \cdots z_n),\ \left[g_p \left(\sum_{k,l} x_k a_{kl} b_{li},\ \sum_{s,t} x_s a_{st} b_{tj} \right) \right]_{ij} \right),$$

$$\begin{aligned} ((x_1 \cdots x_n),\ [g_p(x_i, x_j)]_{ij})\, a &= \left((x_1 \cdots x_n) a,\ \left[g_p \left(\sum_l x_l a_{li},\ \sum_t x_t a_{tj} \right) \right]_{ij} \right) \\ &= ((y_1 \cdots y_n),\ [g_p(y_i,\ y_j)]_{ij}), \\ ((y_1 \cdots y_n),\ [g_p(y_i,\ y_j)]_{ij}) b &= \left((y_1 \cdots y_n) b,\ \left[g_p \left(\sum_l y_l b_{li},\ \sum_t y_t b_{tj} \right) \right]_{ij} \right) \\ &= \left((z_1 \cdots z_n),\ \left[g_p \left(\sum_{k,l} x_k a_{kl} b_{li},\ \sum_{s,t} x_s a_{st} b_{tj} \right] \right]_{ij} \right) \end{aligned}$$

이므로

$$((x_1 \cdots x_n),\ [g_p(x_i,\ x_j)]_{ij})(ab) = (((x_1 \cdots x_n),\ [g_p(x_i,\ x_j)]_{ij})\, a) b$$

가 성립되기 때문이다.

$$\pi_E : L(M) \times_{GL_n(R)} \mathfrak{p}(n) = E \to M \quad (x \in M)$$

에 대해서, $x(\in M)$상의 파이버

$$\pi_E^{-1}(x) = \{ <\ ,\ > \mid <\ ,\ > \text{는 } T_x(M)\text{상에서 정정치(positive definite)내적} \}$$

으로 간주할 수 있다. 만약 C^∞ 절단(cross section)

$$\sigma : M \to L(M) \times_{GL_n(R)} \mathfrak{p}(n) = E$$

가 존재한다면, 이러한 절단 σ는 M상의 리만계량으로 간주할 수 있다. 여기서, 기저다양체 M으로부터 $L(M) \times_{GL_n(R)} \mathfrak{p}(n) = E$로의 C^∞ 절단의 존재성에 관해선, 기저다양체 M이 위상공간으로서 가산기저(countable basis)를 가지고, 지수사상인 미분동형사상

$$\exp : \mathfrak{s}(n) \to \mathfrak{p}(n) \quad \left(\mathfrak{s}(n) = \left\{ A \in M_n(R) \mid {}^t\!A = A \right\}\right) \text{ (cf. [22, Lemma 1, p.92])}$$

의 도움으로 "$GL_n(R)/O(n) = \mathfrak{p}(n)$이 $R^{n(n+1)/2}$과 미분동형이다"라는 점과 다음의 정리로부터, 이러한 절단(M 상의 리만계량)이 존재한다.

> **정리 7.1** [10, Theorem 5.7, p. 58]. $E(M, F, G, P)$를 M 상의 주파이버번들 P의 동반파이버번들이라 하고, 다양체 M이 위상공간으로서 가산기저를 가지고, 파이버 F가 유클리드공간과 미분동형이면, M에서 E로의 (C^{∞}) 절단이 존재한다.

참고 다양체가 위상공간으로 가산기저를 가질 동치조건 등에 관해선, 2장 §3의 정의 3.9, 3.10, 3.11 및 정리 3.12에 간략히 소개되어져 있다.

마지막으로, 주파이버번들 $P(M, G, \pi_P)$의 구조군 G의 축소(reduction)에 관하여 소개한다. 주파이버번들 $Q(M, H, \pi_Q)$의 구조군 H가 Lie군 G의 Lie부분군일 때, 사상 $f: Q \to P$로

$$f(ua) = f(u)a \quad (u \in Q,\ a \in H)$$

를 만족하는 단사(injective)이고 미분가능인 사상 f가 존재하고, f에 의해 유도되어진 M에서 M으로의 사상이 M의 항등사상일 때, $Q(M, H, \pi_Q)$를 $P(M, G, \pi_P)$의 **부분번들**(subbundle)이라 한다. $P(M, G, \pi_P)$가 이와 같은 부분번들 $Q(M, H, \pi_Q)$를 가질 때, $P(M, G, \pi_P)$의 구조군 G는 Lie부분군 H로 **축소가능**(reducible)하다고 한다.

$Q(M, H, \pi_Q)$가 $P(M, G, \pi_P)$의 부분번들(subbundle)일 때, Lie군 H가 Lie군 G상에, 좌측에서 작용(action)하고 있다고 하고, G를 파이버로 하는 $Q(M, H, \pi_Q)$의 동반파이버번들 $Q \times_H G = E$를 구성하면

$$Q \times_H G = E \equiv P(M, G, \pi_P)$$

가 된다. 실제, $(u, g), (v, k) \in Q \times G$에 대해서, $Q \times G$상에 동치관계를 이 전과 마찬가지로

"$(u, g) \sim (v, k)$" $\Leftrightarrow$ "$ua = v$, 그리고 $a^{-1}g = k$를 만족하는 $a \in H$가 존재한다."

로 정의한다. $\pi_Q^{-1}(x) \ni u\ (x \in M)$일 때

$$\pi_Q^{-1}(x) = uH \equiv \{\overline{(u, h)} \mid h \in H\} \text{와 } \pi_E^{-1}(x) = \{\overline{(u, g)} \mid g \in G\} \equiv \pi_P^{-1}(x)$$

로 간주할 수 있기 때문이다.

일반적으로, 주파이버번들 $Q(M,\ H,\ \pi_Q)$가 주어졌을 때, 구조군 H가 Lie군 G의 Lie부분군이면, $Q(M,\ H,\ \pi_Q)$가 부분번들(subbundle)이 되도록 주파이버번들 $P(M,\ G,\ \pi_P)$를 구성할 수 있다.

역으로, 주파이버번들 $P(M,\ G,\ \pi_P)$와 G의 Lie부분군 H가 주어졌을 때, 구조군 G가 H로 축소가능한지에 대해서는 다음 결과들이 알려져 있다.

정리 7.2 [10, Proposition 5.3, p.53]. 주파이버번들 $P(M,\ G,\ \pi_P)$의 구조군 G가 Lie부분군 H로 축소가능일 필요충분조건은 M의 개피복(open covering)으로 국소직적(local direct product)을 부여하는

$$\{U_\alpha\}_{\alpha\in\Lambda}\quad (i.e.,\ \pi_P^{-1}(U_\alpha)\cong U_\alpha\times G\quad (\alpha\in\Lambda))$$

로, 이 개피복에 대응되는 좌표변환 $\psi_{\beta\alpha}\ (\alpha,\ \beta\in\Lambda)$의 변역(codomain)이 H에 포함되게 하는 M의 개피복(open covering) $\{U_\alpha\}_{\alpha\in\Lambda}$가 존재하는 것이다.

증명 구조군의 확장은 크게 무리가 없으므로, 여기선 충분조건만 제시한다.

$\psi_{\beta\alpha}\ (\beta,\ \alpha\in\Lambda)$의 치역이 H에 포함되는 M의 개피복 $\{U_\alpha\}_{\alpha\in\Lambda}$가 존재한다고 가정하자. 좌표변환 $\psi_{\beta\alpha}: U_\alpha\cap U_\beta\rightarrow G\quad (\alpha,\ \beta\in\Lambda)$가 미분가능이고, 더욱이, 각 $\psi_{\beta\alpha}$의 치역이 Lie부분군 H에 포함되므로, $\psi_{\beta\alpha}$는 $U_\alpha\cap U_\beta\rightarrow H$의 사상으로도 미분가능이다 (cf. [10, Proposition 1.3, p.10]). 따라서 $\{\psi_{\beta\alpha}\}$를 좌표변환으로 하는 주파이버번들 $Q(M,\ H,\ \pi_Q)$가 구성되어진다. 여기서, Q에서 P로의 단사사상 f를 다음과 같이 구성한다.

$$\pi_Q^{-1}(U_\alpha)\ \rightarrow\ U_\alpha\times H\ \hookrightarrow\ U_\alpha\times G\ \rightarrow\ \pi_P^{-1}(U_\alpha)$$

의 합성사상을 $f_\alpha: \pi_Q^{-1}(U_\alpha)\rightarrow\ \pi_P^{-1}(U_\alpha)$로 둔다. $\pi_Q^{-1}(U_\alpha\cap U_\beta)$상에서, $f_\alpha=f_\beta$가 되므로, $f: Q\rightarrow P$가 $\{f_\alpha\}_{\alpha\in\Lambda}$에 의해 정의된다. 더욱이, 합성사상 f_α의 정의로부터 $f(uh)=f(u)h\quad (u\in Q,\ h\in H)$가 성립된다. ■

정리 7.3 [10, Proposition 5.6, p.57]. H는 $P(M,\ G,\ \pi_P)$의 구조군 G의 폐Lie부분군(closed Lie subgroup)이고, 등질공간 $G/H=F$를 파이버로하는 P의 동반파이버번들

$P\times_G G/H =: E$로 둘 때, 구조군 G가 H로 축소가능일 필요충분조건은 절단 $\sigma: M \to E$가 존재하는 것이다. 즉

$$\{Q(M,\ H,\ \pi_Q)\,|\,Q(M,\ H,\ \pi_Q)\text{는 } P(M,\ G,\ \pi_P)\text{의 부분번들}\}$$

$$\xleftrightarrow{1:1\ \text{대응}}\quad Sec(M; P\times_G G/H = E).$$

증명 부분번들 $Q(M,\ H,\ \pi_Q)$가 주어졌다고 하자. 등질공간 G/H의 원점을 $\xi_o = \pi_o(e)$ ($\pi_o: G\to G/H$ 사영(natural projection))로 두고, M의 점 x에 대해 $\pi_Q(u) = x$인 $u\in Q$를 취하여 E의 원 $u\xi_o$를 대응시킨다. u 대신에 $v = uh\ \ (h\in H)$를 취하면

$$v\xi_o = (uh)(\xi_o) = u(h\xi_o) = u\xi_o$$

이므로, 이 대응은 well-defined이다. 따라서

$$\sigma(x) := u\xi_o \quad (\pi_Q(u) = x\in M)$$

에 의해 절단(cross section) $\sigma: M\to P\times_G G/H$가 정의된다.

역으로, 절단 $\sigma: M\to P\times_G G/H = E$에 대해서

$$Q := \{u\in P \mid u(\xi_o) = u\xi_o = \sigma(\pi_P(u))\in P\times_G G/H = E\}$$

로 둔다. 이때, $u\in Q$이고 $h\in H$이면, $uh\in Q$가 된다. 이와 같은 P의 부분집합 Q는 구조군 H를 갖는 M상의 주파이버번들이고, 주파이버번들 $P(M,\ G,\ \pi_P)$의 부분번들이 된다. ■

정리 7.3의 예로서

$$P = L(M),\ G = GL_n(R),\ H = O(n)$$

으로 두고, P의 동반번들

$$L(M)\times_{GL_n(R)} GL_n(R)/O(n) = E$$

를 소개한다. 위의 정리 7.3의 덕분으로

$$\{g\,|\,g\text{는 } M\text{상의 리만계량}\}$$

$$\xleftrightarrow{1:1\ \text{대응}}\ \{Q(M,\ O(n))\,|\,Q(M,\ O(n))\text{은 } L(M)\text{의 부분번들}\}$$

인 관계를 얻는다. 실제, 리만계량 g가 주어지면, R^n의 표준내적 $< , >$에 대해

$$Q := \left\{ u \in L(M) \mid \langle \xi, \eta \rangle = g_{\pi_P(u)}(u\xi, u\eta) \quad (\xi, \eta \in R^n) \right\}$$

는 $O(n)$을 구조군으로 갖는 $L(M)$의 부분번들이다. 위 식에서 $u \in P$는 g에 관한 정규직교기저 $u = (X_1 X_2 \cdots X_n)$로, $u : R^n \to T_{\pi_P(u)}(M)$의 선형동형사상인데, 이는

$$g_{\pi_P(u)}(X_i, X_j) = \delta_{ij}$$

를 의미한다. 즉, 위의 Q는 M의 정규직교프레임(orthonormal frame)들의 전체로 이루어진 구조군 $O(n)$을 갖는, 주파이버번들이다. 이와 같이 (M, g)상의 정규직교프레임번들은 주어진 리만계량 g에 의해 완전히 결정된다. 이러한 정규직교프레임번들을 $O(M, g)$로 표기한다.

역으로, $Q(M, O(n), \pi_Q)$가 $O(n)$을 구조군으로 갖는 $L(M)(M, GL_n(R), \pi_P)$의 부분번들이다고 가정하자. M의 각 점 x에 대해 $\pi_Q(u) = x$인 $u \in Q$를 취해

$$g_x(X, Y) := \langle u^{-1}X, u^{-1}Y \rangle \quad (X, Y \in T_xM)$$

로 정의하면, g_x는 u의 선택에 독립이고 M의 각 점 x에서 T_xM의 내적이다. 계량 g의 미분가능성은 M의 각 점 x의 근방에서 Q로의 절단(section)이 존재하므로 명백하다 (cf. §6).

더욱이, 정리 7.3의 전형적인 예제로서 잘 알려진 파이버 $F = GL_n(R)/SL_n(R)$인 경우를 소개한다. 우선

$$\begin{aligned}
&R^n := \{ x \mid x\text{는 실(real) } n\text{차 열벡터} \}, \\
&(R^n)^* = \{ f \mid f\text{는 실(real) } n\text{차 행벡터} \}, \\
&\{e_i\}_i\text{는 } R^n\text{의 표준기저}, \\
&\{f^j\}_j\text{는 } (R^n)^*\text{의 표준기저} \quad (f^j(e_i) = \delta_i^j \,;\, i, j = 1, \ldots, n), \\
&F := \{ \mu \mid \mu\text{는 } R^n\text{상의 체적요소(volume element)} \}, \\
&f^1 \wedge f^2 \wedge \cdots \wedge f^n =: \xi_o \in F
\end{aligned}$$

라 하자. $\mu(\in F)$와 $a, b(\in GL_n(R))$에 대해서

$$(a\mu)(x_1, x_2, \ldots, x_n) = \mu(a^{-1}x_1, a^{-1}x_1, \ldots, a^{-1}x_n) \quad (\text{각 } x_i \in R^n)$$

으로 정의하면, $GL_n(R)$의 F상에서의 작용(action)도 정의된다. 이때

$$\left\{a \in GL_n(R) \mid a\xi_o = a(f^1 \wedge f^2 \wedge \cdots \wedge f^n) = f^1 \wedge f^2 \wedge \cdots \wedge f^n\right\} = SL_n(R)$$

이므로 $F \cong GL_n(R)/SL_n(R)$이 된다.

이제, M상에 체적요소(volume element) ω (즉, M의 어떤 점에서도 0이 아닌 미분가능인 n차 형식)가 임의로 주어졌을 때

$$Q := \{u = (X_1 X_2 \cdots X_n) \in L(M) \mid \omega(X_1, X_2, \ldots, X_n) = 1\}$$

로 두면, $u = (X_1 \cdots X_n)$ $(\in Q)$이고 $a = [a_{ij}]_{ij}$ $(\in SL_n(R))$이면

$$\omega(X_1, \ldots, X_n) = \omega\left(\sum_k a_1^k X_k, \ldots, \sum_k a_n^k X_k\right) = 1$$

이 되므로, $Q(M, SL_n(R), \pi_Q)$는 $L(M)(M, GL_n(R), \pi_{L(M)})$의 부분번들이 된다. 이 부분번들 Q는 주어진 체적요소(volume element) ω에 의해 완전히 결정된다.

역으로, 주파이버번들 $L(M)(M, GL_n(R), \pi_{L(M)})$의 부분번들 $Q(M, SL_n(R), \pi_Q)$가 주어졌을 때, 각 점 x에 대해서 u $(\in \pi_Q^{-1}(x))$를 취하여 절단

$$\sigma : M \ni x \mapsto \sigma_x = \sigma(x) = u\xi_o \in L(M) \times_{GL_n(R)} GL_n(R)/SL_n(R) = E$$
$$(GL_n(R)/SL_n(R) = F)$$

를 정의하는데

$$\sigma(x) = (uh)\xi_o = u(h\xi_o) = u\xi_o \quad (h \in SL_n(R))$$

이므로, 이 정의는 well-defined이다. 여기서, M의 임의의 원 x에 대해서 $\sigma_x (\neq 0)$는

$$\begin{aligned}\sigma_x(X_1, \ldots, X_n) &= (u\xi_o)(X_1, \ldots, X_n) = \xi_o(u^{-1}X_1, \ldots, u^{-1}X_n)\\ &= (f^1 \wedge f^2 \wedge \cdots \wedge f^n)(u^{-1}X_1, \ldots, u^{-1}X_n)\end{aligned}$$

(각 $X_i \in T_x(M)$, $u : R^n \to T_x(M)$은 R-선형동형사상)

인 $T_x(M)$상의 n차 미분형식이고, σ의 $x(\in M)$에서의 미분가능성은 x를 포함하는 적절한 개근방(open neighborhood) $U(\subset M)$에 대해서

$$\pi_E^{-1}(U) \cong U \times F = U \times GL_n(R)/SL_n(R) \quad (x \in U \subset M)$$

이고, 동반벡터번들 E의 미분가능인 전환함수(transition function)의 덕분으로 절단

$$\sigma : M \to E (= L(M) \times_{GL_n(R)} GL_n(R)/SL_n(R))$$

가 미분가능임이 밝혀진다 (cf. [10, Theorem 5.7, p.58]).

이 외에도, 다양체 M상의 여러 가지 대역적 구조가 $L(M)$의 구조군 $GL_n(R)$의 폐Lie부분군(closed Lie subgroup)으로의 축소로써 정의될 수 있다.

제2장

주파이버번들상의 접속에 의한 평행이동

이 장에서는 주파이버번들상의 접속에 의한, 기저다양체상의 곡선을 따른 평행이동을 정의한다. 주파이버번들간의 준동형사상에 의해 정의역 (또는 변역) 주파이버번들상의 접속을 변역 (또는 정의역) 번들로의 사상 및, 호로노미번들의 구조군(호로노미군)에 대응하는 호로노미대수는 곡률에 의해 결정됨(호로노미정리)을 소개한다.

그리고 평탄접속의 특성 및 주파이버번들상의 접속의 구성에 관하여 약술한다. 마지막으로, 주파이버번들상의 주어진 접속에 의한, 기저다양체로부터 동반파이버번들(벡터번들)로의 절단(section)의 공변미분을 정의한다.

§1. 주파이버번들상의 접속

$P=P(M,\ G,\ \pi)$를 기저공간 M, 구조군 G를 갖는 주파이버번들이라 하자. P의 점 u에서의 접공간(tangent space)을 P_u, u를 지나는 파이버 $G_u=\pi^{-1}(x)$ $(\pi(u)=x)$에 접하는 접공간을 $\mathfrak{g}_u$로 표기한다. P의 **접속**(connection)이란, P의 각 점 u에 P_u의 부분공간 Q_u를 대응시키는 분포(distribution)로 다음 3조건을 만족하는 사상(mapping)이다.

1) $P_u=\mathfrak{g}_u+Q_u$ (직합(direct sum)).
2) 임으로 주어진 $u\in P$와 $a\in G$에 대해서, $Q_{ua}=(R_a)_{*u}Q_u$. 여기서, R_a는 변환 $P\ni u\rightarrow ua=R_a(u)\in P$이다.
3) 분포(distribution) Q는 P상의 미분가능(differentiable)인 분포이다.

위 조건 3)의 의미는 다음과 같다. P상의 벡터장 X는 P의 각 점 u에서

$$X_u = Y_u + Z_u \quad (Y_u \in \mathfrak{g}_u,\ Z_u \in Q_u)$$

로 유일하게(uniquely) 표기되는데, P상에서 위와 같이 주어진 벡터장 X에 대해서

$$\text{수직성분 } Y:\ P \ni u \to Y_u \in \mathfrak{g}_u \quad (\subset T_uP \subset TP)$$
$$\text{수평선분 } Z:\ P \ni u \to Z_u \in Q_u \quad (\subset T_uP \subset TP)$$

와 같이, 주어진 벡터장 X에 의해 P상에서 두 벡터장 Y, Z가 정의된다. 그런데 위의 조건 3)은 X가 미분가능이면, X의 수평성분 Z도 (따라서 수직성분 Y도) 미분가능인 P상의 벡터장이 된다는 의미이다.

P상에 접속이 이와 같이 주어졌을 때, Q_u를 u에서 **수평부분공간**(horizontal subspace)이라 하고, 벡터장 X의 수평성분을 hX, 수직성분을 vX로 표기한다. 특히, $X = hX$일 때 X를 **수평벡터장**이라 한다.

P상에 접속이 주어졌을 때, $\mathfrak{g}$ ($\mathfrak{g}$는 G의 Lie대수) 값을 취하는 P상의 1차 미분형식(1-form) ω를 다음과 같이 정의하자:

제1장 §6에서 소개한 바와 같이, $T_u(P)$ $(u \in P)$의 부분공간 $\mathfrak{g}_u$의 원은, $\mathfrak{g}$의 적절한 원 A에 대한 P상의 기본벡터장 A^*의 u에서의 값 A_u^*로 표기된다. $T_u(P)$의 부분공간 $\mathfrak{g}_u$상에서는 $\omega_u(A_u^*) =: A$, 그리고 Q_u상에서는 $\omega(Q_u) = 0 \in \mathfrak{g}$로 정의한다. 위 접속 Q의 정의 3)에 의해 ω가 명백히 미분가능이다. 이러한, P상의 $\mathfrak{g}$-값을 갖는 1차 미분형식(1-form) ω를 주어진 접속 Q의 **접속형식**(connection form)이라 한다.

주어진 접속 Q의 접속형식 ω는 다음 2조건을 만족한다.

1′) $\omega(A^*) = A \quad (A \in \mathfrak{g})$,

2′) 각 $a \in G$에 대해서

$$(R_a^*\omega)(X) = Ad(a^{-1})(\omega(X)) \quad (X \in \mathfrak{X}(P)).$$

여기서, $Ad(a^{-1})$는 G의 $\mathfrak{g}$상의 수반표현(adjoint representation)이다. 1′)는 접속형식 ω의 정의로부터 성립되고, 2′)를 증명하기 위해 X가 수평이면 $(R_a)_*X$도 수평이므로

$$\omega(X) = 0 \text{이고 } (R_a^*\omega)(X) = 0$$

가 된다. 따라서 X가 수평이면 2′)가 성립된다. X가 수직이면 $X_u = B_u^*$ $(B \in \mathfrak{g})$로 표기되고

$$(R_a)_* X_u = (Ad(a^{-1})B)^*_{ua}$$

이므로

$$(R_a^* \omega)(X_u) = \omega((R_a)_* X_u) = \omega((Ad(a^{-1})B)^*_{ua})$$
$$= Ad(a^{-1})B = Ad(a^{-1})\omega(B_u^*) = Ad(a^{-1})\omega(X_u)$$

로 된다. 따라서 X가 수직일 때도 2′)가 성립된다.

역으로, 1′)와 2′)를 만족하는 $\mathfrak{g}$-값을 갖는 P상의 미분가능인 1차 미분형식 ω가 주어졌을 때, P의 각 점 u에서

$$Q_u := \{X \in T_u P \mid \omega_u(X) = 0\}$$

로 두면, 1′)에 의해

$$\omega_u(T_u P) = \mathfrak{g}_u, \quad T_u P = Q_u + \mathfrak{g}_u \quad \text{(direct sum)}$$

가 되고, 2′)와 Q_u의 정의에 의해

$$(R_a^* \omega)(Q_u) = Ad(a^{-1})(\omega(Q_u)) = 0$$

이므로

$$(R_a)_* Q_u = Q_{ua}.$$

따라서 분포(distribution) $Q : P \ni u \to Q_u \subset T_u P \subset TP$는 P상의 접속이 되고, 이 접속의 접속형식은 주어진 ω와 일치한다. 사영(projection) $\pi : P \to M$에 의해

$$\pi_* : T_u P (= \mathfrak{g}_u \oplus Q_u) \to T_x M \quad (x = \pi(u))$$

은 전사(surjective)인 선형사상이다. P상에 접속이 주어졌을 때

$$\pi_* : P_u = Q_u \oplus \mathfrak{g}_u \to T_x M, \quad \pi_*(\mathfrak{g}_u) = 0, \quad \dim Q_u = \dim T_x M$$

이므로, $\pi_* : Q_u \to T_x M$은 선형동형사상이다.

M상의 벡터장 X에 대해서, P상의 벡터장 X^*로

$$hX^* = X^*, \quad \pi_*(X^*) = X$$

인 X^*를 X의 **수평** lift(horizontal lift) 혹은 간단히 lift라 한다.

정리 1.1 P상의 접속과 M상의 미분가능인(differentiable) 벡터장 X가 주어졌을 때, X의 유일한 미분가능인 수평(horizontal) lift X^*가 존재한다. 더욱이 (수평) lift X^*는, 각 $a \in G$에 대한 R_a에 의해 불변이다.

역으로, G에 의해 불변인 P상의 미분가능인 수평벡터장 X^*는 M상의 미분가능인 벡터장 $\pi_*(X^*) =: X$의 (수평) lift이다.

증명 M상의 미분가능인 벡터장 X에 대한 lift X^*가 유일하게 존재함은 $\pi_* : Q_u \to T_{\pi(u)}M$이 선형동형사상이므로, 미분방정식의 해의 존재정리로부터 명백하다. X^*가 미분가능(differentiable)임을 밝히자. M상의 임의로 주어진 점 x에 대하여, x의 근방 U로 $\pi^{-1}(U) \cong U \times G$인 U를 취한다. 이 미분동형 $\pi^{-1}(U) \cong U \times G$를 이용하여, $\pi^{-1}(U)$상에 $\pi_*(Y) = X$인 미분가능인 벡터장 Y를 정의한다. 이때, $X^* = hY$이므로 X^*는 $\pi^{-1}(U)$상에서 미분가능이다. 결국 X^*의 유일성으로부터 X^*는 P상의 미분가능인 벡터장이다.

각 $a \in G$에 대하여, $R_{a*}X^*$도 수평벡터장이고

$$\pi_*(R_{a*}X^*) = \pi_*(X^*) = X$$

이므로, $R_{a*}X^* = X^*$, 즉 X^*는 R_a에 의해 불변이다.

역으로, X^*는 P상의 G-불변 $(R_{a*}X^* = X^* \ (a \in G))$인 미분가능인 수평벡터장이라 하자. 이때, 임의로 주어진 $x \in M$에 대해 $\pi(u) = x$인 $u \in P$를 취하여 $\pi_*(X^*_u) =: X_x$로 두면, M상의 미분가능인 벡터장 X가 정의된다. 실제, $u' = ua \ (a \in G)$이면

$$\pi_*(X^*_{u'}) = \pi_*(R_{a*}X^*_u) = \pi_*(X^*_u) = X_{\pi(u)}$$

이고 X는 M상의 미분가능인 벡터장이다. X^*는, X^*로부터 정의된 M상의 미분가능인 벡터장 X의 미분가능인 (수평) lift이다. ■

보제 1.2 P상의 벡터장 X^*, Y^*가 M상의 벡터장 X, Y의 (수평) lift일 때

(i) $X^* + Y^*$는 $X + Y$의 lift이고,

(ii) $h[X^*, Y^*]$는 $[X, Y]$의 lift이다.

증명 (i) $X^* + Y^*$도 P상의 수평벡터장이고

$$\pi_*(X^* + Y^*) = \pi_*(X^*) + \pi_*(Y^*) = X + Y$$

이므로, $X^* + Y^*$는 $X + Y$의 lift이다.

(ii) 임의로 주어진 $f \in C^\infty(M)$에 대해서

$$\begin{aligned}[X,\ Y](f) \circ \pi &= \{X(Yf) - Y(Xf)\} \circ \pi \\ &= X^*(Yf \circ \pi) - Y^*(Xf \circ \pi) \\ &= X^*(Y^*(f \circ \pi)) - Y^*(X^*(f \circ \pi)) \\ &= [X^*, Y^*](f \circ \pi) = (\pi_*[X^*, Y^*])(f) \circ \pi\end{aligned}$$

이므로, $d\pi[X^*,\ Y^*] = [X,\ Y]$가 된다. 한편

$$\begin{aligned}d\pi([X^*,\ Y^*]) &= d\pi(h[X^*,\ Y^*] + v[X^*,\ Y^*]) \\ &= d\pi(h[X^*,\ Y^*]) = [X,\ Y]\end{aligned}$$

이므로, $h[X^*,\ Y^*]$는 $[X,\ Y]$의 lift가 된다. ■

§2. 평행이동(parallel displacement)

주파이버번들(principal fiber bundle) $P(M, G, \pi)$에 접속이 주어졌을 때, M상의 (임의로 주어진) 곡선을 따른 평행이동이란 개념을 정의하는 것이 이 절의 목적이다.

이후에서는 특별한 언급이 없는 한, 곡선이란 항상 미분가능 혹은 구분적(piecewise)으로 미분가능인 곡선을 지칭하기로 한다.

기저다양체 M상의 미분가능인 곡선 $\tau = \{x_t \mid 0 \leq t \leq 1\}$가 주어졌을 때, P상의 곡선 $\tau^* = \{u_t \mid 0 \leq t \leq 1\}$로

1) τ^*가 수평, 즉 τ^*의 각 점에서의 접벡터가 수평이고

2) $\pi(u_t) = x_t \quad (0 \leq t \leq 1)$

를 만족할 때, τ^*를 τ의 **(수평)** lift 혹은 lift라 한다.

곡선의 lift의 개념은 벡터장의 lift의 개념에 대응한다. 실제, P상의 수평벡터장 X^*가 M상의 벡터장 X의 lift이면, P의 점 u_0를 지나는 X^*의 적분곡선이 $x_0 = \pi(u_0)$를 지나는 X에 대한 적분곡선의 lift이다

정리 2.1 $\tau = \{x_t \mid 0 \leq t \leq 1\}$은 M상의 C^1-곡선, u_0는 $\pi(u_0) = x_0$인 P의 점이라 하자. 이때, u_0를 지나는 τ의 (수평) lift $\tau^* = \{u_t \mid 0 \leq t \leq 1\}$은 유일하게 존재한다.

증명 주파이버번들(principal fiber bundle)의 국소자명성 $(\pi^{-1}(U) \cong U \times G)$로부터,

$$v_0 = u_0 \text{이고 } \pi(v_t) = x_t \quad (0 \leq t \leq 1)$$

인 P상의 C^1-곡선 v_t가 존재한다. 만약 τ의 lift u_t가 존재한다면 $u_t = v_t a_t$형이다. 여기서, a_t는 $a_0 = e$를 만족하는 구조군 G상의 곡선이다. 이 lift u_t의 점 u_t에서의 접벡터는

$$u_t' = v_t' a_t + v_t a_t'$$

가 된다. 여기서, $v_t' a_t$는 P의 변환인

$$P \ni v \mapsto v a_t \in P$$

의 미분사상에 의한 v_t' (점 v_t에서 접벡터)의 상(image)을 의미하고, $v_t a_t'$는 사상

$$G \ni a \mapsto v_t\, a \in P$$

의 미분사상에 의한 a_t' (G의 점 a_t에서 G상의 접벡터)의 상(image)을 의미한다. 따라서 $v_t' a_t$ 및 $v_t\, a_t'$는 점 $u_t = v_t\, a_t$에서 P의 접벡터이고, 그 합이 u_t'이다.

접속형식 ω의 성질로부터

$$\omega(v_t'\, a_t) = Ad(a_t^{-1})(v_t')$$

이고 $v_t\, a_t' = v_t\, a_t\, a_t^{-1}\, a_t'$이므로, $\omega(v_t\, a_t') = a_t^{-1}\, a_t'$가 된다. 이 두 식으로부터

$$\omega(u_t') = Ad(a_t^{-1})\,\omega(v_t') + a_t^{-1}\, a_t'$$

인 식을 얻는다. 따라서 u_t가 수평곡선이기 위한 필요충분조건은

$$-Ad(a_t^{-1})\,\omega(v_t') = a_t^{-1} a_t' \quad (0 \le t \le 1),$$

즉

(*) $$a_t'\, a_t^{-1} = -\,\omega(v_t') \quad (0 \le t \le 1)$$

인 미분방정식을 만족하는 것이다.

이제, 곡선 $\tau = x_t$ $(0 \le t \le 1)$의 lift $u_t = v_t\, a_t$ $(0 \le t \le 1)$의 존재, 즉 미분방정식 (*)의 해에 관해선 보제 2.2에서 다루기로 하고, (수평) lift의 일의성(uniqueness)을 먼저 증명하자.

u_t와 v_t가 $u_0 = v_0$에서 시작하는 τ의 lift라고 하면, $\omega(v_t') = 0$이므로, (*)에 의해

$$a_t' a_t^{-1} = 0 \quad (0 \le t \le 1)$$

인 식이 성립된다. 이 방정식은 G상의 곡선 a_t $(0 \le t \le 1)$의 각 점 a_t에서, 접벡터 a_t'가 0 벡터임을 의미하므로 곡선 $a_t = e$ $(0 \le t \le 1)$로 귀착된다. 따라서 $u_t = v_t$가 된다.

τ의 수평 lift u_t의 존재를 다음 보제에서 밝힌다.

보제 2.2 [10, Lemma, p.69]). G를 Lie군, $\mathfrak{g} := T_e G$를 G의 Lie대수, Y_t $(0 \le t \le 1)$를 $T_e G$상의 연속인 곡선이라 하자. 이때, G에서 초기치 $a_0 = e$이고 $a_t' a_t^{-1} = Y_t$ $(0 \le t \le 1)$를 만족하는 C^1-곡선 a_t $(0 \le t \le 1)$가 유일하게 존재한다.

참고 모든 $t \in R$에 대해서 $Y_t = A \in \mathfrak{g} = T_e G$이면 a_t는 A에 의해 생성된 G의 1-매개변수

부분군 $\{\exp(tA) \mid t \in R\}$이다. 따라서 위 미분방정식 $a_t' a_t^{-1} = Y_t$ $(a_0 = e)$는 G의 1-매개변수부분군에 대한 미분방적식의 일반화이다.

보제 2.2의 증명

Y_t가 모든 $t \in R = (-\infty, \infty)$에 대해서 정의되고 연속이라고 가정하자. $G \times R$상에 벡터장 X를 각 점 $(a, t) \in G \times R$에서

$$X_{(a,\ t)} := \left(Y_t a,\ \left(\frac{d}{dz}\right)_t\right) \in T_a G \times T_t(R)$$

로 정의한다. 여기서, $(R, id) = (R; z)$는 다양체 R에서 표준(일반)좌표계이다. $(e, 0)$ $(\in G \times R)$를 지나는 X의 적분곡선은 (a_t, t)이고 G상의 곡선 a_t가 구하는 곡선이다. 증명해야 할 것은 a_t가 모든 $t \in [0, 1]$에서 정의된다는 것이다.

이제, $\phi_t = \exp tX$ 를 X 에 의해 생성되어진 $G \times R$의 국소변환들의 국소 1-매개변수변환군(1-parameter group of local transformations)이라 하자. 한편, Y_t $(\in T_e(G) = \mathfrak{g})$가 $t \in [0, 1]$에서 연속이므로, 미분방정식의 해의 존재정리에 의해, 각

$$(e,\ s) \in \{e\} \times R \subset G \times R$$

에 대해서, 구간

$$|r - s| < \delta_s \text{이고 } |t| < \delta_s$$

에서, $\phi_t(e, r)$가 정의되는 (s에 의존하는) δ_s (> 0)가 존재한다. 한편, $\{e\} \times [0, 1]$이 긴밀(compact)공간이므로, 모든 $r \in [0, 1]$에 대해서 $|t| < \delta$이면 $\phi_t(e, r)$이 정의되는 δ (> 0)를 취할 수 있다. 여기서

$$0 = s_0 < s_1 < \cdots < s_{k-1} < s_k = 1 \quad (s_i - s_{i-1} < \delta\,;\, i = 1,\ 2,\ \ldots,\ k)$$

인 $s_0, s_1, \ldots, s_k$를 선택한다. 이때, $(e, 0)$ $(\in G \times R)$을 지나는 X의 유일한 적분곡선 $\phi_t(e, 0) = (a_t, t)$ $(0 \le t \le s_1)$가 얻어지고 (e, s_1)을 지나는 X $(X_{(e,\ s_1)} = (Y_{s_1} e, (d/dz)_{s_1}))$의 유일한 적분곡선

$$\phi_u(e,\ s_1) = (b_u,\ s_1 + u) \quad (0 \le u \le s_2 - s_1)$$

가 얻어지고, $b_0 = e$이고 $b_u' b_u^{-1} = Y_{s_1 + u}$ $(0 \le u \le s_2 - s_1)$이다. 여기서

$$a_{t + s_1} := b_t\, a_{s_1} \quad (0 \le t \le s_2 - s_1)$$

로 두면, 곡선 a_t가 $0 \le t \le s_2$까지 정의되고

$$\left(\frac{da_{t+s_1}}{dt}\right) a_{t+s_1}^{-1} = b_t' a_{s_1} a_{s_1}^{-1} b_t^{-1} = Y_{t+s_1} \quad (0 \le t \le s_2 - s_1)$$

이 성립된다. 즉, 이 보제에서 원하는 곡선 a_t가 $0 \le t \le s_2$의 범위에서 얻어진다. 이와 같은 과정을 계속해서 $(e,\ s_{k-1})$을 지나는

$$X\left(X_{(e,\ s_{k-1})} = \left(Y_{s_{k-1}} e,\ \left(\frac{d}{dz}\right)_{s_{k-1}}\right)\right)$$

의 유일한 적분곡선

$$\phi_u(e,\ s_{k-1}) = (c_u,\ u + s_{k-1}) \quad (0 \le u \le s_k - s_{k-1})$$

이 얻어지고, $c_0 = e$이고 $c_u' c_u^{-1} = Y_{u+s_{k-1}}$ $(0 \le u \le s_k - s_{k-1})$이다. 여기서도 마찬가지로

$$a_{t+s_{k-1}} := c_t\, a_{s_{k-1}} \quad (0 \le t \le s_k - s_{k-1})$$

로 두면, 곡선 a_t가 $0 \le t \le s_k = 1$까지 정의되고

$$a'_{t+s_{k-1}} a_{t+s_{k-1}}^{-1} = c_t' a_{s_{k-1}} a_{s_{k-1}}^{-1} c_t = c_t' c_t = Y_{t+s_{k-1}} \quad (0 \le t \le s_k - s_{k-1})$$

가 성립되므로, 이 보제에서 구하는 곡선 a_t가 $0 \le t \le 1$의 범위까지 얻어진다. ■

예제 2.3 Lie군 G상의 미분방정식 $a_t' a_t^{-1} = Y_t$의 (가장 간단한) 예는 3차원 유클리드공간 E^3에서 나타난다. 즉, 곡선 $x(s)$를 호장(arc length) s로 표기할 때, s의 범위를 곡선의 길이 l까지 둔다. 우선

$$e_1(s) = \frac{dx}{ds}$$

는 단위접벡터인데, 편의상 모든 $s \in (0,\ l)$에 대해서

$$\frac{de_1}{ds} \ne 0$$

라고 가정한다. 이때, de_1/ds의 길이 $k(s)$를 곡선 $x(s)$의 **곡률**이라 하고

$$e_2(s) := \left(\frac{de_1}{ds}\right) / k(s)$$

를 **단위주법벡터**(unit principal normal vector)라 한다. 더욱이

$$e_3(s) := e_1(s) \times e_2(s)$$

를 **단위종법벡터**라 한다. 이때, 잘 알려진 Frenet-Serret의 공식

$$\begin{aligned} \frac{de_1}{ds} &= \qquad\qquad k(s)e_2(s) \\ \frac{de_2}{ds} &= -k(s)e_1(s) + w(s)e_3(s) \\ \frac{de_3}{ds} &= \qquad\quad -w(s)e_2(s) \end{aligned}$$

가 성립한다. 여기서, $w = w(s)$는 곡선 $x(s)$의 **열률**(torsion)이라 한다. 그리고 $\{e_1(s),\ e_2(s),\ e_3(s)\}$를 Frenet-Serret의 **정규직교프레임**(orthogonal frame)이라 하는 데, 벡터 e_i $(i = 1,\ 2,\ 3)$를 행벡터로 하는 행렬

$$a(s) := \begin{bmatrix} e_1(s) \\ e_2(s) \\ e_3(s) \end{bmatrix}$$

를 정의하면, $s \to a(s)$는 회전군(rotation group) $SO(3)$상의 곡선이다. Frenet-Serret의 공식에 의해

$$\frac{da}{ds} = Y(s)\,a(s), \quad i.e., \quad \frac{da}{ds}\,a(s)^{-1} = Y(s),$$

여기서

$$Y(s) := \begin{bmatrix} 0 & k(s) & 0 \\ -k(s) & 0 & w(s) \\ 0 & -w(s) & 0 \end{bmatrix}$$

인데, $Y(s)$는 $SO(3)$의 Lie대수 $\mathfrak{o}(3)$상의 곡선이다. 그런데, **곡선의 기본정리**란 구간 $[0,\ l]$상의 임의로 주어진 (미분가능인)함수 $k(s) > 0$, $w(s)$가 주어졌을 때, 이들을 각각 곡률, 열률(torsion)로 하는 호장 s로 표기되는 곡선 $x(s)$ $(0 \le s \le l)$는 E^3의 합동변환을 제외하고는 일의적으로(uniquely) 존재한다는 정리이다.

주어진 함수 k, w를 이용하여, 위와 같은 $\mathfrak{o}(3)$상의 곡선 $Y(s)$를 만들어 미분방정식 $(da/ds)\,a(s)^{-1} = Y(s)$의 초기조건 $a(0) =$(단위행렬)인 해를 구한다. 이 해의 제1행 벡터를 $e_1(s)$로 두고 미분방정식 $dx/ds = e_1(s)$를 푼다. 이때, 이 미분방정식의 해는 $dx/ds = e_1(s)$를 적분하여 얻는 벡터함수 $x(s)$인데, 임의로 주어진 초기조건 $x(0)$에 의하여 유일하게 결정된다. 여기서, 초기조건 $a(0)$와 $x(0)$를

선택하는 자유도가 곡선의 기본정리에서 “E^3의 합동변환을 제외하고”라는 조건에 해당된다.

이제, 파이버(fiber)사이의 평행이동(parallel displacement)을 정의하자. M상의 C^1곡선 $\tau = \{x_t \mid 0 \le t \le 1\}$과 $\pi(u_0) = x_0$인 주파이버번들 P의 점 u_0에 대해서, u_0를 시점으로 하는 τ의 (수평) lift u_t $(0 \le t \le 1)$가 유일하게 존재하므로, 그 종점 u_1은 x_1의 파이버상의 점이다. 즉, x_0의 파이버상의 점 u_0와 M상의 C^1곡선 τ에 의해 P상의 점 u_1이 결정된다. 이 사상도 마찬가지로 τ로 표기하고, 이를 M상의 C^1곡선 τ를 따른 **평행이동**이라 한다. 구조군 G의 임의의 원 a에 대해서

$$\tau(u_0 a) = \tau(u_0)a$$

가 성립한다. 실제, u_t가 u_0를 시점으로 하는 τ의 (수평) lift이면, $u_t a$는 $u_0 a$를 시점으로 하는 τ의 (수평) lift로, $u_t a$의 종점 $u_1 a$는 $\tau(u_0 a)$이다. 따라서 평행이동 τ는 $\pi^{-1}(x_0)$로부터 $\pi^{-1}(x_1)$으로의 미분동형사상이다.

M상의 두 C^1곡선 $\tau = \{x_t \mid a \le t \le b\} =: A$, $\mu = \{y_s \mid c \le s \le d\} =: B$가 집합으로서 $A = B$이면, τ를 따라서의 평행이동과 μ를 따라서의 평행이동은 일치한다. 일반적으로, M상의 두 C^1곡선 x_t $(a \le t \le b)$와 y_s $(c \le s \le d)$에 대해서 다음 세 조건을 만족하는 위상동형사상 $\varphi : [a, b] \to [c, d]$가 존재한다고 하자.

(1) $\varphi(a) = c$이고 $\varphi(b) = d$,

(2) φ와 φ^{-1}는 각각의 정의역에서 유한 원(element)들을 제외한 모든 점에서 C^1곡선,

(3) 모든 t $(a \le t \le b)$에 대해서, $y_{\varphi(t)} = x_t$.

이때, x_t와 y_s를 따른 평행이동은 일치하기 때문이다 (cf. [10, Chapter 2, Section 3, p.71]).

더욱이, M상의 C^1곡선 $\tau = x_t$ $(a \le t \le b)$에 대해 C^1곡선 $y_t := x_{a+b-t}$ $(a \le t \le b)$가 정의되는 데, 이 C^1곡선을 τ^{-1}로 표기한다. 이때, 다음 명제는 명백하다.

명제 2.4 [10, Proposition 3.3, p.71]. (a) τ가 M상의 구분적 C^1곡선이면, τ^{-1}를 따른 평행이동은 τ를 따른 평행이동의 역 사상이다.

(b) τ가 x에서 y로, μ가 y에서 z로의 M상의 C^1곡선들이라면, $\mu \cdot \tau$ (폐곡선 τ를 따른 폐곡선 μ)를 따른 평행이동은, 평행이동 τ를 따른 평행이동 μ (즉, $\mu \cdot \tau$)이다.

더욱이, M의 곡선의 P로의 (수평) lift는 다음 성질을 만족한다:

M의 2점 x_0와 x_1을 잇는 C^1곡선들의 족(family), 즉 미분가능인 호모토피 τ_s ($\tau_s(0)=x_0$, $\tau_s(1)=x_1$; $0 \le s \le 1$)가 주어졌을 때, x_0상의 P의 점 u_0 ($\in \pi^{-1}(x_0)$)에 대해서, $\tau_s(u_0)=\tau_0(u_0)a_s$ ($0 \le s \le 1$)인 G상의 연속인 곡선 a_s ($0 \le s \le 1$)가 존재한다. 환언하면, 미분가능인 호모토피

$$H: [0,\ 1] \times [0,\ 1] \ni (s,\ t) \mapsto H(s,\ t) = \tau_s(t) \in M$$
$$(\tau_s(0) = x_0,\ \tau_s(1) = x_1;\ 0 \le s \le 1)$$

가 주어졌을 때, $\tau_s(u_0)=\tau_0(u_0)a_s$ ($u_0 \in \pi^{-1}(x_0)$)에 의해 연속곡선

$$[0,\ 1] \ni s \mapsto a_s \in G$$

가 생성된다 (cf. 3장, 정리 3.17의 증명과정의 보제). 이는, 평행이동은 곡선의 미분가능인 호모토피에 연속적으로 의존한다는 의미이다.

§3. 호로노미군(holonomy group)

평행이동의 개념을 이용하여, 주파이버번들 $P(M,\ G,\ \pi)$에서 주어진 접속(connection) Γ의 호로노미군을 정의한다. 편의상, 곡선은 구분적 C^k $(1 \leq k \leq \infty)$ 곡선으로 한다.

M의 각 점 x에 대해서, 시점과 종점이 x인 M상의 모든 폐곡선의 집합을 $C(x)$로 둔다. τ와 μ가 $C(x)$의 원(element)이면, 합성함수 $\mu \cdot \tau$ (폐곡선 τ를 따른 폐곡선 μ)도 또한 $C(x)$의 원이다. §2에서 밝혔듯이 각 $\tau \in C(x)$에 대해서 τ를 따른 평행이동은 파이버 $\pi^{-1}(x)$에서 $\pi^{-1}(x)$로의 미분동형사상이다.

이와 같은 $\tau \in C(x)$에 의한 $\pi^{-1}(x)$에서 $\pi^{-1}(x)$로의 미분동형사상들의 집합은 명제 2.4에 의해 군(group)이 되는데, 이 군을 점 x에서 접속 Γ의 **호로노미**(holonomy)군이라 하고, $\Phi(x)$로 표기한다. $C^0(x)$를 $C(x)$의 원으로 0에 호모토픽한 폐곡선 전체의 족이라 두고, 모든 $\tau \in C^0(x)$에 의해 정의되는 파이버 $\pi^{-1}(x)$의 미분동형사상들로 이루어진, 호로노미군 $\Phi(x)$의 부분군을 x에서 **제한호로노미군**(restricted holonomy group)이라 하고 $\Phi^0(x)$로 표기한다.

$\Phi(x)$와 $\Phi^0(x)$는 다음과 같은 방법으로 G의 부분군으로 간주된다.

임의로 u $(\in \pi^{-1}(x))$가 주어졌을 때, 각 τ $(\in C(x))$에 대해서 $\tau(u) = ua$인 $a \in G$가 결정되므로, τ에 a $(\in G)$가 대응된다. 이제, $\tau,\ \mu \in C(x)$에 대해 $\tau(u) = ua,\ \mu(u) = ub$이면, 명제 2.4에 의해

$$(\mu \cdot \tau)(u) = \mu(ua) = \mu(u)a = (ub)a = u(ba),\quad \tau^{-1}(u) = ua^{-1}$$

가 되므로, $\{a \in G \mid \tau(u) = ua\ (\tau \in C(x)\}$는 구조군 G의 부분군이고, 이 부분군을 u에서 Γ의 **호로노미군**이라 하고 $\Phi(u)$로 표기한다. 마찬가지로, u에서 **제한호로노미군**(restricted holonomy group)도 정의된다. 한편, 점 x $(\pi(u) = x)$에서 접속 Γ의 호로노미군 $\Phi(x)$는 $\pi^{-1}(x)$에서 $\pi^{-1}(x)$로의 미분동형사상들로 구성된 군이고, $\Phi(u)$는 G의 부분군인데, 이들 군은 군동형이다.

$\Phi(u)$ $(u \in P)$를 다음과 같이 정의할 수도 있다:

P의 점 $u,\ v$에 대해서, $u,\ v$가 수평곡선으로 연결될 수 있다면, $u \sim v$로 정의한다. 이때, P상의 관계(relation) $\sim$는 동치관계(equivalent relation)이고

$$\Phi(u) = \{a \in G \mid u \sim ua\}$$

이다.

문 3.1 (1) $v=ua\,(u,\ v\in P\,;\,a\in G)$이면, $\Phi(v)=a^{-1}\Phi(u)a$이고 $\Phi^0(v)=a^{-1}\Phi^0(u)a$가 된다.

(2) P의 두 점 $u,\ v$가 수평곡선에 의해 연결될 수 있다면, $\Phi(u)=\Phi(v)$이고 $\Phi^0(u)=\Phi^0(v)$가 된다.

증명 (1) 만약 $b\in\Phi(u)$이면, $u\sim ub$이므로 $ua\sim uba$이다. 가정에 의해 $v=ua$이므로

$$v\sim uba=(va^{-1})ba=v(a^{-1}ba)$$

가 된다. 따라서 b는 $\Phi(u)$의 임의의 원이므로 $a^{-1}ba\in a^{-1}\Phi(u)a\subset\Phi(v)$가 밝혀진다.

역으로, $c\in\Phi(v)$이면 $v\sim vc$이므로, $va^{-1}\sim vca^{-1}$이다. 가정에 의해 $v=ua$이므로

$$va^{-1}=u\sim vca^{-1}=(ua)ca^{-1}=u(aca^{-1})$$

가 된다. 따라서

$$aca^{-1}\in a\Phi(v)a^{-1}\subset\Phi(u),$$

즉 $\Phi(v)\subset a^{-1}\Phi(u)a$가 성립된다.

(2) $u\sim v$라고 가정하자. 모든 $b\in G$에 대해서 $ub\sim vb$이고, $\sim$는 추이적(transitive)이므로

$$u\sim ua\ \Leftrightarrow\ v\sim va\quad(a\in G)$$

이고 $\Phi(u)=\Phi(v)$가 성립된다.

이제, $\Phi^0(u)=\Phi^0(v)$를 증명하기 위해서, μ^*를 u로부터 v에로의 수평곡선이라 하자. 만약 $b\in\Phi^0(u)$이면, u에서 ub로의 P상의 수평곡선 τ^*가 존재하여, $\pi(\tau^*)$가 M상의 곡선으로 M의 점 $\pi(u)$에서 0에 호모토픽(homotopic)인 폐도(closed path, loop)가 되어준다. 여기서, P상의 수평곡선 $\mu^*\cdot\tau^*\cdot\mu^{*-1}$에 의해 $v\sim vb$이고, M의 곡선 $\pi(\mu^*\cdot\tau^*\cdot\mu^{*-1})$는 $\pi(v)$에서 0에 호모토픽인 폐도(loop)이다. 따라서 $b\in\Phi^0(u)$는 $\Phi^0(u)$의 임의의 원이므로 $\Phi^0(u)\subset\Phi^0(v)$가 성립한다. 마찬가지로, $\Phi^0(u)\supset\Phi^0(v)$임도 밝혀진다. ■

M이 연결(connected)이면, 모든 순서쌍 $(u,\ v)$ $(\in P\times P)$에 대해서 $v\sim ua$인 G의 원(element) a가 존재한다. 문 3.1의 도움으로, M이 연결이면 호로노미군 $\Phi(u)$ $(u\in P)$는 G에서 서로 공액(conjugate)이고 따라서 군동형(group isomorphic)이다.

정의 3.2 함수 f가 R^n의 개(open)부분집합 U상에서 C^∞ 함수이고, U의 각 점 p에 대해서 $p=(p^1,\ \ldots,\ p^n)$의 충분히 작은 개(open)부분근방에서 급수

$$\sum_{m_1,\ m_2,\ \cdots,\ m_n=0}^{\infty}\frac{1}{m_1!\cdots m_n!}\frac{\partial^{m_1+\cdots+m_n}f}{(\partial x^1)^{m_1}\cdots(\partial x^n)^{m_n}}(p)\,(x^1-p^1)^{m_1}\cdots(x^n-p^n)^{m_n}$$

가 $f(x^1,\ \ldots,\ x^n)$에 일양절대수렴(uniformly absolutely converge)한다면, 이때 f는 U $(\subset\mathbb{R}^n)$상에서 **(실)해석**(real analytic)함수, 혹은 C^ω **함수**라 한다.

정의 3.3 n차원 해석(analytic)다양체 M의 개부분집합 O에서 정의된 실수치 함수 f가 (M의 부분다양체) O상의 임의로 주어진 국소좌표근방 $(U,\ \psi)$ $(U\subset O)$에 대해서

$$f\circ\psi^{-1}:(R^n\supset)\psi(U)\to R$$

이 (실)해석함수가 되어줄 때, f는 O $(\subset M)$상에서 **(실)해석함수**라 하고, 점 p $(\in O)$에서 f는 **해석적**이라 한다.

보제 3.4 f를 해석(analytic) Lie군 G의 한 점 g의 근방에서 (실)해석함수라 하고, X를 G의 Lie대수 $\mathfrak{g}$의 원이라 할 때, 다음이 성립한다:

적당한 $\epsilon>0$에 대하여, $|t|<\epsilon$일 때

$$f(g\exp tX)=\sum_{p=0}^{\infty}\frac{t^p}{p!}(X^pf)(g)$$

이고, 우변은 절대일양수렴하는 급수이다. 여기서, $X^0f:=f$, $X^1f:=Xf$, 일반적으로 $X^pf:=X(X^{p-1}f)$로 정의한다.

증명 함수 $F(t):=f(g\exp tX)$는 $t=0$의 주위에서 t의 (실)해석함수이기 때문에, $t=0$을 중심으로 절대일양수렴하는 멱급수로 전개되고, 이때 t^p의 계수는

$$\frac{1}{p!}\frac{d^p}{dt^p}F(t)|_{t=0}$$

이다. 따라서

$$\frac{d^p}{dt^p}F(t)|_{t=0} = \frac{d^p}{dt^p}f(g\exp tX)|_{t=0} = (X^p f)(g)$$

를 밝히면 충분하다.

만약 $p=1$이면, X가 G상의 좌불변(left invariant)벡터장이므로

$$\frac{d}{dt}f(g\exp tX)|_{t=0} = (Xf)(g)$$

임은 명백하다. 위 식이 p에 대해서 성립한다고 하면, Xf도 g의 근방에서 해석함수이므로

$$\begin{aligned}(X^{p+1}f)(g) = (X^p(Xf))(g) &= \frac{d^p}{dt^p}(Xf)(g\exp tX)|_{t=0} \\ &= \frac{d^p}{dt^p}(\frac{d}{du}f(g\exp tX\exp uX)|_{u=0})|_{t=0} \\ &= \frac{d^p}{dt^p}(\frac{d}{du}f(g\exp (t+u)X)|_{u=0})|_{t=0} \\ &= \frac{d^{p+1}}{dv^{p+1}}f(g\exp vX)|_{t=0} \quad (v=t+u)\end{aligned}$$

로 되고, 귀납법에 의해 모든 p에 대해서 성립한다. ■

지금부터, 해석(함수, 다양체, Lie군) 등은 실해석(함수, 다양체, Lie군) 등을 지칭하는 것으로 한다.

정리 3.5 [9, Lemma 1.8, p.106]. G를 해석(analytic) Lie군, $\mathfrak{g}$를 G의 Lie대수, X, Y를 $\mathfrak{g}$의 원이라 하자. 이때, $\epsilon\ (>0)$을 충분히 작게 잡으면, $|t|<\epsilon$인 실수 t에 대해서 다음 관계식이 성립한다.

(i) $\exp tX\exp tY = \exp\left\{t(X+Y)+\frac{t^2}{2}[X,Y]+O(t^3)\right\}$,

(ii) $\exp(-tX)\exp(-tY)\exp tX\exp tY = \exp\{t^2[X+Y]+O(t^3)\}$,

단, 여기서 $O(t^3)/t^3$는 $|t|<\epsilon$에서 유계(bounded)이고, $|t|<\epsilon$인 영역에서 $\mathfrak{g}$-값을 취하는 해석함수이다.

증명 f를 G의 단위원 e의 근방에서 해석함수라 할 때, 2변수 t, s의 함수 $f(\exp tX \exp sY)$는 $t=s=0$에서 해석적이고, 그 점을 중심으로 다음과 같은 멱급수(power series)로 전개된다.

$$f(\exp tX \exp sY) = \sum_{p,q=0}^{\infty} \frac{t^p}{p!}\frac{s^q}{q!}(X^p Y^q f)(e).$$

왜냐하면, $Y^q f$도 e의 근방에서 해석함수이므로, 보제 3.4를 두 번 거듭하여 적용하면

$$\begin{aligned}\frac{\partial^{p+q}}{\partial t^p\, \partial s^q} f(\exp tX \ \exp \ sY)|_{t=s=0} &= \frac{d^p}{dt^p}(Y^q f)(\exp tX)|_{t=0} \\ &= (X^p(Y^q f))(e)\end{aligned}$$

가 성립된다. 위 식에서 $t=s$로 두면

$$f(\exp tX \exp tY) = \sum_{p,q=0}^{\infty} \frac{t^{p+q}}{p!\,q!}(X^p Y^q f)(e) \tag{3.1}$$

가 되고, 이 식의 우변에서

$$(t\text{의 계수}) = (Xf)(e) + (Yf)(e)$$
$$(t^2\text{의 계수}) = \frac{1}{2}(X^2 f)(e) + (X(Yf))(e) + \frac{1}{2}(Y^2 f)(e)$$

가 된다. 그런데 $|t|$를 충분히 작게 잡으면, $\exp tX \exp tY$가 (아래에서도 조금 언급하겠지만) 표준좌표근방(canonical coordinate neighborhood) (cf. [9, p.104])에 포함되게 할 수 있으므로, $|t|$를 충분히 작게 잡아서

$$Z(t) = \ln(\exp tX \exp tY), \quad i.e., \quad \exp Z(t) = \exp tX \exp tY$$

로 두면, $Z(t)$는 $\mathfrak{g}$-값을 갖는 t의 함수로 0의 근방에서 해석적이고 $Z(0)=0$이다. 따라서

$$Z(t) = t\,Z_1 + t^2 Z_2 + O(t^3), \quad Z_1, Z_2 \in \mathfrak{g} \tag{3.2}$$

의 형태로 전개된다. 여기서, $O(t^3)$은 해석함수 $Z(t)$를 멱급수로 전개했을 때, t에 관한 3차 이상의 항들의 합이다.

이제, f를 표준좌표함수 $\exp(x_1 X_1 + \cdots + x_n X_n) \to x_i$ ($i=1, \ldots, n$이고, $\{X_i\}_i$는 $\mathfrak{g}$의 기저) 중에서 택하고, 보제 3.4를 적용하면

$$\begin{aligned} f(\exp tX \exp tY) &= f(\exp Z(t)) = f(\exp(t(Z_1 + tZ_2)) + O'(t^3) \\ &= \sum_{p=0}^{\infty} \frac{t^p}{p!}((Z_1 + tZ_2)^p f)(e) + O'(t^3) \\ &= \sum_{p=0}^{\infty} \frac{1}{p!}((tZ_1 + t^2 Z_2)^p f)(e) + O'(t^3), \end{aligned}$$

여기서, $O'(t^3)$은 $t=0$의 근방에서 해석함수이고, $t=0$을 중심으로 하는 멱급수로의 전개에서 t의 2차 이하의 항은 0 임을 나타낸다. 이 식에서

$$(t\text{의 계수}) = (Z_1 f)(e),$$

$$(t^2\text{의 계수}) = (Z_2 f)(e) + \frac{1}{2}(Z_1^2 f)(e)$$

가 된다. 그런데, f가 이와 같이 좌표함수들 중에서 임의로 택하여 (3.1)식에 적용한 결과와 비교해 보면

$$((X+Y)(f))(e) = (Z_1 f)(e)$$

가 되므로

$$X + Y = Z_1$$

이고, 다음에 t^2의 계수를 비교하면

$$\frac{1}{2}(X^2 f)(e) + (X(Yf))(e) + \frac{1}{2}(Y^2 f)(e) = (Z_2 f)(e) + \frac{1}{2}(Z_1^2 f)(e)$$

가 성립한다. 여기서, $Z_1 = X + Y$이므로

$$\frac{1}{2}([X, Y])f)(e) = (Z_2 f)(e), \quad i.e., \quad \frac{1}{2}[X, Y] = Z_2$$

가 된다. 이 두 결과를 (3.2)식에 대입하면

$$\exp tX \exp tY = \exp\left\{t(X+Y) + \frac{t^2}{2}[X, Y] + O(t^3)\right\}$$

를 얻는다.

(ii)는 (i)을 반복해서 적용하여 다음과 같이 얻어진다.

$$\begin{aligned} &\exp(-tX)\exp(-tY)\exp tX \exp tY \\ &= \exp t\left\{-(X+Y) + \frac{t}{2}[X,Y] + O(t^2)\right\} \exp t\left\{(X+Y) + \frac{t}{2}[X,Y] + O(t^2)\right\} \\ &= \exp\{t(t[X, Y] + O(t^2)) \end{aligned}$$

$$+\frac{t^2}{2}[-(X+Y)+\frac{t}{2}[X, Y]+O(t^2), (X+Y)+\frac{t}{2}[X, Y]+O(t^2)]+O(t^3)\}$$
$$=\exp(t^2[X, Y]+O(t^3)).$$ ■

참고 3.6 정리 3.5에서 식 (ii)는, 해석적(analytic) Lie군 G에서 $[X, Y]$ $(X, Y \in \mathfrak{g})$의 기하학적 의미를 부여한다. 실제, $[X, Y]$는 G의 항등원 e에서

$$t \to \exp(-\sqrt{t}X)\exp(-\sqrt{t}Y)\exp(\sqrt{t}X)\exp(\sqrt{t}Y) \quad (t \geq 0)$$

의 접벡터이다. 이 결과는 C^∞ Lie군 G에서도, 해석적 Lie군 G에 대한 보제 3.4와 정리 3.5의 증명과정에서, t에 관한 Taylor의 급수정리를 적용하면 $[X, Y]$ $(X, Y \in \mathfrak{g})$의 기하학적 의미가 마찬가지로 주어진다.

정리 3.7 [10, p.275]. G는 C^∞ Lie군, H는 군으로서 G의 부분군이고, 항등원 e에서 H의 모든 점은 H에 포함되어지는 C^1급 구분적(piecewise) 미분가능인 곡선으로 연결될 수 있다고 가정하자. 이때, H는 G의 Lie부분군이다.

증명 S를 e를 지나고 H에 포함되는, C^1곡선들의 e에서의 접벡터 X $(\in T_eG)$들의 집합이라 하자. 본 정리의 증명을 위해 필요한 다음 보제를 소개한다.

보제 S는 G의 Lie대수 $\mathfrak{g}$의 부분대수(subalgebra)이다.

보제의 증명 G에서의 미분가능인 곡선 $\tau = x_t$의 점 x_t에서의 접벡터를 $\dot{x}_t$로 표기하자. $r(\in R)$에 대해서 $z_t = x_{rt}$로 두면, $\dot{z}_0 = r\dot{x}_0$이므로 $X \in S$이면 $rX \in S$이다. 이제, x_t와 y_t를 $x_0 = y_0 = e$인 미분가능인 곡선이라 하자. 이때, $v_t := x_t y_t$로 두면 $\dot{v}_t = \dot{x}_0 + \dot{y}_0$ (cf. [6, p.120~122])이므로, $X, Y \in S$이면 $X+Y \in S$이다. 더욱이, 정리 3.5의 (ii) 및 참고 3.6에 의해, H상의 구분적 C^1 곡선

$$t \to \omega_t := \exp(-\sqrt{t})X)\exp(-\sqrt{t}Y)\exp(\sqrt{t}X)\exp(\sqrt{t}Y) \quad (t > 0)$$

에 대해서 $\dot{\omega}_0 = [X, Y]$이다. 따라서 $X, Y \in S$이면 $[X, Y] \in S$도 성립된다. ■

한편, $S(\subset T_e G = \mathfrak{g})$가 $\mathfrak{g}$의 부분대수(subalgebra)이므로, 분포

$$G \ni x \mapsto (L_x)_* S (\subset T_x(G) \subset TG)$$

는 포합적(involutive)이고, $K :=$ (e를 지나는 이 분포의 극대적분다양체(maximal integral manifold)는 $\mathfrak{g}$의 부분대수 S에 대응하는 G의 Lie부분군(Lie subgroup)이다 (cf, [10, p.10]).

이제, $H = K$임을 증명하자. 먼저, $K \supset H$를 증명한다. a를 H의 임의로 주어진 점이라 하자. 이때, 가정에 의해, $x_0 = e$이고 $x_1 = a$인 H상의 구분적 C^1곡선 $\tau = x_t$ $(0 \le t \le 1)$가 존재한다. 여기서, 모든 t $(0 \le t \le 1)$에 대해 $\dot{x}_t \in (L_{x_t})_{*e} S$이다. 실제, 임의로 주어진 t $(0 \le t \le 1)$에 대해서 $(L_{x_t}^{-1})_* \dot{x}_t$는 e에서 H상의 곡선 $L_{x_t^{-1}} \circ \tau$의 접벡터이므로, $(L_{x_t}^{-1})_*(\dot{x}_t) \in S$이다. 따라서 모든 t $(0 \le t \le 1)$에 대해 $\dot{x}_t \in (L_{x_t})_{*e} S$가 성립한다. 한편, 모든 t $(0 \le t \le 1)$에 대해 $\dot{x}_t \in (L_{x_t})_{*e} S$이고 $x_0 = e$이므로, 곡선 x_t는 분포

$$x \mapsto (L_x)_{*e} S \quad (x \in G)$$

의 e를 지나는 극대적분다양체 K상의 곡선이 된다. 그러므로 $a \in K$이고, a는 H의 임의의 원이므로 $H \subset K$이다.

$H \supset K$를 증명하기 위해, $\{e_i\}_{i=1}^{k}$를 S에 대한 기저로 하고, $x_t^1, x_t^2, \ldots, x_t^k$ $(0 \le t \le 1)$를 H상의 C^1곡선들로

$$x_0^i = e, \quad \frac{dx_t^i}{dt}\Big|_{t=0} = e_i \quad (i = 1, 2, 3, \ldots, k)$$

를 만족한다고 하자.

$$f : U(\subset R^k) \to K \quad (U\text{는 } R^k\text{의 원점의 개근방})$$

를

$$f(t_1, t_2, \ldots, t_k) := x_{t_1}^1 x_{t_2}^2 \cdots x_{t_k}^k$$

로 정의한다. $\{dx_t^i/dt|_{t=0}\}_{i=1}^{n}$은 S에 대한 기저이므로 df는 원점 $0(\in R^k)$에서 정칙(non-singular)이다. 따라서 역함수 정리에 의해 U를 충분히 작게 잡으면 $f : U \to f(U)$ $(\subset K)$는 미분동형사상이 된다. f의 정의로부터, $f(U) \subset H$이다. 따라서 K에서 e의 개근방을 H에 포함되게 취할 수 있다. 한편, K는 연결(connected)이므로, $K \subset H$가 성립한다 (cf. [13, Theorem 1, p.181]). ■

정의 3.8 위상공간 X의 부분집합들의 족 $\{U_\alpha\}_{\alpha\in A}$가 주어졌을 때, X의 각 점 p에 대해서 p의 근방 V_p로

$$\#(\{\alpha\in A \mid V_p\cap U_\alpha\neq\varnothing\})<\infty$$

인 V_p가 존재하면, 족 $\{U_\alpha\}_{\alpha\in A}$를 **국소유한**(locally finite)이라 한다. (만약 $\{U_\alpha, \phi_\alpha\}_{\alpha\in A}$가 다양체 M의 좌표근방계일 때, $\{U_\alpha\}_{\alpha\in A}$가 국소유한이면, 좌표근방계 $\{U_\alpha, \phi_\alpha\}_{\alpha\in A}$를 국소유한이라 한다.)

정의 3.9 위상공간 X의 피복(covering) $\{U_\alpha\}_{\alpha\in A}$, $\{V_i\}_{i\in I}$ (*i.e.*, $\cup_{\alpha\in A}U_\alpha=\cup_{i\in I}V_i=X$)가 주어졌을 때, 각 i $(\in I)$에 대해서 $V_i\subset U_\alpha$인 $\alpha\in A$가 존재하면, $\{V_i\}_{i\in I}$는 $\{U_\alpha\}_{\alpha\in A}$의 **세분**(refinement)이라 한다.

정의 3.10 위상공간 X가 다음 두 조건을 만족하면, X를 paracompact **위상공간**이라 한다:

(1) X가 분리(Hausdorff)공간이고,

(2) X의 임의로 주어진 개피복(open covering)에 대해서, 주어진 개피복의 세분이고 국소유한인 개피복이 존재한다.

특히, 다양체 M이 위상공간으로 paracompact이면, M을 paracompact **다양체**라 한다.

이 책에서는, 특별한 언급이 없는 한 다양체는 paracompact 다양체이다.

정의 3.11 위상공간 X가 가산(countable)개의 compact 부분집합들의 합집합이면, X를 σ-compact라 한다.

정리 3.12 [13, p.97]. X가 위상(C^0)다양체일 때, 다음은 동치이다:

(1) X는 가산기(countable base)를 갖는다.

(2) X는 σ-compact이다.

(3) X는 paracompact이고, X의 연결성분(connected component)들의 수는 기껏해야 가산(countable)개이다.

앞에서도 간략히 언급하였지만, 두 곡선 간의 호모토피를 정의한다.

정의 3.13 $x(t),\ y(t)\ (t\in I=[0,\ 1])$를 C^{∞} 다양체 M상의 연속곡선들로 다음 두 성질들을 가질 때, 두 곡선 $x(t),\ y(t)$를 **호모토픽**(homotopic)이라 한다:

(1) $x(0)=y(0)$이고 $x(1)=y(1)$,

(2) 연속인 사상

$$f: I\times I\ni(t,\ s)\mapsto f(t,\ s)\in M$$

이 존재해서, 모든 $s,\ t$에 대해서

$$f(t,\ 0)=x(t),\ f(t,\ 1)=y(t),$$
$$f(0,\ s)=x(0)=y(0),\ f(1,\ s)=x(1)=y(1)$$

을 만족한다.

두 번째 조건에서 나타나는 f를 $x(t),\ y(t)$ 간(間)의 **호모토피**(homotopy)라 한다. 더욱이, $x(t),\ y(t)$가 구분적(piecewise) C^k급 곡선일 때, 위의 호모토피 f가 $I\times I$상에서 구분적 C^k사상 (즉, I의 적절한 부분분할(subdivision) $I=\sum_{i=1}^{r}I_i$에 대해서, 각 $I_i\times I_j\ (i,\ j=1,\ 2,\ \ldots,\ r)$상에서 f가 C^k사상)이 될 때, $x(t),\ y(t)$는 **구분적 C^k호모토픽**이라 한다.

보제 3.14 M상의 두 C^k곡선 $x(t),\ y(t)$가 호모토픽이면, $x(t),\ y(t)$는 구분적 C^k호모토픽이다.

증명 $(U_\alpha,\ \phi_\alpha)_{\alpha\in A}$를 M의 좌표근방계라 하자. 부분분할(subdivision) $I=\sum_{i=1}^{r}I_i$를 각 순서쌍 $(i,\ j)$에 대해, $f(I_i,\ I_j)\subset U_{\alpha(i,\ j)}\ (\alpha(i,\ j)\in A)$가 되도록 취한다. 호모토피 f를 각 (충분히 작은 정방형) $I_i\times I_j$상에서, 순차적으로 C^k사상이 되도록 수정해 나감으로써, 두 곡선 $x(t),\ y(t)$사이의 구분적 C^k호모토피를 얻을 수 있다. ■

이제, $\mathfrak{U}$를 다양체 M의 임의로 주어진 개피복(open covering)이라 하자. 점 $x(\in M)$에서의 폐곡선 τ가 $\tau=\mu^{-1}\cdot\sigma\cdot\mu$로 두자. 여기서, μ는 x에서 $y(\in M)$로의 연속인 곡선이고, σ는 y에서 y로의 연속인 폐곡선으로 $\mathfrak{U}$에 속하는 개집합(open set)에 포함되는 곡선일 때, τ를 하나의 **$\mathfrak{U}$-올갱이**($\mathfrak{U}$-lasso)라 한다 (cf. [10, p.285]).

M상의 두 곡선 $\tau,\ \tau'$에 대하여, $\mu^{-1}\cdot\mu$형태의 곡선은 (한 점으로 간주하여) 무시하고 τ

(혹은 τ')로부터 유한개의 올갱이들의 적(product)에 의해 τ' (혹은 τ)가 얻어지면, 두 곡선 τ와 τ'는 **동등하다**(equivalent)고 한다.

보제 3.15 [10, Factorization Lemma, p.285]. $\mathfrak{U}$를 다양체 M의 임의로 주어진 개피복(open covering)이라 하자.

(a) 0(zero)에 호모토픽한 폐곡선(closed curve)은 유한개의 $\mathfrak{U}$-올갱이($\mathfrak{U}$-lasso)들의 적(product)에 동등(equivalent)하다.

(b) 0(zero)에 호모토픽한 폐곡선이 구분적 C^k곡선이라면, (a)에서의 각 $\mathfrak{U}$-올갱이는 $\mu^{-1}\cdot\sigma\cdot\mu$ (μ와 σ는 C^k곡선)형태인 $\mathfrak{U}$-올갱이들로 취할 수 있다.

증명 (a) 0(zero)에 호모토픽한 폐곡선 $\tau = x(t)$ $(t \in [0, 1] = I,\ x(0) = x(1) = x)$가 주어졌다고 하자. 이때, 임의의 $s,\ t \in I$에 대해서

$$f(t,\ 0) = x(t),\ f(t,\ 1) = x,\ f(0,\ s) = f(1,\ s) = x$$

를 만족하는 호모토픽 $f: I \times I \to M$ 이 존재한다. $I \times I$를 m^2개의 정사각형들로 분할하여, 각 작은 정사각형의 호모토피 f에 의한 상(image)이 M 의 개피복 $\mathfrak{U}$의 원에 속하도록 한다. 각 순서쌍 $(i,\ j)$ $(i,\ j = 0,\ 1,\ 2,\ \ldots,\ m)$에 대해서 $\lambda(i,\ j)$는 다음 순(order)으로 lattice의 점들을 잇는 선분들로 이뤄진 $I \times I$에서의 폐곡선이라 하자:

$$\begin{aligned}&(0, 0) \to (0,\ j/m) \to ((i-1)/m,\ j/m)\\ &\to ((i-1)/m,\ (j-1)/m) \to (i/m,\ (j-1)/m) \to (i/m,\ j/m)\\ &\to ((i-1)/m,\ j/m) \to (0,\ j/m) \to (0, 0).\end{aligned}$$

각 $\lambda(i, j)$ $(i, j = 1, \ldots, m)$는 올갱이(lasso)처럼 보인다. 이때, $\mu \cdot \mu^{-1}$형태의 곡선은 무시하고, 필요한 $I \times I$상에서의 $\lambda(i, j)$들의 적(product)들은 다음과 같다.

$\underline{\lambda(m,\ m) \cdots \lambda(1,\ m) \cdots \lambda(m,\ 1) \cdots \lambda(1,\ 1)}$;

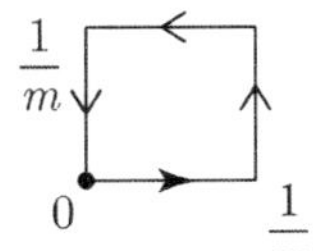

$\lambda(1,\ 1)$

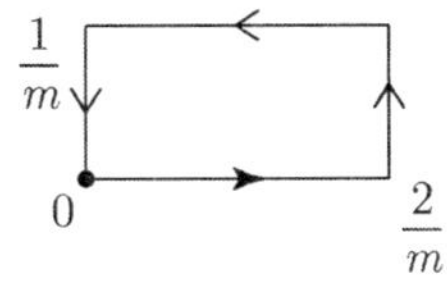

$\lambda(2,\ 1) \cdot \lambda(1,\ 1)$

…

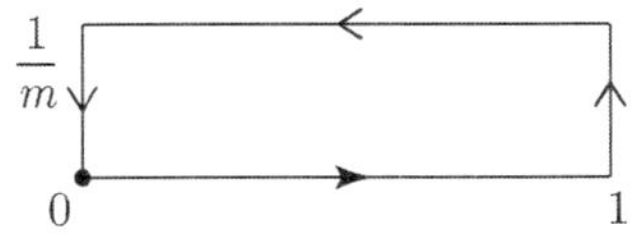

$\lambda(m,\ 1) \cdot \lambda(m-1,\ 1) \cdots \lambda(1,\ 1)$

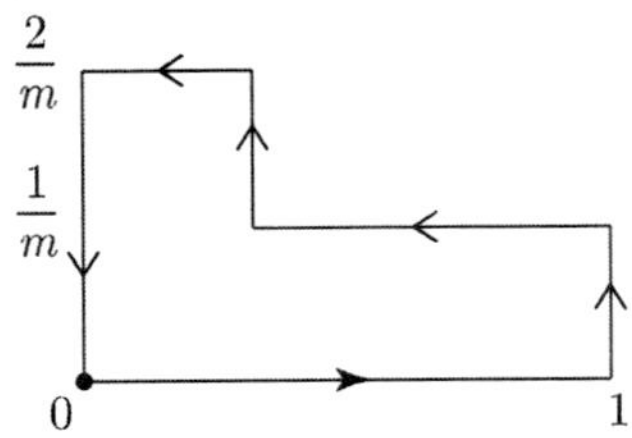

$\lambda(1,2)\cdot\lambda(m,1)\cdot\lambda(m-1,1)\cdots\lambda(1,1)$

$\cdots$

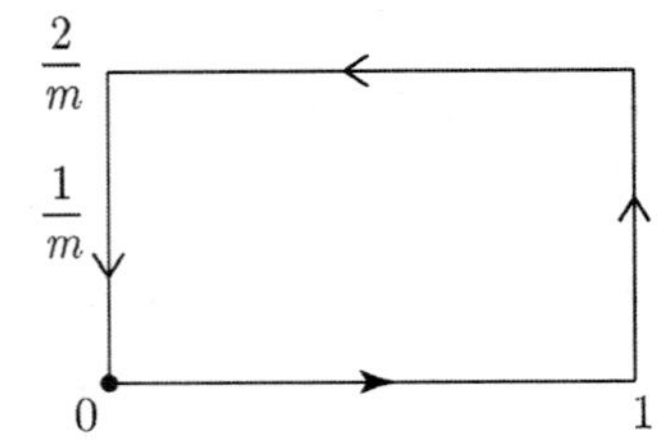

$\lambda(m,2)\cdots\lambda(1,2)\cdot\lambda(m,1)\cdots\lambda(1,1)$

$\vdots$ $\vdots$

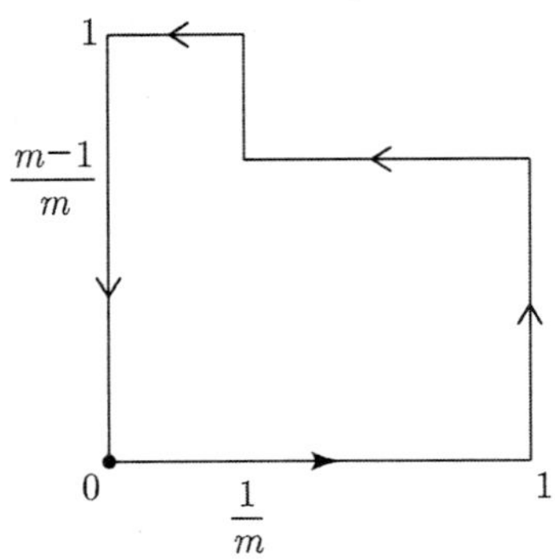

$\cdots$

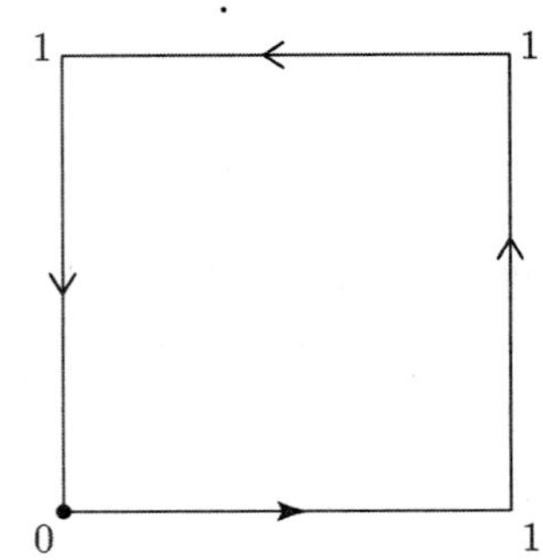

$\lambda(m,m)\cdots\lambda(1,m)\cdots\lambda(m,1)\cdots\lambda(1,1)$

$\lambda(1,m)\cdot\lambda(m,m-1)\cdots\lambda(1,m-1)\cdots\lambda(m,1)\cdots\lambda(1,1)$

<u>$\lambda(1,1)^{-1}\cdots\lambda(m,1)^{-1}\cdots\lambda(1,m)^{-1}\cdots\lambda(m,m)^{-1}$;</u>

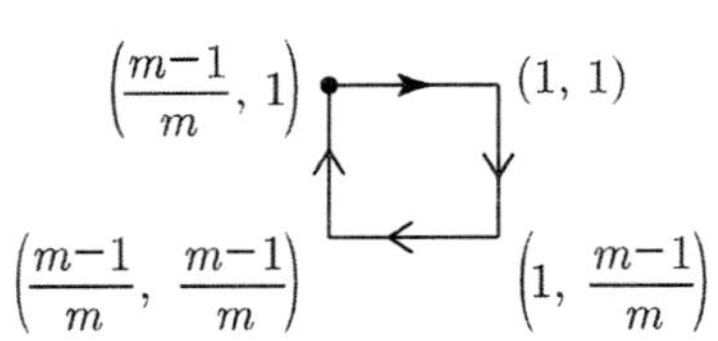

$\lambda(m,m)^{-1}$

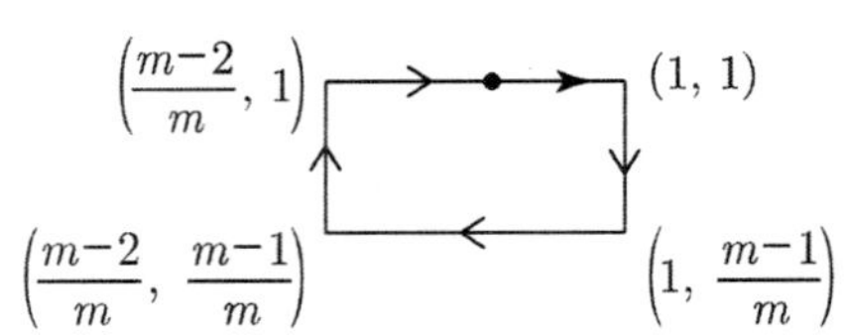

$\lambda(m-1,m)^{-1}\cdot\lambda(m,m)^{-1}$

$\cdots$

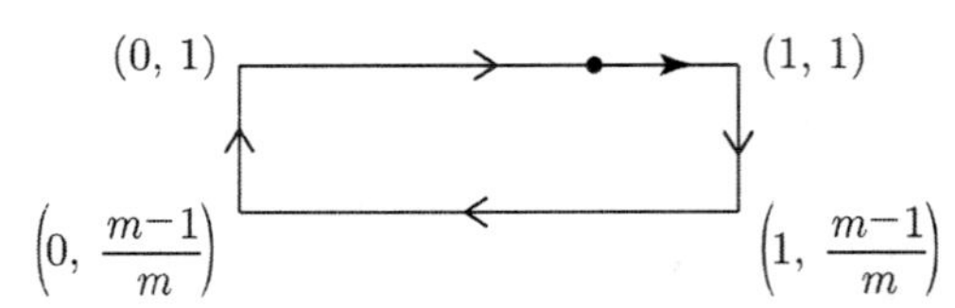

$\lambda(1,m)^{-1}\cdot\lambda(2,m)^{-1}\cdots\lambda(m,m)^{-1}$

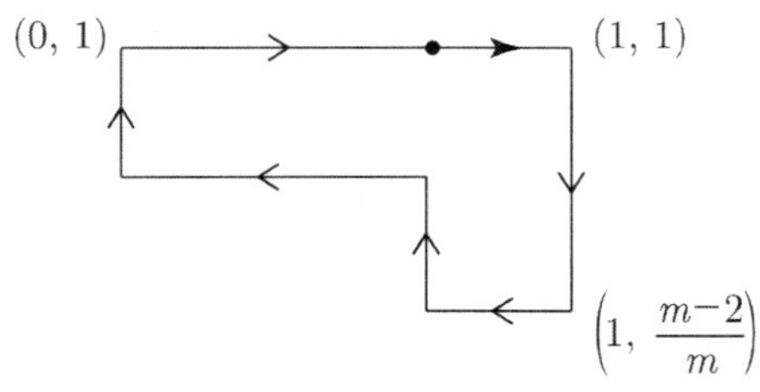

$\lambda(m,m-1)^{-1}\cdot\lambda(1,m)^{-1}\cdots\lambda(m,m)^{-1}$

$\cdots$

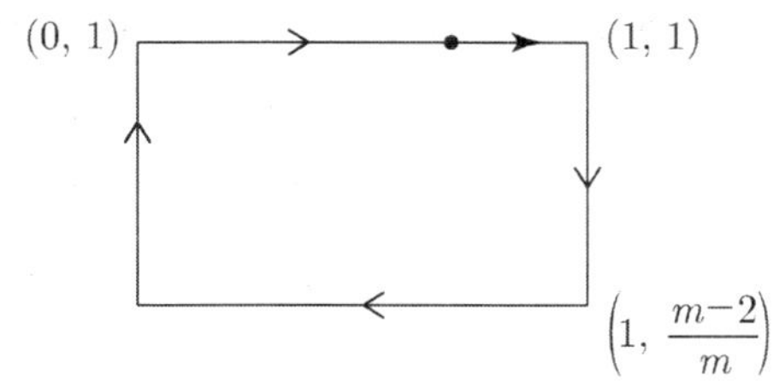

$\{\lambda(m,m)\cdots\lambda(1,m)\cdot\lambda(m,m-1)\cdots\lambda(1,m-1)\}^{-1}$

$\vdots$ $\vdots$

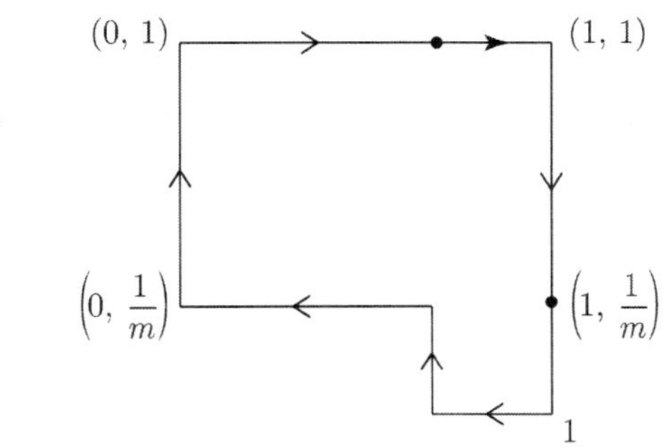

$\{\lambda(m,m)\cdots\lambda(1,m)\cdots\lambda(m,2)\cdots\lambda(1,2)\cdot\lambda(m,1)\}^{-1}$

$\cdots$

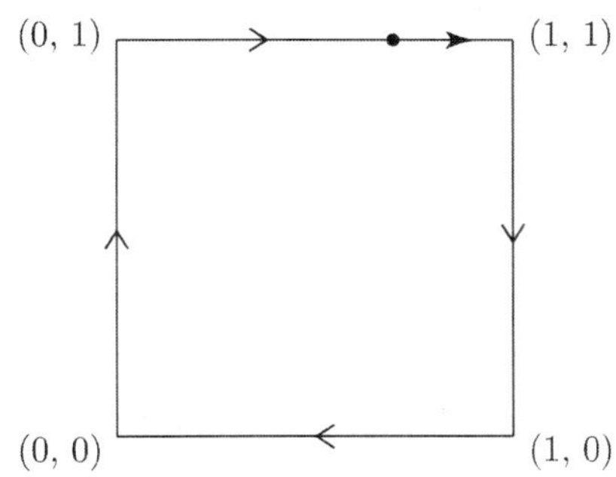

$\{\lambda(m,m)\cdots\lambda(1,m)\cdots\lambda(m,1)\cdots\lambda(1,1)\}^{-1}$

각 $\lambda(i,\ j)$의 모양이 (경우에 따라 $\mu^{-1}\cdot\mu$ 형태를, 일정한 길이를 갖는 왕래하는 선분으로 간주하면) 올갱이(lasso)처럼 보인다. 각 $\lambda(i,\ j)$의 호모토피 f에 의한 상(image)을 $\tau(i,\ j)$라 두면, $\tau=x(t)\ \ (t\in[0,\ 1])$는 $\mathfrak{U}$-올갱이들의 적(product)

$$\tau(m,\ m)\cdots\tau(1,\ m)\cdots\tau(m,\ 2)\cdots\tau(1,\ 2)\tau(m,\ 1)\cdots\tau(1,\ 1)$$

에 동등(equivalent)하다.

(b) 보제 3.14에 의해, 호모토피 f가 C^k사상이라고 가정할 수 있다. 실제, 필요하다면 m을 충분히 크게 취함으로써, f를 m^2개의 작은 정사각형 각각에서 C^k사상이 되도록 구성할 수 있다. 이때, 각 올갱이 $\tau(i,\ j)$는 필요한 성질을 가진다. ■

다음 정리 3.17의 증명을 위하여 보제 3.16을 소개한다. 우선 보제 3.16에서의 연립미분방정식에선 편의상 다음과 같은 표기를 사용한다;

$$y:=(y^1,\ y^2,\ \dots,\ y^n),\quad \eta:=(\eta^1,\ \eta^2,\ \dots,\ \eta^n),\quad f:=(f^1,\ f^2,\ \dots,\ f^n),$$
$$\varphi:=(\varphi^1,\ \varphi^2,\ \dots,\ \varphi^n),\quad s:=(s^1,\ s^2,\ \dots,\ s^m),\quad x:=(x^1,\ x^2,\ \dots,\ x^m).$$

보제 3.16 [10, Theorem, p.267]. $f(t,\ y,\ s)$는, $|t| < \delta$ 와 $(y,\ s) \in D$ (D는 R^{n+m}의 개부분집합)에서 정의된 n개의 함수들의 족(family)이다. 만약 $f(t,\ y,\ s)$가 t의 정의역에서 연속이고, y의 영역에서 C^1급이면, 적절한 $|t| < \delta'$ $(0 < \delta' < \delta)$ 및 $(\eta,\ s) \in D'$ (D'는 D의 개부분집합)에서 정의되어진 다음 조건들을 만족하는 유일한 n개의 함수들의 족 $\varphi(t,\ \eta,\ s)$가 존재한다.

(1) $\varphi(t,\ \eta,\ s)$는 t와 η에서 C^1급;

(2) $\partial\varphi(t,\ \eta,\ s)/\partial t = f(t,\ \varphi(t,\ \eta,\ s),\ s)$;

(3) $\varphi(0,\ \eta,\ s) = \eta$.

만약, $f(t,\ y,\ s)$가 t에서 C^p $(0 \le p \le \omega)$급이고 $y,\ s$에서 C^q급 $(1 \le q \le \omega)$ 함수족이면, $\varphi(t,\ \eta,\ s)$는 t에서 C^{p+1}급이고 η와 s에서 C^q급 함수족이다.

매개변수 s에 의존하는 연립방정식 $dy/dt = f(t,\ y,\ s)$에서 $y = \varphi(t,\ \eta,\ s)$는 초기치 '$t=0$일 때 $y=\eta$'를 만족하는 **해**라 한다.

연립편미분방정식 $\partial y^i/\partial x^j = f^i_j(x,\ y)$ $(i = 1,\ 2,\ \ldots,\ n;\ j = 1,\ 2,\ \ldots,\ m)$에서 보제 3.16으로부터 '만약 각 $f^i_j(x,\ y)$가 C^r급 $(0 \le r \le \omega)$이면, 편미분방정식의 모든 해 $y = \psi(x)$는 C^{r+1}급' 임을 알 수 있다.

정리 3.17 [10, Theorem 4.2, p.73]. M이 연결이고 paracompact C^∞ 다양체이고, $P(M,\ G)$는 기저다양체가 M이고 구조군이 G인 주파이버번들이다. P상의 접속 Γ에 대한 호로노미군 $\Phi(u)$ $(u \in P)$와 제한호로노미군 $\Phi^0(u)$에 관하여

(a) $\Phi^0(u)$는 G의 연결 Lie부분군이다;

(b) $\Phi^0(u)$는 $\Phi(u)$의 정규(normal)부분군이고, $\Phi(u)/\Phi^0(u)$는 가산(countable)이다.

※ 이 정리의 덕분으로 $\Phi(u)$는, 항등원 e를 포함하는 $\Phi(u)$의 연결성분(connected component)이 $\Phi^0(u)$인, G의 Lie부분군이다.

증명 먼저 $\Phi^0(u)$의 모든 원이, $\Phi^0(u)$에 포함되는 곡선으로 항등원 e에 연결 될 수 있으며, 더욱이 그 곡선이 G에서 구분적(piecewise) C^k급 곡선으로 취할 수 있음을 밝힌다. 이때, 정리 3.7의 도움으로, $\Phi^0(u)$는 G의 연결 Lie부분군이 된다.

$a \in \Phi^0(u)$가 M상의 0 (zero)에 호모토픽인 구분적 C^k급 폐도(loop, 혹은 closed path) τ를 따른 평행이동에 의해 얻어졌다고 가정하자. 보제 3.15(Factorization Lemma)에 의해, τ는 $\tau_1^{-1} \cdot \mu \cdot \tau_1$ (τ_1은 $x = \pi(u)$로부터 한 점 y ($\in M$)까지의 구분적 C^k급 곡선이고, μ는 y와 같은 좌표근방에 포함되는 구분적 미분가능인 폐도)형태의 작은 올갱이(lasso)들의 곱에 동등하다. 각 올갱이 $\tau_1^{-1} \cdot \mu \cdot \tau_1$에 의해 얻어진 $\Phi^0(u)$의 원이, $\Phi^0(u)$에 포함되는 (G의) 구분적 미분가능인 곡선에 의해 항등원 e에 연결될 수 있음을 밝히면 충분하다. $v(\in P)$가 τ_1을 따른 u의 평행이동에 의한 점이면 문 3.1 (2)에 의해 $\Phi^0(u) = \Phi^0(v)$이므로, 미분가능인 폐도(loop) μ에 의해서 정의되어진 원 $b \in \Phi^0(v)$가 $\Phi^0(v)$에 포함되어지는 (G상의) 미분가능인 곡선에 의해 e에 연결될 수 있음을 밝히면 충분하다.

$x^1, x^2, \ldots, x^n$을 점 y에서 원점을 취하는 좌표근방계라 하고, μ를 M상의 C^k급 곡선 $x^i = x^i(t)$ $(i = 1, 2, \ldots, n;\ t \in [0, 1])$라 하자.

$$f^i(t, s) := s\, x^i(1) + (1 - s)\, x^i(t) \quad (i = 1, 2, \ldots, n; 0 \leq t,\ s \leq 1)$$

로 둔다. 이때

$$f : I \times I \ni (t, s) \to f(t, s) := (f^1(t, s), \ldots, f^n(t, s)) \in M \quad (I = [0, 1])$$

는 C^k급 사상으로 $f(t, 0) = x(t) \equiv \mu(t)$, $f(0, s) = f(1, s) = y$, $f(t, 1) = y$ $(0 \leq t \leq 1)$이다. 각 고정된 점 s $(0 \leq s \leq 1)$에 대해서

$$b(s) := (\text{폐도 } f(t, s) \ (0 \leq t \leq 1)\text{를 따른 평행이동에 의해 얻어진 } \Phi^0(v)\text{의 원소})$$

로 두면, $b(0) = b$이고 $b(1) = e$가 된다.

마지막으로, $b(s)$ $(0 \leq s \leq 1)$가 G상의 곡선으로 s에 관해 C^k급임은 다음 보제에 의해 증명된다.

보제 $f = I \times I \to M$은 C^k급 사상이고, $u_0(s)$ $(0 \leq s \leq 1)$는 $\pi(u_0(s)) = f(0, s)$인 P상에서 C^k급 곡선이다. 각 고정된 점 s $(0 \leq s \leq 1)$에 대해서

$$u_1(s) := (\text{점 } u_0(s)\text{의, 곡선 } f(t, s) \ (0 \leq t \leq 1)\text{를 따른 평행이동에 의해 얻어진 } P\text{의 점})$$

으로 두면, 곡선 $u_1(s)$ $(0 \le s \le 1)$는 P상의 C^k급 곡선이다.

보제의 증명 사상 $F: I \times I \to P$가 C^k급 사상으로 $\pi(F(t,\ s)) = f(t,\ s)$이고, $F(0,\ s) = u_0(s)$를 만족한다고 하자. 이러한 사상 F의 존재성은 P의 국소자명성(local triviality)에 의해 명백하다.

$$F(t,\ s) =: v_t(s) \ \ (v_0(s) = u_0(s))$$

로 둔다. 정리 2.1의 증명과정에서와 같이, 각 고정된 s $(0 \le s \le 1)$에 대해서 다음 조건을 만족하는 G상의 곡선 $a_t(s)$ $(0 \le t \le 1)$가 유일하게 존재한다:

$$a_0(s) = e \text{이고, } v_t(s)\,a_t(s) \ \ (0 \le t \le 1)\text{는 수평곡선이다.}$$

편의상, $v_t(s)\ a_t(s) =: u_t(s)$로 둔다. $u_1(s)$ $(0 \le s \le 1)$가 C^k급 곡선임은 $a_1(s)$ $(0 \le s \le 1)$가 G에서 C^k곡선임을 밝히면 충분하다. ω를 P상의 접속 Γ의 접속형식이라 하자. 고정된 s $(0 \le s \le 1)$에 대해서

$$-\omega(\dot{v}_t(s)) = \dot{a}_t(s)\,a_t(s)^{-1} =: Y_t(s)$$

로 둔다. 여기서, $\dot{v}_t(s)$는 변수 t $(0 \le t \le 1)$에 관한 접벡터이다. 정리 2.1에서 보였듯이 미분가능인 곡선 $a_t(s)$ $(t \in [0,\ 1])$는, $\dot{a}_t(s)\,a_t(s)^{-1} = Y_t(s)$의 초기치 $a_0(s) = e$를 만족하는 유일한 해곡선이다. 정리 2.1의 증명을 위한 보제의 증명과정에서와 같이, $G \times R$상의 벡터장 $X(s)$ (s를 고정)를 다음과 같이 정의한다;

$$X(s)_{(a,\ t)} := (Y_t(s)a,\ (d/dz)_t) \in T_a(G) \times T_t(R) \ \ \ ((a,\ t) \in G \times R).$$

이때, $(e,\ 0)$ $(\in G \times R)$를 지나는 $X(s)$의 적분곡선은 $(a_t(s),\ t)$이고, G의 곡선 $a_t(s)$가 변수 t에 관한 연립 상(ordinary)미분방정식

$$\dot{a}_t(s)\,a_t(s)^{-1} = Y_t(s) \ \ \ (\text{고정된 } s \ \ (0 \le s \le 1))$$

의 초기치 $a_0(s) = e$를 만족하는 해곡선이다. 더욱이

$$Y_t(s) = -\omega(\dot{v}_t(s)) = \dot{a}_t(s)\,a_t(s)^{-1} \ \ (F(t,\ s) = v_t(s)\text{는 } t,\ s\text{에 관하여 } C^k\text{급})$$

이므로, $Y_t(s)$는 s에 관하여 C^k급이다. 따라서 보제 3.16에 의해 매개변수 s를 가지는 연립 상미분방정식의 해 $a_t(s)$도 s에 관하여 C^k급이므로 보제의 증명이 완료된다.

이 보제에, 양단(end points)을 공유 (고정)하는 호모토피 f를 적용하면, 본 정리의 (a)부분이 증명된다.

이제, (b)를 증명하자. 만약 M의 곡선 τ와 μ가 x $(\in M)$를 기점(base point)으로 하는 M상의 폐도(loop)이고 μ가 0에 호모토픽이면, $\tau \cdot \mu \cdot \tau^{-1}$도 0에 호모토픽이다. 따라서 $\Phi^0(u)$는 $\Phi(u)$의 정규(normal)부분군이다. $\pi_1(M)$을 기점(base point) x에 대한 제1호모토피군(the first homotopy group) (cf. [24, the corollary to Theorem 4 of III, §2])이라 하자.

$f : \pi_1(M) \to \Phi(u)/\Phi^0(u)$를 다음과 같이 정의한다.

$\alpha \in \pi_1(M)$에 대해서, α를 나타내는 기점(base point) x에서의 연속인 폐도(loop)를 τ라 하자. 유한개의 좌표근방들에 의해 τ를 덮을 수 있고, 각 좌표근방에서 τ를 수정하여 τ에 호모토픽인 구분적 C^k급인 기점 x에서의 폐도(loop) τ_1을 얻을 수 있다. 만약 τ_1과 τ_2가 이러한 폐도라면, 이때 $\tau_1 \cdot \tau_2^{-1}$는 0에 호모토픽이므로, $\tau_1 \cdot \tau_2^{-1}$는 $\Phi^0(u)$에 속하는 원을 결정한다. 따라서 τ_1과 τ_2에 의해 $\Phi(u)/\Phi^0(u)$에 속하는 같은 원이 대응되고, 그 대응된 원을 $f(\alpha)$로 둔다. 이와 같이 전사(surjective)인 군준동형사상 (group homomorphism)

$$f : \pi_1(M) \to \Phi(u)/\Phi^0(u)$$

가 정의된다. 한편, M이 연결이고 paracompact이므로, 정리 3.12에 의해서 위상공간 M은 가산기(countable base)를 갖는다. 따라서 $\pi_1(M)$은 가산(countable)이므로, $\Phi(u)/\Phi^0(u)$도 또한 가산(countable)이다. ■

M이 연결이고 paracompact이면, 정리 3.17에 의해 $\Phi^0(u)$는 G의 연결 Lie부분군이고, $\Phi^0(u)$는 $\Phi(u)$의 단위원을 포함하는 연결성분(connected component)이다.

M이 단연결(simply connected) (즉, $\pi_1(M) = \{e\}$)일 때는, 정리 3.17의 증명과정에서 보였듯이 $\Phi^0(u) = \Phi(u)$이고 $\Phi(u)$는 G의 연결 Lie부분군이다. 그러한 Lie군 $\Phi(u)$의 Lie대수 (Lie algebra)는 개략적으로 말하면, 접속의 국소적인 성질을 나타내는 곡률형식에 의해 결정됨이 밝혀진다 (cf. 정리 7.1).

§4. 곡률형식과 구조방정식

주파이버번들 P상에 주어진 접속 Γ의 접속형식을 ω로 둔다.

일반적으로, 벡터공간 V가 임의로 주어졌을 때, V-값을 취하는 P상의 p차 미분형식 α에 대해서, 그 **공변외미분**(exterior covariant differentiation) $D\alpha$를 다음과 같이 정의한다;

P상의 통상의 외미분(exterior differentiation)을 d로 표기하고, P상의 임의로 주어진 벡터장 $X_1,\ X_2,\ \ldots,\ X_{p+1}$에 대해서

$$(D\alpha)(X_1,\ X_2,\ \ldots,\ X_{p+1}) := (d\alpha)(hX_1,\ hX_2,\ \ldots,\ hX_{p+1})$$

로 정의한다. 여기서, hX $(X \in \mathfrak{X}(P))$는 X의 수평성분이다.

접속 Γ 의 접속형식 ω 의 공변외미분 $D\omega =: \Omega$를, P상의 접속 Γ 의 **곡률형식**(curvature form)이라 한다.

ω는 (P 의 구조군 G의 Lie대수인) $\mathfrak{g}$-값을 취하는 P상의 1차미분형식이고, Ω는 $\mathfrak{g}$-값을 취하는 P상의 2차 미분형식이다. $X \in \mathfrak{X}(P)$와 $a \in G$ 에 대해

$$R_{a*}X = R_{a*}(vX + hX)$$

이므로

$$h(R_{a*}X) = R_{a*}(hX), \quad i.e., \quad h \circ R_{a*} = R_{a*} \circ h$$

가 되고, 이를 이용하면

$$R_a^*\Omega = Ad(a^{-1})\Omega$$

를 얻는다. 왜냐하면, $X,\ Y \in \mathfrak{X}(P)$에 대해서

$$\begin{aligned}(R_a^*\Omega)(X,\ Y) &= \Omega(R_{a*}X,\ R_{a*}Y) = (Dw)(R_{a*}X,\ R_{a*}Y)\\ &= (d\omega)(h(R_{a*}X),\ h(R_{a*}Y)) = (d\omega)(R_{a*}(hX),\ R_{a*}(hY))\\ &= (R_a^*(d\omega))(hX,\ hY) = (d(R_a^*\omega))(hX,\ hY)\\ &= d((Ad(a)^{-1})\omega)(hX,\ hY) = (Ad(a^{-1}) \circ d\omega)(hX,\ hY)\\ &= (Ad(a)^{-1} \circ D\omega)(X,\ Y) = (Ad(a)^{-1} \circ \Omega)(X,\ Y)\end{aligned}$$

이기 때문이다.

곡률형식 Ω $(= D\omega)$의 기하학적인 의미는 다음과 같이 주어진다. 우선 $X,\ Y$가 P상의 수평벡터장(horizontal vector field)일 때, 보제 1.2 (ii)에 의해 $[X,\ Y]$는 P상에서 일반적으론

수평벡터장이 아니다. X, Y가 수평벡터장일 때, $[X, Y]$의 수직성분 $v[X, Y]$는 어떤 벡터장일까? $X, Y \in \mathfrak{X}(P)$일 때

$$2d\omega(X, Y) = X\omega(Y) - Y\omega(X) - \omega([X, Y])$$

이므로, X, Y가 수평벡터장이면

$$2d\omega(X, Y) = 2(D\omega)(X, Y) = 2\Omega(X, Y) = -\omega([X, Y])$$

가 된다. 즉, X, Y가 수평벡터장일 때, $(v[X, Y])_u =: A_u^*$ $(A \in \mathfrak{g})$로 두면

$$-2\Omega_u(X, Y) = (v[X, Y])_u = A$$

이다. 이 점을 직관적으로 고찰하기로 하자. 점 $u(\in P)$가 주어졌을 때, M의 점 $x(=\pi(u))$를 원점으로 취하는 M상의 좌표근방계 $\{x^1, \ldots, x^n\}$에 관한 $U := \partial/\partial x^1$이고 $V := \partial/\partial x^2$인 벡터장에 대해서, 다음과 같이 U, V $(-U, -V)$의 적분곡선을 정의한다;

$$x_t := (t, 0, \ldots, 0), \quad y_t := (1, t, 0, \ldots, 0)$$
$$(w_t := (1-t, 1, 0, \ldots, 0), \quad z_t := (0, 1-t, 0, \ldots, 0)) \quad (0 \le t \le 1).$$

M상의 x_t, y_t, w_t, z_t로 이루어진 폐도(loop)를 τ로 둔다. 점 u $(\in P)$에서 출발하는 τ의 수평(horizontal) lift는 어떻게 될까? 벡터장 U, V의 lift를 U^*, V^*로 두면, 보제 1.2 (ii)에 의해, $\pi_*(h[U^*, V^*]) = [U, V] = 0$이다. 따라서 $h[U^*, V^*] = 0$, 즉 $[U^*, V^*]$는 수직벡터장이다. u를 시점으로 하는 x_t, y_t, w_t, z_t의 lift를 x_t^*, y_t^*, w_t^*, z_t^*라 두면 z_t^*의 종점은 일반적으로 u가 되지 않는다. X, Y가 수평일 때, '$\omega_u([X, Y]) = -2\Omega_u(X, Y)$'이다는 위의 결과는 $v[U^*, V^*] = -2\Omega_u(U^*, V^*)$임을 의미한다.

위에서 소개한 기하학적 의미를 포함한 식이, 다음 정리에서의 구조방정식이라 불리는 식이다.

정리 4.1 (구조방정식) $X, Y \in \mathfrak{X}(P)$에 대해서

$$(d\omega)(X, Y) = -\frac{1}{2}[\omega(X), \omega(Y)] + \Omega(X, Y)$$

가 된다. 여기서, [,]는 Lie대수 $\mathfrak{g}$의 환(ring) 연산이다.

증명 다음의 3가지 경우로 나누어서 위의 식을 증명하면 충분하다.

(i) X, Y가 P상의 수평벡터장일 때는 Ω의 정의 $\Omega = D\omega = d\omega \circ h$로부터 명백하다.

(ii) A ($\in \mathfrak{g}$)에 대해, A^*는 A에 의해 정의된 P상의 기본벡터장이라 하자. 이제, $X = A^*$, $Y = B^*$ (A, $B \in \mathfrak{g}$)일 때, $\omega(X) = A$이고 $\omega(Y) = B$이므로

$$X(\omega(Y)) = Y(\omega(X)) = 0$$

이다. 한편, $[X, Y] = [A^*, B^*] = [A, B]^*$(cf. 1장 보제 6.2)이므로

$$\begin{aligned} 2\,d\omega(X, Y) &= X\omega(Y) - Y\omega(X) - \omega([X, Y]) \\ &= -\omega([A^*, B^*]) = -\omega([A, B]^*) = -[A, B] \\ &= -[\omega(X), \omega(Y)] \end{aligned}$$

이고

$$\Omega(X, Y) = (D\omega)(X, Y) = (d\omega)(hX, hY) = 0$$

이므로, 위의 식이 성립된다.

(iii) X가 수평벡터장이고, $Y = A^*$ ($A \in \mathfrak{g}$)가 수직벡터장일 때 $X\omega(A^*) = 0$이고 $\omega(X) = 0$이므로

$$\begin{aligned} 2\,d\omega(X, Y) &= 2d\omega(X, A^*) \\ &= X\omega(A^*) - A^*\omega(X) - \omega([X, A^*]) \\ &= -\omega([X, A^*]) \end{aligned}$$

가 된다. 여기서, $[X, A^*]$는 다음 보제 4.2에 의해 수평벡터장이므로 $\omega([X, A^*]) = 0$이다. 따라서 이 경우 주어진 구조방정식은 좌변$=$우변$= 0$이므로 성립된다. ■

보제 4.2 기본벡터장 $A^*(A \in \mathfrak{g})$와 수평벡터장 X에 대한 $[X, A^*]$는 P상의 수평벡터장이 된다.

증명 A^*는 R_{a_t} ($a_t = \exp tA$)에 의해 생성되어지기 때문에

$$[A^*, X]_u = \lim_{t \to 0} \frac{X_u - ((R_{\exp tA})_* X)_u}{t} \quad \text{(cf. [13, Theorem 4, p.85])}$$

인데, X와 $(R_{\exp tA})_* X$가 수평벡터장이므로 우변은 수평벡터이다. ■

§5. 주파이버번들 준동형사상에 의한 접속의 사상

이 절에서는 주파이버번들 준동형사상에 의해 유도되어진 기저다양체간의 사상이 미분동형사상일 때와 동반군준동형사상이 군동형사상일 때, 각각 정의역 번들의 주어진 접속에 의한 변역 번들상의 접속의 구성문제와 변역 번들의 주어진 접속에 의한 정의역 번들상의 접속의 구성문제에 관하여 소상히 소개한다.

먼저, 관련된 용어들을 정의하기로 하자.

정의 5.1 주파이버번들 $P'(M', G')$와 $P(M, G)$사이의 C^∞ 사상 $\tilde{f}: P' \to P$와 군준동형사상 $\varphi: G' \to G$가 존재하여, 다음 조건

$$\tilde{f}(u'a') = \tilde{f}(u')\varphi(a') \quad (u' \in P',\ a' \in G')$$

을 만족하면, $\tilde{f}: P' \to P$를 $P'(M', G')$에서 $P(M, G)$로의 **준동형사상**(homomorphism)이라 한다.

정의 5.1에 의해 준동형사상 $\tilde{f}: P' \to P$는 P'의 각 파이버를 P의 파이버로 옮긴다. 따라서 $\tilde{f}$에 의해 C^∞ 사상 $f: M' \to M$이 유도된다.

정의 5.2 준동형사상

$$\tilde{f}: P'(M', G') \to P(M, G) \quad (\tilde{f}(u'a') = \tilde{f}(u')\varphi(a') \quad (u' \in P',\ a' \in G'))$$

가 imbedding이고, $\varphi: G' \to G$가 단사(injective)인 군준동형사상이면, 준동형사상 $\tilde{f}$를 imbedding 혹은 injection이라 한다.

정의 5.3 준동형사상 $\tilde{f}: P'(M', G') \to P(M, G)$가 imbedding이고, $\tilde{f}$에 의해 유도된 사상 $f: M' \to M$도 imbedding이면, $P'(M', G')$는 $P(M, G)$의 **부분번들**(subbundle)이라 한다.

정의 5.4 준동형사상 $\tilde{f}: P'(M, G') \to P(M, G)$가 imbedding이고, G'는 G의 Lie부분군이며 $\tilde{f}$에 의해 유도되어진 사상 $f: M \to M$이 id_M이면, 그 때 $\tilde{f}$는 $P(M, G)$의 구조군 G의 G'로의 **축소**라 하고, $P'(M, G')$를 $P(M, G)$의 **축소번들**(reduced bundle) 혹은 **부분번들**(subbundle)이라 한다.

정의 5.5 주파이버번들 $P(M, G)$와 G의 Lie부분군 G'가 주어졌을 때 $P(M, G)$의 축소번들 $P'(M, G')$가 존재하면, 이때 $P(M, G)$의 구조군 G는 G'로 **축소가능하다**(reducible)라고 한다.

정의 5.6 $G-$주파이버번들인 $P = P(M, G)$와 $Q = Q(N, G)$사이에 미분동형사상 $\tilde{f}: P \to Q$가 존재하여 $\tilde{f}(ua) = \tilde{f}(u)a \ (u \in P, a \in G)$를 만족하면, 이러한 준동형사상 $\tilde{f}$를 **번들동형사상**(bundle isomorphism)이라 하고, 특히 $P = Q$인 번들동형사상 $\tilde{f}: P \to P$를 **번들자기동형사상**(bundle automorphism)이라 한다.

예로, Lie군 G와 G의 폐(closed) Lie부분군 H에 대하여, Lie군 G는 $M = G/H$상의 구조군 H를 갖는 주파이버번들이다. 실제, M의 임의로 주어진 점 x에 대해서, x의 적절한 근방 U로부터 G로의 절단(section) σ가 존재하므로, 국소자명성(local triviality)에 관하여 다음

$$\pi^{-1}(U) \ni g \to (\pi(g), \varphi(g)) \in U \times H$$
$$\varphi(g) := \sigma(\pi(g))^{-1} g$$

와 같이 정의하면, $G(M = G/H, H, \pi)$는 주파이버번들이 된다. 이때, $L_a: G \ni x \mapsto ax \in G$ $(a \in G)$에 대해서

$$L_a(xh) = L_a(x)h \quad (x \in G, h \in H)$$

가 성립하므로, L_a는 주파이버번들 $G(M = G/H, H, \pi)$ 사이의 (번들)자기동형사상이다.

번들자기동형사상의 또 다른 예로, 미분동형사상 $f: M \to M$이 주어지면, f는 (번들)자기동형사상 $\tilde{f}: L(M) \to L(M)$ ($L(M)$은 M상의 프레임번들)이 유도되어진다. 실제, M의 국소좌표근방 $(U, \phi) = (U; x^1, x^2, \ldots, x^n)$에 대해서

$$\tilde{f}\left(\frac{\partial}{\partial x^1}, \ldots, \frac{\partial}{\partial x^n}\right) := \left(f_*\left(\frac{\partial}{\partial x^1}\right), \ldots, f_*\left(\frac{\partial}{\partial x^n}\right)\right)$$

에 의해, (번들)자기동형사상 $\tilde{f}$가 f에 의해 자연스럽게 유도된다.

주파이버번들 $P(M,\ G,\ \pi)$의 (번들)자기동형사상이 기저다양체 M의 항등사상을 유도할 때, 이러한 (번들)자기동형사상을 **게이지변환**(gauge transformation)이라 한다.

명제 5.7 [10, Proposition 6.1, p.79]. $\tilde{f}: P'(M',\ G') \to P(M,\ G)$를 준동형사상이라 하고, 준동형사상 $\tilde{f}$의 동반군준동형사상을 $\varphi: G' \to G$ 라 하자. 또, $\tilde{f}$로부터 유도되어진 $f: M' \to M$이 미분동형사상이라 하자. P'상에 접속 Γ'가 주어졌을 때, ω'와 Ω'를 Γ'에 의해 정의된 P'상의 접속형식 및 곡률형식이라 하자. 이때

(a) Γ'의 모든 수평부분공간을 $\tilde{f}$가 P상의 수평공간으로 옮기도록, P상에 유일한 접속 Γ가 정의된다.

(b) ω와 Ω를 (a)에서 정의된 접속 Γ의 접속형식 및 곡률형식이라 하면

$$\tilde{f}^{*}\omega = \varphi \circ \omega', \quad \tilde{f}^{*}\Omega = \varphi \circ \Omega'$$

가 된다. 여기서, $\varphi \circ \omega'$, $\varphi \circ \Omega'$의 φ는 군준동형사상 $\varphi: G' \to G$에 의해 유도된 Lie대수 간의 준동형사상 $(d\varphi)_e: \mathfrak{g}' \to \mathfrak{g}$를 의미한다.

(c) $\tilde{f}(u') = u \quad (u' \in P',\ u \in P)$이면

$$\varphi(\Phi(u')) = \Phi(u), \quad \varphi(\Phi^0(u')) = \Phi^0(u)$$

이다. 여기서, $\Phi(u')$와 $\Phi(u)$는 기점 u'와 u에 대한 접속 Γ'와 Γ의 호로노미군이고, $\Phi^0(u')$와 $\Phi^0(u)$는 기점 u'와 u에 대한 접속 Γ'와 Γ의 제한적 호로노미군이다.

증명 (a) $\tilde{f}$로부터 유도된 $f: M' \to M$이 미분동형사상이므로, 임의로 주어진 P의 원 u에 대해서 $u = \tilde{f}(u')a$인 P'의 원 u'와 G의 원 a가 존재한다. u' $(\in P')$에서 Γ'에 관한 수평부분공간 $Q_{u'}$의 $R_{a*} \circ \tilde{f}_*$에 의한 상(image) $R_{a*}(\tilde{f}_* Q_{u'})$를 u $(\in P)$에서의 수평부분공간 Q_u로 정의한다.

먼저, Q_u는 u'와 a의 선택에 독립임을 밝힌다. 실제, 만약

$$u = \tilde{f}(v')b \quad (v' \in P',\ b \in G)$$

이면 $v' = u'c'$인 G'의 원 c'가 존재한다. $\varphi(c') = c$로 두면

$$u = \tilde{f}(v')b = \tilde{f}(u'c')b = \tilde{f}(u')\varphi(c')b = \tilde{f}(u')cb = \tilde{f}(u')a$$

이므로 $cb = a$이고, 다음 식

$$R_{b*}(\tilde{f}_* Q_{v'}) = R_{b*}(\tilde{f}_* Q_{u'c'}) = (R_{b*} \circ \tilde{f}_*)(R_{c'_*} Q_{u'})$$
$$= (R_{b*} \circ R_{c*})(\tilde{f}_* Q_{u'}) = R_{cb*}(\tilde{f}_* Q_{u'}) = R_{a_*}(\tilde{f}_* Q_{u'})$$

에 의해 Q_u는 u', a의 선택 방법에 독립이다. 이제, 분포 $P \ni u \to Q_u \subset T_u P$가 P상의 접속(connection)임을 증명한다. 만약 $u = \tilde{f}(u')a$이면, $ub = \tilde{f}(u')ab$이고

$$Q_{ub} = (R_{ab})_*(\tilde{f}_* Q_{u'}) = (R_{b*} \circ R_{a*})(\tilde{f}_* Q_{u'}) = R_{b*}(Q_u)$$

이므로, G에 의해서 이 분포 Q는 불변이다. 그리고 $T_u P = Q_u \oplus \mathfrak{g}_u$임을 밝힌다. 여기서, $\mathfrak{g}_u$는 u에서 파이버에 접하는 접공간(tangent space)이다. 국소자명성에 의해 $\pi : P \to M$이 선형동형사상 $\pi_* : Q_u \to T_x M$ $(\pi(u) = x)$을 유도함을 밝히면 충분하다. 주어진 P상의 분포(distribution) Q가 G에 의해 불변이므로, $\tilde{f}(u') = u$ $(\pi(u') = x')$로 가정해도 무방하다. 여기서, $f \circ \pi' = \pi \circ \tilde{f}$이다. 따라서 다음 도표

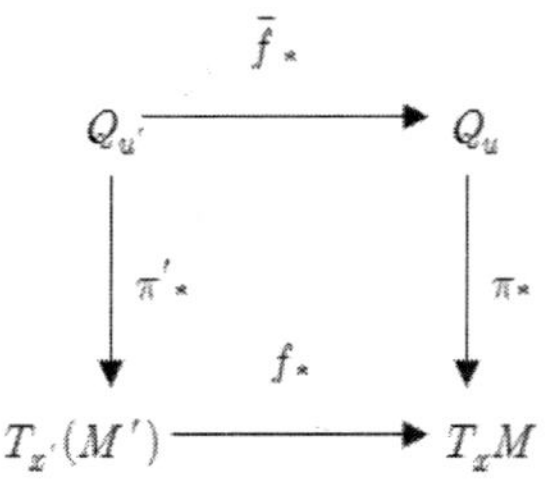

에서 $f_* \circ \pi'_*$가 선형동형사상이므로, $\tilde{f}_*$는 단사사상이고 π_*는 전사사상이다. 더욱이, (Q_u의 정의에 의해) $\tilde{f}_* Q_{u'} = Q_u$이므로 $\tilde{f}_*$는 선형동형사상이다. 따라서

$$\dim Q_{u'} = \dim Q_u = \dim T_{x'} M' = \dim T_x M$$

이므로, π_*는 선형동형사상이다. Γ의 유일성은 구성(정의)방법에 의해 명백하다.

(b) 등식 $\tilde{f}^* \omega = \varphi \circ \omega'$는

$$\omega(\tilde{f}_* X') = (d\varphi)_e(\omega'(X')) \quad (X' \in T_{u'}(P'),\ u' \in P')$$

를 의미한다. 이 등식은 X'가 수평일 경우와 수직벡터일 경우로 나누어 증명하면 충분하다;

X'가 수평일 경우에는 $\tilde{f}_*(X')$도 P에서 수평벡터가 되므로 좌변=우변$=0$이

다. X'가 수직벡터이면, u'에서 $X' = A'^*_{u'}$ $(A' \in \mathfrak{g}')$로 표기되어지고 $\varphi(A') :=$ $(d\varphi)_e(A') =: A$ $(\in \mathfrak{g})$로 두면 $\tilde{f}(u'a') = \tilde{f}(u')\varphi(a')$이므로 $\tilde{f}_* X' = A^*_{\tilde{f}(u')}$가 된다. 여기서

$$\begin{aligned}\omega(\tilde{f}_* X') &= \omega(A^*_{\tilde{f}(u')}) = A = \varphi(A') \\ &= \varphi(\omega'_{u'}(A'^*)) = \varphi(\omega'(X')) \quad (X' \in \mathfrak{g}_{u'} \subset T_{u'}(P'))\end{aligned}$$

이므로

$$\omega \circ \tilde{f}_* = \tilde{f}^* \omega = (d\varphi)_e \circ \omega' = \varphi \circ \omega'$$

가 성립된다. $\omega \circ \tilde{f}_* = \varphi \circ \omega'$에 의해, $d(\tilde{f}^* \omega) = d(\varphi \circ \omega')$이므로 $\tilde{f}^* d\omega =$ $\varphi \circ d\omega'$도 성립한다. 실제, X', Y' $(\in T_{u'}P')$에 의해

$$\begin{aligned}2(\tilde{f}^* d\omega)(X', Y') &= 2(d(\tilde{f}^* \omega))(X', Y') = 2(d(\varphi \circ \omega'))(X', Y') \\ &= X'(\varphi(\omega'(Y'))) - Y'(\varphi(\omega'(X'))) - \varphi(\omega'([X', Y'])) \\ &= (d\varphi)_e(X'(\omega'(Y')) - Y'(\omega'(X')) - \omega'([X', Y'])) \\ &= 2(\varphi \circ d\omega')(X', Y')\end{aligned}$$

이므로, $\tilde{f}^* d\omega = \varphi \circ d\omega'$이다. 정리 4.1(구조방정식)에 의해

$$-\frac{1}{2}\tilde{f}^*[\omega, \omega] + \tilde{f}^* \Omega = \tilde{f}^*(d\omega) = \varphi \circ d\omega' = \varphi \circ (-\frac{1}{2}[\omega', \omega'] + \Omega')$$

이므로

$$-\frac{1}{2}[\tilde{f}^* \omega, \tilde{f}^* \omega] + \tilde{f}^* \Omega = -\frac{1}{2}[\varphi \circ \omega', \varphi \circ \omega'] + \varphi \circ \Omega'$$

가 된다. 따라서 $\tilde{f}^* \omega = \varphi \circ \omega'$이므로 $\tilde{f}^* \Omega = \varphi \circ \Omega'$가 성립된다.

(c) τ를 기점 $x(= \pi(u))$인 M상의 폐도(loop)라 하고, $f^{-1}(\tau) =: \tau'$라 하자. 이때, τ'는 기점 x' $(\pi(u') = x', \tilde{f}(u') = u)$인 M'상의 폐도이다. τ'^*를 시점 (starting point) u'인 P'상에서 τ'의 (수평) lift라 하면, $\tilde{f}(\tau'^*)$는 시점 u인 P상에서 τ의 (수평) lift가 된다. 따라서 (c)는 명백하다. ■

명제 5.7에서 주파이버번들 사이의 준동형사상 $\tilde{f}$ ($\tilde{f}$에 의해 정의된 $f : M' \to M$이 미분동형사상인 경우)의 P'상의 접속 Γ'에 의해 P상의 접속 Γ가 정의된다.

특히, 명제 5.7에서 $M' = M$, $\tilde{f}$가 injection (cf. 정의 5.2), $\tilde{f}$에 의해 정의된 사상 $f : M \to M$이 id_M일 때 (즉, $P'(M, G')$가 $P(M, G)$의 축소 부분번들(reduced subbundle) 일 때), P상의 접속 Γ와 P'상의 접속 Γ'가 존재하여 포함사상 $\tilde{f}: P' \to P$가 Γ'를 Γ로

옮길 때, P상의 접속 Γ가 P'상의 접속 Γ'로 **환원가능하다**(reducible)라고 한다.

번들자기동형사상 $\tilde{f}: P(M, G) \to P(M, G)$가 P상의 접속 Γ를 Γ로 옮기면, 번들자기동형사상 $\tilde{f}$를 P에서 접속 Γ의 **자기동형사상**(automorphsim of a connection Γ)이라 하고, 이 경우 접속 Γ는 $\tilde{f}$에 의해 **불변**(invariant)이라 한다.

명제 5.8 [10, Proposition 6.2, p.81]. 준동형사상 $\tilde{f}: P'(M', G') \to P(M, G)$의 동반군준동형사상 $\varphi: G' \to G$가 군동형사상(group isomorphism)이라 하자. Γ를 P상의 접속, ω와 Ω를 Γ에 의한 P상의 접속형식과 곡률형식이라 하자. 이때

(a) P'상의 접속 Γ'가 유일하게 존재하여, P'상의 수평부분공간을 $\tilde{f}_*$는 Γ에 의한 P상의 수평부분공간으로 옮긴다.

(b) ω'와 Ω'를 (a)에서의 접속 Γ'에 대한, P'상의 접속형식과 곡률형식이라 하면

$$\tilde{f}^*\omega = \varphi \circ \omega' (:= (d\varphi)_e \circ \omega'), \quad \tilde{f}^*\Omega = \varphi \circ \Omega' (:= (d\varphi)_e \circ \Omega')$$

이다.

(c) $\tilde{f}(u') = u \ (u' \in P', u \in P)$에 대해, $\varphi(\Phi(u')) \subset \Phi(u)$이고 $\varphi(\Phi^0(u')) \subset \Phi^0(u)$이다.

증명 (a) P'상에 접속형식 ω'를 정의함으로써, 접속 Γ'를 정의한다.

$$\omega' := \varphi^{-1} \circ \tilde{f}^*\omega$$

로 둔다. 여기서, φ^{-1}는 Lie대수 동형사상 $\varphi := (d\varphi)_e : \mathfrak{g}' \to \mathfrak{g}$의 역 사상(inverse mapping)이다.

$$\tilde{f}_*X' =: X, \quad \varphi(a') =: a \quad (X' \in T_{u'}P', a' \in G')$$

로 둔다. 이때

$$\begin{aligned}(R_{a'}^*\omega')(X') &= \omega'(R_{a'*}X') = \varphi^{-1}((\tilde{f}^*\omega)(R_{a'*}X')) \\ &= \varphi^{-1}((R_a^*\omega)(\tilde{f}_*X')) = \varphi^{-1}(Ad(a^{-1})\,\omega(X)) \\ &= Ad(a'^{-1})\,(\varphi^{-1}(\omega(X))) = (Ad(a'^{-1}) \circ \varphi^{-1} \circ \tilde{f}^*\omega)\,(X') \\ &= (Ad(a'^{-1}) \circ \omega')\,(X')\end{aligned}$$

이므로 $R_{a'}^*\omega' = Ad(a'^{-1})\omega' \ (a' \in G')$가 된다. 이제, $\varphi(A') = (d\varphi)_e(A') =: A$ $(A' \in \mathfrak{g}', A \in \mathfrak{g})$로 두고, A'^*와 A^*를 A'와 A에 대응하는 P'와 P상의 기본벡터장(fundamental vector field)이라 하면

$$\omega'(A'^{*}) = (\varphi^{-1} \circ \tilde{f}^{*}\omega)(A'^{*}) = \varphi^{-1}(A) = A'$$

가 된다. 따라서 $\omega' := \varphi^{-1} \circ \tilde{f}^{*}\omega$는 P'상의 접속이고, 더욱이 (ω'의 구성 (정의)에 의해) $\tilde{f}_{*}$는 P'상의 수평부분공간을 P상의 수평부분공간으로 옮기게 된다.

(b) $X', Y' \in \mathfrak{X}(P')$에 대해서

$$(\varphi^{-1} \circ \tilde{f}^{*}\omega)(X') = \omega'(X'), \quad \text{i.e.,} \quad \tilde{f}^{*}\omega = \varphi \circ \omega',$$

$$\begin{aligned}(\varphi^{-1} \circ \tilde{f}^{*}\Omega)(X', Y') &= (\varphi^{-1} \circ \tilde{f}^{*}(d\omega + \frac{1}{2}[\omega,\omega]))(X', Y') \\ &= (\varphi^{-1} \circ d(\tilde{f}^{*}\omega))(X', Y') + \frac{1}{2}(\varphi^{-1} \circ [\tilde{f}^{*}\omega, \tilde{f}^{*}\omega])(X', Y') \\ &= d(\varphi^{-1} \circ \tilde{f}^{*}\omega)(X', Y') + \frac{1}{2}[(\varphi^{-1} \circ \tilde{f}^{*}\omega)(X'), (\varphi^{-1} \circ \tilde{f}^{*}\omega)(Y')] \\ &= \Omega'(X', Y')\end{aligned}$$

이므로, $\tilde{f}^{*}\omega = \varphi \circ \omega'$이고 $\tilde{f}^{*}\Omega = \varphi \circ \Omega'$가 된다.

(c) 는 (a)로부터 명백하다. ■

명제 5.8에서 $\tilde{f}$가 번들사상이면, 즉 $G' = G$이고 $\varphi = id_G$이면, 이때

$$\omega' = \varphi^{-1} \circ \tilde{f}^{*}\omega = \tilde{f}^{*}\omega$$

가 된다.

정의 5.9 C^{∞}다양체 M'와 M, 주파이버번들 $P(M, G, \pi)$에 대하여, C^{∞}사상 $f : M' \to M$이 존재할 때

$$P' := \{(u, x') \in P \times M' \mid f(x') = \pi(u)\}$$
$$(u, x')a := (ua, x'), \ \pi'(u, x') = x' \quad ((u, x') \in P', a \in G)$$

로 두면, $P'(M', G, \pi')$는 M'상의 주파이버번들이 되고, 그러한 P'를 P로부터 사상 f에 의해 **유도되어진 파이버번들**(induced principal fiber bundle)이라 하고, $P' =: f^{-1}(P)$로 표기한다.

정의 5.9의 유도되어진 주파이버번들의 간단한 예로, M'가 M의 개부분다양체일 때는 $f^{-1}(P) = \pi^{-1}(M')$이다.

정의 5.9의 설정 아래서, 준동형사상 $\tilde{f}: P' \ni (u, x') \rightarrow u \in P$ (동반군준동형사상 $\varphi := id_G$)와 같이 정의하면, P상의 접속형식 ω가 주어졌을 때, 명제 5.8에 의해 P'상에서 접속형식

$$\omega' = \varphi^{-1} \circ \tilde{f}^* \omega = \tilde{f}^* \omega$$

가 주어지고, P'상의 수평부분공간이 $\tilde{f}_*$에 의해 P상의 수평부분공간으로 옮겨진다. .

주파이버번들 $P(M, G, \pi_P)$와 $Q(M, H, \pi_Q)$가 주어졌을 때, $P \times Q$는 $M \times M$상의 구조군 $G \times H$를 갖는 주파이버번들이 된다. 한편

$$P + Q := \{\pi^{-1}(x, x) \mid x \in M\} \quad (\pi^{-1} := (\pi_P^{-1}, \pi_Q^{-1}))$$

라 두면, $P+Q$도 M상의 구조군 (직적 Lie군) $G \times H$를 갖는 주파이버번들

$$(P+Q)(M, G \times H, \pi = (\pi_P, \pi_Q))$$

가 된다. 사영사상 $P \times Q \rightarrow P$의 정의역을 제한한 사영사상 $\tilde{f}_P : P+Q \rightarrow P$의 동반군준동형사상 $\varphi_G : G \times H \rightarrow G$도 사영사상이 된다. $\tilde{f}_Q : P+Q \rightarrow Q$와 $\varphi_H : G \times H \rightarrow H$도 마찬가지로 고려된다.

여기서, 다음의 명제 5.10의 증명에 이용될 직적(direct product) Lie군과, 직적 Lie군에 대응하는 Lie대수에 관하여 약술한다. Lie군 G_1, G_2의 Lie대수 (좌불변벡터장 전체)를 각각 $\mathfrak{g}_1$, $\mathfrak{g}_2$라 하고, Lie군 G_1, G_2의 항등원을 e_1, e_2라 하자. 이때

$$(X_1, X_2), (Y_1, Y_2) \in T_{(e_1, e_2)}(G_1 \times G_2) \quad (X_i, Y_i \in \mathfrak{g}_i, \ i = 1, 2)$$

에 대하여, Lie대수의 환(ring) 연산은 다음과 같다;

(**) $$[(X_1, X_2), (Y_1, Y_2)] := ([X_1, Y_1], [X_2, Y_2]) \quad (X_i, Y_i \in \mathfrak{g}_i, \ i = 1, 2).$$

실제

$$\begin{aligned}
[(X_1, X_2), (Y_1, Y_2)] &= \lim_{t \to 0} \frac{(Y_1, Y_2) - R_{(\exp tX_1, \exp tX_2)*}(Y_1, Y_2)}{t} \\
&= \lim_{t \to 0} \frac{1}{t} \{(Y_1, Y_2) - R_{(\exp tX_1, e_2)*}(Y_1, Y_2) \\
&\quad + R_{(\exp tX_1, e_2)*}(Y_1, Y_2) - R_{(\exp tX_1, \exp tX_2)*}(Y_1, Y_2)\} \\
&= ([X_1, Y_1], 0) + (0, [X_2, Y_2]) = ([X_1, Y_1], [X_2, Y_2])
\end{aligned}$$

(cf. [13, Theorem 4, p.85])이므로, $G_1 \times G_2$의 Lie대수의 환(ring) 연산이 (**)에 의해 정의된다. 이와 같은 직적 Lie군 $G_1 \times G_2$의 Lie대수를 $\mathfrak{g}_1 + \mathfrak{g}_2$로 표기하고, $\mathfrak{g}_1$과 $\mathfrak{g}_2$의 **직합**

(direct sum)이라 한다 (cf. [17, p.149]).

명제 5.10 [10, Proposition 6.3, p.82]. Γ_P와 Γ_Q를 주파이버번들 $P(M, G, \pi_P)$와 $Q(M, H, \pi_Q)$상의 접속이라 하자. 이때

(a) $P+Q$상의 접속 Γ가 유일하게 존재하여, 준동형사상

$$\tilde{f}_P : P+Q \to P, \quad \tilde{f}_Q : P+Q \to Q$$

에 의해 Γ_P와 Γ_Q로 옮겨진다.

(b) ω, ω_P, ω_Q를 각각 Γ, Γ_P, Γ_Q의 접속형식이라 하고, Ω, Ω_P, Ω_Q를 Γ, Γ_P, Γ_Q의 곡률형식이라 하면, 이때

$$\omega = (\tilde{f}_P{}^*\omega_P, \tilde{f}_Q{}^*\omega_Q), \quad \Omega = (\tilde{f}_P{}^*\Omega_P, \tilde{f}_Q{}^*\Omega_Q)$$

이다.

(c) $(u, v) \in P+Q$ $(\pi_P(u) = \pi_Q(v))$에 대한, Γ의 호로노미군 $\Phi(u, v)$와 제한호로노미군 $\Phi^0(u, v)$는 각각 $\Phi(u) \times \Phi(v)$ 및 $\Phi^0(u) \times \Phi^0(v)$의 부분군이다. $\tilde{f}_P$와 $\tilde{f}_Q$의 동반군준동형사상 $\varphi_G : G \times H \to G$와 $\varphi_H : G \times H \to H$에 대하여

$$\varphi_G(\Phi(u, v)) = \Phi(u), \quad \varphi_H(\Phi(u, v)) = \Phi(v),$$
$$\varphi_G(\Phi^0(u, v)) = \Phi^0(u), \quad \varphi_H(\Phi^0(u, v)) = \Phi^0(v)$$

가 성립된다. 여기서, $\Phi(u)$, $\Phi^0(u)$는 각각 Γ_P의 호로노미군, 제한호로노미군이고, $\Phi(v)$, $\Phi^0(v)$는 각각 Γ_Q의 호로노미군, 제한호로노미군이다.

증명 (a) $X' \in \mathfrak{X}(P)$, $X'' \in \mathfrak{X}(Q)$라 하자. $(X', X'') \in \mathfrak{X}(P+Q)$일 필요충분조건은 $P+Q$에 속하는 임의의 원 (u, v)에 대해서 등식

$$\pi_{P_*}(X'_u) = \pi_{Q_*}(X''_v)$$

가 성립하는 것이다. 이제, $\omega := (\tilde{f}_P{}^*\omega_P, \tilde{f}_Q{}^*\omega_Q)$로 두면 $(X', X'') \in \mathfrak{X}(P+Q)$ $((u, v) \in P+Q)$에 대해

$$(*) \qquad \omega_{(u,v)}(X', X'') = ((\tilde{f}_P{}^*\omega_P)(X', X'')_{(u,v)}, (\tilde{f}_Q{}^*\omega_Q)(X', X'')_{(u,v)})$$
$$= (\omega_P(X'_u), \omega_Q(X''_v))$$

로 되고, $(g, h) \in G \times H$에 대해 (*)의 도움으로

$$\begin{aligned}(R_{(g,\,h)}^{*}\,\omega)_{(u,\,v)}(X',\,X'') &= \omega_{(ug,\,vh)}(R_{g*}X',\,R_{h*}X'')\\ &= (\omega_P(R_{g*}X'),\,\omega_Q(R_{h*}X''))_{(ug,\,vh)}\\ &= ((R_g^{*}\,\omega_P)_u(X'),\,(R_h^{*}\,\omega_Q)_v(X''))\\ &= (Ad(g^{-1})\,\omega_P(X'),\,Ad(h^{-1})\,\omega_Q(X''))_{(u,\,v)}\\ &= Ad(g^{-1},\,h^{-1})\,(\omega_P(X'),\,\omega_Q(X''))_{(u,\,v)}\\ &= Ad(g,\,h)^{-1}\,\omega_{(u,\,v)}(X',\,X'')\end{aligned}$$

이므로 $R_{(g,\,h)}{}^{*}\,\omega = Ad(g,\,h)^{-1}\,\omega$로 된다. 이제

$$X' = A_u^{*},\quad X'' = B_v^{*}\quad (A \in \mathfrak{g},\ B \in \mathfrak{h},\ (u,\,v) \in P+Q)$$

로 두면, (*)에 의해

$$\omega_{(u,\,v)}((A,\,B)^{*}) = \omega_{(u,\,v)}(A^{*},\,B^{*}) = (\omega_P(A_u^{*}),\,\omega_Q(B_v^{*})) = (A,\,B) \in \mathfrak{g}+\mathfrak{h}$$

이다. 따라서 ω는 $P+Q$상의 접속이고, $P+Q$상의 수평부분공간이 $\tilde{f}_P$와 $\tilde{f}_Q$에 의해 각기 P상의 수평부분공간과 Q상의 수평부분공간으로 옮겨진다.

(b) $(X',\,X''),\,(Y',\,Y'') \in \mathfrak{X}(P+Q)$ $((u,\,v) \in P+Q)$에 대해

$$\begin{aligned}&\Omega_{(u,\,v)}((X',\,X''),(Y',\,Y''))\\ &= (d(\tilde{f}_P{}^{*}\omega_P),\,d(\tilde{f}_Q{}^{*}\omega_Q))\ ((X',\,X''),(Y',\,Y''))\\ &\quad + \frac{1}{2}\big[(\tilde{f}_P{}^{*}\omega_P,\,\tilde{f}_Q{}^{*}\omega_Q)(X',X''),\,(\tilde{f}_P{}^{*}\omega_P,\,\tilde{f}_Q{}^{*}\omega_Q)(Y',\,Y'')\big]\\ &= ((\tilde{f}_P{}^{*}d\omega_P)((X',X''),\,(Y',\,Y'')),\,(\tilde{f}_Q{}^{*}d\omega_Q)((X',X''),\,(Y',\,Y'')))\\ &\quad + \frac{1}{2}\big[((\tilde{f}_P{}^{*}\omega_P)(X',\,X''),\,(\tilde{f}_Q{}^{*}\omega_Q)(X',\,X'')),\\ &\qquad ((\tilde{f}_P{}^{*}\omega_P)(Y',\,Y''),\,(\tilde{f}_Q{}^{*}\omega_Q)(Y',\,Y''))\big]\\ &= ((\tilde{f}_P{}^{*}d\omega_P)((X',\,X''),\,(Y',\,Y'')),\,(\tilde{f}_Q{}^{*}d\omega_Q)((X',X''),\,(Y',\,Y'')))\\ &\quad + \frac{1}{2}(\big[(\tilde{f}_P{}^{*}\omega_P)(X',\,X''),\,(\tilde{f}_P{}^{*}\omega_P)(Y',\,Y'')\big],\\ &\qquad \big[(\tilde{f}_Q{}^{*}\omega_Q)(X',\,X''),\,(\tilde{f}_Q{}^{*}\omega_Q)(Y',\,Y'')\big])\\ &= ((\tilde{f}_P{}^{*}\Omega_P)((X',X''),(Y',\,Y'')),\ (\tilde{f}_Q{}^{*}\Omega_Q)((X',X''),(Y',\,Y'')))\\ &= (\tilde{f}_P{}^{*}\Omega_P,\,\tilde{f}_Q{}^{*}\Omega_Q)((X',X''),(Y',\,Y''))\end{aligned}$$

이므로, $\Omega = (\tilde{f}_P{}^*\Omega_P,\ \tilde{f}_Q{}^*\Omega_Q)$이다.

(c)는 자명하다. ■

명제 5.11 H는 G의 Lie부분군이고, $Q(M, H)$는 $P(M, G)$의 축소부분번들이다. 더욱이, G의 Lie대수 $\mathfrak{g}$에 대하여, $\mathfrak{g}$의 부분공간 $\mathfrak{m}$이 존재하여 다음의 성질을 갖는다;

$$\mathfrak{g} = \mathfrak{h} \oplus \mathfrak{m}, \quad Ad(H)\,\mathfrak{m} = \mathfrak{m}.$$

여기서, $\mathfrak{h}$는 H의 Lie대수이다. 이때, P상의 임의로 주어진 접속 ω에 대해서, Q상에서 ω의 $\mathfrak{h}$-성분($\mathfrak{h}$-component)을 값으로 취하는 미분형식을 ω'로 두면, ω'는 Q상의 접속형식이다.

증명 $A \in \mathfrak{h}(\subset \mathfrak{g})$, $A^*(\in \mathfrak{X}(P))$는 A에 대응하는 P상의 기본벡터장이라 하자. $\omega'(A^*)$는 $Q(\subset P)$상에서 $\omega(A^*)$의 $\mathfrak{h}$-성분이므로 $\omega'(A^*) = A$이다. 이제, φ를 Q상에서 ω의 $\mathfrak{m}$-성분을 값으로 취하는 미분형식이라 하자. $X \in T_vQ$ $(\subset T_vP)$ $(a \in H \subset G)$에 대해서

$$\omega(R_{a*}X) = \omega'(R_{a*}X) + \varphi(R_{a*}X),$$
$$\omega(R_{a*}X) = Ad(a^{-1})\,\omega(X) = Ad(a^{-1})\,\omega'(X) + Ad(a^{-1})\,\varphi(X)$$

이므로, $\mathfrak{h}$-성분을 비교하면

$$\omega'(R_{a*}X) = Ad(a^{-1})\,\omega'(X)$$

이다. 따라서 ω'는 Q상의 접속형식이 된다. ■

참고 $P(M, G, \pi_P)$상의 접속형식 ω에 의해서 정의된 접속 Γ가 (축소)부분번들 $Q(M, H, \pi_Q)$의 접속 Γ'로 환원가능(reducible)하기 위한 필요충분조건은 '(축소)부분번들 Q상으로의 ω의 제한사상(restriction)의 치역이 $\mathfrak{h}$가 되는 것'이다. 명제 5.11의 가정하에서 이는 Q상에서 $\omega' = \omega$임을 의미한다.

§6. 호로노미번들(접속의 환원정리)

이 절에서는, 접속의 환원정리를 먼저 증명한다. 그리고 호로노미군 $\Phi_k(u)$ $(u \in P,\ P(M,\ G,\ \pi); k = 1,\ 2,\ \ldots,\ \infty)$들이 일치함을 밝힌다. 여기서, $\Phi_k(u)$는 구분적(piecewise) C^k급 곡선들로 부터 얻어진, P상의 주어진 접속 Γ에 의한 호로노미군이다.

정리 6.1 (환원정리). M이 연결이고 paracompact인 C^∞ 다양체, Γ를 주파이버번들 $P(M,\ G,\ \pi)$상의 접속, u_0를 P상의 임의의 점, $P(u_0)$를 점 u_0에 구분적 C^∞ 수평곡선에 의해 연결될 수 있는 P상의 점들 전체의 집합이라 할 때
(1) $P(u_0)$는 구조군 $\Phi(u_0)$를 갖는 $P(M,\ G,\ \pi)$의 (축소)부분번들이다.
(2) 접속 Γ는 $P(u_0)$상의 접속으로 환원가능하다(reducible).

이 환원정리의 증명을 위해, 필요한 보제 및 명제를 소개한다.

보제 6.2 [5, Theorem 1, p.89]. D를 n차원 C^∞ 다양체 M상의 m차원 (C^∞)포합적 분포(involutive distribution), p를 M상의 임의의 점이라 하자. 이때, 다음 조건들을 만족하는 p의 근방 V와 V상의 좌표계 $\{x_1,\ \ldots,\ x_n\}$가 존재한다:

(1) $x_i(p) = 0 \quad (1 \leq i \leq n)$;

(2) $\{(x_1(q),\ \ldots,\ x_n(q) \mid q \in V\} = \{(\eta_1, \ldots, \eta_n) \in R^n \mid |\eta_i| < a,\ i = 1,\ 2,\ \ldots,\ n\}$;

(3) $\xi_{m+1},\ \ldots,\ \xi_n$가 $|\xi_{m+h}| < a \quad (1 \leq h \leq n-m)$을 만족하는 상수(constant)이면, 방정식 $x_{m+h} = \xi_{m+h} \quad (1 \leq h \leq n-m)$들에 의해 정의된 V의 절편(slice)은 D의 적분다양체이다.

보제 6.2에서의 $p\ (\in M)$의 근방 V를, V상의 좌표계 $\{x_1,\ \ldots,\ x_n\}$에 관한 폭(breadth) a인 **입방체**(cubic)**근방**이라 한다.

보제 6.3 D를 C^∞ 다양체 M상의 포합적 분포(involutive distribution), W를 D의 극대 적분다양체, 그리고 N을 C^∞ 다양체라 하자. C^∞ 사상 $\varphi : N \to M$에서 $\varphi(N) \subset W$이고, 더욱이 W가 위상공간으로서 가산기(countable basis)를 갖는다면, $\varphi : N \to$

W도 C^∞ 사상이다.

증명 s를 N상의 임의의 점이라 하자. $p := \varphi(s) \in W$로 두고, $\{x_1, \ldots, x_n\}$을 보제 6.2의 조건 (1), (2), (3)을 만족하는 점 p의 입방체 근방 V상의 좌표계라 하자. $\varphi : N \to M$이 연속이므로, s의 입방체 근방 U $(\subset N)$를 $\varphi(U) \subset V$이도록 취할 수 있다. 가정에 의해 W가 가산기를 갖는 위상공간이므로 $V \cap W$는 가산(conutable)개의 공통원을 갖지 않는 절편(slice)들의 합집합이다. 이들 절편들은 D의 적분다양체이다. U가 연결이므로 $\varphi(U)$도 M의 위상에 관하여 $V \cap W$의 연결부분집합이다. 따라서 $\varphi(U)$는 점 p를 포함하고 $V \cap W$에 속하는 절편(slice) S_0에 포함되어진다. 만약 f가 W상의 함수로 p주위에서 C^∞ 함수이면, f_1을 점 p주위에서 C^∞ 함수인 M상의 함수로, W의 p근방에서 $f_1 = f$이도록 취할 수 있다 (cf. [9, Lemma 1.2, p.6]). 이때, s의 근방 $U(\subset N)$를 적절히 취하면 s의 입방체 근방 U상에서 $f \circ \varphi = f_1 \circ \varphi$이므로 $f \circ \varphi$는 점 s에서 C^∞ 사상이다. s는 N상의 임의의 점이므로, $\varphi : N \to W$는 C^∞ 사상이다. ■

보제 6.4 [10, Proposition 1.2, p.10]. D를 C^∞ 다양체 M상의 포함적 분포, p를 M상의 임의의 점이라 하자. 이때, 점 p를 지나는 D의 극대적분다양체 $W(p)$가 유일하게 존재하고, p를 지나는 D의 적분다양체들은 모두 $W(p)$의 개(open)부분다양체이다.

보제 6.5 [10, Lemma 1, p.84]. $P(M, G, \pi)$의 부분집합 Q, G의 Lie부분군 H에 대해서 다음 조건들이 만족된다고 가정하자:

(1) $\pi(Q) = M$;

(2) 각 $a \in H$에 대해서 $R_a(Q) = Q$;

(3) $u, v \in Q$이고 $\pi(u) = \pi(v)$이면, $v = ua$인 $a \in H$가 존재한다;

(4) M의 임의로 주어진 점 x에 대해서, x의 근방 U 및 절단(cross section) $\sigma : U \to P$가 존재해서 $\sigma(U) \subset Q$를 만족한다.

이때, $Q(M, H)$는 $P(M, G, \pi)$의 (축소)부분번들이다.

증명 $\pi^{-1}(U)$의 원 u를 임의로 취한다. $\pi(u) = x$로 두면 $u = \sigma(x)g$인 $g \in G$가 존재한다. 미분동형사상 $\psi : \pi^{-1}(U) \to U \times G$를

$$\psi(u) := (x, g) \quad (u = \sigma(x)g)$$

로 정의하면

$$\psi : Q \cap \pi^{-1}(U) \to U \times H$$

는 전단사(bijective)사상이다. 실제, $(x,\ h) \in U \times H$이면, 가정 (2)와 (4)에 의해 $\sigma(x)h \in Q$이고 $\sigma(x)h \in \pi^{-1}(U)$이므로 ψ는 전사사상이다. $u,\ v \in Q \cap \pi^{-1}(U)$ $(u \neq v)$에 대해서, $\pi(u) = \pi(v) = x$이면 (3)과 (4)에 의해

$$v = uh \quad (h \in H,\ h \neq e), \qquad v = \sigma(x)h' \quad (h' \in H)$$

이므로

$$u = vh^{-1} = \sigma(x)h'h^{-1}, \qquad v = \sigma(x)h' \quad (h' \in H)$$

가 된다. 따라서 $\psi(v) \neq \psi(u)$이다. 더욱이, $\pi(u) \neq \pi(v)$이면, 명백히 $\psi(u) \neq \psi(v)$이다. 따라서

$$\psi : Q \cap \pi^{-1}(U) \ni u \mapsto (\pi(u),\ h) \in U \times H \quad (u = \sigma(\pi(u))h)$$

는 전단사사상이다. M의 개피복 $\{(U_\alpha,\ \phi_\alpha)\}_{\alpha \in \Lambda}$가 존재하여 각 α $(\in \Lambda)$에 대해서 미분동형사상 $\psi_\alpha : \pi^{-1}(U_\alpha) \to U_\alpha \times G$를

$$\psi_\alpha(u) = (\pi(u),\ \varphi_\alpha(u)) =: (x, g)$$

$$(u \in \pi^{-1}(U_\alpha),\ u = \sigma_\alpha(\pi(u))g \ \ (g \in G),\ \sigma_\alpha(\pi(u)) \in Q)$$

로 정의하면 $U_\alpha \cap U_\beta$ $(\alpha,\ \beta \in \Lambda)$상에서 전이함수 $\phi_{\beta\alpha} = \varphi_\beta \circ \varphi_\alpha^{-1}$는

$$\sigma_\alpha(x) = \sigma_\beta(x)\, \phi_{\beta\alpha}(x) \quad \text{(cf. 1장 6절)}$$

$(U_\alpha \cap U_\beta$상에서 $\sigma_\alpha(x) \in Q$ 이고 $\sigma_\beta(x) \in Q)$이므로, 가정 (3)에 의해

$$\phi_{\beta\alpha}(U_\beta \cap U_\alpha) \subset H$$

이다. $\phi_{\beta\alpha} : U_\beta \cap U_\alpha \to G$는 C^∞ 사상이고, 정리 3.12를 참조하면 H는 위상공간으로 가산기를 가짐으로

$$\phi_{\alpha\beta} :\ U_\alpha \cap U_\beta \to H$$

도, 보제 6.3의 도움으로 C^∞ 사상이다. 따라서 Q는 H를 구조군으로 갖는 주파이버번들이고, $P(M,\ G,\ \pi)$의 축소부분번들이 된다. ■

보제 6.6 $Q(M,\ H)$를 $P(M,\ G)$의 부분번들, Γ를 P상의 접속, u를 Q 상의 임의의 점이라 하자. 이때, 만약 $T_u(P)$의 수평부분공간이 $T_u(Q)$의 부분집합이면, Γ는 Q의 접속

으로 환원가능(reducible)하다.

증명 Q상의 접속 Γ'를 다음과 같이 정의한다:

각 $u \in Q$에 대하여 ($T_u Q$ 의 수평부분공간):= (Γ 에 관한 $T_u P$의 수평부분공간)으로 둠으로, Q상에 접속 Γ'를 정의한다. 이와 같이 Q상에 접속 Γ'를 정의하는 것은, P상의 접속 Γ가 Q상의 접속 Γ'로 환원가능(reducible)함을 의미한다. ■

정리 6.1(환원정리)의 증명

가정에 의해 M이 연결이고 paracompact이므로, 정리 3.17에 의해 호로노미군 $\Phi(u_0)$는 P의 구조군 G의 Lie부분군이고, 문 3.1에 의해 $P(u_0)$와 $\Phi(u_0)$는 보제 6.5의 조건 (1), (2), (3)을 만족한다. 이 경우, 보제 6.5의 조건 (4)가 만족됨을 밝히자. x를 M상의 임의의 점이라 하자. 점 x주위의 국소좌표계 $\{x^1, \ldots, x^n\}$에 관하여 점 x의 좌표가 $(0, \ldots, 0)$이라 하고, U를 $|x^i| < \delta$ $(i = 1, 2, \ldots, n)$에 의해 정의되어진 x의 입방체 근방이라 하자. U상의 임의로 주어진 점 y에 대해서, τ_y를 좌표계 $\{x^1, \ldots, x^n\}$에 관한 x로부터 y로의 선분이라 하자. $\pi(u) = x$인 u $(\in P(u_0))$를 택하여, $\sigma(y)$를 τ_y를 따른 u의 평행이동에 의하여 얻어진 P의 점이라 하자. 이때, $\sigma: U \to P$는 $\sigma(U) \subset P(u_0)$를 만족하는 절단(cross section)이므로, 보제 6.5의 조건 (4)가 만족된다. 따라서서 보제 6.5의 도움으로 정리 6.1의 (1)이 얻어진다. 정리 6.1의 (2)는 보제 6.6에 의해 밝혀진다. ■

M이 연결이고 paracompact일 때, 정리 6.1(환원정리)에서의 $P(u_0)$ $(u_0 \in P)$를 u_0를 지나는 구조군 $\Phi(u_0)$를 갖는 **호로노미번들**이라 한다. $u, v \in P$에 대하여, $P(u) = P(v)$일 필요충분조건은 u와 v가 (구분적) 미분가능인 수평곡선에 의해 연결된다는 것이다. P상의 점 u가 점 v에 미분가능인 수평곡선으로 연결가능하면, $u \sim v$로 정의한다. 이때, $\sim$는 P상의 동치관계(equivalent relation)이다. 따라서

$$P(u) = P(v) \quad \text{혹은} \quad P(u) \cap P(v) = \varnothing$$

이다. 한편

$$u \sim ub \Leftrightarrow ua \sim uba \quad (u \in P\,;\ a,\ b \in G)$$

이므로 $R_a(P(u)) = P(ua)$이고, $R_a : P(u) \to P(ua)$는 두 호로노미번들의 구조군 간의 동반(associated)군동형사상

$$A_{a^{-1}} : \Phi(u) \to \Phi(ua) = a^{-1}\Phi(u)a \quad \text{(cf. 문 3.1 (1))}$$

를 가지는 호로노미번들 간의 동형사상이다. 더욱이, P의 임의로 주어진 점 u, v에 대해서, $P(v) = P(ua)$인 G의 원 a가 존재한다. 실제, $\pi(v)$와 $\pi(u)$를 잇는 M상의 (구분적) 미분가능인 곡선을 따른 점 v의 평행이동을 u_1 $(\in P)$이라 하면, $\pi(u_1) = \pi(u)$이므로 $u_1 = ua$인 G의 원 a가 유일하게 존재한다. 그러므로 모든 호로노미번들 $P(u)$ $(u \in P)$는 서로 간에 주파이버번들로서 동형이다.

(구분적) C^k급 곡선들에 의해 얻어진 호로노미군을 $\Phi_k(u)$ $(u \in P)$로 표기하면, 명백히 $\Phi_1(u) \supset \Phi_2(u) \supset \cdots \supset \Phi_\infty(u)$이다. 이후로는 $\Phi_\infty(u) =: \Phi(u)$로 표기한다. 이제, 이 절에서는 이들 호로노미군 $\Phi_k(u)$ $(k = 1, 2, \cdots, \infty)$들이 일치함을 밝힌다.

> **정리 6.7** M이 연결이고 paracompact인 C^∞ 다양체, $P(M, G, \pi)$는 M상의 접속 Γ를 갖는 주파이버번들, u를 P상의 임의로 주어진 점이라 하자. 이때, 호로노미군 $\Phi_k(u)$ $(1 \le k \le \infty)$들은 일치한다.

정리 6.7은 $\Phi_1(u) = \Phi_\infty(u)$임을 밝히면 충분하다. $\Phi(u)(:= \Phi_\infty(u))$를 구조군으로 갖는, u를 지나는 호로노미번들을 $P(u)$로 둔다. 정리 6.1에 의해 $P(u)$는 구조군 $\Phi(u)$를 갖는 $P(M, G, \pi)$의 부분번들임은 명백하다. P상의 분포 S를 $S_u = T_u(P(u))$ $(u \in P)$로 정의한다. 호로노미번들 $P(u)$ $(u \in P)$ 들은 같은 차원을 가지는 S의 적분다양체이므로 분포 S의 차원을 k로 둔다. 여기서, 정리 6.7의 증명을 위해 다음 보제들을 소개한다.

보제 6.8 (1) 위에서 정의된 P상의 분포 S는 C^∞급이고 포합적(involutive)이다.
(2) P상의 임의의 점 u에 대해서, 호로노미번들 $P(u)$는 S의 극대적분다양체(maximal integral manifold, 즉 leaf)이다.

증명 (1) $S_u =: S'_u + S''_u$ $(u \in P)$로 둔다. 여기서, S'_u는 수평부분공간, S''_u는 수직부분공간이다. 분포 S'는 P의 접속 Γ의 정의에 의해 C^∞급 분포이다. 따라서 S의 미분가능성의 증명은 S''의 미분가능성을 증명하면 충분하다.

P상의 임의로 주어진 점 u에 대해서, 정리 6.1(환원정리)의 증명과정에서와 같이 절단(cross section) σ_U를

$$\sigma_U : U \ni y \mapsto \sigma_U(y) \in P(u)$$

(U는 $x := \pi(u)\,(\in M)$의 입방체 근방, $\sigma_U(x) = u$)를 정의한다. $\{A_1, \ldots, A_r\}$을 $\Phi(u)$의 Lie대수인 $\mathfrak{g}(u)\,(\subset \mathfrak{g})$의 기저(basis)라 하자. $\pi^{-1}(U)$상에서 S''의 기저를 형성하는 벡터장 $\widetilde{A}_1, \ldots, \widetilde{A}_r$를 다음과 같이 정의한다:

$v \in \pi^{-1}(U)$이면 $v = \sigma_U(\pi(v))a$인 G의 원 a가 유일하게 존재한다. 문 3.1에 의해

$$A_{a^{-1}} : \Phi(\sigma_U(\pi(v))) \ni b \mapsto a^{-1} b a \in \Phi(v)$$

는 군동형사상이고 σ_U의 정의에 의해

$$\Phi(\sigma_U(\pi(v))) = \Phi(\sigma_U(\pi(u))) = \Phi(u)$$

이므로, $\left\{Ad(a^{-1})\,A_i\right\}_{i=1}^{r}$은 $\Phi(v)$의 Lie대수인 $\mathfrak{g}(v)$의 기저이다. 편의상

$$(\widetilde{A}_i)_v := (Ad(a^{-1})\,A_i)_v^* \quad (i = 1, \ldots, r)$$

로 둔다. 여기서, $(Ad(a^{-1})\,A_i)^*$는 $Ad(a^{-1})A_i\,(\in \mathfrak{g}(v) \subset \mathfrak{g})$에 대응되는 P상의 기본벡터장(fundamental vector field)이다. 이때, $\pi^{-1}(U)$상에서, $\widetilde{A}_i$ $(i = 1, \cdots, r)$는 C^∞급이고 S''의 기저이다.

한편, P상의 임의로 주어진 점 u에 대해서, $v \in P(u)$이면

$$T_v(P(u)) = T_v(P(v)) = S_v$$

이므로, $P(u)$는 S의 적분다양체이고 S는 포합적(involutive)이다.

(2) $W(u)$를 u를 지나는 분포 S의 극대적분다양체라 하자. 이때, $P(u)$는 $W(u)$의 개부분다양체이다 (cf. 보제 6.4). 여기서, $P(u) = W(u)$임을 증명한다. v를 $W(u)$상의 임의로 주어진 점이라 하고, $u(t)$ $(0 \le t \le 1)$를 $u(0) = u$이고 $u(1) = v$인 $W(u)$상의 미분가능인 곡선이라 하자.

$$\mathrm{Sup}\{t_0 \in [0, 1] \mid t \in [0, t_0]\text{이면 } u(t) \in P(u)\} =: t_1$$

으로 둔다. $P(u)$는 $W(u)$의 개부분집합이므로 $t_1 > 0$이다. 이제, $t_1 < 1$이라고 가정하자. $u(t_1) \in P(u(t_1))$이고 $P(u(t_1))$은 $W(u)$의 개부분집합이므로, $t_1 - \epsilon < t < t_1 + \epsilon$이면 $u(t) \in P(u(t_1))$을 만족하는 $\epsilon\,(> 0)$이 존재한다. $(t_1 - \epsilon,\ t_1)$상의 임의의 점 t에 대해서, t_1의 정의에 의해 $u(t) \in P(u)$이다. 따라서 $P(u) \cap P(u(t_1)) \neq \varnothing$ 이므로 $P(u) = P(u(t_1))$이고, $t_1 - \epsilon < t < t_1 + \epsilon$이면 $u(t) \in P(u)\,(\subset W(u))$

이므로 t_1의 정의에 모순이다. 그러므로

$$t_1 = 1, \quad u(t_1) = u(1) = v \in P(u)$$

이므로 $P(u) = W(u)$이다. ■

보제 6.9 S를 C^∞ 다양체 M상의 포함적 C^∞ 분포(distribution), x_t $(0 \le t \le 1)$를 (구분적) C^1곡선으로 $\dot{x}_t \in S_{x_t}$ $(0 \le t \le 1)$이라고 가정하자. 이때, x_t $(0 \le t \le 1)$는 x_0를 지나는 S의 극대적분다양체 W상의 곡선이다.

증명 x_t를 M상의 C^1곡선으로 가정해도 무방하다. x_0주위의 국소좌표계 x^1, ..., x^n을 $\{\partial/\partial x^1, \dots, \partial/\partial x^k\}$ $(k = \dim S)$가 S의 (국소적)기저가 되도록 취한다 (cf. [5, p.92]). 여기서, t $(\in [0, \epsilon])$이면 x_t가 $x^i = x^i(t)$ $(1 \le i \le n)$로 나타낼 수 있도록 ϵ (> 0)을 택한다. 이때, x_t의 접벡터는 $\Sigma_i (dx^i/dt)(\partial/\partial x^i)$이고, 가정에 의해 $dx^i/dt = 0$ $(k+1 \le i \le n)$이다. x_t $(0 \le t \le \epsilon)$가 x_0를 지나는 절편(slice)에 속하도록 $x^i(t) = x^i(0)$ $(k+1 \le i \le n)$로 두면, x_t $(0 \le t \le \epsilon)$는 x_0를 지나는 S의 극대다양체 W 상의 곡선이다. x_t $(0 \le t \le 1)$의 연속성에 의해 x_t $(0 \le t \le 1)$는 S의 극대적분다양체 W상의 곡선이 된다. ■

정리 6.7의 증명

a를 $\Phi_1(u)$의 임의의 원이라 하자. 이는 점 u와 점 ua가 구분적 C^1 수평곡선 u_t $(0 \le t \le 1)$에 의해 연결될 수 있음을 의미한다. 각 접벡터 $\dot{u}_t$ $(0 \le t \le 1)$가 S_{u_t} $(:= T_{u_t}(P(u_t)))$에 속한다. 보제 6.9에 의해 점 u_t $(0 \le t \le 1)$는 u를 지나는 S의 극대적분다양체 $W(u)$상의 곡선이다. 보제 6.8에 의해 $W(u) = P(u)$이므로 u_t $(0 \le t \le 1)$는 $P(u)$상의 곡선이다. 따라서 $ua \in P(u)$이다. 더욱이, $P(u)$는 구조군 $\Phi(u)$ $(:= \Phi_\infty(u))$를 가지는 $P(M, G, \pi)$의 축소부분번들이므로, $a \in \Phi(u)$이다. ■

§7. 곡률과 호로노미대수(호로노미정리)

이 절에서는 정리 6.1(환원정리)을 이용하여, 호로노미군의 Lie대수에 관한 다음 정리를 증명한다.

> **정리 7.1** [10, Theorem 8.1, p.89]. M을 연결 paracompact C^∞ 다양체, $P(M, G, \pi)$를 M상의 주파이버번들, Γ를 P상의 접속, Ω를 Γ에 대한 곡률형식, $\Phi(u)$는 $u(\in P)$를 기점으로 하는 호로노미군, $P(u)$는 u를 지나는 Γ에 대한 호로노미번들이라 하자. 이때, $\Phi(u)$의 Lie대수는
>
> $$\bigcup_{v\in P(u)} \{\Omega_v(X, Y) \mid X, Y\text{는 점 } v\text{에서 수평벡터}\}$$
>
> 에 의해서 생성되어진 G의 Lie대수 $\mathfrak{g}$의 부분공간이다.

증명 정리 6.1(접속의 환원정리)에 의해, $P(u)(M, \Phi(u))$는 M상의 주파이버번들이고, P상의 접속 Γ는 $P(u)$상의 접속 ${}^u\Gamma$로 환원가능하다. 따라서 Γ와 ${}^u\Gamma$에 관한 P와 $P(u)$상의 접속 및 곡률을 각각 ω, ${}^u\omega$ 및 Ω, ${}^u\Omega$로 두면, P의 부분번들 $P(u)$상에서 $\omega = {}^u\omega$, $\Omega = {}^u\Omega$로 된다 (cf. 명제 5.7, 혹은 정리 6.1의 (2)). 편의상, (호로노미군 $\Phi(u)) = : H$, (H의 Lie대수) $= : \mathfrak{h}$, 더욱이

$$\bigcup_{v\in P(u)} \{\Omega_v(X, Y) \mid X, Y\text{는 점 } v\text{에서 수평벡터}\}$$

에 의해 생성된 $\mathfrak{h}$의 부분공간을 $\mathfrak{h}'$로 둔다. $a\in\Phi(u)$, Γ의 접속형식을 ω, hX ($X\in \mathfrak{X}(P(u))$)를 X의 수평성분이라 하면

$$\begin{aligned} R_a^*\Omega &= R_a^*(D\omega) = R_a^*(d\omega \circ h) \\ &= d\omega \circ h \circ R_{a*} = d\omega \circ R_{a*} \circ h \\ &= (R_a^* d\omega) \circ h = (d(R_a^*\omega)) \circ h \\ &= Ad(a^{-1}) \circ d\omega \circ h = Ad(a^{-1})\Omega \end{aligned}$$

이므로 $\mathfrak{h}'$는 $\mathfrak{h}$의 ideal이다 (cf. [13, Theorem 3, p.220]). 따라서 $\mathfrak{h}'$는, Lie대수이고 $Ad(\Phi(u))$-불변이다.

이제, $\mathfrak{h}'=\mathfrak{h}$임을 증명하자.

$P(u)$상의 임의로 주어진 점 v에 대해서, S_v는 수평부분공간 Q_v와 $\mathfrak{h}_v' := \{A_v^* \mid A \in \mathfrak{h}'\}$에 의해 생성되어진 $T_v(P(u))$의 부분공간이라 하자. 여기서, A^*는 A에 대응된 $P(u)$상의 기본벡터장이다. $\dim M = n$, $\dim \mathfrak{h}' = r$이라 두면, 분포 S의 차원은 $n+r$이다. 여기서, 분포 S가 미분가능이고 포합적임을 밝힌다. $P(u)$상에서 임의로 점 v를 택하고, $\pi(v) = y$ (π는 $P(u)(M, \Phi(u), \pi)$에서의 사영)의 근방 U를 $\pi^{-1}(U)$와 $U \times \Phi(u)$가 미분동형이 되도록 취한다. U상에서 일차독립인 미분가능인 벡터장 $X_1, \ldots, X_n$을 취하고, $X_1^*, \ldots, X_n^*$를 $\pi^{-1}(U)$상의 $X_1, \cdots, X_n$의 수평 lift라 하자. $A_1, \ldots, A_r$을 $\mathfrak{h}'$의 기저, $A_1^*, \ldots, A_r^*$를 $A_1, \ldots, A_r$에 대응된 기본벡터장이라 하면, $\{X_1^*, \ldots, X_n^*, A_1^*, \ldots, A_r^*\}$는 $\pi^{-1}(U)$상에서 분포 S의 기저이고 따라서 분포 S는 미분가능이다. 여기서, $[A_i, A_j] \in \mathfrak{h}'$이고, 1장 보제 6.2에 의해 $[A_i^*, A_j^*] = [A_i, A_j]^* \in S$이다. 보제 4.2에 의해, $[A_i^*, X_j^*]$는 수평벡터장이다. 따라서 $[A_i^*, X_j^*] \in S$. 정리 4.1(구조방정식)에 의해

$$d\omega(X_i^*, X_j^*) = \Omega(X_i^*, X_j^*)$$

이므로

$$\omega([X_i^*, X_j^*]) = -2\Omega(X_i^*, X_j^*) =: A \in \mathfrak{h}'$$

이다. 환언하면, $[X_i^*, X_j^*]$의 v $(\in \pi^{-1}(U) \subset P(u))$에서의 수직성분은 $A_v^* \in S_v$이므로 $[X_i^*, X_j^*]$도 S에 속한다. 따라서 S는 포합적(involutive)이다.

P_0를 u를 포함하는 S의 극대적분다양체라 하자. 이때, 분포 S의 정의에 의해 $P_0 \subset P(u)$임은 명백하다. 한편, $P(u)$의 각 점은 가정에 의해 u를 지나는 수평곡선상의 점이므로, 보제 6.9에 의해 이러한 u를 지나는 수평곡선은 P_0에 포함된다. 따라서 $P_0 = P(u)$이고

$$\dim \mathfrak{h} = \dim P(u) - n = \dim P_0 - n = \dim \mathfrak{h}'$$

이므로, $\mathfrak{h} = \mathfrak{h}'$이다. ■

§8. 국소평탄성과 접속의 존재

Lie군 G 상에서 정의되어진 1-형식

$$\theta : T_g G \ni X \to (L_{g^{-1}})_{*g}(X) \in T_e(G) \equiv \mathfrak{g} \quad (g \in G)$$

를 G상의 **기본 1-형식**(the canonical 1-form on G)이라 한다. $\{X_i\}_i$를 $\mathfrak{g}$의 기저, $\{\theta^j\}_j$를 기저 $\{X_i\}_i$의 쌍대기저(the dual basis)라 할 때, G상에서

$$\theta = \sum_i X_i \otimes \theta^i \tag{8.1}$$

가 된다. 물론, $\theta(X) = \sum_i \theta^i(X) X_i \quad (X \in T_g G)$이다. (8.1)식에서, θ의 외미분 $d\theta$를

$$d\theta = \sum_i X_i \otimes d\theta^i$$

로 정의하면

$$d\theta(X, Y) + \frac{1}{2}[\theta(X), \theta(Y)] = 0 \quad (X, Y \in \mathfrak{X}(G)), \quad i.e., \quad d\theta + \frac{1}{2}[\theta, \theta] = 0$$

이 성립한다. 여기서, $[\theta(X), \theta(Y)]$ $(X, Y \in \mathfrak{X}(G))$는 Lie대수 $\mathfrak{g}$의 환(ring)연산이고, G상에서 $\mathfrak{g}$-값을 갖는 2-형식 $[\theta, \theta]$는

$$[\theta, \theta] := \sum_{i,j} [X_i, X_j]\, \theta^i \wedge \theta^j$$

인 의미를 갖는다. 실제, $[X_i, X_j] =: \sum_k C_{ij}^{\ k} X_k$로 두면

$$d\theta^k = -\frac{1}{2} \sum_{ij} C_{ij}^{\ k} \theta^i \wedge \theta^j \quad \text{(Maurer-Cartan 방정식)}$$

이므로

$$\begin{aligned} d\theta(X_l, X_m) &= -\frac{1}{2!} \sum_i \theta^i([X_l, X_m]) X_i = -\frac{1}{2} \sum_i C_{lm}^{\ i} X_i \\ &= -\frac{1}{2}[\theta(X_l), \theta(X_m)] \end{aligned}$$

이다. $X, Y \in \mathfrak{X}(G)$이면

$$X = \sum_k f^k X_k, \quad Y = \sum_l h^l X_l \quad (\text{각 } f^k, h^l \in C^\infty(G))$$

로 둘 수 있고

$$
\begin{aligned}
d\theta(X,\ Y) &= \Big(\sum_i X_i \otimes d\theta^i\Big)\ \Big(\sum_k f^k X_k,\ \sum_l h^l X_l\Big) \\
&= \sum_i \Big[X_i \otimes \frac{1}{2!} \Big\{ \sum_k f^k X_k \Big(\theta^i \Big(\sum_l h^l X_l\Big)\Big) - \sum_l h^l X_l \Big(\theta^i \Big(\sum_k f^k X_k\Big)\Big) \\
&\quad - \theta^i \Big(\Big[\sum_k f^k X_k,\ \sum_l h^l X_l \Big] \Big) \Big\} \Big] \\
&= \sum_i X_i \otimes \frac{1}{2!} \sum_{k,l} \{ f^k (X_k h^l) \delta_l^{\ i} - h^l (X_l f^k) \delta_k^i \\
&\quad - \theta^i (\ f^k (X_k h^l) X_l - h^l (X_l f^k) X_k + f^k h^l [X_k, X_l]\ ) \} \\
&= \sum_{i,k,l} - \frac{1}{2!} f^k h^l \theta^i([X_k,\ X_l]) X_i = -\frac{1}{2!} \sum_{i,k,l} f^k h^l C_{kl}^{\ i} X_i,
\end{aligned}
$$

$$
\begin{aligned}
\frac{1}{2}[\theta(X),\ \theta(Y)] &= \frac{1}{2} \Big[\sum_k X_k \theta^k(X),\ \sum_l X_l \theta^l(Y) \Big] \\
&= \frac{1}{2} \Big[\sum_k f^k X_k,\ \sum_l h^l X_l \Big] = \frac{1}{2} \sum_{k,l,i} f^k h^l C_{kl}^{\ i} X_i .
\end{aligned}
$$

따라서 $d\theta + \dfrac{1}{2}[\theta,\ \theta] = 0$이다.

직적 주파이버번들 $P = M \times G$에서, $M \times \{a\}$ $(a \in G)$는 P의 부분다양체이고, 특히 $M \times \{e\}$ (e는 구조군 G의 항등원)는 P의 부분번들이다. $P = M \times G$에서 **기본평탄접속**(the canonical flat connection)은 다음과 같이 정의된다:

점 $u = (x,\ a) \in M \times G$에서 수평부분공간은 $u = (x,\ a)$에서 $M \times \{a\}$에 접하는 접공간으로 정의한다.

따라서 $P = M \times G$상의 접속이 기본평탄접속일 필요충분조건은 $M \times \{e\}$상의 유일한 접속으로 환원가능(reducible)하다는 것이다.

θ를 위에서 소개한 G상의 기본 1-형식(the canonical 1-form on G), f를 사영 $f : M \times G \to G$, $\omega := f^* \theta$라 하자. 이때, ω는 직적 주파이버번들 $P = M \times G$상의 기본평탄접속의 접속형식임은 명백하다. 더욱이

$$
\begin{aligned}
d\omega &= d(f^* \theta) = f^*(d\theta) = f^*(-\frac{1}{2}[\theta,\ \theta]) \\
&= -\frac{1}{2}[f^*\theta,\ f^*\theta] = -\frac{1}{2}[\omega,\ \omega]
\end{aligned}
$$

이므로, 구조방정식 $d\omega = -\frac{1}{2}[\omega, \omega] + \Omega$ 로부터 $\Omega = 0$ $(\Omega = D\omega = d\omega \circ h)$임이 밝혀진다.

주파이버번들 $P(M, G, \pi)$상에 접속 Γ가 주어지고, M상의 x가 임의로 주어졌을 때, 다음 조건을 만족하는 x의 근방 U $(\in M)$가 존재할 때, $P(M, G, \pi)$상의 접속 Γ를 **평탄**(flat)이라 한다 : $\pi^{-1}(U)$에서 Γ로부터 유도되어진 접속이 $U \times G$상의 기본평탄접속과 동형이다. 즉, 국소자명성에 의한 사상 $\psi : \pi^{-1}(U) \to U \times G$가 각 점 $u \in \pi^{-1}(U)$ 에서의 Γ에 관한 수평부분공간을 $\psi(u)$에서 $U \times G$상의 (기본평탄접속에 관한) 수평부분공간으로 옮겨주는 미분동형사상이다.

> **정리 8.1** 연결이고 paracompact인 다양체 M상의 주파이버번들 $P(M, G, \pi)$에서, 접속이 평탄접속일 필요충분조건은 그 접속에 의한 곡률형식이 P상에서 항등적으로 0인 것이다.

증명 주파이버번들 동형사상 $\psi : \pi^{-1}(U) \to U \times G$의 동반군동형사상은 id_G이다. $U \times G$상의 기본평탄접속을 ω (사영 $f : U \times G \to G$, $\theta :=$ (G상의 기본 1-형식), $f^*\theta =: \omega$)라 두자. 명제 5.8에 의해, $\psi^*\omega =: \omega'$은 $\pi^{-1}(U)$상의 접속이고, ω'와 ω에 의한 곡률형식 Ω'와 Ω의 관계는 $\psi^*\Omega = \Omega'$이다. $U \times G$상에서 접속이 기본평탄접속이므로, $\Omega = 0$이고 ψ는 미분동형사상이므로, $\Omega' = 0$가 된다.

역으로, P상의 접속 Γ에 대한 곡률형식이 P상에서 항등적으로 0이라고 하자. 그리고 x를 M상의 임의로 주어진 점이라 하자. U $(\subset M)$를 x의 단연결근방(simply connected neighbourhood)으로 $\pi^{-1}(U)$상에 P상의 접속 Γ로부터 유도되어진 접속에 대하여, 정리 3.17과 정리 7.1의 도움으로, $\pi^{-1}(U)$상에 유도되어진 접속에 관한 호로노미군은 $\{e\}$임을 얻는다. 정리 6.1(환원정리)에 의해 $\pi^{-1}(U)$상에 유도되어진 접속은 직적 주파이버번들 $U \times G$상의 기본평탄접속과 동형이다. ■

참고 8.2 $\Omega = 0$이면, 정리 4.1(구조방정식)에 의해 $\pi^{-1}(U)$상의 수평분포(horizontal distribution) $u \to Q_u$가 완전적분가능(completely integrable)이다. 정리 8.1의 충분성에 관한 증명은 이 성질을 이용해도 가능하다.

따름정리 8.3 주파이버번들 $P(M, G, \pi)$에서, 접속 Γ의 곡률형식이 항등적으로 0 이라고 가정하자. 이때, 만약 M이 paracompact이고 단연결(simlpy connected)이면, P와 $M \times G$는 미분동형이고 Γ는 $M \times G$상의 기본평탄접속과 동형이다.

증명 u를 P상의 임의의 점이라 하자. M이 paracompact, 단연결(simply connected)이고 (P상의 곡률)$=0$이므로, 정리 6.1 및 7.1에 의해 $P(M, G, \pi)$는 부분번들 $P(u)(M, \Phi(u)=\{e\})$로 환원(축소)가능하다. 따라서 P와 $M \times G$는 미분동형이고, P상의 접속 Γ는 $M \times G$상의 기본평탄접속과 동형이다. ■

이제, 기저다양체 M이 연결이고, paracompact인 경우(반드시, 단연결은 아닌 경우)에서 고찰하기로 한다. Γ를 $P(M, G, \pi)$상의 평탄접속이라 하자. $u_0 \in P$, $M^* := P(u_0)$를 u_0를 지나는 호로노미번들이라 하자. 정리 6.1에 의해, M^*는 호로노미군 $\Phi(u_0)$를 구조군으로 가지는 주파이버번들이다. $\Phi(u_0)$는 정리 3.17과 7.1에 의해 이산(discrete)군이고, $M^* = P(u_0)$는 연결이므로 M^*는 M의 피복공간(covering space)이다. $\pi(u_0) =: x_0 (\in M)$로 두자. x_0를 시점으로 하는 M상의 모든 폐곡선(closed curve)은, 각 폐곡선을 따른 평행이동에 의해, $\Phi(u_0)$의 원들에 대응된다. 정리 3.17과 7.1에 의해 제한호로노미군 $\Phi^0(u_0)$는 $\{e\}$이므로 x_0를 시점으로 하는 제1호모토피군(the first homotopy group)의 같은 원에 대응되는 M상의 두 폐곡선은 호모토픽이므로 $\Phi(u_0)$의 같은 원소에 대응된다. 따라서 제1호모토피군 $\pi_1(M, x_0)$로부터 $\Phi(u_0)$로의 전사(surjective)인 군준동형사상(group homomorphism)이 유도되어진다. N을 $\Phi(u_0)$의 정규부분군(normal subgroup), $M' := P(u_0)/N$이라 하자. 이때, M'는 군 $\Phi(u_0)/N$을 구조군으로 갖는 M상의 주파이버번들이다. 특히, $P(u_0)$가 연결이므로 $M' := P(u_0)/N$은 M의 피복공간(covering space)이다. 여기서, 피복사영(covering projection) $\mu : M' \to M$에 대해서

$$P' := \{(u, x') \in P \times M' \mid \mu(x') = \pi(u)\},$$
$$(u, x')a := (ua, x') \quad ((u, x') \in P'), \quad \pi'(u, x') =: x' \in M'$$

로 두면, $P'(M', G, \pi')$는 주파이버번들이 된다. 주파이버번들 $P'(M', G, \pi')$는 피복사영 $\mu : M' = P(u_0)/N \to M$과 주파이버번들 $P(M, G, \pi)$로부터 생성된 유도 주파이버번들이다. 명백히, 사상 $\tilde{f} : P' \ni (u, x') \mapsto u \in P$는 번들준동형사상이다. 이때, 다음 명제를 얻는다.

명제 8.4 [10, Proposition 9.3, p.93]. N을, 주파이버번들 $P(M, G, \pi)$의 임의로 주어진 원소 u_0에 대한 호로노미번들 $P(u_0)(M, \Phi(u_0))$의 구조군 $\Phi(u_0)$의 정규부분군이라 하자. $P(u_0)/N =: M'$라 두고, 피복사영 $\mu: M' \to M$과 $P(M, G, \pi)$에 의한 유도번들을 $P'(M', G, \pi')$이라 하자. 즉

$$P' := \{(u, x') \in P \times M' \mid \mu(x') = \pi(u)\},$$
$$(u, x')a := (ua, x') \quad ((u, x') \in P', a \in G), \quad \pi'(u, x') =: x' \in M'.$$

Γ를 P상의 평탄접속이라 하고, 번들준동형사상 $\tilde{f}: P' \ni (u, x') \mapsto u \in P$ (동반군 준동형사상 $\varphi = id_G : G \to G$)에 의하여 다음 조건을 만족하는 P'상의 접속 Γ'가 유일하게 존재한다;

Γ'에 의한 P'상의 수평부분공간이 $\tilde{f}$에 의해 Γ에 의한 P상의 수평부분공간으로 옮겨진다. 더욱이, P'상의 (이러한) 접속 Γ'은 평탄이고, Γ'에 관한 호로노미군을 $\Phi(u_0')$ $(\tilde{f}(u_0') = u_0)$라 하면 $\Phi(u_0') = N$이 된다.

증명 명제 5.8에 의해, $\tilde{f}$에 의해 Γ로 옮겨지는 P'상의 접속 Γ'(Γ'의 접속형식 $\omega' := (d\varphi)_e^{-1} \circ \tilde{f}^*\omega = \tilde{f}^*\omega$)는 유일하게 존재하고 Γ'의 곡률형식

$$\Omega' (= \tilde{f}^*\Omega = (d\varphi)_e \circ \Omega')$$

도 P'상에서 항등적으로 0이다. 따라서 P'상의 접속 Γ'은 평탄이다.

이제, $\Phi(u_0') = N$임을 밝히면 된다. 이를 증명하기 위해서

$$u_0' := (u_0, x_0') \in P' \subset P \times M' = P \times (P(u_0)/N)$$
$$(P'(M' := (P(u_0)/N), G, \pi')),$$
$$M^* = P(u_0) \xrightarrow{\nu} M' = (P(u_0)/N) \xrightarrow{\mu} M$$

이라 두자. 여기서, μ, ν는 피복사영(covering projection)이다. $\tau = u_t'$ $(0 \leq t \leq 1)$를 $\pi'(u_0') = \pi'(u_1')$인 P'상의 수평곡선이라 하자. 각 $t \in [0, 1]$에 대해서

$$u_t' := (u_t, x_t') \in P' \subset P \times M' \quad (\mu(x_t') = \pi(u_t))$$

로 두자. $\mu(x_0') = \pi(u_0)$이므로 $\nu(u_0 a) = x_0'$인 a $(\in \Phi(u_0))$가 존재한다. 더욱이

$$\mu(x_t') = \pi(u_t), \quad \tilde{f}(u_t') = u_t \quad (0 \leq t \leq 1)$$

이므로 u_t $(0 \le t \le 1)$는 P상의 수평곡선이다. 따라서 u_t $(0 \le t \le 1)$는 $P(u_0)$상의 곡선이다. 각 $t \in [0,\ 1]$에 대해서

$$\mu(x_t{}') = \pi(u_t) = (\mu \circ \nu)(u_t), \quad x_0{}' = \nu(u_0 a)$$

이고 $\Phi(u_0)$는 (정리 3.17에 의해) 이산(discrete)군이므로, $x_t{}' = \nu(u_t a)$ $(0 \le t \le 1)$이다. $\pi'(u_0{}') = \pi'(u_1{}')$ $(u_0{}' = (u_0,\ x_0{}'),\ u_1{}' = (u_1,\ x_1{}'))$이므로

$$\nu(u_1 a) = x_1{}' = \pi'(u_1{}') = \pi'(u_0{}') = x_0{}' = \nu(u_0 a)$$

이다. 따라서 $u_1 a n_1 = u_0 a n_0$인 N의 원 $n_0,\ n_1$이 존재하고, $u_1 = u_0 a n_0 n_1^{-1} a^{-1}$이고, N이 $\Phi(u_0)$의 정규부분군이므로 적절한 N의 원 b에 의해 $u_1 = u_0 b$가 된다.

$$u_0{}' = (u_0,\ x_0{}'), \quad u_1{}' = (u_1,\ x_1{}') = (u_0 b,\ x_0{}') = u_0{}' b$$

이므로 $\Phi(u_0{}') \subset N$이다.

역으로, $b \in N$ $(\subset \Phi(u_0))$이라 가정하자. u_t $(0 \le t \le 1)$를 $u_1 = u_0 b$인 P상의 수평곡선이라 하자. P'상의 수평곡선 $u_t{}'$ $(0 \le t \le 1)$을

$$u_t{}' := (u_t,\ x_t{}') \quad (x_t{}' := \nu(u_t a),\ a \in \Phi(u_0))$$

로 정의한다. $x_0{}' = \nu(u_0 a)$이고

$$x_1{}' = \nu(u_1 a) = \nu(u_0 ba) = \nu(u_0 ab')$$

인 N의 원 b'가 존재하므로 $x_0{}' = x_1{}'$이다. 더욱이

$$u_0{}' = (u_0,\ x_0{}'), \quad u_1{}' = (u_1,\ x_1{}') = (u_0 b,\ x_0{}') = u_0{}' b$$

이므로 $N \subset \Phi(u_0{}')$이다. ■

주파이버번들 $P(M,\ G,\ \pi)$의 기저다양체 M이 제2가산공리(위상공간으로 가산기를 갖는 성질)을 가질 때, P상의 접속이 존재함을 증명하자. M의 각 점 x에 대해서 국소자명성(local triviality)에 의해, x의 근방 U_x가 존재하여 $\pi^{-1}(U_x)$ $(\cong U_x \times G)$에 평탄한 접속이 존재함은 명백하다 (cf. 명제 5.8). 이러한 $\pi^{-1}(U_x)$상의 평탄한 접속을 ω_{U_x}로 둔다. 이러한 각 점 x $(\in M)$의 근방 U_x들의 합집합은 M의 개피복(open covering)이고, M은 정리 3.12에 의해 paracompact이므로 이러한 M의 개피복의 세분(refinement)이고 국소유한(locally finite)

인 개피복 $\{U_i\}$ 및 개피복 $\{U_i\}$에 종속적인 단위분할(partition of unity) $\{\varphi_i\}$ (cf. [9, Theorem 1.3, p.8])를 취한다. $\pi^{-1}(U_i)$상의 접속을 ω_i라 하고, P상의 각 점 u에서

$$\omega_u := \sum_i \varphi_i(\pi(u))(\omega_i)_u$$

로 두면, 이것은 P상의 1차 미분형식으로 $\mathfrak{g}$-값을 갖는다. A $(\in \mathfrak{g})$에 대응하는 기본벡터장 A^*에 대해서, $\pi(u) \in U_i$이면 $\omega_i(A^*_u) = A$이므로 $\omega_u(A^*_u) = A$이다. G의 임의의 원 a에 대해서

$$R_a^* \omega_i = Ad(a^{-1})\omega_i, \quad \varphi_i(\pi(ua)) = \varphi_i(\pi(u))$$

이므로

$$R_a^* \omega_u = Ad(a^{-1})\omega_u \quad (u \in P)$$

가 성립한다. 따라서 ω는 P상의 접속형식이 되고, P의 접속이 결정된다.

§9. 동반파이버번들에서의 평행이동

$P(M, G, \pi)$를 접속을 갖는 주파이버번들, F를 다양체, $E := P \times_G F$를 파이버 F인 P의 동반파이버번들이라 하면, E상에서 평행이동을 정의할 수 있다.

M의 곡선 $\tau = \{x_t \mid 0 \le t \le 1\}$이 주어졌을 때, τ를 따른 평행이동은 전단사(bijective)사상

$$\pi_E^{-1}(x_0) \to \pi_E^{-1}(x_1)$$

으로, 다음과 같이 정의된다;

τ의 P상의 수평 lift를 $\{u_t \mid 0 \le t \le 1\}$이라 하고, 전단사사상

$$u_t : F \ni x \mapsto \overline{(u_t,\ x)} =: u_t x \in \pi_E^{-1}(x_t) \quad (0 \le t \le 1\,;\, \pi(u_t) = x_t)$$

에 의해

$$u_1 \circ u_0^{-1} : \pi_E^{-1}(x_0) \to \pi_E^{-1}(x_1)$$

으로 정의한다.

M상의 곡선 $\tau = \{x_t \mid 0 \le t \le 1\}$를 따른 수평 lift는 $\{u_t a\}$ $(a \in G)$인 형태이므로

$$(u_1 a) \circ (u_0 a)^{-1} = u_1 \circ u_0^{-1}$$

가 된다. 따라서 $\pi_E^{-1}(x_0) \to \pi_E^{-1}(x_1)$은 M상의 곡선 $\tau = \{x_t \mid 0 \le t \le 1\}$에만 의존한다. 이것을 M상의 곡선 τ를 따른 **평행이동**이라 한다. 특히, E가 벡터번들일 경우엔, P상의 구조군 G로부터 $F = R^m$상의 일반선형군 $GL_m(R)$로의 표현 ρ가 존재하여, E는 R^m을 파이버로 하는 P의 동반파이버번들 $E = P \times_{\rho(G)} R^m$이다. 이때, P의 접속에 의해 정의되는 E의 평행이동은 파이버간의 선형동형사상이다.

벡터번들 E의 절단(section) 전체의 집합 $Sec(E)$는 벡터공간을 이룬다. 실제로, $\varphi,\ \psi \in Sec(E)$에 대해서

$$(\varphi + \psi)(x) := \varphi(x) + \psi(x), \quad (\lambda\varphi)(x) := \lambda\varphi(x) \quad (x \in M,\ \lambda \in R)$$

이다. $Sec(E)$의 원 φ가 주어졌을 때, M의 곡선 $\tau \equiv \{x_t \mid 0 \le t \le 1\}$을 따른 공변미분은 다음과 같이 정의할 수 있다.

주어진 곡선 τ의 역방향 x_t로부터 x_0로의 곡선에 따른 평행이동을 τ_0^t 라 하면, 벡터공간 $\pi_E^{-1}(x_0)$의 원

$$(9.1) \qquad \lim_{t\to 0}\frac{\tau_0^t(\varphi(x_t))-\varphi(x_0)}{t} \qquad (\varphi\in Sec(E))$$

가 존재하게 되고, 이 $\pi_E^{-1}(x_0)$의 원을 $t=0$에서 φ의 **공변미분**이라 한다. 더욱이, $\varphi\in Sec(E)$이고 $X\in\mathfrak{X}(M)$일 때, φ 의 X 에 의한 **공변미분**(covariant derivative) $\nabla_X\varphi\in Sec(E)$는 다음과 같이 정의된다;

M 의 임의의 점 x_0 에 대해서, X 의 x_0 을 시점(starting point)으로 하는 적분곡선을 x_t $(0\le t\le\delta)$라 하자. 이 적분곡선을 따른 φ의 $t=0$에서의 공변미분을 $(\nabla_X\varphi)_{x_0}$로 정의한다. 이와 같이 M의 각 점 x_0에 대해서 공변미분 $(\nabla_X\varphi)_{x_0}\in\pi_E^{-1}(x_0)$를 대응시켜, $\nabla_X\varphi$ $(\in Sec(E))$를 정의한다.

지금까지 상술한 것은 $\nabla_X\varphi$의 기하학적 의미인데, 이제 (9.1)의 존재 및 $\nabla_X\varphi$의 미분가능성을 증명하기로 한다.

보제 9.1 $Sec(E)$ $(E:=P\times_G F)$와

$$\{f:P\to F\mid f\in C^\infty(P,\ F)\text{이고, 모든 } a\in G\text{에 대해서 } f(ua)=a^{-1}f(u)\}$$

는 1 : 1 대응이다.

증명 먼저, $\varphi\in Sec(E)$에 대해서

$$f(u):=u^{-1}(\varphi(\pi(u))) \qquad (u\in P)$$

에 의해 f가 정의되고, 역으로 f에 대해서 $\pi(u)=x$ $(u\in P)$일 때

$$(9.2) \qquad \varphi(x):=u\,f(u)$$

에 의해 φ $(\in Sec(E))$가 정의된다. ■

그런데, M의 곡선 x_t에 대해서 P상으로의 수평 lift를 u_t로 두면, $\varphi\in Sec(E)$와 φ에 대응되는 $f:P\to F$에 대해서

$$\tau_0^t(\varphi(x_t))=(u_0\circ u_t^{-1})(\varphi(x_t))=u_0f(u_t),\quad \varphi(x_0)=u_0f(u_0)$$

이므로, 식 (9.1)은

$$\lim_{t\to 0}\frac{\tau_0^t(\varphi(x_t))-\varphi(x_0)}{t}=u_0\left(\left(\frac{df(u_t)}{dt}\right)|_{t=0}\right)$$

가 된다. 따라서 (9.1)식이 존재한다. 또 $X\in\mathfrak{X}(M)$의 수평 lift를 $X^*(\in\mathfrak{X}(P))$로 두면, 위의 식에 의해

(9.3) $$(\nabla_X\varphi)_x=u((X^*f)_u)\quad(\pi(u)=x,\ \varphi(x)=uf(u))$$

이므로 $\nabla_X\varphi$의 미분가능성도 명백하다.

마지막으로

$$\mathfrak{X}(M)\times Sec(E)\ni(X,\ \varphi)\to\nabla_X\varphi\in Sec(E)$$

는 $X,\ Y\in\mathfrak{X}(M)$, $\varphi,\ \psi\in Sec(E)$, $\lambda\in C^\infty(M)$에 대해서

(9.4) $$\nabla_{X+Y}\varphi=\nabla_X\varphi+\nabla_Y\varphi,$$

(9.5) $$\nabla_{\lambda X}\varphi=\lambda\nabla_X\varphi,$$

(9.6) $$\nabla_X(\varphi+\psi)=\nabla_X\varphi+\nabla_X\psi,$$

(9.7) $$\nabla_X(\lambda\varphi)=(X\lambda)\varphi+\lambda\nabla_X\varphi$$

인 조건들을 만족한다. 실제, 식 (9.4), (9.5), (9.6)은 식 (9.3)으로 부터 명백하고, (9.7)식에 대해선 M상의 곡선 x_t를 X의 적분곡선이라 하고 u_t를 곡선 x_t의 (수평) lift라 하면, 곡선 x_t의 역방향 x_t로부터 x_0까지 이 적분곡선을 따른 평행이동 τ_0^t에 대해서

$$\begin{aligned}\tau_0^t((\lambda\varphi)(x_t))&=\lambda(x_t)\tau_0^t(\varphi(x_t))\\&=\lambda(x_t)(u_0\circ u_t^{-1})(u_tf(u_t))\\&=\lambda(x_t)\ u_0(f(u_t)),\\(\lambda\varphi)(x_0)&=\lambda(x_0)\ u_0(f(u_0))\end{aligned}$$

가 된다. 여기서, $u_t(f(u_t))=\varphi(\pi(u_t))=\varphi(x_t)$. (9.1)식과 보제 9.1에 의해

$$\begin{aligned}(\nabla_X(\lambda\varphi))_{x_0}&=\lim_{t\to0}\frac{\lambda(x_t)\,u_0(f(u_t))-\lambda(x_0)\,u_0(f(u_0))}{t}\\&=(X_{x_0}\lambda)\varphi(x_0)+\lambda(x_0)(\nabla_X\varphi)_{x_0}\end{aligned}$$

이고, x_0는 M상의 임의의 점이므로

$$\nabla_X(\lambda\varphi) = (X\lambda)\varphi + \lambda\nabla_X\varphi$$

가 성립한다.

M 상의 벡터번들 E 에 대해서, 위의 조건 (9.4) ~ (9.7)을 만족하는 사상

$$\mathfrak{X}(M) \times Sec(E) \rightarrow Sec(E)$$

가 주어졌을 때, E 가 접속을 갖는다고 해도 충분하다 (cf. 제3장 정리 7.4). 여기서, 자세한 설명은 생략하지만, 이와 같은 조건들을 만족하는 사상은 P의 어떤 적절한 접속으로부터 얻어진 동반벡터번들 E의 평행이동에 의한 공변미분이다.

제3장

선형접속과 일반아파인접속

주파이버번들이, 미분가능인 다양체 M상의 선형프레임번들 $L(M)$ 및 아파인프레임번들 $A(M)$일 때, $L(M)$ 및 $A(M)$에서의 접속을 각각 M의 선형접속 및 일반아파인접속(generalized affine connection)이라 하는데, 이 장에서는 $L(M)$에서의 선형접속 및 $A(M)$에서의 일반아파인접속의 성질 및 특성에 관하여 소개한다.

§1. 선형접속

n차원 다양체 M상의 프레임번들 $P=L(M)$의 구조군은 $GL_n(R)$이다. P의 각 점 u는 선형동형사상 $u: R^n \to T_xM$ $(x=\pi(u))$로 간주된다.

P상의 1차 미분형식으로 R^n-값을 취하는 θ를 다음과 같이 정의한다:

$$\theta(X):=u^{-1}(\pi_*(X)) \quad (u\in P,\ X\in T_uP).$$

여기서, $\pi_*(X)\in T_xM$ $(x=\pi(u))$이고 $u^{-1}: T_xM \to R^n$이므로 $\theta(X)\in R^n$이다. 이러한 θ를 P상의 **표준형식**(canonical form)이라 한다.

$GL_n(R)$의 각 원 a에 대해서 다음 식이 성립한다.

$$(R_a^*\theta)(X)=a^{-1}(\theta(X)) \quad (X\in T_uP).$$

문 1.1 $(ua)^{-1}=a^{-1}u^{-1}$ $(u\in P,\ a\in GL_n(R))$을 이용하여 윗식이 성립함을 밝혀라.

증명 $a\in GL_n(R)$ $(X\in T_u(P))$에 대해서

$$(R_a^*\theta)(X)=\theta(R_{a*}X)=(ua)^{-1}\pi_*(R_{a*}X)$$

$$= (a^{-1} \circ u^{-1})(\pi_* X) = a^{-1}(\theta(X)).$$

따라서 $R_a^* \theta = a^{-1} \circ \theta$가 성립한다. ■

주파이버번들 $P\,(= L(M))$에서의 접속을 M의 **선형접속**(linear connection)이라 한다.

P에 접속이 주어졌을 때, R^n의 각 벡터 ξ에 대응하는 **기저벡터장**(basic vector field) $B(\xi)$를 다음과 같이 정의한다:

P의 각 점 u에 대해서 $(B(\xi))_u$는, $u(\xi) \in T_x M$ $(x = \pi(u))$의 u에서의 수평 lift이다. 즉

$$(B(\xi))_u \in Q_u \text{이고 } \pi_*((B(\xi))_u) = u(\xi)$$

인 P상의 수평벡터장 $B(\xi)$이다. 여기서, Q_u는 $T_u(P)$의 수평부분공간이다.

문 1.2 (i) $\theta(B(\xi)) = \xi$,

(ii) $GL_n(R)$의 각 원 a에 대해서 $B(a^{-1}\xi) = R_{a*}(B(\xi))$,

(iii) $\xi \neq 0_{n \times 1}$이면, P상의 모든 점에서 $B(\xi) \neq 0$

임을 밝혀라.

증명 (i) $\theta((B(\xi))_u) = (u^{-1} \circ \pi_*)((B(\xi))_u) = u^{-1}(u(\xi)) = \xi$,

(ii) $\pi_*((B(a^{-1}\xi))_u) = u(a^{-1}\xi)$이고

$$\begin{aligned}\pi_*((R_{a*}(B\xi))_u) &= \pi_*(R_{a*}(B\xi)_{ua^{-1}}) \\ &= \pi_*((B(\xi))_{ua^{-1}}) \\ &= (ua^{-1})(\xi)\end{aligned}$$

이므로, $B(a^{-1}\xi) = R_{a*}(B(\xi))$,

(iii) $u \in P$에서 $(B(\xi))_u = 0$이라 가정하면, $\pi((B(\xi))_u) = u(\xi) = 0$이고 $\xi = 0$이므로, (iii)이 성립된다. ■

R^n의 표준기저 $\{\xi_i\}_{i=1}^n$을 이루는 벡터 ξ_i에 대응하는 P상의 기저벡터장을 $B_i := B(\xi_i)$ $(1 \leq i \leq n)$로 두고, 구조군 $GL_n(R)$의 Lie대수 $\mathfrak{g}_n(R)$의 기저를 A_{ij} $(1 \leq i, j \leq n)$로 하고 각 A_{ij}에 대응하는 P상의 기본벡터장을 A_{ij}^*로 둔다. P상의 $n^2 + n$개의 벡터장 A_{ij}^*, B_i는 P상의 각 점에서 일차독립이다. 실제, 점 $u\,(\in P)$에서

$$\sum_{i,j} c_{ij} A_{ij}^* + \sum_i c_i B_i = 0 \quad (c_{ij} \in R,\ c_i \in R)$$

이라 가정하면, 점 u에서 $\sum_{i,j} c_{ij} A_{ij}^*$는 수직벡터이고 $\sum_i c_i B_i$는 수평벡터이므로

$$\sum_{i,j} c_{ij} A_{ij}^* = 0, \quad \sum_i c_i B_i = 0$$

이다. $\sum_{i,j} c_{ij} A_{ij}^*$는 $\sum_{i,j} c_{ij} A_{ij} (\mathfrak{gl}_n(R))$에 대응하는 P상의 기본벡터장이므로, $\sum_{i,j} c_{ij} A_{ij} = 0$이 되고 각 $c_{ij} = 0$이다. 마찬가지로, 점 u에서

$$\sum_i c_i B_i = \sum_i B(c_i \xi_i) = 0$$

이므로, 문 1.2 (iii)에 의해 각 $c_i = 0$이다.

일반적으로, n차원 다양체 M상의 각 점에서 일차독립인 M상에서 (국소적이지 않고 M 전체에서) 정의된 C^∞ 벡터장들의 족 $\{X_i\}_{i=1}^n$이 존재할 때, M은 **완전평행성**(complete parallelisability)을 갖는다고 한다. 따라서 다음 정리를 얻는다.

정리 1.2 $L(M)$상의 접속은 $L(M)$의 완전평행성을 부여한다.

더욱이, 금후 이용될 다음 정리를 소개한다.

정리 1.3 $A \in \mathfrak{gl}_n(R)$, $\xi \in R^n$에 대해서, $[A^*, B(\xi)]$는 $A\xi \in R^n$에 대응하는 기저벡터장(basic vector field)이다. 즉, $[A^*, B(\xi)] = B(A\xi)$이다.

증명 $GL_n(R)$의 1-매개변수부분군(1-parameter subgroup) $a_t = \exp tA$에 의해

$$A\xi = \lim_{t \to 0} \frac{a_t \xi - \xi}{t}$$

이고, 문 1.2 (ii)에 의해

$$[A^*, B(\xi)] = \lim_{t \to 0} \frac{B(\xi) - R_{a_t *}(B(\xi))}{t} = \lim_{t \to 0} \frac{B(\xi) - B(a_t^{-1} \xi)}{t}$$

가 된다. 더욱이, $B: R^n \ni \xi \mapsto (B(\xi))_u \in Q_u$는 선형사상이므로

$$[A^*, B(\xi)] = B\left(\lim_{t \to 0} \frac{\xi - a_t^{-1}\xi}{t}\right) = B(A\xi)$$

가 성립된다. ■

§2. 열률형식과 구조방정식

$P = L(M)$에 접속이 주어지고, 그 접속형식 ω에 의해 곡률형식 $\Omega := D\omega := d\omega \circ h$가 정의되었는데, $L(M)$상의 표준형식 θ에 의해 정의된 $\Theta := D\theta := d\theta \circ h$를 **열률형식**(torsion form)이라 한다. 이 Θ는 R^n-값을 취하는 P상의 2차 미분형식이고 $R_a^* \Theta = a^{-1}\Theta$ $(a \in GL_n R)$가 성립된다. 실제, Y_1, $Y_2 \in T_u(P)$에 대해서

$$\begin{aligned}(R_a^* \Theta)(Y_1, Y_2) &= \Theta(R_{a*} Y_1, R_{a*} Y_2) = d\theta(h(R_{a*} Y_1), h(R_{a*} Y_2)) \\ &= d\theta(R_{a*}(hY_1), R_{a*}(hY_2)) = (d(R_a^* \theta))(hY_1, hY_2) \\ &= (a^{-1} d\theta)(hY_1, hY_2) = a^{-1}\Theta(Y_1, Y_2).\end{aligned}$$

곡률형식 Ω에 대해서, X, $Y \in \mathfrak{X}(P)$에 대해서

$$d\omega(X, Y) = -\frac{1}{2}[\omega(X), \omega(Y)] + \Omega(X, Y)$$

가 성립되었는데, 열률형식에 대해선 다음 정리가 성립된다.

> **정리 2.1 (열률에 관한 구조방정식)**
>
> $$d\theta(X, Y) = \frac{1}{2}\{\omega(Y)\theta(X) - \omega(X)\theta(Y)\} + \Theta(X, Y) \quad (X,\ Y \in \mathfrak{X}(P)).$$
>
> 여기서, $\omega(Y)\theta(X)$는 $\omega(Y) \in \mathfrak{gl}(n, R)$의 $\theta(X) \in R^n$에 대한 작용이다.

증명 다음 세 경우를 고려하면 충분하다.

(i) $X = A^*$, $Y = B^*$ $(A,\ B \in \mathfrak{g}(n,\ R))$; 이 경우의 방정식 우변은 $0_{n\times 1}$이고, 좌변은 $[A^*, B^*] = [A, B]^*$ (cf. 1장 §6의 보제 6.2)이므로

$$\frac{1}{2}\{A^*(\theta(B^*)) - B^*(\theta(A^*)) - \theta([A^*, B^*])\} = 0_{n\times 1}.$$

(ii) X, Y가 수평벡터일 때, 방정식은 Θ의 정의에 의해 성립된다.

(iii) $X = A^*(A \in \mathfrak{gl}(n, R))$, $Y = B(\xi)$ $(\xi \in R^n)$일 때; 문 1.2 (i)에 의해, 방정식의 우변은 $-\frac{1}{2}A\xi$. 한편, 문 1.2 (i)과 정리 1.3의 도움으로 좌변은

$$\frac{1}{2}\{A^*\theta(B(\xi))-B(\xi)\theta(A^*)-\theta([A^*,\ B(\xi)])\}$$
$$=-\frac{1}{2}\theta(B(A\xi))=-\frac{1}{2}A\xi. \qquad \blacksquare$$

이제, B_1, B_2를 기저벡터장(basic vector field 혹은 standard horizontal vector field)이라 하자. $[B_1, B_2]$의 수직성분은 곡률 Ω의 구조방정식으로부터

$$\omega([B_1,\ B_2])=-2\Omega(B_1,\ B_2)$$

인데, $[B_1, B_2]$의 수평성분 $h([B_1,\ B_2]_u)$ $(u\in P)$를 $(B(\xi))_u$로 둘 때, $\xi\in R^n$은 다음과 같다 :
정리 2.1의 증명 (ii)의 경우로부터

$$\Theta_u(B_1,\ B_2)=d\theta(B_1,\ B_2)=\frac{1}{2}\{B_1\theta(B_2)-B_2\theta(B_1)-\theta([B_1,\ B_2])\}$$
$$=-\frac{1}{2}\theta([B_1,\ B_2])=-\frac{1}{2}\theta(h[B_1,\ B_2]_u)=-\frac{1}{2}\theta_u(B(\xi))$$
$$=-\frac{1}{2}\xi,\ \ i.e.,\ \xi=-2\Theta_u(B_1,\ B_2).$$

따라서 다음 결과를 얻는다.

따름정리 2.2 기저벡터장(basic vector field 혹은 standard horizontal vector field) B_1, B_2에 대해서, $[B_1, B_2]$의 수평성분을 $h[B_1,\ B_2]=B(\xi)$ $(\xi\in R^n)$로 두면

$$\xi=-2\Theta_u(B_1,\ B_2)$$

로 주어진다.

§3. 공변미분연산(covariant differentiation)

일반적으로, 주파이버번들 $P(M, G, \pi)$의 접속에 의해, P의 임의의 동반파이블번들(associated fibre bundle)에서 기저다양체 M의 곡선을 따른 파이버의 평행이동이 정의된다.

다양체 M의 선형접속, 즉 $P=L(M)$의 접속의 경우에는 접벡터번들

$$TM=\left(L(M)\times_{GL(n,\ R)}R^n\right)$$

에서 M상의 곡선을 따른 접벡터(tangent vector)의 평행이동이 얻어진다. M의 점 x_0로부터 x_1까지의 곡선 τ에 대해서, τ를 따른 평행이동은 접공간 $T_{x_0}M$으로부터 $T_{x_1}(M)$으로의 선형동형사상이다.

이 경우도 일반적인 벡터번들의 특별한 경우인데, M의 선형접속에 의해 TM의 절편(section), 즉 M상의 벡터장에 대한 공변미분연산(covariant differentiation)이 정의된다.

공변미분연산을 소상히 설명하기로 하자. 우선 M상의 곡선 y_t가 편의상 $[0,\ 1]$에서 정의되고, y_t를 따른 벡터장 X, 즉 정확하게 말하면 $[0,\ 1]$으로부터 TM으로의 미분가능사상

$$[0,\ 1]\ni t\ \mapsto\ X_t\in T_{y_t}M\subset TM$$

이 주어졌다고 하자. 이때, y_{t+h}로부터 y_t까지, 곡선의 역방향을 따른 평행이동을 τ_t^{t+h}로 표시하고

$$\nabla_t X:=\lim_{h\to 0}\frac{\tau_t^{t+h}(X_{t+h})-X_t}{h}\in T_{y_t}M \tag{3.1}$$

으로 둔다. 식 (3.1)의 극한의 존재를 밝히기 위하여, M상의 곡선 y_t $(0\le t\le 1)$의 $L(M)$으로의 수평 lift v_t $(0\le t\le 1)$를 선택하면

$$\tau_t^{\ t+h}(X_{t+h})=\left(v_t\circ v_{t+h}^{-1}\right)(X_{t+h})$$

로 되고, 이는 수평 lift v_t의 선택에 관해선 독립적이다. 각 t에 대해서, X_t의 v_t $(\in P)$에서의 수평 lift를 X_t^*로 두면, 곡선 v_t를 따른 $L(M)$상의 벡터장 X_t^*가 얻어진다. §1에서 정의한 $L(M)$상의 1차 미분형식(표준형식) θ를 이용하면

$$\theta\left(X_{t+h}^*\right)=v_{t+h}^{-1}(X_{t+h}),\quad \theta\left(X_t^*\right)=v_t^{-1}(X_t)$$

이므로

$$\frac{\tau_t^{t+h}(X_{t+h}) - X_t}{h} = v_t\left(\frac{\theta(X_{t+h}^*) - \theta(X_t^*)}{h}\right)$$

로 된다. 따라서 (3.1)식은

(3.2) $$\nabla_t X = v_t\left(\frac{d\theta(X_t^*)}{dt}\right)$$

가 된다. 식 (3.2)에 의해, 식 (3.1)의 우변의 미계수의 존재는 명백하다. 이때, $\nabla_t X$를 곡선 y_t를 따른 벡터장 X의 **공변미분**(covariant derivative)이라 한다.

다음에 $X \in \mathfrak{X}(M)$, $Y \in T_pM$ $(p \in M)$이라 하자. p를 시점, Y가 접벡터인 곡선 y_t $(y_0 = p,\ 0 \le t \le \epsilon)$를 취하여, 곡선 y_t를 따른 $X_t := X_{y_t}$의 공변미분 $\nabla_t X$의 $t=0$에서의 값 $(\nabla_t X)_{t=0} \in T_pM$을 $\nabla_Y X$로 정의한다. 이 정의는 well defined이다. $(\nabla_t X)_{t=0}$가 Y $(\in T_pM)$에만 의존하고 Y의 적분곡선 y_t의 선택에는 의존하지 않고 독립임을 밝히기 위해서, $X \in \mathfrak{X}(M)$의 $L(M)$으로의 수평 lift를 X^*로 하고, $\pi(v) = p$인 임의의 점 v $(\in L(M))$에서의 Y의 수평 lift를 Y^*로 둔다. 더욱이, 위의 M상의 곡선 y_t의 v로부터 시작되는 수평 lift를 v_t $(0 \le t \le \epsilon)$라 하면, (3.2)로부터

(3.2)′ $$(\nabla_t X)_{t=0} = v(Y^* \theta(X^*))$$

로 되고, (3.2)′는 $(\nabla_t X)_{t=0}$가 Y의 v에서의 수평 lift Y^*에만 의존함을 의미한다. 또한, $L(M)$의 점 v $(\pi(v) = p)$의 선택에도 독립이다. 실제

$$\begin{aligned} va(Y_{va}^* \theta(X^*)) &= va((R_{a*} Y_v^*)\theta(X^*)) \\ &= va(Y_v^*(\theta(X^*) \circ R_a)) = va(a^{-1} Y_v^*(\theta(X^*))) \\ &= v(Y_v^* \theta(X^*)),\ (a \in GL(n, R)). \end{aligned}$$

따라서 $\nabla_Y X$ $(Y \in T_pM,\ X \in \mathfrak{X}(M))$는 well defined이다.

$\nabla_Y X$를 X $(\in \mathfrak{X}(M))$의 Y $(\in T_pM)$에 관한 **공변미분**(covariant derivative)이라 하고, $X \mapsto \nabla_Y X$를 **공변미분연산**(covariant differentiation)이라 한다.

$X,\ Y \in \mathfrak{X}(M)$에 대하여, $(\nabla_Y X)_p := \nabla_{Y_p} X$ $(p \in M)$로 정의할 때 $\nabla_Y X$가 미분가능임을 증명하기 위해 다음 보제를 소개한다 (cf. 2장 §9의 보제 9.1).

보제 3.1 $\{f: L(M) \to R^n \mid f \in C^\infty(L(M), R^n)$이고, 모든 $a \in GL(n, R)$에 대해 $f(ua) = a^{-1}f(u)\}$와 $\mathfrak{X}(M)$은 1:1 대응이다. 이 대응에 의해 $X \in \mathfrak{X}(M)$은 X의 수평 lift를 X^*로 두면, $f := \theta(X^*)$에 대응된다.

이제, $X, Y \in \mathfrak{X}(M)$의 $L(M)$으로의 수평 lift를 각각 X^*, Y^*로 둔다. $f := \theta(X^*)$에 대해서

$$(Y^* f)(ua) = (R_{a*}(Y_u^*))(f) = Y_u^*(f \circ R_a)$$
$$= a^{-1}(Y^* f)(u) \quad (u \in P,\ a \in GL(n, R))$$

이므로, $Y^* f = Y^*(\theta(X^*))$는 보제 3.1에 의해 M상의 미분가능인 벡터장에 대응된다. (3.2)′에 의해, $Y^*(f) = Y^*(\theta(X^*))$에 대응하는 미분가능인 벡터장은 $\nabla_Y X$, 즉

$$(3.3) \qquad (\nabla_Y X)_x = u\big(Y_u^* \theta(X^*)\big) \quad (\pi(u) = x)$$

가 된다. 따라서, 보제 3.1에 의해 $\nabla_Y X$는 M상에서 미분가능인 벡터장이다.

벡터장 X $(\in \mathfrak{X}(M))$가 주어졌을 때, 한 점 x $(\in M)$에서 $(\nabla_Y X)_x$ $(Y \in \mathfrak{X}(M))$의 값은 Y_x에만 의존함은 (3.2)′로부터 명백하다. 더욱이, 점 x의 근방 U $(\subset M)$상에서 벡터장 X_1, X_2 $(\in \mathfrak{X}(M))$가 일치하면, (3.3)에 의해 U상에서 $\nabla_Y X_1$과 $\nabla_Y X_2$도 일치한다.

그리고 식 (3.3)은 M상의 Y $(\in \mathfrak{X}(M))$에 관한 공변미분연산은, $L(M)$상으로의 Y의 lift Y^*에 관한 미분연산에 대응하고 있음을 보이고 있다. 공변미분연산은 평행이동을 이용한 미분인데, 수평벡터 Y^*는 평행이동을 정의하는 수평곡선의 접벡터라는 성질을 반영하고 있다.

연산 $\nabla_Y X$의 성질을 정리하면

정리 3.2 사상

$$\mathfrak{X}(M) \times \mathfrak{X}(M) \ni (X, Y) \mapsto \nabla_Y X \in \mathfrak{X}(M)$$

은 다음 4조건을 만족한다.

1) $\nabla_{Y+Z} X = \nabla_Y X + \nabla_Z X$,

2) $\nabla_{fY} X = f \nabla_Y X$,

3) $\nabla_Z (X + Y) = \nabla_Z X + \nabla_Z Y$,

4) $\nabla_Y (fX) = (Yf)X + f \nabla_Y X$.

여기서, $X, Y, Z \in \mathfrak{X}(M)$, $f \in C^\infty(M)$이다.

증명 Y, Z의 수평 lift를 Y^*, Z^*라 하면, $Y+Z$의 수평 lift는 Y^*+Z^*이므로, (3.3)에 의해 1)과 3)은 명백하다. 2)와 4)를 증명하기 위해, X의 수평 lift를 X^* 그리고 $f^* := f \circ \pi$로 두면, f^*X^*와 f^*Y^*가 fX와 fY의 수평 lift이다. 식 (3.3)에 의해 $x=\pi(u)$에서

$$\begin{aligned}(\nabla_{fY}X)_x &= u\big((f^*Y^*)_u\theta(X^*)\big) = f(x)u(Y_u^*\theta(X^*)) \\ &= f(x)(\nabla_Y X)_x = (f\nabla_Y X)_x\end{aligned}$$

이고, 더욱이, $Y_u^* f^* = Y_x f$, $u(\theta_u(X^*)) = X_x$, $f^*(u) = f(x)$이므로

$$\begin{aligned}(\nabla_Y fX)_x &= u(Y_u^*\theta(f^*X^*)) = u((Y_u^*f^*)\theta_u(X^*) + f^*(u)Y_u^*\theta(X^*)) \\ &= (Y_xf)X_x + f(x)(\nabla_Y X)_x = ((Yf)X + f\nabla_Y X)_x\end{aligned}$$

가 된다. 따라서

$$\nabla_{fY}X = f\nabla_Y X,\quad \nabla_Y fX = (Yf)X + f\nabla_Y X. \qquad \blacksquare$$

다양체 M이 선형접속을 가질 때, M의 임의의 개부분다양체 U도 당연히 선형접속을 갖게 된다. 기저다양체 M상의 프레임번들 $L(M)$을 기저다양체 U로 제한한 것이 U상의 프레임번들 $L(U)$이기 때문에, $L(M)$에서의 접속으로부터 자연히 $\pi^{-1}(U) = L(U)$상의 접속이 유도되어지기 때문이다. 따라서

$$\mathfrak{X}(U)\times\mathfrak{X}(U) \ni (X,\ Y) \ \mapsto\ \nabla_Y X \in \mathfrak{X}(U)$$

가 정의되어 U의 선형접속의 공변미분연산이 된다.

이제, 여기서는 정리 3.2의 4조건을 만족하는 사상

$$\mathfrak{X}(M)\times\mathfrak{X}(M) \ni (X,\ Y) \ \mapsto\ \nabla_Y X \in \mathfrak{X}(M)$$

이 주어지면 (향후에 밝히겠지만, 그것은 M상의 특정 선형접속에 관한 공변미분연산이지만 (cf. §7의 정리 7.4), 현 단계에선 그것을 전혀 무시하고) 임의의 개부분다양체 U에 대해서

$$\mathfrak{X}(U)\times\mathfrak{X}(U) \ni (X,\ Y) \ \mapsto\ \nabla_Y X \in \mathfrak{X}(U)$$

인 사상으로, 정리 3.2의 4조건을 만족하는 사상이 얻어진다는 것을 증명하자. 이를 밝히기 위하여 우선 다음 보제를 소개한다.

보제 3.3 정리 3.2의 4조건을 만족하는 사상 ∇에 대해서

(i) Y_1, Y_2, $X \in \mathfrak{X}(M)$으로, 개부분다양체 $W(\subset M)$상에서 $Y_1 = Y_2$이면, 이때 W상에서 $\nabla_{Y_1}X = \nabla_{Y_2}X$.

(ii) X_1, $X_2 \in \mathfrak{X}(U)$로, 개부분다양체 W상에서 $X_1 = X_2$이면, 이때 W상에서

$$\nabla_Y X_1 = \nabla_Y X_2.$$

증명 (i) x를 W의 임의로 주어진 점이라 하고, $f(x) = 1$이고 W^c에선 0인 $f \in C^\infty(M)$을 취한다 (cf. [9, Lemma 1.2, p.6]). 가정에 의해 fY_1과 fY_2는 W상에선 일치하고, W^c에선 $fY_1 = fY_2 = 0$인 벡터장이므로, M상의 벡터장으로 $fY_1 = fY_2$가 된다. 따라서 $\nabla_{fY_1}X = \nabla_{fY_2}X$. 정리 3.2 2)에 의해

$$f\nabla_{Y_1}X = f\nabla_{Y_2}X$$

이고, $f(x) = 1$이므로 $(\nabla_{Y_1}X)_x = (\nabla_{Y_2}X)_x$가 된다. x는 W의 임의의 점이므로 $\nabla_{Y_1}X$와 $\nabla_{Y_2}X$는 W상에서 일치한다.

(ii) 위의 경우와 마찬가지로, x를 W의 임의의 점이라 하고, $f(x) = 1$이고 W^c에선 0인 $f \in C^\infty(M)$을 취한다. 이때 M상에서 $fX_1 = fX_2$. 정리 3.2 4)에 의해

$$(Yf)X_1 + f\nabla_Y X_1 = (Yf)X_2 + f\nabla_Y X_2 \quad (Y \in \mathfrak{X}(M))$$

가 된다. 여기서, $f(x) = 1$이므로 $(\nabla_Y X_1)_x = (\nabla_Y X_2)_x$. x는 W상의 임의의 점이므로 $\nabla_Y X_1$과 $\nabla_Y X_2$는 W상에서 일치한다. ■

보제 3.3의 (i), (ii)는 공변미분연산의 경우는 식 (3.3)으로부터 명백히 성립한다.

U를 M의 개부분다양체로 하고, X, $Y \in \mathfrak{X}(U)$에 대해서 $\nabla_Y X \in \mathfrak{X}(U)$를 다음과 같이 정의한다 :

x를 U상의 임의의 점이라 하고, X_1, $Y_1 \in \mathfrak{X}(U)$으로 $x \in W \subset U$인 x의 개근방 W상에서 X, Y와 일치하는 것을 취하여 $(\nabla_Y X)_x := (\nabla_{Y_1}X_1)_x$ 로 정의한다.

이 정의는 well defined이다. 실제, $x \in W' \subset U$인 개근방 W'상에서 X, $Y \in \mathfrak{X}(U)$와 일치하는 X_2, $Y_2 \in \mathfrak{X}(U)$를 취하면, $x \in W \cap W' \subset U$이고, 보제 3.3에 의해 $W \cap W'$상에서

$$\nabla_{Y_1} X_1 = \nabla_{Y_2} X_1 = \nabla_{Y_2} X_2$$

이므로, $\nabla_Y X$의 x에서의 값은 X_1, Y_1의 선택에 독립이다. 따라서 $(\nabla_Y X)_x$가 well defined 이고, x가 U상의 임의의 점이므로 U상에서 벡터장 $\nabla_Y X$가 정의되고, $\nabla_Y X \in \mathfrak{X}(U)$임은 명백하다.

더욱이, 사상 $\mathfrak{X}(U) \times \mathfrak{X}(U) \ni (X, Y) \to \nabla_Y X \in \mathfrak{X}(U)$가 정리 3.2의 조건 1) ~ 4)를 만족한다. 실제, $X, Y, Z \in \mathfrak{X}(U)$, $f \in C^\infty(U)$, 그리고 x를 U상의 임의로 주어진 점이라 가정하자. $x \in W \subset U$인 점 x의 적절한 개근방 W를 취하여, W상에서

$$X = X_1, \quad Y = Y_1, \quad Z = Z_1, \quad f = f_1$$

인 X_1, Y_1, $Z_1 \in \mathfrak{X}(U)$과 $f_1 \in C^\infty(M)$을 선택한다 (cf. [9, Lemma 1.2, p.6]). 이때, 보제 3.3, 보제 3.3의 증명과정과 위의 정의에 의해

$$\begin{aligned}
&(\nabla_{X+Y} Z)_x = (\nabla_{X_1+Y_1} Z_1)_x = (\nabla_{X_1} Z_1)_x + (\nabla_{Y_1} Z_1)_x = (\nabla_X Z + \nabla_Y Z)_x, \\
&(\nabla_{fX} Y)_x = (\nabla_{f_1 X_1} Y_1)_x = (f_1 \nabla_{X_1} Y_1)_x = f(x)(\nabla_X Y)_x = (f \nabla_X Y)_x, \\
&(\nabla_X (Y+Z))_x = (\nabla_{X_1}(Y_1 + Z_1))_x = (\nabla_{X_1} Y_1 + \nabla_{X_1} Z_1)_x = (\nabla_X Y + \nabla_X Z)_x, \\
&(\nabla_X f Y)_x = (\nabla_{X_1}(f_1 Y_1))_x = ((X_1 f_1) Y_1 + f_1 \nabla_{X_1} Y_1)_x = ((Xf) Y + f \nabla_X Y)_x
\end{aligned}$$

가 되고 x가 U상의 임의의 점이므로, 사상

$$\mathfrak{X}(U) \times \mathfrak{X}(U) \ni (X, Y) \to \nabla_Y X \in \mathfrak{X}(U)$$

는 정리 3.2의 조건 1) ~ 4)를 만족한다.

일반적으로, M의 선형접속, 즉 $L(M)$상의 접속에 의한 공변미분연산 ∇_Y ($Y \in \mathfrak{X}(M)$)를 M상의 임의의 텐서장 K에 대해서 확장할 수 있다. 이것으로, $L(M)$의 동반벡터번들 (associated vector bundle)인 (r, s)형 텐서번들 $T^r_s(M)$상의 fiber 간의 (M상의 곡선에 따른) 평행이동이 정의된다. 따라서 K가 M상의 곡선 y_t를 따른 M상의 (r, s)형 텐서장일 때, M상의 벡터장일 때와 마찬가지로 $\nabla_t K$가 정의된다. 곡선 y_t를 따른 평행이동 τ_t^{t+h}를 $T_{y_{t+h}}(M)$상의 텐서공간으로부터, 변역이 $T_{y_t}(M)$상의 텐서공간인 선형동형사상으로 확장한 것이 텐서번들의 평행이동이므로 곡선 y_t를 따른 K의 공변미분은

(3.4)
$$\nabla_t K = \lim_{h\to 0}\frac{\tau_t^{t+h}(K_{t+h}) - K_t}{h}$$

로 된다. 더욱이, $Y\in\mathfrak{X}(M)$이고 K가 M상의 $(r,\ s)$형 텐서장일 때 $\nabla_Y K$의 정의는 K가 벡터장일 때와 마찬가지로 정의되고, $\nabla_Y K$를 K의 Y에 관한 **공변미분**(covariant derivative)이라 한다.

$x^1, x^2, \ldots, x^n$을 M의 개부분다양체 U상의 국소좌표계라하자. U상의 곡선 y_t $(t\in[0,\ 1])$를 따른 벡터장 $(\partial/\partial x^i)_{y_t} =: (\partial/\partial x^i)_t$를 점 y_{t+h}로부터 y_t까지, 곡선 y_t $(t\in[t,\ t+h])$의 역방향으로의 평행이동 τ_t^{t+h}에 대해

(3.5)
$$\nabla_t\frac{\partial}{\partial x^i} = \lim_{h\to 0}\frac{\tau_t^{t+h}(\partial/\partial x^i)_{t+h} - (\partial/\partial x^i)_t}{h} =: \sum_k \omega_i^k(t)\left(\frac{\partial}{\partial x^k}\right)_t \in T_{y_t}(M),$$

(3.6)
$$\nabla_t dx^j = \lim_{h\to 0}\frac{\tau_t^{t+h}(dx^j)_{t+h} - (dx^j)_t}{h} =: \sum_k \mu_k^j(t)(dx^k)_t \in (T_{y_t}M)^*$$

로 두면, (축약후의 공변미분) = (공변미분후의 축약)이므로 $\mu_l^j(t) = -\omega_l^j(t)$이다. 식 (3.5), (3.6)을 이용하여 공변미분연산 ∇_X $(X\in\mathfrak{X}(M))$를 M상의 임의의 텐서장 K에 대해서도 확장하여 정의할 수 있다. 식 (3.6)에 의해 dual프레임번들 상의 접속이, 프레임번들상의 접속으로부터 유도되어진다.

예로, $K\in T_1^1(M)$일 때, $\nabla_X K\in T_1^1(M)$ $(X\in\mathfrak{X}(M))$이고 $\nabla K\in T_2^1(M)$이다. 상기 M의 국소근방 U상에서 $K = \sum_{i,j} K_j^i(\partial/\partial x^i)\otimes dx^j$로 표기되고

$$\begin{aligned}
&\left(\nabla_{(\partial/\partial x^k)}K\right)\left(dx^s,\ \frac{\partial}{\partial x^t}\right)\\
&= \sum_{i,j}\left(\frac{\partial K_j^i}{\partial x^k}\frac{\partial}{\partial x^i}\otimes dx^j + K_j^i\left(\nabla_{(\partial/\partial x^k)}\frac{\partial}{\partial x^i}\right)\otimes dx^j + K_j^i\frac{\partial}{\partial x^i}\otimes\nabla_{(\partial/\partial x^k)}dx^j\right)\left(dx^s,\ \frac{\partial}{\partial x^t}\right)\\
&= \frac{\partial K_t^s}{\partial x^k} - \sum_{i,j}\left(K_j^i\frac{\partial}{\partial x^i}\otimes dx^j\right)\left(\nabla_{(\partial/\partial x^k)}dx^s,\ \frac{\partial}{\partial x^t}\right) - K\left(dx^s,\ \nabla_{(\partial/\partial x^k)}\frac{\partial}{\partial x^t}\right)
\end{aligned}$$

가 된다. 따라서 $\nabla K\in T_2^1(M)$이므로, $X,\ Y\in\mathfrak{X}(M)$과 $\mu\in\mathfrak{X}^*(M)$에 대해서

$$(\nabla_Y K)(\mu,\ X) = \nabla_Y(K(\mu,\ X)) - K(\nabla_Y\mu,\ X) - K(\mu,\ \nabla_Y X)$$

가 성립된다. 실제, 이 식은 (공변미분 후 축약) = (축약 후 공변미분)인 성질로부터 나온다.

§4. 공변미분의 국소표현

선형접속에 의해 벡터장 X의 Y에 관한 공변미분 $\nabla_Y X$가 정의되는데, 이를 좌표계를 사용하여 국소적으로 표현하자.

다양체 M상의 선형접속은 M의 프레임번들 $L(M)$의 접속이다. M의 개부분다양체 U상의 프레임번들 $L(U)$는 $L(M)$의 기저다양체 M을 개부분다양체 U로 제한(restriction)한 것이므로, $L(U)=\pi^{-1}(U)$이다. 따라서 $L(M)$의 접속을 $\pi^{-1}(U)$ $(\subset L(M))$에 제한하면 U상의 선형접속이 자연스럽게 정의된다. 특히, $\{x^1, \ldots, x^n\}$이 U상의 국소좌표계일 때 U상의 벡터장 $\nabla_{(\partial/\partial x^j)}\partial/\partial x^i$를

(4.1) $$\nabla_{(\partial/\partial x^j)}\frac{\partial}{\partial x^i} =: \sum_{k=1}^{n}\Gamma_{ji}^{k}\frac{\partial}{\partial x^k}$$

로 두면, U상의 n^3개의 함수 Γ_{ij}^k $(1 \le i,\ j,\ k \le n)$가 정의되는데 이들을 국소좌표계 $\{x^1, \ldots, x^n\}$에 관한 **크리스토펠 기호**(Christoffel's symbols) 혹은 **선형접속의 성분**(components of the linear connection) 혹은 **접속계수**(coefficients of the connection)라 한다.

다른 M의 개부분다양체 V상의 국소좌표계 $\{y^1, \ldots, y^n\}$에 관한 접속계수를 $\overline{\Gamma}_{\beta\gamma}^{\alpha}$로 두면, $U\cap V(\neq \varnothing)$상에서

(4.2) $$\overline{\Gamma}_{\beta\gamma}^{\alpha} = \sum_{i,j,k}\Gamma_{jk}^{i}\frac{\partial y^\alpha}{\partial x^i}\frac{\partial x^j}{\partial y^\beta}\frac{\partial x^k}{\partial y^\gamma} + \sum_i \frac{\partial^2 x^i}{\partial y^\beta \partial y^\gamma}\frac{\partial y^\alpha}{\partial x^i}$$

인 관계가 성립한다.

역으로, 다양체 M이 좌표근방들의 족으로 덮혀져 있고, 그 각 좌표계 $\{x^1, \ldots, x^n\}$에 대해서 n^3개의 함수족 Γ_{ij}^k가 (4.2)의 관계를 항상 공통부분에서 만족한다고 가정하자. 이때 우선 각 좌표근방 U에서 좌표계 $\{x^1, \ldots, x^n\}$을 이용하여 $X,\ Y\in\mathfrak{X}(U)$는

(4.3) $$X=\sum_j \xi^j\frac{\partial}{\partial x^j}, \quad Y=\sum_i \eta^i\frac{\partial}{\partial x^i}$$

로 표기되고

(4.4) $${}^U\nabla_Y X := \sum_{i,k}\eta^i\left(\frac{\partial \xi^k}{\partial x^i} + \sum_j \Gamma_{ij}^k\xi^j\right)\frac{\partial}{\partial x^k}$$

로 두고, 사상

$$\mathfrak{X}(U)\times\mathfrak{X}(U)\ni(X,\ Y)\ \mapsto\ {}^{U}\nabla_{Y}X\in\mathfrak{X}(U)$$

을 정의하면, 정리 3.2의 조건 1) ~ 4)를 만족한다.

한편, M상의 벡터장 $X,\ Y\in\mathfrak{X}(M)$에 대해서 $\nabla_Y X$를 다음과 같이 정의한다. p를 M상의 임의로 주어진 점이라 하고 p를 포함하는 좌표근방 U로써

$$(\nabla_Y X)_p := \left({}^{U}\nabla_{Y_U} X_U\right)_p \tag{4.5}$$

로 둔다. 여기서, X_U, Y_U는 각기 $X,\ Y\in\mathfrak{X}(M)$의 U상의 제한(restriction)이다. 점 p를 포함한 다른 좌표근방 V를 취하고 $\{x^1,\ \dots,\ x^n\}$ 및 $\{y^1,\ \dots,\ y^n\}$을 $U,\ V$상의 각기 국소좌표계라 하고 $U\cap V$상에서

$$Y=\sum_i \eta^i\frac{\partial}{\partial x^i}=\sum_\alpha \bar{\eta}^\alpha\frac{\partial}{\partial y^\alpha},\quad X=\sum_j \xi^j\frac{\partial}{\partial x^j}=\sum_\beta \bar{\xi}^\beta\frac{\partial}{\partial y^\beta} \tag{4.6}$$

로 표기되고, $U\cap V$상에서

$$\sum_{i,k}\eta^i\left(\frac{\partial\xi^k}{\partial x^i}+\sum_j \Gamma^k_{ij}\xi^j\right)\frac{\partial}{\partial x^k}=\sum_{\alpha,\beta}\bar{\eta}^\alpha\left(\frac{\partial\bar{\xi}^\beta}{\partial y^\alpha}+\sum_\gamma \bar{\Gamma}^\beta_{\alpha\gamma}\bar{\xi}^\gamma\right)\frac{\partial}{\partial y^\beta} \tag{4.7}$$

임이, (4.2)와 (4.6)식으로부터 밝혀진다. 즉, p를 포함하는 좌표근방의 선택에 (4.5)식은 무관하다. 따라서 M상의 벡터장 $\nabla_Y X$가 정의되고, 점 p근방에서 $\nabla_Y X$가 미분가능임은 (4.7)식으로부터 명백하다. 결과적으로

$$\mathfrak{X}(M)\times\mathfrak{X}(M)\ni(X,\ Y)\ \mapsto\ \nabla_Y X\in\mathfrak{X}(M)$$

이 정의되고, 이 사상이 정리 3.2의 조건 1) ~ 4)를 만족함은 식 (4.5)로부터 명백하다.

이제, n차원 affine공간 $R^n(=M)$의 표준선형접속을 소개한다.

R^n상의 프레임번들 $L(R^n)$을 다음과 같은 대응

'$p\in R^n$, 각 $\boldsymbol{x}_i$ $(i=1,\ 2,\ \dots,\ n)$는 n차 열벡터에 대해
$L(R^n)\ni u=(\boldsymbol{x}_1\cdots\boldsymbol{x}_n)_p\ \to\ (p,\ [\boldsymbol{x}_1\cdots\boldsymbol{x}_n])\in R^n\times GL(n,\ R)$'

에 의해 직적주파이버번들 $R^n\times GL(n,\ R)$로 간주한다. $P:=L(R^n)=R^n\times GL(n,\ R)\ni u=(p,\ a)$에서 $R^n\times\{a\}$에 접하는 접공간을 u에서 T_uP의 수평부분공간(horizontal subspace)으로 취하는 분포(distribution)를 P상의 **표준선형접속**이라 한다. 여기서, 사영사상 f: $R^n\times GL(n,\ R)\to GL(n,\ R)$과 $GL(n,\ R)$상의 표준 1-형식

$$\theta : T_g(GL(n,\ R)) \ni X \ \mapsto \ (L_{g^{-1}})_*(X) \in T_e(GL(n,\ R)) = \mathfrak{gl}(n,\ R)$$

에 대해 P상의 표준선형접속은 $\omega = f^*\theta$이고, 이는 평탄접속이다. 실제, 사영사상 f에 의해

$$\Omega = D\omega = d\omega \circ h = d(f^*\theta) \circ h = (f^* d\theta) \circ h = 0.$$

이 접속 $\omega(= f^*\theta)$를 $P(= L(R^n))$상의 **표준평탄접속**(the canonical flat connection)이라 하기도 한다. 이때, 기저다양체 $M(= R^n)$상의 곡선 c_t $(0 \le t \le 1)$의, P상의 점 $(c_0,\ [\boldsymbol{x}_1 \cdots \boldsymbol{x}_n])$을 지나는 수평 lift는 $u_t := (c_t,\ [\boldsymbol{x}_1 \cdots \boldsymbol{x}_n])$이다. R^n의 표준좌표계 $\{x^1,\ \ldots,\ x^n\}$에 대해

$$\left(\frac{\partial}{\partial x^i}\right)_{c_t} = (c_t,\ [\boldsymbol{x}_1 \cdots \boldsymbol{x}_n])([\boldsymbol{x}_1 \cdots \boldsymbol{x}_n]^{-1}(e_i)) \quad (0 \le t \le 1)$$

이다. 따라서 $(\partial/\partial x^i)_{c_t}$를 기저다양체 $M(= R^n)$상의 곡선 c_t를 따라, c_t로부터 c_0까지의 평행이동은 $(c_0,\ [\boldsymbol{x}_1 \cdots \boldsymbol{x}_n])([\boldsymbol{x}_1 \cdots \boldsymbol{x}_n]^{-1}(e_i))$가 되고, 이는 $(\partial/\partial x^i)_{c_0}$와 일치하므로 $\nabla_t(\partial/\partial x^i) = 0$. 따라서 $L(R^n)$상의 표준선형접속의 접속계수 Γ^k_{ij}는, $M\ (= R^n)$상에서 모두 0이 된다. 이 경우, $\nabla_{(\partial/\partial x^i)}\left(\sum_j x^j(\partial/\partial x^j)\right) = \partial/\partial x^i$이다.

이 절에서 마지막으로, 주어진 선형접속의 국소좌표계에 관한 접속계수 Γ^k_{ij}로, M상의 임의의 텐서장들의 공변미분의 국소표현을 소개한다.

좌표근방 $U(\subset M)$상의 국소좌표계 $\{x^1,\ \ldots,\ x^n\}$에 대해 $X,\ Y \in \mathfrak{X}(M)$이 U상에서

$$X = \sum_j \xi^j\left(\frac{\partial}{\partial x^j}\right), \quad Y = \sum_i \eta^i\left(\frac{\partial}{\partial x^i}\right)$$

일 때, 식 (4.4)와 (4.5)에 의해

$$\text{(4.8)} \qquad \nabla X = \sum_i \left\{ \sum_k \left(\frac{\partial \xi^k}{\partial x^i} + \sum_j \Gamma^k_{ij}\xi^j \right) \frac{\partial}{\partial x^k} \right\} \otimes dx^i =: \sum_{i,k} \xi^k_{\ ;i}\left(\frac{\partial}{\partial x^k}\right) \otimes dx^i,$$

$$(\nabla X)(Y) = \nabla_Y X = \sum_{i,k} \eta^i \left(\frac{\partial \xi^k}{\partial x^i} + \sum_j \Gamma^k_{ij}\xi^j \right) \frac{\partial}{\partial x^k}$$

이다. 여기서, $(\xi^k_{\ ;i})_k$는 U상에서 정의된 $\nabla_{(\partial/\partial x^i)}X$의 성분이다.

이와 연계하여 $\varphi \in \mathfrak{X}(M)^*$, $Y \in \mathfrak{X}(M)$일 때, $\nabla_Y \varphi \in \mathfrak{X}(M)^*$는 §3에서 언급했듯이

(4.9) $$(\nabla_Y \varphi)(X) := Y(\varphi(X)) - \varphi(\nabla_Y X) \quad (X \in \mathfrak{X}(M))$$

에 의해 정의된다. U상에서 $\varphi = \sum_k \varphi_k dx^k$일 때

$$\varphi_{j;i} := \frac{\partial \varphi_j}{\partial x^i} - \sum_k \Gamma^k_{ij} \varphi_k$$

로 두면

(4.10) $$\nabla_{(\partial/\partial x^i)} \varphi = \sum_j \varphi_{j;i} dx^j$$

이고, $\nabla \varphi$는 M상의 $(0, 2)$형의 텐서장이며 $(\varphi_{j;i})_j$는 U상에서 정의된 $\nabla_{(\partial/\partial x^i)} \varphi$의 성분이다.

일반적으로, M상의 (r, s)형 텐서장 K의 국소좌표계 $\{x^1, \ldots, x^n\}$에 관한 성분이

$$\left(K^{i_1 \cdots i_r}{}_{j_1 \cdots j_s}\right)$$

일 때

(4.11) $$K^{i_1 \cdots i_r}{}_{j_1 \cdots j_s; k} := \frac{\partial K^{i_1 \cdots i_r}{}_{j_1 \cdots j_s}}{\partial x^k} + \sum_{\alpha=1}^{r} \sum_{l=1}^{n} \Gamma^{i_\alpha}_{kl} K^{i_1 \cdots l \cdots i_r}{}_{j_1 \cdots j_s} - \sum_{\beta=1}^{s} \sum_{m=1}^{n} \Gamma^m_{kj_\beta} K^{i_1 \cdots i_r}{}_{j_1 \cdots m \cdots j_s}$$

로 둔다. 우변의 제2항에서 위첨자 l은 α번째, 제3항에서 아래첨자 m은 β번째이다. $\nabla_{(\partial/\partial x^k)} K$는 U상의 (r, s)형 텐서장이고, 그 성분은 (4.11)로 주어진다. 또한, ∇K는 M상의 $(r, s+1)$형 텐서장이고, M상의 (r, s)형 텐서장 $\nabla_Y K$ $(Y \in \mathfrak{X}(M))$가 $\nabla_Y X$ $(X, Y \in \mathfrak{X}(M))$를 식 (4.5)에 의해 정의한 것과 같이 M상에서 정의된다.

다음 절에서 소상히 소개될 M상의 선형접속 ∇에 관한 열률텐서장 T와 곡률텐서장 R은

$$T(X, Y) := \nabla_X Y - \nabla_Y X - [X, Y],$$
$$R(X, Y)Z := [\nabla_X, \nabla_Y] Z - \nabla_{[X, Y]} Z \quad (X, Y, Z \in \mathfrak{X}(M))$$

인 M상의 $(1, 2)$형, $(1, 3)$형 텐서장이다. U $(\subset M)$상의 좌표계 $x^1, \ldots, x^n$과 $f \in C^\infty(M)$, $X \in \mathfrak{X}(M)$에 대해

$$\nabla f : \mathfrak{X}(M) \to C^\infty(M), \quad \nabla X : \mathfrak{X}(M) \to \mathfrak{X}(M)$$

은 U상에서 $X=\sum_i \xi^i(\partial/\partial x^i)$일 때

$$\nabla f=\sum_k f_{;k}dx^k, \quad \nabla X=\sum_{i,l}\xi^i_{;l}\frac{\partial}{\partial x^i}\otimes dx^l$$

인 M상의 $(0,\ 1)$형, $(1,\ 1)$형 텐서장이다. 여기서

$$f_{;k}=\frac{\partial f}{\partial x^k}, \quad \xi^i_{;l}=\frac{\partial \xi^i}{\partial x^l}+\sum_m \Gamma^i_{lm}\xi^m$$

이다. 더욱이

$$\nabla_{(\partial/\partial x^j)}(\nabla f)=\sum_k\left(\frac{\partial f_{;k}}{\partial x^j}-\sum_m \Gamma^m_{jk}f_{;m}\right)dx^k,$$

$$\nabla_{(\partial/\partial x^k)}(\nabla X)=\sum_{i,l}\left(\frac{\partial \xi^i_{;l}}{\partial x^k}+\sum_m \xi^m_{;l}\Gamma^i_{km}-\sum_m \xi^i_{;m}\Gamma^m_{kl}\right)\frac{\partial}{\partial x^i}\otimes dx^l$$

이므로

$$\nabla^2 f=\sum_{k,j}\left(\frac{\partial f_{;k}}{\partial x^j}-\sum_m \Gamma^m_{jk}f_{;m}\right)\ dx^k\otimes dx^j,$$

$$\nabla^2 X=\sum_{i,l,k}\left(\frac{\partial \xi^i_{;l}}{\partial x^k}+\sum_s \Gamma^i_{ks}\xi^s_{;l}-\sum_s \Gamma^s_{kl}\xi^i_{;s}\right)\frac{\partial}{\partial x^i}\otimes dx^l\otimes dx^k$$

이다. 이제

$$R\left(\frac{\partial}{\partial x^k},\frac{\partial}{\partial x^l}\right)\frac{\partial}{\partial x^j}=:\sum_i R^i_{jkl}\frac{\partial}{\partial x^i}, \quad T\left(\frac{\partial}{\partial x^l},\frac{\partial}{\partial x^k}\right)=:\sum_j T^j_{lk}\frac{\partial}{\partial x^j},$$

$$f_{;k;j}:=\frac{\partial f_{;k}}{\partial x^j}-\sum_m \Gamma^m_{jk}f_{;m}, \quad \xi^i_{;l;k}:=\frac{\partial \xi^i_{;l}}{\partial x^k}+\sum_s \Gamma^i_{ks}\xi^s_{;l}-\sum_s \Gamma^s_{kl}\xi^i_{;s}$$

로 두면

$$f_{;k;j}-f_{;j;k}=\sum_i T^i_{kj}f_{;i}, \quad \xi^i_{;l;k}-\xi^i_{;k;l}=\sum_j R^i_{jkl}\xi^j+\sum_j T^j_{lk}\xi^i_{;j}$$

로 된다.

임의로 주어진 M상의 $(r,\ s)$형 텐서장 K에 대해서

$$\begin{aligned}(\nabla^2 K)(;X;Y)&:=(\nabla_Y(\nabla K))(;X)\\&=\nabla_Y\nabla_X K-\nabla_{\nabla_Y X}K \quad (X,\ Y\in\mathfrak{X}(M))\end{aligned}$$

으로 정의하면, $\nabla^2 K$는 $(r,\ s+2)$형 텐서장이고 $\nabla^m K$를 $\nabla^m K:=\nabla(\nabla^{m-1}K)$, 즉

$$(\nabla^m K)(;X_1;\cdots;X_m)=\left(\nabla_{X_m}(\nabla^{m-1}K)\right)(;X_1;\cdots;X_{m-1})$$

로 정의하면

$$\begin{aligned}(\nabla^m K)(;X_1;\cdots;X_m)&=\left(\nabla_{X_m}(\nabla^{m-1}K)\right)(;X_1;\cdots;X_{m-1})\\&=\nabla_{X_m}\left((\nabla^{m-1}K)(;X_1;\cdots;X_{m-1})\right)\\&\quad-\sum_{l=1}^{m-1}(\nabla^{m-1}K)\left(;X_1;\cdots;X_{l-1};\nabla_{X_m}X_l;X_{l+1};\cdots;X_{m-1}\right)\end{aligned}$$

이므로 $\nabla^m K$ 는 $(r,\ s+m)$형 텐서장이다. $U\ (\subset M)$상에서 $X\in\mathfrak{X}(M)$, $\omega\in\mathfrak{X}(M)^*$, $T\in\mathfrak{X}(M)\otimes\mathfrak{X}(M)^*$의 성분이 국소좌표 x^1, ..., x^n에 관하여 (X^i), (ω_j), $(T^i{}_j)$일 때

$$\nabla^2 f=\sum_{k,j}f_{;k;j}dx^k\otimes dx^j\quad (f\in C^\infty(M))$$

$$\nabla^2 X=\sum_{i,j,k}X^i{}_{;l;k}\frac{\partial}{\partial x^i}\otimes dx^l\otimes dx^k,$$

$$\nabla^2\omega=\sum_{i,l,k}\omega_{i;l;k}\,dx^i\otimes dx^l\otimes dx^k,$$

$$\nabla^3 T=\sum_{i,j}\sum_{l,k,s}T^i{}_{j;l;k;s}\frac{\partial}{\partial x^i}\otimes dx^j\otimes dx^l\otimes dx^k\otimes dx^s$$

이다. 여기서

$$\begin{aligned}T^i{}_{j;l;m;s}&=\frac{\partial T^i{}_{j;l;m}}{\partial x^s}+\sum_t\Big(\Gamma^i_{st}T^t{}_{j;l;m}-\Gamma^t_{sj}T^i{}_{t;l;m}\\&\quad-\Gamma^t_{sl}T^i{}_{j;t;m}-\Gamma^t_{sm}T^i{}_{j;l;t}\Big)\end{aligned}$$

와 같이 축차적으로 적용하여 $(1,\ 4)$형 텐서장 $\nabla^3 T$의 성분을 구할 수 있다.

§5. 열률(torsion)텐서장과 곡률(curvature)텐서장

이 절에서는 선형접속의 열률텐서장(torsion tensor field)과 곡률텐서장(curvature tensor field)을 정의한다. 이들 텐서장을 간단히 열률, 곡률이라 하기도 한다. §2에서, 프레임번들 $L(M)$상의 열률형식(torsion form) Θ $(= d\theta \circ h)$를 정의했는데, 열률형식으로부터 열률텐서장을 다음과 같이 유도할 수 있다.

M의 점 x, $X, Y \in \mathfrak{X}(M)$, $\pi(u) = x$인 $L(M)$의 원 u, X, Y의 수평 lift X^*, Y^*에 대해서, $2u\big(\Theta_u(X^*, Y^*)\big) \in T_x M$이고

$$\begin{aligned} R_a^* \Theta &= R_a^*(d\theta \circ h) = d\theta \circ R_{a*} \circ h \\ &= \big(R_a^* d\theta\big) \circ h = \big(d\big(R_a^* \theta\big)\big) \circ h = a^{-1}\Theta \end{aligned}$$

이므로, $u\big(\Theta_u(X^*, Y^*)\big)$는 $u \in \pi^{-1}(\{x\})$의 선택에 의존하지 않는다. 따라서

$$T_x(X, Y) := 2u\big(\Theta_u(X^*, Y^*)\big) \tag{5.1}$$

로 두면, M상의 $(1, 2)$형 텐서장 T가 정의되는데, 이 텐서장 T를 **열률텐서장**(torsion tensor field)이라 한다. 명백히, $X, Y \in \mathfrak{X}(M)$에 대해서

$$T(X, Y) = -T(Y, X)$$

이다.

이 열률텐서장 T를 $L(M)$상의 열률형식 Θ와 표준형식(canonical form) θ 및 식 (3.3)을 이용하여, 공변미분작용소 ∇를 사용하여 정의하자.

$X, Y \in \mathfrak{X}(M)$, X, Y의 수평 lift를 X^*, Y^*라 할 때, 열률텐서장의 정의 $\Theta = d\theta \circ h$에 의해

$$\begin{aligned} 2\Theta(X^*, Y^*) &= X^*(\theta(Y^*)) - Y^*(\theta(X^*)) - \theta([X^*, Y^*]), \\ 2u\big(\Theta_u(X^*, Y^*)\big) &= u\big(X_u^*(\theta(Y^*)) - Y_u^*(\theta(X^*)) - \theta_u([X^*, Y^*])\big) \end{aligned}$$

가 된다.

$$[X^*, Y^*] = h[X^*, Y^*] + v[X^*, Y^*]$$

이고, 2장 §1의 보제 1.2에 의해 $h[X^*, Y^*] = [X, Y]^*$ ($[X, Y]^*$는 $[X, Y]$의 수평 lift)이고, §3의 식 (3.3)에 의해

$$2u\big(\Theta_u(X^*,\ Y^*)\big) = \big(\nabla_X Y - \nabla_Y X - [X,\ Y]\big)_x = T_x(X,\ Y) \quad (\pi(u) = x)$$

이고, x는 M의 임의의 점이므로 M상의 $(1,\ 2)$형 텐서장

(5.2) $$T(X,\ Y) := \nabla_X Y - \nabla_Y X - [X,\ Y] \quad (X,\ Y \in \mathfrak{X}(M))$$

가 얻어진다.

곡률텐서장도, $L(M)$의 곡률형식 Ω $(= d\omega \circ h)$에 의해 정의되는데, 이를 공변미분작용소 ∇를 사용하여 정의한다.

Ω는 $\mathfrak{gl}(n,\ R)$-값을 취하는 $L(M)$상의 2차 미분형식이다. $X,\ Y,\ Z \in \mathfrak{X}(M)$의 수평 lift를 $X^*,\ Y^*,\ Z^*,\ \pi(u) = x\ \ (u \in L(M))$라 할 때

(5.3) $$u\big(2\Omega_u(X^*,\ Y^*)\,(\theta_u(Z^*))\big) \quad (\in T_xM)$$

는 $u \in \pi^{-1}(\{x\})$의 선택에 독립이다. 실제, 임의의 $a \in GL(n,\ R)$에 대해서

$$\begin{aligned}(ua)\big(2\Omega_{ua}(X^*,\ Y^*)\,(\theta_{ua}(Z^*))\big) &= (ua)\big(2(Ad(a^{-1}) \circ \Omega_u(X^*,\ Y^*))(a^{-1}\theta_u(Z^*))\big) \\ &= u\big(2\Omega_u(X^*,\ Y^*)(\theta_u(Z^*))\big)\end{aligned}$$

이다. 접속형식 ω의 구조방정식으로부터

$$\Omega_u(X^*,\ Y^*) = (d\omega \circ h)_u(X^*,\ Y^*) = -\frac{1}{2}\omega([X^*,\ Y^*]) =: -\frac{1}{2}A,$$

$(A \in \mathfrak{gl}(n, R))$로 둔다. $\theta_{ua}(Z^*) = (R_a^*\theta)_u(Z^*) = a^{-1}(\theta_u(Z^*))$이고 $\theta(Z^*) =: f$라 하면

$$\begin{aligned}A_u^* f &= \lim_{t \to 0} \frac{f(u \exp tA) - f(u)}{t} \\ &= \lim_{t \to 0} \frac{\exp(-tA)(f(u)) - f(u)}{t} = -A(f(u)) \\ &= 2\Omega_u(X^*,\ Y^*)(\theta_u(Z^*))\end{aligned}$$

로 되고, 2장 §1의 보제 1.2에 의해 $[X, Y]$의 lift $[X, Y]^* = h[X^*, Y^*]$이다. 식 (3.3)과 2장 §4의 정리 4.1에 의해

(5.4) $$\begin{aligned}(R(X,\ Y)Z)_x &= \big([\nabla_X,\ \nabla_Y]Z - \nabla_{[X,\ Y]}Z\big)_x \\ &= u\big(X_u^*(Y^*f) - Y_u^*(X^*f) - (h[X^*,\ Y^*])_u f\big) \\ &= u\big(v[X^*,\ Y^*]_u(f)\big) = u\big(A_u^*(f)\big) = u(-A(f(u))) \\ &= u\big(2\Omega_u(X^*,\ Y^*)(u^{-1}(Z_x))\big), \quad \big(u^{-1}(Z_x) = \theta_u(Z^*)\big),\end{aligned}$$

여기서 $h[X^*, Y^*]$는 $[X^*, Y^*]$의 수평성분이고 $v[X^*, Y^*]$는 $[X^*, Y^*]$의 수직성분이다. 따라서

$$\mathfrak{X}(M)\times\mathfrak{X}(M)\times\mathfrak{X}(M)\ni(X, Y, Z) \mapsto R(X, Y)Z\in\mathfrak{X}(M)$$

인 M상의 $(1, 3)$형인 **곡률텐서장** R이 정의된다. 식 (5.3) 또는 (5.4)에 의해

$$R(X, Y) = -R(Y, X) \quad (X, Y\in\mathfrak{X}(M))$$

이고

$$R(X, Y) : \mathfrak{X}(M) \to \mathfrak{X}(M)$$

은 $C^\infty(M)$ 선형사상이다.

열률텐서장 T, 곡률텐서장 R의 좌표근방 U $(\subset M)$상에서 국소좌표계 x^1, ..., x^n에 관한 접속계수 Γ_{ij}^k를 이용하여

$$T\left(\frac{\partial}{\partial x^i}, \frac{\partial}{\partial x^j}\right) =: \sum_k T_{ij}^k \frac{\partial}{\partial x^k},$$

$$R\left(\frac{\partial}{\partial x^j}, \frac{\partial}{\partial x^k}\right)\frac{\partial}{\partial x^m} =: \sum_i R_{mjk}^i \frac{\partial}{\partial x^i}$$

로 두면

$$(5.5) \qquad T_{ij}^k = \Gamma_{ij}^k - \Gamma_{ji}^k, \quad R_{mjk}^i = \frac{\partial \Gamma_{km}^i}{\partial x^j} - \frac{\partial \Gamma_{jm}^i}{\partial x^k} + \sum_s \left(\Gamma_{js}^i \Gamma_{km}^s - \Gamma_{ks}^i \Gamma_{jm}^s\right)$$

이다.

§6. 비안키항등식(Bianchi identity)

M의 선형접속에 의해 정의된 M상의 공변미분연산 ∇에 관한 열률텐서장 T, 곡률텐서장 R에 대해서

(6.1) $$(\nabla_Z T)(X,\ Y) = \nabla_Z(T(X,\ Y)) - T(\nabla_Z X,\ Y) - T(X,\ \nabla_Z Y),$$

(6.2) $$(\nabla_Z R)(X,\ Y)W = \nabla_Z(R(X,\ Y)W) - R(X,\ Y)(\nabla_Z W) - R(\nabla_Z X,\ Y)W - R(X,\ \nabla_Z Y)W$$

$(X,\ Y,\ Z \in \mathfrak{X}(M))$가 성립되는데, 특히 식 (6.2)는 편의상

(6.3) $$(\nabla_Z R)(X,\ Y) = [\nabla_Z,\ R(X,\ Y)] - R(\nabla_Z X,\ Y) - R(X,\ \nabla_Z Y)$$

로 간단히 나타낼 수도 있다.

일반적으로, 3변수 $X,\ Y,\ Z$에 의존하는 $K(X,\ Y,\ Z)$에 대하여

$$\mathfrak{S}\{K(X,\ Y,\ Z)\} := K(X,\ Y,\ Z) + K(Y,\ Z,\ X) + K(Z,\ X,\ Y)$$

로 두고, 이것을 $K(X,\ Y,\ Z)$의 **순회합**(cyclic sum)이라 한다.

정리 6.1 (**Bianchi 제1항등식**) 임의의 $X,\ Y,\ Z \in \mathfrak{X}(M)$에 대해서

(6.4) $$\mathfrak{S}\{R(X,\ Y,\ Z)\} = \mathfrak{S}\{T(T(X,\ Y),\ Z)\} + \mathfrak{S}\{(\nabla_X T)(Y,\ Z)\}$$

이고, 특히 $T=0$일 때는

(6.5) $$\mathfrak{S}\{R(X,\ Y)Z\} = 0.$$

증명 $T(X, Y) = \nabla_X Y - \nabla_Y X - [X, Y]$ 및 $T(X, Y) = -T(Y, X)$를 이용하면

$$T(T(X,\ Y),\ Z) = T(\nabla_X Y,\ Z) + T(Z,\ \nabla_Y X) - T([X,\ Y],\ Z)$$

이므로, 식 (6.1)에 의해

$$\mathfrak{S}\{T(T(X, Y)Z)\} = \mathfrak{S}\{\nabla_Z(T(X, Y)) - (\nabla_Z T)(X, Y) - T([X, Y], Z)\}$$

로 된다. 여기서

$$\nabla_Z(T(X,\ Y)) = \nabla_Z(\nabla_X Y - \nabla_Y X - [X,\ Y]),$$

$$T([X, Y], Z) = \nabla_{[X, Y]}Z - \nabla_Z[X, Y] - [[X, Y], Z]$$

이므로

$$\nabla_Z(T(X, Y)) - T([X, Y], Z)$$
$$= \nabla_Z\nabla_X Y - \nabla_Z\nabla_Y X - \nabla_{[X, Y]}Z + [[X, Y], Z].$$

결국

$$\mathfrak{S}\{\nabla_Z(T(X, Y)) - T([X, Y], Z)\} = \mathfrak{S}\{R(X, Y)Z\},$$
$$\mathfrak{S}\{T(T(X, Y), Z)\} = \mathfrak{S}\{R(X, Y)Z - (\nabla_Z T)(X, Y)\}$$

로 된다. 따라서 식 (6.4)가 성립하고, 더욱이, $T=0$일 때는 식 (6.4)에 의해 식 (6.5)도 성립된다. ■

정리 6.2 (Bianchi 제2항등식) 임의의 $X, Y, Z \in \mathfrak{X}(M)$에 대해서

(6.6) $$\mathfrak{S}\{(\nabla_Z R)(X, Y) + R(T(X, Y), Z)\} = 0$$

이고, 특히 $T=0$이면

(6.7) $$\mathfrak{S}\{(\nabla_Z R)(X, Y)\} = 0.$$

증명 $$\mathfrak{S}\{R(T(X, Y), Z)\} = \mathfrak{S}\{R(\nabla_X Y - \nabla_Y X - [X, Y], Z)\}$$
$$= \mathfrak{S}\{R(\nabla_X Y, Z) + R(Z, \nabla_Y X) - R([X, Y], Z)\}$$
$$= \mathfrak{S}\{R(\nabla_Z X, Y) + R(X, \nabla_Z Y) - R([X, Y], Z)\}$$

이고, 식 (6.3)을 이용하면

$$\text{윗식} = \mathfrak{S}\{[\nabla_Z, R(X, Y)] - (\nabla_Z R)(X, Y) - R([X, Y], Z)\}.$$

여기서

$$[\nabla_Z, R(X, Y)] - R([X, Y], Z)$$
$$= [\nabla_Z, [\nabla_X, \nabla_Y] - \nabla_{[X, Y]}] - [\nabla_{[X, Y]}, \nabla_Z] + \nabla_{[[X, Y], Z]}$$
$$= [\nabla_Z, [\nabla_X, \nabla_Y]] + \nabla_{[[X, Y], Z]},$$
$$\mathfrak{S}\{[\nabla_Z, [\nabla_X, \nabla_Y]]\} = 0$$

이므로

$$\mathfrak{S}\{R(T(X, Y), Z)\} = -\mathfrak{S}\{(\nabla_Z R)(X, Y)\}$$

이다. 따라서 식 (6.6)이 성립되고, 특히 $T=0$이면 식 (6.7)도 성립된다. ■

$T=0$일 때, Bianchi 항등식 (6.5) 및 (6.7)을 국소좌표계 x^1, ..., x^n에 관한 성분으로 표기하면 다음과 같다.

$$(6.5)' \qquad R^i_{jkl}+R^i_{klj}+R^i_{ljk}=0,$$

$$(6.6)' \qquad R^i_{jkl:m}+R^i_{jlm:k}+R^i_{jmk:l}=0.$$

단, $R^i_{jkl}:=dx^i\big(R(\partial/\partial x^k,\ \partial/\partial x^l)\partial/\partial x^j\big)$, $R^i_{jkl;m}:=dx^i\Big(\big(\nabla_{(\partial/\partial x^m)}R\big)(\partial/\partial x^k,\ \partial/\partial x^l)\partial/\partial x^j\Big)$.

§7. 사상(mapping)을 따른 공변미분

다양체 W에서 다양체 M으로의 미분가능사상 ϕ가 주어졌다고 하자. 이때, ϕ를 따른 **(미분가능)벡터장**(vector field along ϕ) $\widetilde{X}$이란, W로부터 M의 접벡터번들 TM으로의 미분가능사상

$$\widetilde{X}: W \ni p \ \mapsto \ \widetilde{X}_p \in T_{\phi(p)}M \subset TM$$

이다. 여기서

$$\mathfrak{X}_\phi := \{\widetilde{X} \mid \widetilde{X}\text{는 } W \ni p \mapsto \widetilde{X}_p \in T_{\phi(p)}M \subset TM\text{인 } C^\infty \text{ 사상}\}$$

으로 둔다.

예로써, $W=(a,\ b) \subset R$이고 M상의 C^∞ 곡선 $c:(a,\ b)= W \ni t \ \mapsto \ c(t) \in M$이 주어졌을 때, $c'(t) \in T_{c(t)}M$이고 $c'(t)$는 C^∞ 사상 c를 따른 벡터장이다.

일반적으로, C^∞ 사상 $\phi: W \to M$에 따른 (미분가능)벡터장의 예로 다음 두 경우를 들 수 있다.

1) $X \in \mathfrak{X}(M)$에 대해서

$$\widetilde{X}_p := X_{\phi(p)} \quad (p \in W)$$

로 정의되어진 $\widetilde{X}$는 C^∞ 사상 $\phi: W \to M$에 따른 (미분가능)벡터장이다. 이러한 벡터장 $\widetilde{X}$를 $\widetilde{X} = X \circ \phi$로 표기한다.

2) W상의 벡터장 S에 대해서

$$\widetilde{X}_p := (\phi_*)_p(S_p) \quad (p \in W)$$

로 정의되어진 $\widetilde{X}$는 ϕ에 따른 벡터장이다. 이러한 벡터장 $\widetilde{X}$를 $\widetilde{X} = \phi_* S$로 표기한다.

M상의 C^∞ 곡선 $c:(a,\ b) \to M$에 대한

$$c':(a,\ b) \ni t \ \mapsto \ c'(t) \in T_{c(t)}M \subset TM$$

은 위의 2)의 경우로 $c'(t) = c_*(d/dt)$이다.

이제, $\phi: W \to M$, $S \in \mathfrak{X}(W)$, $\widetilde{X} \in \mathfrak{X}_\phi$, 그리고 M의 선형접속에 의한 공변미분연산을 ∇라 하자. W상의 임의로 주어진 점 p에 대해서, p를 시점으로 하는 S의 적분곡선을 $p_t\ (p_0 = p)$로 하고, $c_t := \phi(p_t)$로 둔다. 이때, c_t는 M의 곡선이고 $\widetilde{X}$를 c_t에 따른 벡터장

$t \to \widetilde{X}_t := \widetilde{X}_{p_t} \in T_{c_t}(M)$으로 간주할 수 있고

$$(7.1) \qquad \left(\widetilde{\nabla}_S \widetilde{X}\right)_p := \lim_{t \to 0} \frac{\tau_0^t\left(\widetilde{X}_t\right) - \widetilde{X}_0}{t}$$

로 정의한다. 여기서, 사상

$$\tau_0^t : T_{c_t}(M) \;\to\; T_{c_0}(M)$$

은 $L(M)$상의 주어진 접속 (M상의 선형접속)에 관한 곡선 c_t를 따른 역방향의 평행이동이다. 식 (7.1)에 의해 정의되어진 사상 $\widetilde{\nabla}$를 사상 ϕ에 따른 **공변미분연산**(covariant differentiation along ϕ)이라 하고, $\widetilde{\nabla}$에 관한 다음 정리를 소개한다.

> **정리 7.1** 사상
>
> $$\widetilde{\nabla} : \mathfrak{X}(W) \times \mathfrak{X}_\phi \ni (S,\ \widetilde{X}) \;\mapsto\; \widetilde{\nabla}_S \widetilde{X} \in \mathfrak{X}_\phi$$
>
> 는, $S,\ S_1,\ S_2 \in \mathfrak{X}(W)$, $\widetilde{X},\ \widetilde{X}_1,\ \widetilde{X}_2 \in \mathfrak{X}_\phi$, $f \in C^\infty(W)$에 대해서, 다음 성질을 갖는다.
>
> 1) $\widetilde{\nabla}_{S_1 + S_2} \widetilde{X} = \widetilde{\nabla}_{S_1} \widetilde{X} + \widetilde{\nabla}_{S_2} \widetilde{X}$, 2) $\widetilde{\nabla}_{fS} \widetilde{X} = f \widetilde{\nabla}_S \widetilde{X}$,
>
> 3) $\widetilde{\nabla}_S\left(\widetilde{X}_1 + \widetilde{X}_2\right) = \widetilde{\nabla}_S \widetilde{X}_1 + \widetilde{\nabla}_S \widetilde{X}_2$, 4) $\widetilde{\nabla}_S\left(f\widetilde{X}\right) = S(f)\widetilde{X} + f\widetilde{\nabla}_S \widetilde{X}$.

증명 W상의 임의로 주어진 점 p에 대해서, $\phi(p)$ $(\in M)$의 좌표근방을 U, U상의 국소좌표계를 $\{x^1,\ \dots,\ x^n\}$, $\phi(V) \subset U$인 p의 W에서의 좌표근방 V를 취한다. 주어진 $\widetilde{X} \in \mathfrak{X}_\phi$는 V상에서

$$(7.2) \qquad \widetilde{X}_q = \sum_{i=1}^n \xi^i(q) \left(\frac{\partial}{\partial x^i}\right)_{\phi(q)} \qquad (q \in V)$$

이고, 각 $\xi^i : V \to R$ $(i = 1,\ \dots,\ n)$은 C^∞함수이다. 시점(starting point)이 주어진 점 p인 $S(\in \mathfrak{X}(W))$의 적분곡선 p_t $(p_0 = p)$를 취할 때, τ_0^t (점 $c_t = \phi(p_t)$로부터 $c_0 = \phi(p_0)$로의 곡선 c_t를 따른 평행이동)를 사용하면

$$\begin{aligned}
\tau_0^t\left(\widetilde{X}_{p_t}\right) - \widetilde{X}_p &= \sum_{i=1}^n \xi^i(p_t)\, \tau_0^t\left(\left(\frac{\partial}{\partial x^i}\right)_{\phi(p_t)}\right) - \sum_{i=1}^n \xi^i(p_0)\left(\frac{\partial}{\partial x^i}\right)_{\phi(p_0)} \\
&= \sum_{i=1}^n \left(\xi^i(p_t) - \xi^i(p_0)\right) \tau_0^t\left(\frac{\partial}{\partial x^i}\right)_{\phi(p_t)} + \sum_{i=1}^n \xi^i(p_0)\left(\tau_0^t\left(\frac{\partial}{\partial x^i}\right)_{\phi(p_t)} - \left(\frac{\partial}{\partial x^i}\right)_{\phi(p_0)}\right)
\end{aligned}$$

이고, 식 (7.1)에 의해

$$(7.3)\qquad \left(\widetilde{\nabla}_S \widetilde{X}\right)_p = \sum_{i=1}^{n} S_p(\xi^i)\left(\frac{\partial}{\partial x^i}\right)_{\phi(p)} + \sum_{i=1}^{n} \xi^i(p)\nabla_{\phi_*(S_p)}\left(\frac{\partial}{\partial x^i}\right)$$

가 얻어진다. 식 (7.3)에 의해

$$\widetilde{\nabla}_S \widetilde{X} \quad (\in \Gamma(E)) \quad \left(E := \phi^{-1}TM := \left\{(p, \widetilde{X}) \mid p \in W,\ \widetilde{X} \in T_{\phi(p)}(M)\right\}\right)$$

가 미분가능이고, 마찬가지로 식 (7.3)에 의해 본 정리의 1) ~ 4)가 만족된다. ■

특별한 경우로, $\phi = c : (-\epsilon, \epsilon) \ni t \mapsto c_t = \phi(t) \in M$는 M상의 C^∞ 곡선이고 곡선 c_t에 따른 C^∞ 벡터장 X $(\in \mathfrak{X}(M))$에 대해서 $\widetilde{\nabla}_{d/dt}\widetilde{X}$ $(\widetilde{X} := X \circ c)$가 정의된다. M의 국소좌표계 $\{x^1, \ldots, x^n\}$에 대해서

$$\widetilde{X}_t := (X \circ c)_t = X_{c_t} = \sum_{i=1}^{n} \xi^i(t)\left(\frac{\partial}{\partial x^i}\right)_{c_t}, \quad c'_t = \sum_{i=1}^{n} \frac{dx^i}{dt}\left(\frac{\partial}{\partial x^i}\right)_{c_t}$$

$$\left(c_t = \left(x^1(c_t), \ldots, x^n(c_t)\right) =: \left(x^1(t), \ldots, x^n(t)\right)\right)$$

일 때, 식 (7.3)으로부터

$$\begin{aligned}\nabla_t X_t = \widetilde{\nabla}_{\frac{d}{dt}} \widetilde{X}_t &= \sum_{k=1}^{n} \frac{d\xi^k}{dt}\left(\frac{\partial}{\partial x^k}\right)_{c_t} + \sum_{j=1}^{n} \xi^j(t)\nabla_{c'(t)}\left(\frac{\partial}{\partial x^j}\right) \\ &= \sum_{k=1}^{n} \frac{d\xi^k}{dt}\left(\frac{\partial}{\partial x^k}\right)_{c_t} + \sum_{k=1}^{n}\sum_{i,j=1}^{n}\left(\frac{dx^i}{dt}\Gamma_{ij}^k(c_t)\,\xi^j(t)\left(\frac{\partial}{\partial x^k}\right)_{c_t}\right).\end{aligned}$$

따라서

$$\begin{aligned}(7.4)\qquad \nabla_t X &= \widetilde{\nabla}_{(d/dt)}(X \circ c) \\ &= \sum_{k=1}^{n}\left\{\frac{d\xi^k}{dt} + \sum_{i,j=1}^{n} \Gamma_{ij}^k\left(x^1(c_t), \ldots, x^n(c_t)\right)\frac{dx^i}{dt}\xi^j(t)\right\}\left(\frac{\partial}{\partial x^k}\right)_{c_t}.\end{aligned}$$

$L(M)$의 접속 (M의 선형접속)에 의해서, 곡선 c_t에 따라서 벡터장 X $(\in \mathfrak{X}(M))$가 평행이면, 식 (7.1)과 (7.4)에 의해 $\nabla_t X = 0$이 된다. 역으로 각 t에 대해서 $\nabla_t X = 0$이라 가정하자. 곡선 c_t의 수평 lift를 v_t, 각 점 v_t에서의 $\widetilde{X}_t$ $\left(= X_{c_t} =: X_t\right)$의 수평 lift를 X_t^*라 하면, §3의 식 (3.2)에 의해

$$\nabla_t X = v_t\left(\frac{d\theta\left(X_t^*\right)}{dt}\right), \quad \theta\left(X_t^*\right) = v_t^{-1}(X_t)$$

이므로 $\theta(X_t^*)$는 constant 벡터$(\in R^n)$이다. 따라서 X $(\in \mathfrak{X}(M))$는 곡선 c_t를 따라서 평행이다. 요약하면 다음 정리를 얻는다.

정리 7.2 M상의 곡선 c_t를 따른 벡터장 $X_{c_t} =: X_t = \sum_{k=1}^{n} \xi^k(t)(\partial/\partial x^k)_{c_t}$가 평행이기 위한 필요충분조건은 $\nabla_t X = 0$이다. 국소좌표계에 관한 X_t의 성분 $\xi^k(t)$가

$$\frac{d\xi^k}{dt} + \sum_{i,j} \Gamma^k_{ij}(c_t) \frac{dx^i(c_t)}{dt} \xi^j(t) = 0 \quad (1 \le k \le n)$$

을 만족하는 것이, $X(\in \mathfrak{X}(M))$가 곡선 c_t를 따라서 평행일 필요충분조건이다.

아래 정리 7.4의 증명을 위하여, $L(M)$상의 접속에 의한 평행성을 이용하여 다음 보제를 얻는다.

보제 7.3 c_t $(-\epsilon < t < \epsilon)$는 M상의 C^∞ 곡선, $v_t := (Y_1(t) \cdots Y_n(t))$ $(-\epsilon < t < \epsilon)$는 $\pi(v_t) = c_t$인 $L(M)$상의 C^∞ 곡선이라 하자. 이때, 다음 (i), (ii)는 동치이다 :

(i) 각 $Y_i(t)$ $(-\epsilon < t < \epsilon)$는 곡선 c_t를 따라 평행이다 ;

(ii) v_t $(-\epsilon < t < \epsilon)$는 v_0를 지나는 곡선 c_t의 수평 lift이다.

정리 7.4 다양체 M상에 §3 정리 3.2의 4조건을 만족하는 사상

$$\mathfrak{X}(M) \times \mathfrak{X}(M) \ni (X, Y) \rightarrow \nabla_X Y \in \mathfrak{X}(M)$$

이 주어져 있으면, 이 사상을 공변미분연산으로 하는 M의 선형접속($L(M)$상의 접속)이 유일하게 존재한다.

증명 편의상 $L(M) =: P$, $GL(n, R) =: G$로 둔다. Γ^k_{ij}와 $\widetilde{\Gamma}^k_{ij}$를 각기 좌표근방 U, V $(\varnothing \ne U \cap V \subset M)$ 상에서 정의된 국소좌표계 $\{x^1, \ldots, x^n\}$, $\{y^1, \ldots, y^n\}$에 관한 접속계수(Christoffel's symbol)라 하자. 이때

$$\widetilde{\Gamma}^k_{ij} = \sum_{l,s,h} \frac{\partial y^k}{\partial x^l} \frac{\partial x^s}{\partial y^i} \frac{\partial x^h}{\partial y^j} \Gamma^l_{sh} + \sum_l \frac{\partial^2 x^l}{\partial y^i \partial y^j} \frac{\partial y^k}{\partial x^l}. \tag{7.5}$$

여기서, $\omega \in \pi^{-1}(U \cap V)$ $(\subset P)$에 대해서

$$\omega = \left(\frac{\partial}{\partial x^1} \cdots \frac{\partial}{\partial x^n}\right)_{\pi(\omega)} \left[a^i_j(\pi(\omega))\right]_{i,j} = \left(\frac{\partial}{\partial y^1} \cdots \frac{\partial}{\partial y^n}\right)_{\pi(\omega)} \left[b^i_j(\pi(\omega))\right]_{i,j} \tag{7.6}$$

이므로, $\pi^{-1}(U \cap V)$상에서 국소좌표계

$$\left(x^1, \ldots, x^n, a^1_1, \ldots, a^n_n\right), \quad \left(y^1, \ldots, y^n, b^1_1, \ldots, b^n_n\right) \tag{7.7}$$

를 얻을 수 있다. $U \cap V$상에서, 임의로 점 p를 취한다. $X \in T_pM$일 때

$$X = \sum_i \xi^i \left(\frac{\partial}{\partial x^i}\right)_p = \sum_i \eta^i \left(\frac{\partial}{\partial y^i}\right)_p \qquad (\xi^i, \eta^i \in R)$$

이고

$$\eta^i = \sum_j \xi^j \left(\frac{\partial y^i}{\partial x^j}\right)_p \in R. \tag{7.8}$$

$\pi(u) = p$인 점 $u(\in P)$에서 X의 수평 lift를 구하자. c_t $(-\epsilon < t < \epsilon)$를 다음 조건을 만족하는 X의 적분곡선이라 하자 :

$$c_0 = p = \pi(u), \quad \left(x^1(c_t), \ldots, x^n(c_t)\right) = \left(\xi^1 t, \ldots, \xi^n t\right) \quad (-\epsilon < t < \epsilon). \tag{7.9}$$

그리고 u_t $(-\epsilon < t < \epsilon)$를 초기조건 $u_0 = u$를 만족하는 c_t의 수평 lift라 하고, $u_t =: \left(X_1(t) \cdots X_n(t)\right)$로 둔다. 이때, 각 $t \in (-\epsilon, \epsilon)$에 대해서

$$\begin{aligned} u_t = \left(X_1(t) \cdots X_n(t)\right) &= \left(\frac{\partial}{\partial x^1} \cdots \frac{\partial}{\partial x^n}\right)_{c_t} \left[a^i_j(u_t)\right]_{i,j} \\ &= \left(\frac{\partial}{\partial y^1} \cdots \frac{\partial}{\partial y^n}\right)_{c_t} \left[b^i_j(u_t)\right]_{i,j}. \end{aligned} \tag{7.10}$$

식 (7.6)에 의해, $\pi^{-1}(U \cap V)$상에서

$$b^i_j = \sum_l \frac{\partial y^i}{\partial x^l} a^l_j, \quad a^i_j = \sum_l \frac{\partial x^i}{\partial y^l} b^l_j. \tag{7.11}$$

한편, u_t $(-\epsilon < t < \epsilon)$는 M상의 곡선 c_t의 수평 lift이므로, 보제 7.3에 의해

$$\widetilde{\nabla}_{(d/dt)} X_j(t) = \sum_i \widetilde{\nabla}_{(d/dt)} a^i_j(u_t) \left(\frac{\partial}{\partial x^i}\right)_{c_t} \tag{7.12}$$

$$= \sum_i \left\{ \frac{da^i_j}{dt} + \sum_{k,l} \xi^l a^k{}_j(u_t) \Gamma^i{}_{lk}(c_k) \right\} \left(\frac{\partial}{\partial x^i} \right)_{c_t}$$

$$= 0.$$

따라서 $X = \sum_i \xi^i (\partial/\partial x^i)_p$의 수평 lift $X^* \in T_u P$는 다음과 같다 :

$$X^* = \sum_i \xi^i \left(\frac{\partial}{\partial x^i} \right)_u - \sum_{k,j,i,l} \xi^i a^l{}_j(u) \Gamma^k_{il}(p) \left(\frac{\partial}{\partial a^k_j} \right)_u . \tag{7.13}$$

식 (7.6), (7.11)에 의해

$$\frac{\partial}{\partial x^k} = \sum_i \frac{\partial y^i}{\partial x^k} \frac{\partial}{\partial y^i} + \sum_{h,i,l} a^h{}_l \frac{\partial^2 y^i}{\partial x^k \partial x^h} \frac{\partial}{\partial b^i{}_l}, \quad \frac{\partial}{\partial a^s{}_j} = \sum_i \frac{\partial y^i}{\partial x^s} \frac{\partial}{\partial b^i{}_j}, \tag{7.14}$$

$$dx^i = \sum_j \frac{\partial x^i}{\partial y^j} dy^j, \quad da^i_j = \sum_{k,l} \frac{\partial^2 x^i}{\partial y^k \partial y^l} b^l{}_j dy^k + \sum_l \frac{\partial x^i}{\partial y^l} db^l{}_j,$$

$$\frac{\partial}{\partial y^k} = \sum_i \frac{\partial x^i}{\partial y^k} \frac{\partial}{\partial x^i} + \sum_{h,i,l} b^h{}_l \frac{\partial^2 x^i}{\partial y^k \partial y^h} \frac{\partial}{\partial a^i{}_l}, \quad \frac{\partial}{\partial b^s{}_j} = \sum_i \frac{\partial x^i}{\partial y^s} \frac{\partial}{\partial a^i{}_j},$$

$$dy^i = \sum_j \frac{\partial y^i}{\partial x^j} dx^j, \quad db^i{}_j = \sum_{k,l} \frac{\partial^2 y^i}{\partial x^k \partial x^l} a^l{}_j dx^k + \sum_l \frac{\partial y^i}{\partial x^l} da^l{}_j.$$

식 (7.5), (7.8), (7.11), (7.13) 및 (7.14)에 의해

$$\begin{aligned} X^* &= \sum_i \xi^i \left(\frac{\partial}{\partial x^i} \right)_u - \sum_{k,j,i,l} \xi^i a^l_j(u) \Gamma^k_{il}(p) \left(\frac{\partial}{\partial a^k_j} \right)_u \\ &= \sum_i \eta^i \left(\frac{\partial}{\partial y^i} \right)_u - \sum_{k,j,i,l} \eta^i b^l_j(u) \widetilde{\Gamma}^k_{il}(p) \left(\frac{\partial}{\partial b^k_j} \right)_u . \end{aligned} \tag{7.15}$$

식 (7.15)에 의해, $X \in T_p M$의 u $(\pi(u) = p)$에서의 수평 lift가 u $(\in L(M))$ 주위의 국소좌표계의 선택에 독립임을 알 수 있다. 따라서 점 u에서 $T_u P$의 수평부분공간 Q_u는 다음과 같이 결정된다 :

$$Q_u = \left\{ \sum_i \xi^i \left(\frac{\partial}{\partial x^i} \right)_u - \sum_{k,j,i,l} \xi^i a^l_j(u) \Gamma^k_{il}(p) \left(\frac{\partial}{\partial a^k_j} \right)_u \,\middle|\, \text{각 } \xi^i \in R \ (i = 1, \dots, n) \right\}. \tag{7.16}$$

식 (7.16)의 Q_u $(u \in L(M))$에 대해서 $(R_g)_*(Q_u) = Q_{ug}$ $(g = [g_{ij}]_{i,j} \in GL(n, R))$. 실제,

$$(R_g)_* \left(\frac{\partial}{\partial x^i} \right)_u = \left(\frac{\partial}{\partial x^i} \right)_{ug}, \quad a^l{}_j(ug) = \sum_{s=1}^n a^l{}_s(u) g_{sj},$$

$$(R_g)_*\left(\frac{\partial}{\partial a^k_j}\right)_u = \sum_{s=1}^{n} g_{js}\left(\frac{\partial}{\partial a^k_s}\right)_{ug}$$

이므로 $(R_g)_*(Q_u)= Q_{ug}$ $(u\in L(M),\ g\in GL(n,\ R))$가 성립된다.

이제, $GL(n,\ R)$의 Lie대수 $\mathfrak{gl}(n,\ R)$의 원으로 $(k,\ j)$성분이 1이고, 다른 성분들은 모두 0인 행렬을 E^j_k로 두고, $\pi^{-1}(U\cap V)$ $(\subset L(M))$상의 국소좌표계

$$\left(x^1,\ \ldots,\ x^n,\ a^1_1,\ \ldots,\ a^n_n\right),\quad \left(y^1,\ \ldots,\ y^n,\ b^1_1,\ \ldots,\ b^n_n\right)$$

에 관한

$$\left[a^i_j\right]_{i,j} =: A,\ A^{-1} =: C =: \left[c^i_j\right]_{i,j},\ \left[b^i_j\right]_{i,j} =: B,\ B^{-1} =: D =: \left[d^i_j\right]_{i,j}$$

로 둔다. 여기서, $\pi^{-1}(U)$상에

$$\omega^k_j := \sum_m c^k_m\left(da^m_j + \sum_{i,l}\Gamma^m_{il}\, a^l_j dx^i\right)$$

로 두면, 식 (7.5), (7.11) 및 (7.14)에 의해 $\pi^{-1}(U\cap V)$ $(\subset L(M))$상에서

(7.17) $$\omega^k_j = \sum_m c^k_m\left(da^m_j + \sum_{i,l}\Gamma^m_{il}\, a^l_j dx^i\right) = \sum_m d^k_m\left(db^m_j + \sum_{i,l}\widetilde{\Gamma}^m_{il}\, b^l_j dy^i\right).$$

식 (7.17)은 ω^k_j의 정의가 국소좌표계의 선택에 독립임을 의미한다. 한편

$$\omega := \sum_{k,j}\omega^k_j E^j_k = \left[\omega^k_j\right]_{k,j}$$

로 두면, 식 (7.16)과 (7.17)에 의해 $\omega_u(X) = 0$ $(X\in Q_u)$. 더욱이, $\left(R_g^*\,\omega\right) = Ad\left(g^{-1}\right)\omega$. 실제, $g =: \left[g_{ij}\right]_{i,j}\in GL(n,\ R)$에 대해서 $g^{-1} =: h =: \left[h_{ij}\right]_{i,j}$로 두면

$$\left((R_g)^*\left(\sum_m c^k_m da^m_j\right)\right)_u\left(\left(\frac{\partial}{\partial a^s_t}\right)_u\right) = \sum_m c^k_m(ug)\left(da^m_j\right)_{ug}\left(\sum_l g_{tl}\left(\frac{\partial}{\partial a^s_l}\right)_{ug}\right) = c^k_s(ug)g_{tj},$$

$$\left(R_g^*\left(\sum_{m,i,l} c^k_m\Gamma^m_{il}\, a^l_j dx^i\right)\right)_u\left(\frac{\partial}{\partial x^s}\right)_u = \sum_{m,i,l} c^k_m(ug)\,\Gamma^m_{sl}\, a^l_j(ug),$$

$$a^l_j(ug) = \sum_r a^l_r(u)g_{rj},\quad c^k_s(ug) = \sum_r h_{kr}\, c^r_s(u)$$

이므로

$$\begin{aligned} R_g^*(\omega_u) &= \left[\sum_{r,t} h_{kr}\left\{\sum_m c^r_m(u)\left(\left(da^m_t\right)_u + \sum_{s,l}\Gamma^m_{sl} a^l_t(u)\left(dx^s\right)_u\right)\right\}g_{tj}\right]_{k,j} \\ &= Ad\left(g^{-1}\right)\omega_u . \end{aligned}$$

따라서 $\omega := \left[\omega^k_j\right]_{k,j}$는 $L(M)$상의 접속, 즉 M상의 선형접속, Q (식 (7.16)에서 주어진 $L(M)$상의 분포(distribution))에 의한 $L(M)$상의 접속형식이다. ■

$U(\subset M)$상의 곡선 $c(t)$

$$\begin{aligned}&\left(x^1(c(t)),\ \ldots,\ x^j(c(t)),\ \ldots,\ x^n(c(t))\right)\\&\quad=\left(x^1(c(0)),\ \ldots,\ x^{j-1}(c(0)),\ x^j(c(0))+t,\ x^{j+1}(c(0)),\ \ldots,\ x^n(c(0))\right)\end{aligned}$$

의 $\pi^{-1}(U)(\subset L(M))$상의 lift $u(t)$를

$$u(t)=\left(X_1(t)\cdots X_n(t)\right)=\left(\frac{\partial}{\partial x^1}\cdots\frac{\partial}{\partial x^n}\right)_{c(t)}\left[a^i_j(t)\right]_{i,j}\quad (u(0)=u,\pi(u)=p)$$

로 두면

$$\left(\frac{\partial}{\partial x^i}\right)_{c(t)}=u(t)\left[c^k_l(t)\right]_{k,l}e_i,\quad \left(\frac{\partial}{\partial x^i}\right)_{c(0)}=u(0)\left[c^k_l(0)\right]_{k,l}e_i,$$

여기서 $\left[a^i_j(t)\right]_{i,j}=:A(t),\ A(t)^{-1}=:\left[c^k_l(t)\right]_{k,l}$. 이때

$$\tau^t_0\left(\left(\frac{\partial}{\partial x^i}\right)_{c(t)}\right)=u(0)\left[c^k_l(t)\right]_{k,l}e_i,\quad \left(\frac{\partial}{\partial x^i}\right)_{c(0)}=u(0)\left[c^k_l(0)\right]_{k,l}e_i.$$

따라서 $\left(\nabla_{(\partial/\partial x^j)}(\partial/\partial x^i)\right)_p=\lim_{t\to 0}u(0)\left[\left(dc^k_l(t)/dt\right)_{t=0}\right]_{k,l}e_i$. 한편, 보제 7.3에 의해 $X_l(t)$는 $c(t)$를 따라서 평행이므로

$$\frac{da^k_l(t)}{dt}=-\sum_{s=1}^n\Gamma^k_{js}(c(t))\,a^s_l(t).$$

이 식으로부터, $A(t)=[a^k_l(t)]_{k,l}$은 $C(t)=[c^k_l(t)]_{k,l}$의 역행렬이므로

$$\frac{dc^k_l(t)}{dt}=\sum_{s=1}^n c^k_s(t)\Gamma^s_{jl}(c(t)).$$

이제, U상의 절단

$$\sigma_U: U\ni q\ \mapsto\ \sigma_U(q):=\left(\frac{\partial}{\partial x^1}\cdots\frac{\partial}{\partial x^n}\right)_q\in\pi^{-1}(U)\subset L(M)$$

의 점 $p(=\pi(u))$에서의 값

$$\sigma_U(p)=\left(\frac{\partial}{\partial x^1}\cdots\frac{\partial}{\partial x^n}\right)_p=:u(0)=\left(X_1(0)\cdots X_n(0)\right)=u$$

로 두면 $a^i_j(0) = c^i_j(0) = \delta^i_j$. 결국

$$\left(\nabla_{(\partial/\partial x^j)} \frac{\partial}{\partial x^i}\right)_p = \sum_{k=1}^{n} \Gamma^k_{ji}(p)\left(\frac{\partial}{\partial x^k}\right)_p.$$

여기서, 이 공변미분은 $\pi^{-1}(p)$의 원 u의 선택에 독립이다.

지금까지 상술한 바에 의해 정리 3.2의 4조건을 만족하는 ∇로부터 $L(M)$상에 유일한 선형접속이 정의되므로, $L(M)$상의 선형접속에 관련된 것들을 일체 생각하지 말고, 사상

$$\nabla : \mathfrak{X}(M) \times \mathfrak{X}(M) \rightarrow \mathfrak{X}(M)$$

이 §3의 정리 3.2의 4조건을 만족할 때, 사상 ∇를 M상의 선형접속이라고 말할 수 있다. 이러한 $\mathfrak{X}(M)$상의 연산으로 $\phi: W \to M$에 따른 사상

$$\mathfrak{X}(W) \times \mathfrak{X}_\phi \rightarrow \mathfrak{X}_\phi \quad (\mathfrak{X}_\phi := \{\widetilde{X} \mid \widetilde{X}: W \ni q \mapsto \widetilde{X}_q \in T_{\phi(q)}M \text{인 } C^\infty \text{ 사상}\}$$

이 정리 7.1의 성질을 만족하게 정의할 수 있으며, 특히 M상의 곡선에 따른 공변미분연산 $X \to \widetilde{\nabla}_{\partial/\partial t}X =: \nabla_t X$가 정의될 수 있음은 명백하다. 따라서 곡선 c_t에 따른 벡터장 $X = X_t$는 $\nabla_t X = 0$일 때 곡선 c_t에 따라 평행이라고 정의할 수 있다.

∇를 M상의 선형접속, $\phi: W \to M$을 C^∞ 사상이라 하자. ϕ에 의한 기저다양체 W상의 유도번들

$$\phi^{-1}TM := \{(p,\ X) \mid p \in W,\ X \in T_{\phi(p)}(M)\}$$

상에, ϕ와 ∇에 의해 유도된 접속 $\widetilde{\nabla}$에 관하여 다음 정리가 주어진다.

정리 7.5 $S_1,\ S_2 \in \mathfrak{X}(W)$, $X \in \mathfrak{X}_\phi$일 때

1) $\widetilde{\nabla}_{S_1}\phi_*(S_2) - \widetilde{\nabla}_{S_2}\phi_*(S_1) - \phi_*([S_1,\ S_2]) = T(\phi_* S_1,\ \phi_* S_2) \in \mathfrak{X}_\phi$,

2) $\widetilde{\nabla}_{S_1}\widetilde{\nabla}_{S_2}X - \widetilde{\nabla}_{S_2}\widetilde{\nabla}_{S_1}X - \widetilde{\nabla}_{[S_1,\ S_2]}X = R^\nabla(\phi_* S_1,\ \phi_* S_2)X \in \mathfrak{X}_\phi$.

여기서, $W \ni q \mapsto (T(\phi_* S_1,\ \phi_* S_2))(q) := T_{\phi(q)}(\phi_*(S_1)_q,\ \phi_*(S_2)_q) \in T_{\phi(q)}M$,

$W \ni q \mapsto (R^\nabla(\phi_* S_1,\ \phi_* S_2)X)(q) := R^\nabla_{\phi(q)}(\phi_*(S_1)_q,\ \phi_*(S_2)_q)X_q \in T_{\phi(q)}M$.

증명 W의 점 p의 근방 V로 $\phi(V)$가 국소좌표계 $\{x^1,\ \ldots,\ x^n\}$을 갖는 M의 근방에 포함되어지는 $V(\subset W)$상에서 증명하면 충분하다.

$$\phi_*(S_1)=\sum_{i=1}^{n}\varphi^i\left(\frac{\partial}{\partial x^i}\circ\phi\right),\quad \phi_*(S_2)=\sum_{i=1}^{n}\psi^i\left(\frac{\partial}{\partial x^i}\circ\phi\right)\quad (\text{각 } \varphi^i,\ \psi^i\in C^\infty(W))$$

로 두면

$$\begin{aligned}\left(\widetilde{\nabla}_{S_1}\phi_*(S_2)\right)_p &= \sum_{i=1}^{n}\left(S_1\psi^i\right)_p\left(\frac{\partial}{\partial x^i}\right)_{\phi(p)}+\sum_{i=1}^{n}\psi^i(p)\nabla_{\phi_*(S_1)_p}\frac{\partial}{\partial x^i}\\ &= \sum_{i=1}^{n}\left(S_1\psi^i\right)_p\left(\frac{\partial}{\partial x^i}\right)_{\phi(p)}+\sum_{i,j=1}^{n}\psi^i(p)\varphi^j(p)\nabla_{(\partial/\partial x^j)_{\phi(p)}}\frac{\partial}{\partial x^i}.\end{aligned}$$

마찬가지로

$$\left(\widetilde{\nabla}_{S_2}\phi_*(S_1)\right)_p=\sum_{i=1}^{n}\left(S_2\varphi^i\right)_p\left(\frac{\partial}{\partial x^i}\right)_{\phi(p)}+\sum_{i,j=1}^{n}\varphi^i(p)\psi^j(p)\nabla_{(\partial/\partial x^j)_{\phi(p)}}\frac{\partial}{\partial x^i}.$$

더욱이

$$\begin{aligned}\left(\phi_*[S_1,\ S_2]_p\right)(x^k) &= [S_1,\ S_2]_p(x^k\circ\phi)\\ &= (S_1)_p\left(S_2(x^k\circ\phi)\right)-(S_2)_p\left(S_1(x^k\circ\phi)\right)\\ &= (S_1)_p\psi^k-(S_2)_p\varphi^k\end{aligned}$$

이므로

$$\phi_*\left([S_1,\ S_2]_p\right)=\sum_{k=1}^{n}\left\{(S_1)_p\psi^k-(S_2)_p\varphi^k\right\}\left(\frac{\partial}{\partial x^k}\right)_{\phi(p)}.$$

따라서

$$\begin{aligned}&\left(\widetilde{\nabla}_{S_1}\phi_*(S_2)-\widetilde{\nabla}_{S_2}\phi_*(S_1)-\phi_*\left([S_1,\ S_2]\right)\right)(p)\\ &=\sum_{i,j}^{n}\varphi^i(p)\psi^j(p)\left(\nabla_{(\partial/\partial x^i)_{\phi(p)}}\frac{\partial}{\partial x^j}-\nabla_{(\partial/\partial x^j)_{\phi(p)}}\frac{\partial}{\partial x^i}\right)\\ &=\sum_{i,j}^{n}\varphi^i(p)\psi^j(p)\,T^{\nabla}_{\phi(p)}\left(\frac{\partial}{\partial x^i},\ \frac{\partial}{\partial x^j}\right)\\ &=T^{\nabla}_{\phi(p)}\left(\phi_*(S_1)_p,\ \phi_*(S_2)_p\right).\end{aligned}$$

$X(\in\mathfrak{X}_\phi)$를 $V(\subset W)$상에서 $X=\sum_{i=1}^{n}\xi^i\left(\frac{\partial}{\partial x^i}\circ\phi\right)$ $(\xi^i\in C^\infty(V))$로 두면

$$\widetilde{\nabla}_{S_2}X=\sum_{i=1}^{n}\left\{\left(S_2\xi^i\right)\left(\frac{\partial}{\partial x^i}\circ\phi\right)+\sum_{j=1}^{n}\xi^i\psi^j\left(\nabla_{(\partial/\partial x^j)}\frac{\partial}{\partial x^i}\circ\phi\right)\right\},$$

$$\widetilde{\nabla}_{S_1}\widetilde{\nabla}_{S_2}X=\sum_{i=1}^{n}\left[S_1\left(S_2\xi^i\right)\left(\frac{\partial}{\partial x^i}\circ\phi\right)+\left(S_2\xi^i\right)\sum_{j=1}^{n}\varphi^j\left(\nabla_{(\partial/\partial x^j)}\frac{\partial}{\partial x^i}\circ\phi\right)\right.$$

$$+\sum_{j=1}^{n}\left\{S_1(\xi^i\psi^j)\left(\nabla_{(\partial/\partial x^j)}\frac{\partial}{\partial x^i}\circ\phi\right)+\xi^i\psi^j\sum_{k=1}^{n}\varphi^k\left(\nabla_{(\partial/\partial x^k)}\nabla_{(\partial/\partial x^j)}\frac{\partial}{\partial x^i}\circ\phi\right)\right\}\Bigg].$$

마찬가지로

$$\widetilde{\nabla}_{S_2}\widetilde{\nabla}_{S_1}X=\sum_{i=1}^{n}\Bigg[S_2\left(S_1\xi^i\right)\left(\frac{\partial}{\partial x^i}\circ\phi\right)+\left(S_1\xi^i\right)\sum_{j=1}^{n}\psi^j\left(\nabla_{(\partial/\partial x^j)}\frac{\partial}{\partial x^i}\circ\phi\right)$$

$$+\sum_{j=1}^{n}\left\{S_2(\xi^i\varphi^j)\left(\nabla_{(\partial/\partial x^j)}\frac{\partial}{\partial x^i}\circ\phi\right)+\xi^i\varphi^j\sum_{k=1}^{n}\psi^k\left(\nabla_{(\partial/\partial x^k)}\nabla_{(\partial/\partial x^j)}\frac{\partial}{\partial x^i}\circ\phi\right)\right\}\Bigg].$$

더욱이

$$\widetilde{\nabla}_{[S_1,S_2]}X$$

$$=\sum_{i=1}^{n}\left\{\left([S_1,\ S_2]\xi^i\right)\left(\frac{\partial}{\partial x^i}\circ\phi\right)+\sum_{k=1}^{n}(S_1\psi^i-S_2\varphi^i)\xi^k\left(\nabla_{(\partial/\partial x^i)}\frac{\partial}{\partial x^k}\circ\phi\right)\right\}.$$

따라서

$$\widetilde{\nabla}_{S_1}\widetilde{\nabla}_{S_2}X-\widetilde{\nabla}_{S_2}\widetilde{\nabla}_{S_1}-\widetilde{\nabla}_{[S_1,\ S_2]}X$$

$$=\sum_{i,j,k=1}^{n}\varphi^i\psi^j\xi^k\left(\nabla_{(\partial/\partial x^i)}\nabla_{(\partial/\partial x^j)}\frac{\partial}{\partial x^k}\circ\phi-\nabla_{(\partial/\partial x^j)}\nabla_{(\partial/\partial x^i)}\frac{\partial}{\partial x^k}\circ\phi\right)$$

$$=\sum_{i,j,k=1}^{n}\varphi^i\psi^j\xi^k\left(R^{\nabla}\left(\frac{\partial}{\partial x^i},\ \frac{\partial}{\partial x^j}\right)\frac{\partial}{\partial x^k}\circ\phi\right)=R^{\nabla}(\phi_*S_1,\ \phi_*S_2)X.$$ ■

정리 7.5로부터 직관적으로 다음 성질들이 성립함을 알 수 있다.

우선 M의 선형접속 ∇의 열률텐서장 T가 0이라고 가정하자. 간단하게 표기하기 위해, R^2의 개부분집합 W로부터 M으로의 C^∞ 사상

$$\phi:\ W\ni(s,\ t)\ \mapsto\ \phi(s,\ t)\in M$$

이 주어졌다고 하자. 좌표계 $\{s,\ t\}$에 관한 벡터장 $\partial/\partial s,\partial/\partial t$에 대해서 정리 7.5의 1)에 의해

$$\widetilde{\nabla}_{(\partial/\partial s)}\phi_*\left(\frac{\partial}{\partial t}\right)=\widetilde{\nabla}_{(\partial/\partial t)}\phi_*\left(\frac{\partial}{\partial s}\right)\tag{7.18}$$

가 성립한다. 이 식을 국소적으로 M의 접속 ∇의 접속계수로 나타내기 위해서, 우선 M의 국소좌표계 $\{x^1,\ \dots,\ x^n\}$에 관하여 $x^i\circ\phi=:\phi^i$로 두면

$$\phi_*\left(\frac{\partial}{\partial t}\right)=\sum_{i=1}^{n}\left(\frac{\partial\phi^i}{\partial t}\right)\left(\frac{\partial}{\partial x^i}\right),\quad \phi_*\left(\frac{\partial}{\partial s}\right)=\sum_{i=1}^{n}\left(\frac{\partial\phi^i}{\partial s}\right)\left(\frac{\partial}{\partial x^i}\right).$$

따라서 식 (7.18)은 다음 식으로 변형되고, 다음 식은 M의 열률텐서장 $T^{\nabla}=0$(가정)이므로 자명하다.

$$\sum_{i=1}^{n}\left(\frac{\partial^2\phi^i}{\partial s\partial t}+\sum_{k,j=1}^{n}\frac{\partial\phi^k}{\partial s}\frac{\partial\phi^j}{\partial t}\Gamma^i_{kj}\right)\frac{\partial}{\partial x^i}=\sum_{i=1}^{n}\left(\frac{\partial^2\phi^i}{\partial t\partial s}+\sum_{k,j=1}^{n}\frac{\partial\phi^j}{\partial t}\frac{\partial\phi^k}{\partial s}\Gamma^i_{jk}\right)\frac{\partial}{\partial x^i}.$$

더욱이, M상의 곡률텐서장이 0 이면, 정리 7.5의 2)에 의해

$$\widetilde{\nabla}_{(\partial/\partial s)}\widetilde{\nabla}_{(\partial/\partial t)}X-\widetilde{\nabla}_{(\partial/\partial t)}\widetilde{\nabla}_{(\partial/\partial s)}X=0 \qquad (X\in\mathfrak{X}_{\phi}).$$

M이 특히 R일 때는 $\phi_*(\partial/\partial t)=\partial\phi/\partial t$, $\widetilde{\nabla}_{(\partial/\partial s)}\phi_*(\partial/\partial t)=(\partial/\partial s)(\partial\phi/\partial t)$이므로, 정리 7.5의 1)식은

$$\frac{\partial}{\partial s}\left(\frac{\partial\phi}{\partial t}\right)=\frac{\partial}{\partial t}\left(\frac{\partial\phi}{\partial s}\right)$$

임을 의미한다.

§5의 관점에서 유도번들상의 유도접속에 대한 열률장과 곡률장에 관하여 소개한다.

두 C^{∞} 다양체 M, N 간의 C^{∞} 사상 $\phi: M\to N$, N $(\dim N=n)$상의 프레임번들 $L(N)$, $L(N)$으로부터 ϕ에 의한 유도번들(induced principal bundle)

$$Q:=\phi^{-1}(L(N)):=\{(u,x)\in L(N)\times M \mid x\in M,\ \pi(u)=\phi(x)\},$$

여기서 $\pi: L(N)\ni u\ \mapsto\ \pi(u)\in N$, $\tilde{\pi}: Q\ni(u,x)\ \mapsto\ \tilde{\pi}(u,x)=x\in M$,

$$(u,x)g=(ug,x)\quad \big((u,x)\in Q=\phi^{-1}(L(N)),\ g\in GL(n,R)\big),$$
$$\tilde{\phi}: Q\ni(u,x)\ \mapsto\ \tilde{\phi}(u,x)=u\in L(N).$$

위 사상 $\tilde{\phi}$는 M상의 주파이버번들 $Q\ (=\phi^{-1}(L(N)))$와 N상의 프레임번들 $L(N)$간의 (군준동형사상으로 $GL(n,R)$의 항등변환을 동반하는) 준동형사상(homomorphism between principal fibre bundles)이다. 이때, $\pi\circ\tilde{\phi}=\phi\circ\tilde{\pi}$가 성립한다.

ω와 θ를 각기 $L(N)$상의 접속형식(connection form)과 표준형식(canonical form)이라 하고

$$\tilde{\phi}^*\omega=:\tilde{\omega},\quad \tilde{\phi}^*\theta=:\tilde{\theta}$$

로 둔다. $A\in\mathfrak{gl}(n,R)$ $(\dim N=n)$에 대해서, $\widetilde{A}^{\#}$와 $A^{\#}$를 Q와 $L(N)$상에 A에 대응하는 기본벡터장(fundamental vector field)이라 하자. 이때, $g\in GL(n,R)$, $(u,x)\in Q$, $W\in\mathfrak{X}(Q)$에 대해서

$$\tilde{\omega}(\widetilde{A}^{\#}) = \omega(\tilde{\phi}_* \widetilde{A}^{\#}) = \omega(A^{\#}) = A,$$
$$(R_g^* \tilde{\omega})(\widetilde{A}^{\#}) = \omega(\tilde{\phi}_*(R_{g*} \widetilde{A}^{\#})) = \omega(R_{g*}(\tilde{\phi}_* \widetilde{A}^{\#}))$$
$$= (Ad(g^{-1}) \circ \tilde{\omega})(\widetilde{A}^{\#})$$

이고, $Q = \phi^{-1}(L(N))$의 구성으로부터 $W \in \mathfrak{X}(Q)$이면

$$\tilde{\pi}_*(W) = \tilde{\pi}_*(\widetilde{X}^*, X) = X \in \mathfrak{X}(M)$$

($\widetilde{X}^*$는 $\widetilde{X} = \phi_*(X) \in \mathfrak{X}_\phi$의 $L(N)$상의 접속형식 ω에 관한 수평 lift)인 X ($\in \mathfrak{X}(M)$)가 존재한다. 따라서

$$(\tilde{\theta}(W))((u, x)g) = \theta_{ug}(\tilde{\phi}_*(W_{(ug, x)})) = \theta_{ug}(\tilde{\phi}_*(\tilde{h} W_{(ug, x)}))$$
$$= \theta_{ug}((\tilde{\phi}_* \circ R_{g*})(\tilde{h} W_{(u, x)})) = \theta_{ug}((R_{g*} \circ \tilde{\phi}_*)(\tilde{h} W_{(u, x)}))$$
$$= g^{-1}\theta_u(\tilde{\phi}_*(\tilde{h} W_{(u, x)})) = g^{-1}((\tilde{\theta}(W))(u, x)).$$

여기서, $\tilde{h}W$ ($W \in \mathfrak{X}(Q)$)는 $\phi^{-1}(L(N))$상의 접속형식 $\tilde{\omega}$에 관한 수평성분이다. $\tilde{\omega}$가 $\phi^{-1}(L(N))$상의 접속임은 위의 첫 번째, 두 번째 식으로부터 명백하다. 더욱이, 위 세 번째 식으로부터 $\tilde{\theta}(W)$ ($\in C^\infty(Q, R^n)$)는 $\Gamma(M, \phi^{-1}(TN))$의 원에 대응한다. 여기서

$$\phi^{-1}(TN) := \{(\widetilde{X}, x) \mid x \in M, \widetilde{X} \in T_{\phi(x)}N\} = \phi^{-1}(L(N)) \times_{GL(n, R)} R^n$$

은 N상의 접벡터번들 TN으로부터 사상 ϕ에 의한 M상의 유도벡터번들(induced vector bundle)이다. $X \in \mathfrak{X}(M)$, $\phi_* X = \widetilde{X} \in \mathfrak{X}_\phi$

$$\mathfrak{X}_\phi := \{\sigma \mid \sigma: M \to TN \ \ (x \in M, \sigma(x) \in T_{\phi(x)}N)\text{은 } C^\infty \text{ 사상}\}$$

일 때, $X(\in \mathfrak{X}(M))$의 (접속형식 $\tilde{\omega}$에 의한) $\phi^{-1}(L(N))$으로의 수평 lift X^*는

$$X^* = (\widetilde{X}^*, X) \in \mathfrak{X}(Q).$$

여기서, $\widetilde{X}^*$는 $\widetilde{X}$ $(= \phi_* X)$의 (접속형식 ω에 의한) $L(N)$으로의 수평 lift이다. 2장 §9의 보제 9.1의 관점에서 $\tilde{\theta}(X^*)$ ($\in C^\infty(Q, R^n)$)는 $\phi_* X$ ($\in \Gamma(M, \phi^{-1}TN)$)에 대응된다. $\varphi \in \Gamma(M, \phi^{-1}TN)$에 대해서, $\phi^{-1}(L(N))$상의 접속 $\tilde{\omega}$에 의한, X ($\in \mathfrak{X}(M)$) 방향으로의 φ의 공변미분을 $\widetilde{\nabla}_X \varphi$로 둔다. X, $Y \in \mathfrak{X}(M)$, $(u, x) \in Q$에 대해서

(7.19) $$2(\widetilde{\Theta}(X^*, Y^*))(u, x) = 2((d\widetilde{\theta} \circ \widetilde{h})(X^*, Y^*))(u, x)$$
$$= (X^* \widetilde{\theta}(Y^*) - Y^* \widetilde{\theta}(X^*) - \widetilde{\theta}([X^*, Y^*]))(u, x).$$

일반적으로, M상의 주파이버번들 $P(M, G, \pi)$에서, $X, Y \in \mathfrak{X}(M)$의 P상의 접속 Γ에 대한 수평 lift를 X^*, Y^*로 두면, $[X^*, Y^*]$의 수평성분 $h[X^*, Y^*] = [X, Y]^*$이다. 따라서 식 (7.19)에서

$$\widetilde{\theta}([X^*, Y^*]) = \widetilde{\theta}(\widetilde{h}[X^*, Y^*]) = \widetilde{\theta}([X, Y]^*)$$

이므로, $\widetilde{\theta}([X^*, Y^*])$ $(\in C^\infty(Q, R^n))$는 $\phi_*[X, Y]$ $(\in \Gamma(M, \phi^{-1}TN))$에 대응된다. 더욱이, $(u, x)(X^*_{(u, x)} \widetilde{\theta}(Y^*)) = (\widetilde{\nabla}_X \phi_* Y)_x$이므로 식 (7.19)에 의해

(7.20) $$(u, x)((2\widetilde{\Theta}(X^*, Y^*))(u, x)) = (\widetilde{\nabla}_X \phi_* Y - \widetilde{\nabla}_Y \phi_* X - \phi_*[X, Y])_x.$$

이제, 유도접속 $\widetilde{\nabla}$에 관한 곡률텐서장을 고찰하자.

$X, Y, Z \in \mathfrak{X}(M)$에 대해서

$$(Y^*(\widetilde{\theta}(Z^*)))((u, x)g) = g^{-1}(Y^*(\widetilde{\theta}(Z^*))(u, x)) \quad (g \in GL(n, R)).$$

실제

$$Y^*_{(ug, x)}(\widetilde{\theta}(Z^*)) = (\widetilde{Y}^*, Y)_{(ug, x)} \widetilde{\theta}(Z^*) = ((R_g)_* (\widetilde{Y}^*, Y)_{(u, x)})(\widetilde{\theta}(Z^*))$$
$$= (\widetilde{Y}^*, Y)_{(u, x)}(\widetilde{\theta}(Z^*) \circ R_g) = g^{-1}(Y^*_{(u, x)} \widetilde{\theta}(Z^*)).$$

따라서 $Y^*(\widetilde{\theta}(Z^*))$ $(\in C^\infty(Q, R^n))$는 $\widetilde{\nabla}_Y \phi_* Z$ $(\in C^\infty(M, \phi^{-1}TN))$에 대응하므로

(7.21) $$(\widetilde{\nabla}_X \widetilde{\nabla}_Y \phi_* Z)_x = (u, x)(X^*_{(u, x)}(Y^*(\widetilde{\theta}(Z^*)))).$$

한편, $\widetilde{h}[X^*, Y^*] = [X, Y]^*$이므로, (7.21)에 의해

(7.22) $$(\widetilde{\nabla}_X \widetilde{\nabla}_Y \phi_* Z - \widetilde{\nabla}_Y \widetilde{\nabla}_X \phi_* Z - \widetilde{\nabla}_{[X, Y]} \phi_* Z)_x$$
$$= (u, x)(\widetilde{v}([X^*, Y^*]_{(u, x)}))(\widetilde{\theta}(Z^*)),$$

여기서 $\widetilde{v}[X^*, Y^*]$는 $[X^*, Y^*] \in \mathfrak{X}(Q)$의 ($\widetilde{\omega}$에 관한) 수직성분이다.

$$\widetilde{v}([X^*, Y^*]_{(u, x)}) =: \widetilde{A}^{\#}_{(u, x)} \quad (A \in \mathfrak{gl}(n, R)), \quad \widetilde{\theta}(Z^*) =: f \in C^\infty(Q, R^n)$$

으로 두면

$$(7.23) \qquad \widetilde{A}^{\#}_{(u,x)}f = -A(f(u,x)).$$

실제

$$\begin{aligned}\widetilde{A}^{\#}_{(u,x)}f &= \lim_{t\to 0}\frac{f(u\exp(tA),\ x)-f(u,\ x)}{t}\\ &= \lim_{t\to 0}\frac{\exp(-tA)f(u,\ x)-f(u,\ x)}{t} = -A(f(u,\ x)).\end{aligned}$$

식 (7.22), (7.23)에 의해

$$(7.24) \qquad \left(\widetilde{\nabla}_X\widetilde{\nabla}_Y\phi_* Z-\widetilde{\nabla}_Y\widetilde{\nabla}_X\phi_* Z-\widetilde{\nabla}_{[X,\ Y]}\phi_* Z\right)_x = (u,\ x)\left(-A\left(\widetilde{\theta}_{(u,\ x)}(Z^*)\right)\right).$$

한편, $\widetilde{\Omega} = d\widetilde{\omega}\circ\widetilde{h}$이므로

$$\begin{aligned}(2\widetilde{\Omega}(X^*,\ Y^*))(u,\ x) &= 2((d\widetilde{\omega}\circ\widetilde{h})(X^*,\ Y^*))(u,\ x)\\ &= -\widetilde{\omega}\left([X^*,\ Y^*]_{(u,\ x)}\right) = -\widetilde{\omega}\left(\widetilde{A}^{\#}_{(u,\ x)}\right) = -A.\end{aligned}$$

이 식과 식 (7.24)에 의해

$$(7.25) \qquad \begin{aligned}&\left(\widetilde{\nabla}_X\widetilde{\nabla}_Y\phi_* Z-\widetilde{\nabla}_Y\widetilde{\nabla}_X\phi_* Z-\widetilde{\nabla}_{[X,\ Y]}\phi_* Z\right)_x\\ &= (u,\ x)\left((2\widetilde{\Omega}(X^*,\ Y^*)\widetilde{\theta}(Z^*))_{(u,\ x)}\right).\end{aligned}$$

§8. 아파인접속(affine connection)

다양체 M의 선형접속은 M상의 곡선 $\tau = x_t$ $(0 \le t \le 1)$를 따라서 $T_{x_0}M$에서 $T_{x_1}M$상으로의 평행이동을 정의한다. 접공간 $T_{x_0}M$, $T_{x_1}M$은 벡터공간들이고 평행이동은 이 벡터공간들 간의 선형동형사상이다. 이 절에서는 각 접공간 T_xM $(x \in M)$을 아파인공간(affine space)으로 간주하고, 점 x $(\in M)$에서 **접아파인공간**(the tangent affine space)이라 한다. 더욱이, 주파이버번들의 관점에서 M상의 프레임번들을 M상의 아파인프레임번들로 확장한다.

n차원 실벡터공간 R^n을, 벡터공간으로 R^n을 갖는 아파인공간으로 간주하고, 이를 A^n으로 표기한다. 마찬가지로, 점 x $(\in M)$에서 M의 접공간 T_xM을 아파인공간으로 간주하여 점 x에서 **접아파인공간**(the tangent affine space at x)이라 하고 A_xM으로 표기한다. A^n의 아파인변환(affine transformation)들의 군 $A(n;R)$은

$$A(n;R) := \left\{ \tilde{a} = \begin{bmatrix} a & \xi \\ 0 & 1 \end{bmatrix} \middle|\, a \in GL(n;R),\ \xi(\in R^n)\text{는 열벡터} \right\}$$

이다. 원 $\tilde{a}(\in A(n;R))$는 사상 $\tilde{a}: A^n \ni \eta \ \mapsto\ a\eta + \xi \in A^n$이고 다음 군계열(sequence of groups)

$$0 \to R^n \xrightarrow{\alpha} A(n;R) \xrightarrow{\beta} GL(n;R) \to 1,$$

$$\alpha(\xi) := \begin{bmatrix} I_n & \xi \\ 0 & 1 \end{bmatrix} \in A(n;R),$$

$$\beta\left(\begin{bmatrix} a & \xi \\ 0 & 1 \end{bmatrix}\right) := a \in GL(n;R)$$

은 완전계열이다. 즉, 각 준동형사상(group homomorphism)은 직전 군준동형사상의 치역과 직후 군준동형사상의 핵(kernel)이 일치한다.

일반적으로, 군 X가, X의 정규부분군(normal subgroup) A, B가 존재하여 $A \cap B = \{e\}$, $AB = X$를 만족할 때, 군 X는 A와 B의 **직적**(direct product)으로 **분해가능**하다(decomposable)라고 한다.

군 X가 정규부분군 A, B로 직적분해가능하다면, $a \in A$ $b \in B$에 대해서 $ab = ba$가 성립한다. 실제, $aba^{-1}b^{-1} \in A \cap B = \{e\}$이므로 $ab = ba$이다.

군완전계열(exact sequence of groups)

$$\cdots \to X \xrightarrow{f} Y \xrightarrow{g} Z \to \cdots$$

에서, Y가 $\mathrm{Im}(f) = \ker(g)$와 Y의 또다른 정규부분군과 직적으로 분해가능하다면, 완전계열은 군 Y에서 **분열한다**(spilt)라고 한다.

각 $\tilde{a} \in A(n;R)$에 대해서, $\tilde{a} = \alpha(\xi)\gamma(a)$인 유일한 원 $(a, \xi) \in GL(n, R) \times R^n$이 존재한다. 여기서

$$\gamma : A(n;R) \ni \begin{bmatrix} a & \xi \\ 0 & 1 \end{bmatrix} \mapsto a \in GL(n;R)$$

인 군준동형사상이다.

$GL(n;R)$은 $A(n;R)$의 정규부분군이 아니고 $R^n (\equiv \alpha(R^n))$은 $A(n;R)$의 정규부분군이다. 이러한 관점에서 $A(n;R)$은 $GL(n;R)$과 R^n의 준직적(semidirect product)으로, 더욱이, 단완전계열(short exact sequence)

$$0 \to R^n \xrightarrow{\alpha} A(n;R) \xrightarrow{\beta} GL(n;R) \to 1$$

은 분열한다(split)라고 개략적으로 볼 수 있다. 여기서, 단완전계열(short exact sequence)이란, 군완전계열에서 non-trivial인 군의 수가 3인 완전계열을 지칭한다.

점 $x(\in M)$에서 다양체 M의 **아파인프레임**(an affine frame of M at x)은 한 점 $p \in A_x M$와 점 x에서의 선형프레임 $(X_1, \ldots, X_n)$으로 이뤄지고, 그것을 $(X_1, \ldots, X_n; p)$로 표기한다. o를 R^n의 원점, $(e_1, \ldots, e_n)$을 R^n의 표준기저(the natural basis)라 할 때, $(e_1, \ldots, e_n; o)$를 A^n의 **표준프레임**(the canonical frame)이라 부른다. 점 x에서 각 아파인프레임 $(X_1, \ldots, X_n; p)$는 $(e_1, \ldots, e_n; o)$를 $(X_1, \ldots, X_n, p)$로 대응시키는 아파인변환이다. 국소적으로는

$$\tilde{u} := (X_1 \cdots X_n\ p) = (u\ p) = \left(\frac{\partial}{\partial x^1} \cdots \frac{\partial}{\partial x^n}\right)_x [a\xi] \quad (a \in GL(n, R),\ \xi \in R^n,\ \pi(u) = x),$$

$$\tilde{u} = (X_1 \cdots X_n\ p) : A^n \ni \eta \mapsto \left(\frac{\partial}{\partial x^1} \cdots \frac{\partial}{\partial x^n}\right)_x [a\xi] \begin{bmatrix} \eta \\ 1 \end{bmatrix} \in A_x M,$$

여기서 $p = (\partial/\partial x^1 \cdots \partial/\partial x^n)_x\, \xi$이고 $[a\xi] \equiv \begin{bmatrix} a & \xi \\ 0 & 1 \end{bmatrix} \in A(n;R)$이다. 더욱이, 점 $x(\in M)$에서 모든 아파인프레임들의 집합과, 정의역 A^n으로부터 치역 $A_x M$으로의 모든 아파인변환들의 집합과는 (위의 대응에 의해) $1:1$대응 관계에 있다. 다양체 M의 모든 아파인프레임들의 집합을 $A(M)$으로 표기하고

$$\tilde{\pi}: A(M) \ni \tilde{u} \ \mapsto \ \tilde{\pi}(\tilde{u}) = x \in M \quad \left(\tilde{u} = (u;p),\ u \in L(M),\ p \in A_x(M),\ \pi(u) = x\right)$$

는 $A(M)$으로부터 M상의로의 사영(projection)이다.

이제, $A(M)\left(M,\ A(n,\ R),\ \tilde{\pi}\right)$가 주파이버번들(principle fibre bundle)임을 밝힌다. 군 $A(n,\ R)$의 $A(M)$상의 우작용(right action)은 다음과 같다.

$$\begin{aligned}
&A(M) \times A(n,\ R) \ni (\tilde{u},\ \tilde{a}) \ \mapsto \ \tilde{u}\tilde{a} \in A(M),\\
&\tilde{a}: A^n \ni \eta \ \mapsto \ \tilde{a}(\eta) = a\eta + \xi \in A^n \quad \left([a\xi] \equiv \tilde{a} \in A(n,\ R)\right),\\
&\tilde{u}: A^n \ \rightarrow \ A_x M \quad \left(\tilde{\pi}(\tilde{u}) = x \in M,\ \tilde{u} = (u;p) \in A_x M \subset AM\right),\\
&\tilde{u}\tilde{a} := \tilde{u} \circ \tilde{a};\ A^n \rightarrow A_x M.
\end{aligned}$$

명백히, $\tilde{u}(\tilde{a}\tilde{b}) = (\tilde{u}\tilde{a})\tilde{b}$ $\left(\tilde{u} \in A(M);\ \tilde{a},\ \tilde{b} \in A(n,\ R)\right)$가 성립한다. 군 $A(n;R)$이 $A(M)$상에서 자유롭게 작용한다(act freely). 실제, $\tilde{u}\tilde{a} = \tilde{u}$ $\left(\tilde{u} \in A(M),\ \tilde{a} \in A(n;R)\right)$이면, $\tilde{a} = e \in A(n;R)$이다. $\{x^1,\ ...,\ x^n\}$을 $U\ (\subset M)$상의 국소좌표계, $\{y^1,\ ...,\ y^n\}$을 $V\ (\subset M)$상의 국소좌표계라 하자. 절단

$$\begin{aligned}
&\sigma_U : U \ni x \ \mapsto \ \sigma_U(x) := \left[\left(\frac{\partial}{\partial x^1},\ ...,\ \frac{\partial}{\partial x^n}\right)_x ; o_x\right] \in A(M)\\
&\sigma_V : V \ni x \ \mapsto \ \sigma_V(x) := \left[\left(\frac{\partial}{\partial y^1},\ ...,\ \frac{\partial}{\partial y^n}\right)_x ; o_x\right] \in A(M)
\end{aligned}$$

에 의해 미분동형사상

$$\begin{aligned}
\Phi_U = (\tilde{\pi},\ \phi_U) &: \tilde{\pi}^{-1}(U) \rightarrow U \times A(n;R)\\
\Phi_V = (\tilde{\pi},\ \phi_V) &: \tilde{\pi}^{-1}(V) \rightarrow V \times A(n;R)
\end{aligned}$$

이 정의되어지고, $\tilde{u} \in \tilde{\pi}^{-1}(U \cap V)$에 대해서

$$\begin{aligned}
\tilde{u} = [u;p] &= \left[\frac{\partial}{\partial x^1} \cdots \frac{\partial}{\partial x^n}\right]_{\pi(u)} [a(u)\xi(p)]\\
&= \left[\frac{\partial}{\partial y^1} \cdots \frac{\partial}{\partial y^n}\right]_{\pi(u)} [b(u)\eta(p)]\\
&\left(a(u),\ b(u) \in GL(n,\ R);\ \xi(p),\ \eta(p) \in R^n\right).
\end{aligned}$$

이 식으로부터

$$\left[\left(\frac{\partial y^i}{\partial x^j}\right)_{\pi(u)}\right]_{i,\,j} [a(u)\xi(p)] = [b(u)\eta(p)]$$

$$\left[\left(\frac{\partial x^i}{\partial y^j}\right)_{\pi(u)}\right]_{i,j}[b(u)\eta(p)] = [a(u)\xi(p)]\,.$$

따라서 $U\cap V$상에서 전이함수(transition function)는

$$\phi_{UV} = \phi_U \circ \phi_V^{-1} = \left[\left(\frac{\partial x^i}{\partial y^j}\right)\right]_{i,j}, \quad \phi_{VU} = \phi_V \circ \phi_U^{-1} = \left[\left(\frac{\partial y^i}{\partial x^j}\right)\right]_{i,j},$$

$$\phi_{UV} \equiv \begin{bmatrix}\phi_{UV} & 0\\ 0 & 1\end{bmatrix} \in A(n;R), \quad \phi_{VU} \equiv \begin{bmatrix}\phi_{VU} & 0\\ 0 & 1\end{bmatrix} \in A(n;R)$$

이다. 상술한 바에 의해 $A(M)(M,\ A(n;R),\ \tilde{\pi})$는 M상의 주파이버번들(principle fibre bundle)이다.

위의 군준동형사상 $\beta : A(n;R) \to GL(n;R)$, $\gamma : GL(n;R) \to A(n;R)$에 의해 주파이버번들 간의 준동형사상

$$\tilde{\beta} : A(M) \ni \tilde{u} = (u;p) \ \mapsto\ u \in L(M),$$
$$\tilde{\gamma} : L(M) \ni u \ \mapsto\ (u;o_x) \in A(M)$$

가 정의된다. 여기서, $\pi(u) = x$이고, o_x는 아파인접공간(affine tangent space) A_xM의 원점이다. 실제

$$\tilde{u} = [u;p] \in A(M), \quad \tilde{a} = [a;\xi] \in A(n;R)$$
$$\left(u \in L(M),\ \ p \in A_x(M),\ \ \pi(u) = x,\ \ a \in GL(n;R),\ \ \xi \in R^n\right)$$

에 대하여

$$\tilde{u}\tilde{a} = [u;p]\,[a;\xi] \equiv [ua; u\xi + p] \in A(M)$$

이므로, $\tilde{\beta}(\tilde{u}\tilde{a}) = \tilde{\beta}(\tilde{u})\beta(\tilde{a})$이고

$$\tilde{\gamma}(ua) = [ua;o_x] \equiv [u;o_x]\,[a;0_{n\times 1}] = \tilde{\gamma}(u)\gamma(a)$$

가 성립한다. 특히 $L(M)$은 $A(M)$의 부분번들(subbundle)이고, $\tilde{\beta} \circ \tilde{\gamma}$는 $L(M)$의 항등사상이다.

M의 **일반아파인접속**(a generalized affine connection of M)이란 M상의 주파이버번들인 아파인프레임번들 $A(M)(M,\ A(n;R),\ \tilde{\pi})$상의 접속이다.

이제, M의 일반아파인접속과 선형접속의 관련성을 고찰한다.

벡터군 R^n의 Lie대수를 R^n으로 표기하고, (개략적 의미에서) 군분열완전계열(the splitting exact sequence of groups)

$$0 \to R^n \to A(n;R) \to GL(n;R) \to 1$$

에 대응하는 각 준동형사상들의 (항등원에서 정의되는) 미분사상들에 의해 Lie대수 간의 준동형사상

$$0 \to R^n \to \mathfrak{a}(n;R) \to \mathfrak{gl}(n;R) \to 0$$

이 정의되는데, 이는 개략적으로 Lie대수들의 분열완전계열(the splitting exact sequence of Lie algebras)이라 볼 수 있다. 여기서

$$\mathfrak{a}(n;R) = \mathfrak{gl}(n;R) + R^n \ : \text{준 직적(semidirect product)}$$

이다. $\alpha_*(R^n)$은 $\mathfrak{a}(n;R)$의 ideal이지만, $\gamma_*(\mathfrak{gl}(n;R))$은 $\mathfrak{a}(n;R)$의 ideal이 아니다. $\mathfrak{a}(n;R)$이 $\mathfrak{gl}(n;R)$과 R^n의 준직적(semidirect product)이라 함은 이러한 관점이다.

$\tilde{\omega}$를 M의 일반아파인접속(a generalized affine connection of M)의 접속형식(connection form)이라 하자. $\tilde{\gamma}^* \tilde{\omega}$는 $L(M)$상의 $\mathfrak{a}(n;R)$-값 ($\mathfrak{a}(n;R)$- valued)을 취하는 1-형식(1-form)이다.

$$\tilde{\gamma}^* \tilde{\omega} =: \omega + \varphi$$

를, 준직적 $\mathfrak{a}(n;R) = \mathfrak{gl}(n;R) + R^n$에 대하여, ω는 $\mathfrak{gl}(n;R)$-값을 취하고 φ는 R^n-값을 취하는 $L(M)$상의 1-형식이라 하자.

$X \in T_u(L(M))$와 $g \in GL(n;R) \subset A(n;R)$에 대하여 $L(M)$상에

$$\tilde{\gamma}_* \circ R_{g\,*} = R_{\gamma(g)\,*} \circ \tilde{\gamma}_*$$

이므로

$$R_g^*(\tilde{\gamma}^* \tilde{\omega}) = Ad(\gamma(g)^{-1})(\tilde{\gamma}^* \tilde{\omega}) = R_g^* \omega + R_g^* \varphi$$

이고

$$(R_g^* \omega)(X) = Ad(g^{-1})\omega(X), \quad (R_g^* \varphi)(X) = Ad(g^{-1})\varphi(X) = g^{-1}\varphi(X)$$

가 성립한다. 더욱이, A^* ($A \in \mathfrak{gl}(n;R)$에 대응하는 $L(M)$상의 기본벡터장)에 대해서

$$(\tilde{\gamma}^* \tilde{\omega})(A^*) = A = \omega(A^*) + \varphi(A^*)$$

이므로

$$\omega(A^*) = A, \quad \varphi(A^*) = 0_{n \times 1}$$

이다. 따라서 ω는 $L(M)$상의 접속이고, $L(M)$상의 R^n-값(R^n-valued)을 취하는 1-형식(1-form) φ는 M상의 $(1, 1)$형 텐서장(tensor field of type (1,1))에 대응된다.

정리 8.1 [10, Proposition 3.1, p.127]. $\tilde{\omega}$를 M의 일반아파인접속(a generalized affine connection)의 접속형식이라 하고, $\tilde{\gamma}^* \tilde{\omega} =: \omega + \varphi$로 둔다. 여기서, ω는 $\mathfrak{gl}(n; R)$-값, φ는 R^n-값을 취하는 $L(M)$상의 1-형식(1-form)이다. 이때

(1) 다음 두 집합, $\dim M = n$,

$\{\tilde{\omega} \mid \tilde{\omega}$는 M의 일반아파인접속의 접속형식$\}$

$\{(\omega, \varphi) \mid \omega$는 M의 선형접속의 접속형식, φ는 M상의 $(1, 1)$형 텐서장에 대응하는 $L(M)$상의 R^n-값을 취하는 1-형식(1-form)$\}$

은 사상 $\tilde{\omega} \to (w, \varphi)$ $(\tilde{\gamma}^* \tilde{\omega} = \omega + \varphi)$에 의해 $1:1$ 대응이다.

(2) 준동형사상 $\tilde{\beta} : A(M) \to L(M)$은 $T_{\tilde{u}}(A(M))$ $(\tilde{u} \in A(M))$의 수평부분공간을 $T_u(L(M))$ $(\tilde{\beta}(\tilde{u}) = u)$의 수평부분공간으로 옮긴다.

증명 (1) 주어진 (ω, φ)에 대해서, 위 대응에 의해 (ω, φ)의 원상(preimage)인 $\tilde{\omega}$가 존재함을 밝히면 충분하다.

임의로 $\widetilde{X} \in T_{\tilde{u}}(A(M))$ $(\tilde{\pi}(\tilde{u}) = x)$가 주어졌을 때, x의 근방 U, V $(\subset M)$상의 국소좌표계 $\{x^1, \ldots, x^n\}$, $\{y^1, \ldots, y^n\}$에 대하여, 다음과 같이 U, V로부터 $L(M)$으로의 국소절단(local section)을 정의한다.

$$\sigma_U : U \ni x \mapsto \left(\frac{\partial}{\partial x^1}, \ldots, \frac{\partial}{\partial x^n} \right)_x \in L(M) \subset A(M)$$

$$\sigma_V : V \ni x \mapsto \left(\frac{\partial}{\partial y^1}, \ldots, \frac{\partial}{\partial y^n} \right)_x \in L(M) \subset A(M).$$

여기서, $\tilde{u} = \sigma_U(x)\tilde{g} = \sigma_V(x)\tilde{h}$인 $\tilde{g}$, $\tilde{h} \in A(n; R)$에 대해서

$$R_{\tilde{g}^{-1}*}(\widetilde{X}) =: X + \xi^*_{\sigma_U(x)} \in T_{\sigma_U(x)}L(M) + \left\{ \xi^*_{\sigma_U(x)} \mid \xi \in R^n \subset \mathfrak{a}(n; R) \right\} = T_{\sigma_U(x)}A(M) \tag{8.1}$$

$$R_{\tilde{h}^{-1}*}(\widetilde{X}) =: X' + \xi'^*_{\sigma_V(x)} \in T_{\sigma_V(x)}L(M) + \left\{ \xi'^*_{\sigma_V(x)} \mid \xi' \in R^n \subset \mathfrak{a}(n; R) \right\} = T_{\sigma_V(x)}A(M)$$

로 둘 수 있다. $\sigma_U \phi_{UV} = \sigma_V$이고 $\sigma_V \phi_{VU} = \sigma_U$ ($\phi_{UV} : U \cap V \to GL(n, R) \subset A(n; R)$의 전이함수(transition function))이므로, $\phi_{UV}(x)\tilde{h} = \tilde{g}$이고 $\phi_{VU}(x)\tilde{g} = \tilde{h}$이다. 이 관계식과 식 (8.1)로부터

(8.2) $$R_{\phi_{VU}(x)*}(X') = X, \quad R_{\phi_{VU}(x)*}(\xi') = \xi$$

를 얻는다. 이제, $\tilde{\omega}_{\tilde{u}}(\widetilde{X})$를 다음과 같이 정의한다.

(8.3) $$\tilde{\omega}_{\tilde{u}}(\widetilde{X}) := Ad(\tilde{g}^{-1})\big(\omega_{\sigma_U(x)}(X) + \varphi_{\sigma_U(x)}(X)\big) + Ad(\tilde{g}^{-1})(\xi).$$

식 (8.2)에 의해, $\tilde{\omega}$는 well-defined이다. 실제

$$\begin{aligned}
&Ad(\tilde{h}^{-1})\big(\omega_{\sigma_V(x)}(X') + \varphi_{\sigma_V(x)}(X')\big) + Ad(\tilde{h}^{-1})(\xi') \\
&= \big(Ad(\tilde{h}^{-1}) \circ Ad(\phi_{UV}(x)^{-1})\big)\big(\omega_{\sigma_U}(X) + \varphi_{\sigma_U}(X) + \xi\big) \\
&= Ad(\tilde{g}^{-1})\big(\omega_{\sigma_U(x)}(X) + \varphi_{\sigma_U(x)}(X)\big) + Ad(\tilde{g}^{-1})(\xi).
\end{aligned}$$

더욱이, $\tilde{k}(\in A(n; R))$일 때, $R_{\tilde{k}*}(\widetilde{X}) \in T_{\tilde{u}\tilde{k}}A(M)$이고

$$R_{(\tilde{g}\tilde{k})^{-1}*}\big(R_{\tilde{k}*}\widetilde{X}\big) = X + \xi^*_{\sigma_U(x)}$$

이므로, 식 (8.3) ($\tilde{\omega}$의 정의)에 의해

$$\big(R_{\tilde{k}}^* \tilde{\omega}\big)(\widetilde{X}) = Ad\big((\tilde{g}\tilde{k})^{-1}\big)(\omega(X) + \varphi(X) + \xi) = Ad(\tilde{k}^{-1})(\tilde{\omega}(\widetilde{X}))$$

이다. $B(\in \mathfrak{a}(n; R))$에 대해서

$$\big(R_{\tilde{g}^{-1}}\big)_*\big(B^*_{\tilde{u}}\big) = \big(Ad(\tilde{g})B\big)^*_{\sigma_U(x)} = \big(C^* + \eta^*\big)_{\sigma_U(x)}$$
$$(C \in \mathfrak{gl}(n; R), \ \eta \in R^n \subset \mathfrak{a}(n; R))$$

및 식 (8.3)에 의해

$$\tilde{\omega}_{\tilde{u}}(B^*) = Ad(\tilde{g}^{-1})(C + \eta) = B$$

이다. 따라서 $\tilde{\omega}$는 위 대응에서 (ω, φ)의 원상(preimage)인 M상의 일반아파인접속이다.

(2) $\widetilde{X} \in T_{\tilde{u}}(A(M))$, $u := \beta(\tilde{u})$, $\tilde{\beta}_*(\widetilde{X}) =: X = \tilde{\beta}_*(X)$이라 하자. 사상 $\tilde{\beta} : A(M) \to L(M)$은 (군준동형사상 $\beta : A(n; R) \to GL(n; R) = (A(n;R)/R^n)$을 동반한) 주파이버번들간의 준동형사상이므로 $L(M) = A(M)/R^n$이고, $\tilde{\beta}$는

$$\widetilde{\beta}: A(M) \rightarrow L(M) = A(M)/R^n$$

인 사영사상이다. $\widetilde{u} = u\xi$ $(\xi \in R^n \subset A(n;R))$이고

$$\widetilde{X} - R_{\xi *}(X) = A_{\widetilde{u}}^{*} \quad (A \in R^n \subset \mathfrak{a}(n;R))$$

이다. 이제, $\widetilde{X}$가 $\widetilde{\omega}$에 관하여 수평벡터라고 가정하면 $\widetilde{\beta}_{*}(\widetilde{X}) = X$는 ω에 관하여 수평벡터이다. 실제

$$\widetilde{\omega}(\widetilde{X}) = Ad(\xi^{-1})(\widetilde{\omega}(X)) + A = = Ad(\xi^{-1})(\omega(X) + \varphi(X)) + A = 0$$

이고, $Ad(\xi^{-1})(\varphi(X)) + A \in R^n$이므로 $\omega(X) = 0$. ■

정리 8.2 [10, Proposition 3.2, p.128]. 접속형식 $\widetilde{\omega}$와 ω $(\widetilde{\gamma}^{*}\widetilde{\omega} = \omega + \varphi)$의 곡률형식을 $\widetilde{\Omega}$와 Ω라 하면

$$\widetilde{\gamma}^{*}\widetilde{\Omega} = \Omega + D\varphi$$

이다. 여기서, $D(= d \circ h)$는 $L(M)$상에서 ω에 관한 공변외미분(exterior covariant differentiation)이다.

증명 $X, Y \in T_u(L(M))$에 대해서, $(\widetilde{\gamma}^{*}\widetilde{\Omega})(X, Y) = \Omega(X, Y) + (D\varphi)(X, Y)$를 증명하기 위해서, 다음 두 경우로 분류하여 밝히면 충분하다 :

접속형식 ω에 관하여 (1) X, Y중 적어도 한쪽이 수직벡터인 경우, (2) X, Y가 모두 수평벡터인 경우. 경우 (1)에선 좌변=우변$=0$. 경우 (2)에선 $\omega(X) = \omega(Y) = 0$이므로 $\widetilde{\omega}(X) = \varphi(X)$이고 $\widetilde{\omega}(Y) = \varphi(Y)$. $\widetilde{\omega}$의 구조방정식으로부터

$$d\widetilde{\omega}(X, Y) = -\frac{1}{2}[\varphi(X), \varphi(Y)] + \widetilde{\Omega}(X, Y)$$

를 얻는다. $L(M)$을 $A(M)$의 부분번들, $\widetilde{\gamma}_{*}X = X$로 간주하면, $L(M)$상에서

$$\widetilde{\gamma}^{*}(d\widetilde{\omega}) = d\omega + d\varphi$$

이므로

$$d\widetilde{\omega}(X, Y) = d\omega(X, Y) + d\varphi(X, Y).$$

한편, $R^n(\subset \mathfrak{a}(n;R))$은 가환(abelian) Lie대수이므로

$$d\omega(X, Y) + d\varphi(X, Y) = \widetilde{\Omega}(X, Y).$$

더욱이, X, Y가 ω에 관한 수평벡터이므로

$$\Omega(X, Y) + D\varphi(X, Y) = \widetilde{\Omega}(X, Y). \qquad \blacksquare$$

일반아파인접속의 접속형식 $\widetilde{\omega}$의 구조방정식

$$d\widetilde{\omega} = -\frac{1}{2}[\widetilde{\omega}, \widetilde{\omega}] + \widetilde{\Omega}$$

의 정의역을 $T_u(L(M))$으로 제한하여, 또 다른 측면으로 고찰한다. $X, Y \in T_u(L(M))$에 대해서, 위 구조방정식의 값을 $\mathfrak{gl}(n;R)$-성분과 R^n-성분으로 분류하면 (정리 8.2에 의해) $\widetilde{\Omega} = \Omega + D\varphi$이므로

$$\begin{aligned} d\varphi(X, Y) &= -\frac{1}{2}([\omega(X), \varphi(Y)] + [\varphi(X), \omega(Y)]) + D\varphi(X, Y) \\ &= -\frac{1}{2}(\omega(X)\varphi(Y) - \omega(Y)\varphi(X)) + D\varphi(X, Y), \\ d\omega(X, Y) &= -\frac{1}{2}[\omega(X), \omega(Y)] + \Omega(X, Y) \end{aligned}$$

가 된다. 이 식들을 편의상

$$d\varphi = -\omega \wedge \varphi + D\varphi, \quad d\omega = -\omega \wedge \omega + \Omega$$

로 표기한다.

$L(M)$상에서, 접속형식 $\widetilde{\omega}$에 대응되어진 (ω, φ) $\left(\widetilde{\gamma}^* \widetilde{\omega} = \omega + \varphi\right)$에서 R^n-값을 취하는 $L(M)$ 상의 1-형식 φ가 ($L(M)$상에서 정의된) 표준형식 θ $\left(\theta(X) = u^{-1}(\pi_* X),\ X \in T_u(L(M)),\ u \in L(M)\right)$이면 $\widetilde{\omega}$를 **아파인접속**(affine connection)이라 한다. 환언하면, $\varphi \in C^\infty(\mathfrak{X}(L(M)); R^n)$가 M의 각 접공간에서 항등변환인 M상의 $(1, 1)$형 텐서장에 대응하면, 일반아파인접속 $\widetilde{\omega}$는 아파인접속이다. 정리 8.1에 의해 다음 정리를 얻는다.

정리 8.3 [10, Theorem 3.3, p.129]. 준동형사상 $\widetilde{\beta} : A(M) \to L(M)$에 의해 다음 두 집합

$$\{\widetilde{\Gamma} \mid \widetilde{\Gamma}\text{는 } M\text{상의 아파인접속}\}, \quad \{\Gamma \mid \Gamma\text{는 } M\text{상의 선형접속}\}$$

은 $1:1$ 대응이다.

더욱이, 정리 8.2로부터 다음 정리를 얻는다.

정리 8.4 Θ $(= d\theta \circ h)$와 Ω를 M의 선형접속 Γ의 열률형식과 곡률형식이라 하고, $\widetilde{\Omega}$를 Γ에 대응하는 아파인접속 $\widetilde{\Gamma}$의 곡률형식이라 하자. 이때

$$\widetilde{\gamma}^* \widetilde{\Omega} = \Theta + \Omega$$

이다. 여기서, $\gamma : L(M) \to A(M)$은 포함사상(inclusion mapping)이다.

$\widetilde{\gamma}^* \widetilde{\omega} = \omega + \varphi$에서 $\varphi = \theta$ (θ는 $L(M)$상의 표준형식)이면 (환언하면 $\widetilde{\omega}$가 M의 아파인접속이면) $L(M)$상에서

$$d\varphi = d\theta = -\omega \wedge \theta + D\theta, \quad d\omega = -\omega \wedge \omega + \Omega$$

이다. 이 식들은 $L(M)$상의 접속 (M의 선형접속)에 관한 구조방정식에 귀착된다.

$\Phi(\widetilde{u})$를 기준점 $\widetilde{u} \in A(M)$인, M의 아파인접속 $\widetilde{\Gamma}$에 관한 호로노미군, $\Psi(u)$를 기준점 u $(\beta(\widetilde{u}) = u \in L(M))$인 M의 선형접속 Γ($\widetilde{\Gamma}$에 대응하는)에 관한 호로노미군이라 하자. $\Phi(\widetilde{u})$를 $\widetilde{\Gamma}$ 혹은 Γ의 **아파인호로노미군**(affine holonomy group), $\Psi(u)$를 $\widetilde{\Gamma}$ 혹은 Γ의 **선형호로노미군**(linear holonomy group) (혹은 **등질호로노미군**(homogeneous holonomy group))이라 한다. 이들 정의로부터 **제한아파인호로노미군**(resticted affine holonomy group) $\Phi^0(\widetilde{u})$와 **제한선형호로노미군**(restricted linear holonomy group) $\Psi^0(u)$도 정의되어진다.

정리 8.1에 의해 다음 정리는 명백하다 (cf. [10, Proposition 6.1, p.79]).

정리 8.5 사영사상인 군준동형사상 $\beta : A(n;R) \to GL(n;R) = A(n;R)/R^n$의 정의역을 제한(restriction)함으로써, 전사 군준동형사상(onto group homomorphism)

$$\Phi(\widetilde{u}) \to \Psi(u), \quad \Phi^0(\widetilde{u}) \to \Psi^0(u)$$

들이 유도된다.

§9. 다양체상의 곡선의 아파인접속에 의한 아파인접공간(affine tangent space)으로의 전개

다양체 M상의 곡선 $\tau = x_t$ $(0 \le t \le 1)$이 주어졌을 때, τ를 따른 아파인 평행이동은, 아파인프레임번들상의 주어진 아파인접속에 의한, 아파인접공간 $A_{x_0}(M)$에서 아파인접공간 $A_{x_1}(M)$으로의 아파인변환(affine transformation)이다. M상의 아파인접번들(affine tangent bundle)과 접벡터번들(tangent vector bundle)은 위상동형이다. 아파인접번들은 아파인프레임번들 $A(M)$의 동반벡터번들(vector bundle associated with $A(M)$)이고, 접벡터번들은 프레임번들 $L(M)$의 동반벡터번들이다. M상에서 아파인접번들로의 절단(a point field) 전체로써 이루어진 $C^{\infty}(M)$-module과, M상에서 접벡터번들로의 절단 전체 $\mathfrak{X}(M)$과는 1 : 1 대응이다.

다양체 M상의 곡선 $\tau = x_t$ $(0 \le t \le 1)$에 대해서 $\tilde{\tau}_0^t : A_{x_t}(M) \to A_{x_0}(M)$을 τ의 역방향을 따라서 x_t로부터 x_0까지의 아파인 평행이동이라하자. p를 $p(x_t) \in A_{x_t}(M)$ $(0 \le t \le 1)$인, $\tau = x_t$ $(0 \le t \le 1)$로부터 아파인접번들로의 절단이라 할 때, $\tilde{\tau}_0^t(p(x_t))$는 $A_{x_0}(M)$상의 곡선이다. $\tau = x_t$ $(0 \le t \le 1)$상의 각 점 x_t는 $A_{x_t}(M)$상의 원점으로 간주하여, 아파인접번들로의 0 벡터장이다. 여기서, 아파인번들의 파이버 $\tilde{\pi}^{-1}(x_0) = A_{x_0}(M)$상의 곡선 $\tilde{\tau}_0^t(x_t)$ $(0 \le t \le 1)$를 M상의 곡선 $\tau = x_t (0 \le t \le 1)$의 **전개**(the development of τ into $A_{x_0}(M)$)라 한다.

다음 정리에서, 준동형사상 $\tilde{\beta} : A(M) \to L(M)$으로 부터 아파인접속에 대응되어진 M의 선형접속에 의한 선형평행이동을 이용하여 M의 곡선의 전개를 얻는다.

정리 9.1 [10, Proposition 4.1, p.131]. 다양체 M상의 곡선 $\tau = x_t$ $(0 \le t \le 1)$, $Y_t := \tau_0^t(\dot{x}_t)$라 하자. 여기서, τ_0^t는 τ의 역방향을 따른 x_t로부터 x_0까지의 선형평행이동이고, $\dot{x}_t := dx_t/dt$이다. 아파인접공간 $A_{x_0}(M)$상의 곡선 C_t $(0 \le t \le 1)$가 $C_0 = x_0$, $dC_t/dt = Y_t$ $(0 \le t \le 1)$를 만족하면, C_t는 곡선 τ의 $A_{x_0}(M)$으로의 전개이다.

증명 $\pi(u_0) = x_0$인 점 u_0 $(\in L(M) \subset A(M))$를 임의로 택한다. u_t를 u_0를 지나는 x_t의 $L(M)$상의 lift라 하자. $\tilde{\beta}(\tilde{u}_t) = u_t$ $(\tilde{u}_0 = u_0)$인 $A(M)$상의 곡선 $\tilde{u}_t$를 취한다.

$\widetilde{\beta}: A(M) \to L(M) = A(M)/R^n$은 준동형사상이므로 $\widetilde{u}_t = u_t \widetilde{a}_t$ $(\widetilde{a}_0 = e)$인 $\widetilde{a}_t$ $(\in R^n \subset A(n;R))$가 존재한다. 이때, $\dot{\widetilde{u}}_t = \dot{u}_t \widetilde{a}_t + u_t \dot{\widetilde{a}}_t$이고 u_t가 $L(M)$상의 수평곡선이므로

$$\widetilde{\omega}(\dot{\widetilde{u}}_t) = Ad(\widetilde{a}_t^{-1})(\omega(\dot{u}_t) + \theta(\dot{u}_t)) + \widetilde{a}_t^{-1}\dot{\widetilde{a}}_t = Ad(\widetilde{a}_t^{-1})\theta(\dot{u}_t) + \widetilde{a}_t^{-1}\dot{\widetilde{a}}_t.$$

여기서, $\widetilde{\omega}$는 $A(M)$상의 아파인접속의 접속형식이고 $\widetilde{\gamma}^*\widetilde{\omega} = \omega + \theta$이다. 그러므로 $\widetilde{u}_t$가 $A(M)$에서 수평곡선일 필요충분조건은

$$\theta(\dot{u}_t) = -\dot{\widetilde{a}}_t \widetilde{a}_t^{-1}$$

이다. 이로 인해, $\widetilde{u}_t$가 $A(M)$상의 수평곡선이면 $\widetilde{a}_t$ $(\in R^n \subset A(n;R))$에 의해

$$Y_t = \tau_0^t(\dot{x}_t) = u_0(u_t^{-1}(\dot{x}_t)) = u_0(\theta(\dot{u}_t)) = -u_0(\dot{\widetilde{a}}_t \widetilde{a}_t^{-1}) = -u_0(\dot{\widetilde{a}}_t),$$

$$C_t = \widetilde{\tau}_0^t(x_t) = \widetilde{u}_0(\widetilde{u}_t^{-1}(x_t)) = u_0(\widetilde{a}_t^{-1}(u_t^{-1}(0))) = u_0(\widetilde{a}_t^{-1}(0)).$$

더욱이, $\widetilde{a}_t$ $(\in R^n \subset A(n;R))$에 대해서

$$\frac{d\widetilde{a}_t^{-1}}{dt} = -\widetilde{a}_t^{-1}\left(\frac{d\widetilde{a}_t}{dt}\right)\widetilde{a}_t^{-1} = -\frac{d\widetilde{a}_t}{dt}$$

이므로

$$\frac{dC_t}{dt} = u_0\left(\left(\frac{d\widetilde{a}_t^{-1}}{dt}\right)(0)\right) = -u_0\left(\left(\frac{d\widetilde{a}_t}{dt}\right)(0)\right) = -u_0(\dot{\widetilde{a}}_t) = Y_t. \qquad ■$$

정리 9.2 M상의 곡선 $\tau = x_t$ $(0 \le t \le 1)$에서 $\dot{x}_t$가 곡선 τ를 따라 평행이면, $\tau = x_t$ $(0 \le t \le 1)$의 $A_{x_0}(M)$으로의 전개는 선분(line segment)이다.

증명 $\tau_0^t(\dot{x}_t) =: Y_t$라 두자. 이때, $\dot{x}_t$가 τ를 따라 평행일 필요충분조건은

$$Y_t = Y_0 = \dot{x}_0 \quad (0 \le t \le 1)$$

이다. 따라서 $\tau = x_t$ $(0 \le t \le 1)$의 $A_{x_0}(M)$으로의 전개 C_t는

$$C_t = \widetilde{\tau}_0^t(x_t) = tY_0 \quad (0 \le t \le 1)$$

인 선분이다. ■

§10. 일반아파인접속(generalized affine connection)에 의한 전개

이 절에서의 표기(symbol)는 §8과 §9의 표기를 인용한다. §9에서는 아파인접속에 의한 전개를 구하였는데, 이 절에서는 일반아파인접속에 의한 전개를 고찰하기로 한다.

M상의 선형프레임들의 번들 $L(M)$을 아파인프레임번들 $A(M)$의 부분번들(subbundle)로 간주한다. $A(M)$상의 임의로 주어진 일반아파인접속 $\tilde{\omega}$는 정리 8.1에 의해, $(\omega, \varphi)\left(\tilde{\gamma}^* \tilde{\omega} = \tilde{\omega} = \omega + \varphi,\ \tilde{\gamma}: L(M) \to A(M)\right)$에 대응되고, 역으로 (ω, φ)에 의해 $A(M)$상의 접속 $\tilde{\omega}$가 결정된다.

이제, $\tilde{\tau}_0^t$를 M상의 곡선 $\tau = x_t\ (0 \le t \le 1)$의 역방향으로, M상의 점 x_t로부터 x_0로의 일반아파인접속 $\tilde{\omega}$에 의한 평행이동이라 하고, τ_0^t를 $L(M)$상의 선형접속 ω ($\tilde{\omega}$에 대응되어진 (ω, φ))에 의한 평행이동이라 하자.

곡선 $\tau = x_t\ (0 \le t \le 1)$상에서 정의된 사상(mapping) p가 $p_{x_t} \in A_{x_t}(M)$인 아파인접번들 $A(M) \times_{A(n;R)} A^n$(affine tangent bundle)로의 절단(cross section)이라 하자. 여기서, $A(M)$과 A^n상의 $A(n;R)$의 작용은 다음과 같다 :

$$(u;p)(a;\xi) := (ua; u\xi + p) \in A(M),$$
$$(a;\xi)^{-1}\eta = \left(a^{-1}; -a^{-1}\xi\right)\eta = a^{-1}(\eta - \xi) \in A^n.$$

여기서, $u \in L(M)$, $\pi(u) = x$, $p \in T_x(M)$, $(u;p) \in A(M)$, $a \in GL(n;R)$, $\xi \in R^n$, $(a;\xi) \in A(n;R)$, $\eta \in A^n$.

§9에서와 마찬가지로, $\tilde{\tau}_0^t\left(p_{x_t}\right)\ (0 \le t \le 1)$는 접아파인공간(tangent affine space) $A_{x_0}(M)$상의 곡선이다. M상의 곡선 $\tau = x_t\ (0 \le t \le 1)$상의 각 점 x_t는 $A_{x_t}(M)$상의 원점으로 간주하여, 곡선으로부터 아파인접번들 $A(M) \times_{A(n;R)} A^n$으로의 절단으로 0 벡터장이다.

주어진 일반아파인접속 $\tilde{\omega}$에 의한 M상의 곡선 $\tau = x_t\ (0 \le t \le 1)$의 전개는 $A_{x_0}(M)$상의 곡선 $\tilde{C}_t := \tilde{\tau}_0^t(x_t)\ (0 \le t \le 1)$이다. 다음 정리에서 주파이버번들 준동형사상 $\tilde{\beta}: A(M) \to L(M) = A(M)/R^n$을 이용하여 주어진 일반아파인접속 $\tilde{\omega}$에 (정리 8.1에 의해) 대응되어진 M의 선형접속 ω에 의한 선형평행이동을 이용하여, $\tilde{\omega}$에 대한 M상의 곡선 τ의 전개를 얻는다.

> **정리 10.1** 다양체 M상의 곡선 $\tau = x_t$ $(0 \le t \le 1)$에 대해서 $\widetilde{Y}_t := \tilde{\tau}_0^t(\dot{x}_t) - \tau_0^t(\dot{x}_t)$라 하자. 여기서, $\dot{x}_t := \dfrac{dx_t}{dt}$이다. 이때, $\widetilde{Y}_t$ $(0 \le t \le 1)$가 주어진 일반아파인접속 $\tilde{\omega}$에 대한, M상의 곡선 $\tau = x_t$ $(0 \le t \le 1)$의 전개 $\widetilde{C}_t = \tilde{\tau}_0^t(x_t)$ $(0 \le t \le 1)$이다.

증명 $\pi(u_0) = x_0$인 점 u_0 $(\in L(M) \subset A(M))$를 임의로 택한다. u_t를 u_0를 지나는 x_t의 $L(M)$상의 접속형식 ω에 관한 수평 lift라 하자. $\tilde{\beta}(\tilde{u}_t) = u_t$ $(\tilde{u}_0 = u_0)$인 $A(M)$상의 곡선 $\tilde{u}_t$를 취한다. 사영사상 $\tilde{\beta} : A(M) \to L(M) = A(M)/R^n$는 주파이버번들 간의 준동형사상이므로 $\tilde{u}_t = u_t \tilde{a}_t$ $(\tilde{a}_0 = e)$인 $\tilde{a}_t (\in R^n \subset A(n;R))$가 존재한다. 이때, $\dot{\tilde{u}}_t = \dot{u}_t \tilde{a}_t + u_t \dot{\tilde{a}}_t$이고 u_t가 $L(M)$상의 수평곡선이므로

$$\begin{aligned}\tilde{\omega}(\dot{\tilde{u}}_t) &= Ad(\tilde{a}_t^{-1})(\omega(\dot{u}_t) + \varphi(\dot{u}_t)) + \tilde{a}_t^{-1}\dot{\tilde{a}}_t \\ &= Ad(\tilde{a}_t^{-1})\varphi(\dot{u}_t) + \tilde{a}_t^{-1}\dot{\tilde{a}}_t\end{aligned}$$

이다. 이 식으로부터, $\tilde{u}_t$가 $A(M)$상의 곡선으로 곡선 x_t의 $\tilde{\omega}$에 관한 수평곡선이 될 필요충분조건은

$$\varphi(\dot{u}_t) = -\dot{\tilde{a}}_t \tilde{a}_t^{-1} = \tilde{a}_t \left(\frac{d\tilde{a}_t^{-1}}{dt} \right) = \left(\frac{d\tilde{a}_t^{-1}}{dt} \right)$$

임을 알 수 있다. 이제, $\tilde{u}_t = u_t \tilde{a}_t$가 $A(M)$상의 곡선으로 곡선 x_t의 $\tilde{\omega}$에 관한 수평 lift라 가정하면

$$\tilde{\tau}_0^t(\dot{x}_t) = (\tilde{u}_0 \circ \tilde{u}_t^{-1})(\dot{x}_t) = (\tilde{u}_0 \circ \tilde{a}_t^{-1} \circ u_t^{-1})(\dot{x}_t)$$

가 성립한다. 여기서, $\tilde{a}_t =: \begin{bmatrix} I_n\ \xi(t) \\ 0 \quad 1 \end{bmatrix} \in R^n \subset A(n;R)$로 두면 $u_t^{-1}(\dot{x}_t) \in A^n$이므로

$$\tilde{a}_t^{-1} = I_{n+1} + \begin{bmatrix} 0 - \xi(t) \\ 0 \quad\ 0 \end{bmatrix}, \quad \tilde{\tau}_0^t(\dot{x}_t) = \tau_0^t(\dot{x}_t) - u_0(\xi(t))$$

가 성립한다. 한편, $u_t^{-1}(0) = 0 \in A^n$이고 $\tilde{a}_t^{-1} \in A(n;R)$이므로

$$\widetilde{C}_t = \tilde{\tau}_0^t(x_t) = \tilde{u}_0(\tilde{u}_t^{-1}(x_t)) = (\tilde{u}_0 \circ \tilde{a}_t^{-1} \circ u_t^{-1})(0) = -\tilde{u}_0(\xi(t)).$$

따라서 $\widetilde{C}_t = \tilde{\tau}_0^t(x_t) = \tilde{\tau}_0^t(\dot{x}_t) - \tau_0^t(\dot{x}_t)$ $(0 \le t \le 1)$. ■

§11. 측지선(geodesic)

다양체 M상의 주파이버번들인 프레임번들 $L(M)$에 접속 (M의 선형접속)이 주어졌을 때, 아파인공간 R^n상의 직선의 개념을 확장한 M상의 측지선에 관하여 고찰한다.

개구간 $(a,\ b)$ $(a,\ b \in R)$상에서 정의된 M상의 곡선 x_t가 $x_t' \neq 0$이고 곡선 x_t를 따라 평행일 때, 즉

$$\nabla_t x_t' = 0 \quad (t \in (a,\ b)) \tag{11.1}$$

가 성립될 때, 주어진 곡선 x_t $(a < t < b)$를 **측지선**(geodesic)이라 한다.

이 정의에서, 곡선의 매개변수(parameter) t를 어떻게 취하느냐는 것은 중요하다. 지금 곡선 x_t의 매개변수 t를 다른 매개변수 $s = s(t)$ $(t \in (a,\ b),\ (ds/dt) > 0)$로 변환하면, s의 치역 $(c,\ d) \subset R$에서 정의된 역함수 $t = t(s)$가 존재하고

$$\nabla_s x_s' = \nabla_s\left(\frac{dt}{ds} x_t'\right) = \frac{d^2t}{ds^2} x_t' + \left(\frac{dt}{ds}\right)^2 \nabla_t x_t' \tag{11.2}$$

가 성립된다. 여기서 x_t가 측지선이라고 가정하면, x_s가 측지선이 되어 줄 필요충분조건은

$$\frac{d^2t}{ds^2} = 0, \quad i.e., \quad t = \alpha s + \beta \quad (\alpha > 0,\ \beta\text{는 상수})$$

이다. 따라서 측지선 x_t는 매개변수 t의 변환 $s = \alpha t + \beta$ $(\alpha > 0,\ \beta$는 상수)에 의한 곡선 x_s도 측지선이 되어준다. 곡선 $\tau = x_t$ $(a < t < b)$가 측지선일 때, 매개변수 t를 **아파인매개변수** (affine parameter)라 한다.

다양체 M상의 곡선 x_t가 측지선일 때, 매개변수변환 $s = s(t)$ $((ds/dt) > 0)$에 의해

$$\nabla_s x_s' = \varphi(s) x_s' \quad (\varphi(s) = (d^2t/ds^2)/(dt/ds))$$

가 성립한다. 이는 식 (11.2)로부터 명백하다. 역으로, 함수 $\varphi = \varphi(s)$에 대해서

$$\nabla_s x_s' = \varphi(s) x_s' \tag{11.3}$$

를 만족하는 곡선 x_s $(x_s' \neq 0)$가 존재하면, 적절한 매개변수변환 $t = t(s)$ $((dt/ds) > 0)$에 의해 측지선 x_t를 취할 수 있다. 실제

$$t(s) := \int e^{\int \varphi(s) ds} ds$$

로 변환시키면

$$\frac{d}{ds}\log\left(\frac{dt}{ds}\right)=\frac{d^2t}{ds^2}\frac{ds}{dt}=\varphi(s)$$

가 성립되므로, 식 (11.2)와 (11.3)으로부터 $\nabla_t x_t{}'=0$를 얻는다.

이들을 요약하여 다음 정리를 얻는다.

> **정리 11.1** $t=t(s)$ $((dt/ds)>0)$를 M상의 곡선 x_s $(x_s{}'\neq 0)$의 매개변수 s의 변환이라 하자. 매개변수 t가 주어진 곡선의 아파인매개변수 (즉, x_t가 측지선)일 필요충분조건은
>
> $$\nabla_s x_s{}'=\frac{d^2t}{ds^2}\frac{ds}{dt}x_s{}'$$
>
> 이다. 더욱이, 매개변수 t, s가 주어진 곡선의 아파인매개변수이면 $t=\alpha s+\beta$ $(\alpha>0$, β는 상수)이다.

국소좌표계 $\{x^1,\ \dots,\ x^n\}$에 대해서, 측지선 $x_t=(x^1(t),\ \dots,\ x^n(t))$는 연립2계상미분방정식

$$\frac{d^2x^k}{dt^2}+\sum_{i,\,j}\Gamma_{ij}^k(x^1(t),\ \dots,\ x^n(t))\frac{dx^i}{dt}\frac{dx^j}{dt}=0\quad(1\le k\le n)\tag{11.4}$$

의 해곡선이다.

2계상미분방정식의 해(solution)의 존재정리에 의해, 임의로 주어진

$$(p^1,\ \dots,\ p^n),\quad(a^1,\ \dots,\ a^n)$$

에 대해서, 적절한 $\delta>0$가 존재하여 $|t|<\delta$에서 초기치

$$x^i(0)=p^i,\quad\left(\frac{dx^i}{dt}\right)_{t=0}=a^i$$

를 만족하는 해(solution) $x_t=(x^1(t),\ \dots,\ x^n(t))$가 유일하게(uniquely) 존재한다. 즉, M상의 임의의 점 p와 p에서의 접벡터 $X=\sum_{i=1}^n a^i(\partial/\partial x^i)_p$에 대해서

$$x_0=(x^1(p),\ \dots,\ x^n(p))=(p^1,\ \dots,\ p^n),\ x_0{}'=X$$

인 측지선 $x_t=(x^1(t),\ \ldots,\ x^n(t))$ $(|t|<\delta)$가 유일하게 존재한다. 더욱이, 초기조건에 의해 아파인매개변수(affine parameter)도 유일하게 결정됨은 명백하다.

> **정리 11.2** 다양체 M가 선형접속을 가질 때, 임의의 점 $p\in M$와 임의의 $X\in T_pM$에 대해서 조건 $x_0=p$, $x_0{}'=X$를 만족하는 측지선 x_t (적절한 상수 $\delta>0$에 대하여 $|t|<\delta$)가 유일하게 존재하고, 그 아파인매개변수 t도 유일하게 결정된다.

아파인매개변수 t를 갖는 측지선 x_t가 $t\in R=(-\infty,\ \infty)$에서 정의되어져 있을 때, 측지선 x_t는 **완비**(complete)라고 한다. M의 선형접속에 관하여 임의의 측지선 u_t가 완비인 측지선으로 확장가능할 때, 주어진 선형접속을 **완비** (정확하게는 **측지선완비**(geodesically complete))라고 한다.

완비가 아닌 선형접속의 간단한 예는, 선형접속을 갖는 다양체 M에서 한 점 p_0를 제외한 M의 부분다양체 $M\setminus\{p_0\}$상의 주어진 선형접속 (M상의 선형접속)은 완비가 아님은 명백하다.

예제 11.3 직선 R^1의 좌표를 x로 하고, $d/dx=:X$로 둔다. 이때, $\nabla_X X=X$를 만족하는 R^1의 선형접속은 완비가 아니다. 실제, ∇의 좌표 x에 관한 R^1상의 접속계수 함수 Γ_{11}^1은 1이고, 측지선의 방정식은

$$\frac{d^2x}{dt^2}+\left(\frac{dx}{dt}\right)^2=0$$

이고, $t=0$일 때 초기조건 '$x=0$와 $(dx/dt)=1$'을 갖는 해는 $x(t)=\log(1+t)$이다. 이 측지선의 정의역은 $-1<t<\infty$이다.

이제, M상의 측지선 x_t는 프레임번들 $L(M)$상의 기저벡터장(standard horizontal vector field) $B(\xi)$ $(\xi\in R^n)$의 적분곡선 b_t의 기저다양체 M으로의 사영 (즉, $\pi(b_t)=x_t$)임을 밝힌다.

> **정리 11.4** $L(M)$상의 임의로 주어진 기저벡터장 $B(\xi)$ $(\xi\in R^n)$의 적분곡선 b_t의 사영 $\pi(b_t)=x_t$는 M의 측지선이고, 역으로 M의 임의의 측지선 x_t는 적절한 기저벡터장 $B(\xi)$의 적분곡선 b_t의 사영 $(\pi(b_t)=x_t)$이다.

증명 곡선 x_t는 $\pi(b_t)=x_t$이므로 b_t는 x_t의 수평 lift이다. 더욱이, x_t의 접벡터 $x_t{}'$에 대하여

$$x_t{}'=\pi_*(b_t{}')=\pi_*\left(B(\xi)_{b_t}\right)=b_t\xi$$

가 성립되므로, $b_t^{-1}x_t{}'=\xi$. 따라서 x_t는 M상의 측지선이다.

역으로, x_t $(-\epsilon<t<\epsilon)$가 측지선이라 하자. $\pi(b_0)=x_0$인 $L(M)$의 점 b_0를 취하면 $\xi:=b_0^{-1}x_0{}'\in R^n$를 얻는다. b_0를 지나는 x_t의 수평 lift를 b_t라 하면, x_t가 측지선이므로 $b_t^{-1}x_t{}'=\xi$이다. 따라서 $x_t{}'=b_t\xi=\pi_*\left(B(\xi)_{b_t}\right)$이고 $x_t{}'=\pi_*(b_t{}')$이므로 b_t는 $B(\xi)$의 적분곡선이고 $\pi(b_t)=x_t$이다. ■

§12. 표준좌표계(normal coordinate system)

먼저, M의 선형접속 (즉, $L(M)$에서의 접속)에 대해서 지수사상(exponential mapping)을 정의한다.

p를 M의 임의로 주어진 점이라 하자. T_pM의 각 벡터 X에 대해서, (p, X)를 초기조건으로 하는 측지선 x_t를 $\mathrm{Exp}\,tX$ $(-\delta_1 < t < \delta_2,\ (\delta_1,\ \delta_2 > 0))$로 표기한다. 주어진 선형접속이 완비(complete)일 때는 측지선의 아파인매개변수의 영역이 $(-\infty,\ \infty)$로 확장가능하므로, T_pM의 각 원 X에 대해서, $t=1$로써 $\mathrm{Exp}X \in M$의 정의가 가능하다. 접속이 완비가 아닐 때는, 2계 상미분 방정식의 해의 존재정리에 의해 $0 \in T_pM$의 적절한 근방 N_p가 존재하여, 각 $X \in N_p$에 대해서는 $\mathrm{Exp}\,tX$의 아파인매개변수 t의 정의역이 $[-1,\ 1]$을 포함한다고 하여도 무방하다. 이때, 사상

$$\mathrm{Exp}: N_p \ni X \ \mapsto\ \mathrm{Exp}X \in M$$

을 점 p에서 **지수사상**(exponential mapping at p)이라 한다.

정리 12.1 [10, Proposition 8.1, p.147]. 다양체 M의 각 점 x를 T_xM의 원으로 0 벡터로 간주하면, M은 $TM = \bigcup_{x \in M} T_xM$의 부분다양체이다. 이때 TM의 적절한 개부분다양체 $N(\supset M)$이 존재하여, N상에서 지수사상 $\mathrm{Exp}: N \to M$이 정의되고, 더욱이 이 지수사상은 C^∞ 사상이다.

증명 x_0 $(\in M)$가 임의로 주어진 점이라 하고, $\pi(u_0) = x_0$인 u_0 $(\in L(M))$를 택한다. 각 $\xi \in R^n$에 대해서 $B(\xi)$를 ξ에 대응하는 기저벡터장(standard horizontal vector field)이라 하자. 기저벡터장 $B(\xi) \in \mathfrak{X}(L(N))$에 의해 정의되어진 국소변환(local transformation)들 $\exp tB(\xi): U^* \to L(M)$ $(|t| < \delta,\ u_0 \in U^* \subset L(M))$으로 이뤄진 국소 1-매개변수군(local 1-parameter group)이 존재한다.

R^n의 긴밀(compact)부분집합 K가 주어졌을 때, K에 속하는 모든 ξ에 대응하는 벡터장 $B(\xi) \in \mathfrak{X}(L(N))$에 대해서도 국소1-매개변수군(local 1-parameter group of local transformations)이 정의되도록 U^* $(\ni u_0)$와 δ를 선택할 수 있다. 여기서, R^n의 긴밀부분집합 K를 다시 조정하여 $\delta > 1$ $(|t| < \delta)$이 되도록 K $(O_{n \times 1} \in K \subset R^n)$

를 선택할 수 있다. 이는 K가 R^n의 긴밀부분집합이고 사상 $B: R^n \ni \xi \to B(\xi) \in \mathfrak{X}(L(N))$이 C^∞ 사상이므로 가능하다. 그러므로 u_0의 적절한 근방 $U^*(\subset L(M))$와 $0 \in R^n$의 적절한 근방 V가 존재하여, 국소변환 군의 원 $\exp tB(\xi): U^* \to L(M)$ $(|t| < \delta,\ \xi \in V)$이 정의된다. $U(\subset M)$를 x_0의 근방이라 하고, $\sigma: U \to U^* \subset L(M)$ $(\sigma(x_0) = u_0)$를 절단(cross section)이라 하자. 각 $x \in U$에 대해서

$$N_x := \{X \in T_x M \mid \sigma(x)^{-1} X \in V\}, \quad N(x_0) := \bigcup_{x \in U} N_x$$

로 둔다. 이때 주어진 $X \in N_x \subset T_x M$에 대해 $\sigma(x)^{-1} X =: \xi \in V$로 두면, $\pi((\exp tB(\xi))(\sigma(x)))$는 초기치 (x, X)를 갖는 측지선이다. 실제

$$\lim_{s \to 0} \frac{(\exp sB(\xi))((\exp tB(\xi))(\sigma(x))) - (\exp tB(\xi))(\sigma(x))}{s} = B(\xi)_{(\exp tB(\xi))(\sigma(x))}$$

이므로, $b_t := (\exp t\, B(\xi))(\sigma(x))$ $(|t| < \delta,\ \delta \le 1)$는 $B(\xi)$의 적분곡선이다. 따라서 정리 11.4에 의해

$$\pi(b_t) = \pi((\exp tB(\xi))(\sigma(x))) =: x_t = \mathrm{Exp}\, t(\sigma(x)\xi) = \mathrm{Exp}\, tX \quad (|t| < \delta,\ \delta \le 1)$$

는 초기치 (x, X)를 갖는 측지선이고

$$\mathrm{Exp} X = \pi((\exp B(\xi))(\sigma(x))).$$

여기서, $\mathrm{Exp}: N(x_0) \to M$은 C^∞ 사상임이 명백하고, $N := \bigcup_{x_0 \in M} N(x_0) \supset M$로 두면 $\mathrm{Exp}: N \to M$은 C^∞ 사상이다. ■

> **정리 12.2** 다양체 M의 각 점 x에서, 실벡터공간 $T_x M$의 0벡터 (점 x)의 적절한 근방 N_x가 존재하여 지수사상
>
> $$\mathrm{Exp}: N_x \to \mathrm{Exp}(N_x) \quad (\subset M)$$
>
> 는 미분동형사상이 된다.

증명 지수사상의 정의로부터, 주어진 점 x에서 지수사상의 미분사상은 항등사상이다. 따라서 음함수정리(implicit function theorem)에 의해 본 정리를 얻을 수 있다. ■

$u = (X_1, \ldots, X_n)$ $(\subset T_p(M))$을 점 p $(\in M)$에서 선형프레임이라 하자. N_p를 충분히 작은 $\delta > 0$에 대하여 다음과 같이 둔다.

$$N_p := \left\{ \sum_{i=1}^{n} a^i X_i \,\middle|\, |a^i| < \delta \right\} \quad (\delta > 0).$$

이때, N_p는 정리 12.2의 조건을 만족한다. $\mathrm{Exp}(N_p) =: U_p$ $(\subset M)$로 두면 U_p상의 국소좌표계 $\{x^1, \ldots, x^n\}$으로

$$x^i\left(\mathrm{Exp}\left(\sum_{j=1}^{n} a^j X_j\right)\right) = a^i \quad (1 \le i \le n) \tag{12.1}$$

이 되도록 취할 수 있다. 이러한 $U_p = \mathrm{Exp}\, N_p$상의 국소좌표계 $\{x^1, \ldots, x^n\}$을 선형프레임 $u = \{X_1, \ldots, X_n\} \subset T_pM$에 대응하는 **표준좌표계**(normal coordinate system)라 하고, $U_p = \mathrm{Exp}(N_p)$를 점 p의 **표준근방**(normal neighborhood)이라 한다.

$\{x^1, \ldots, x^n\}$을 점 $p \in M$에서 선형프레임 $u = \{X_1, \ldots, X_n\}$에 관한 표준좌표계라고 하자. 이때, 초기치

$$x_0 = p, \quad \dot{x}_0 = X = \sum_{i=1}^{n} a^i X_i$$

를 만족하는 측지선 $\tau \equiv x_t = (x^1(t), \ldots, x^n(t))$는

$$x^i(t) = a^i t \quad (1 \le i \le n) \tag{12.2}$$

이다. 한편, 측지선은 초기조건에 의해 완전히 결정되므로 측지선의 좌표가 (12.2)와 같을 때는, 주어진 국소좌표계 $\{x^1, \ldots, x^n\}$은 선형프레임 $u = (X_1, \ldots, X_n)$ $(\subset T_pM)$에 관한 표준좌표계이다.

점 $p \in M$에서 선형프레임 $u = (X_1, \ldots, X_n) \subset T_pM$에 의한 표준좌표계 $\{x^1, \ldots, x^n\}$에 관하여, 식 (12.2)의 도움으로 측지선 $x_t = (x^1(t), \ldots, x^n(t))$는 점 x_t에서

$$\sum_{i,j} \Gamma_{ij}^k (a^1 t, \ldots, a^n t)\, a^i a^j = 0$$

를 만족하고, $t = 0$에서는

$$\sum_{i,j} \Gamma_{ij}^k (0, \ldots, 0)\, a^i a^j = 0.$$

이 식은 임의의 $(a^1, \ldots, a^n)$에 대해서 성립하므로

$$\Gamma_{ji}^{k}(p) + \Gamma_{ij}^{k}(p) = 0$$

가 성립한다. 일반적으로, 열률텐서장 $T=0$일 때는 국소좌표계에 관한 접속계수함수가 $\Gamma_{ij}^{k}(p) = \Gamma_{ji}^{k}(p)$이므로, 표준좌표계에 관해선 윗식의 도움으로 원점 p에서 $\Gamma_{ji}^{k}(p) = 0$가 성립함을 알 수 있다.

> **정리 12.3** M의 선형접속의 열률텐서장이 0벡터장이라 하자. $p \in M$를 원점으로 하는 표준좌표계 $\{x^1, \ldots, x^n\}$에 관해서, 접속계수함수 Γ_{ij}^{k}는 원점 p에서 $\Gamma_{ij}^{k}(p) = 0$이다. 따라서 임의의 텐서장 K에 대해서
>
> $$\nabla_k K_{j_1 \cdots j_s}^{i_1 \cdots i_r}(p) = \frac{\partial K_{j_1 \cdots j_s}^{i_1 \cdots i_r}}{\partial x^k}(p)$$
>
> 가 성립한다.

주어진 선형접속 Γ의 열률텐서장 T^{∇}가 0이 아닐 때, Γ의 공변미분연산 $\nabla_X Y$ $(X, Y \in \mathfrak{X}(M))$을 변형하여

$$\nabla_X^* Y := \nabla_X Y - \frac{1}{2} T^{\nabla}(X, Y)$$

로 두면, ∇^*는 적절한 선형접속 Γ^*의 공변미분연산이다. 이때, M상의 곡선 x_t에 대해서

$$\nabla_t x_t' = 0 \text{일 필요충분조건은 } \nabla_t^* x_t' = 0$$

이다. 여기서, ∇^*에 관한 열률텐서장은 0벡터장이고, 국소좌표계에 관한 ∇, ∇^*의 접속계수함수를 각각 Γ_{ij}^{k}, Γ_{ij}^{*k}로 두면

$$\Gamma_{ij}^{*k} = \frac{1}{2}\left(\Gamma_{ij}^{k} + \Gamma_{ji}^{k}\right)$$

이다.

§13. 곡선의 전개(development)와 전완비성(total completeness)

다양체 M에 선형접속이 주어져 있고, M상의 곡선 $\tau=\{x_t \mid 0 \le t \le b\}$가 주어졌을 때, 곡선 τ의 아파인접속(affine connection)에 의한 $T_{x_0}(M)$으로의 전개 x_t^*는 정리 9.1에 의해 다음과 같이 주어진다 :

$$x_t^* = \int_0^t Y_s\, ds.$$

여기서, $Y_t := \tau_0^t(x_t{}')$ $(0 \le t \le b)$ $(\tau_0^t : T_{x_t}(M) \to T_{x_0}(M)$은 곡선 τ의 역방향을 따른 선형접속에 의한 평행이동). 특별한 경우로, τ가 측지선일 때는 $Y_t := Y = x_0{}'$이므로

$$x_t^* = tY = tx_0{}' \quad (0 \le t \le b),$$

즉 곡선 $\tau = x_t$ $(0 \le t \le b)$의 $T_{x_0}(M)$으로의 전개 x_t^*는 $T_{x_0}(M)$상의 원점을 지나는 선분 $x_t^* = tY$ $(0 \le t \le b)$이다.

다음에 τ가 구분적으로(piecewisely) 미분가능일 경우, 즉 τ가 x로부터 y까지 미분가능인 곡선이고 μ가 y로부터 z까지의 미분가능인 곡선일 때, $\nu=\mu\cdot\tau$를 두 곡선의 합성이라고 하자. τ의 전개를 τ^*를 두자. μ의 각 점 y_t에서의 접벡터를 μ의 역방향으로 y_t로부터 y까지 평행이동하고, 계속해서 τ의 역방향으로 T_xM까지 평행이동해서 얻어진 벡터를 Z_t로 둔다. τ^*의 종점을 시점으로 하여 Z_t를 적분하여 얻은 T_xM상의 곡선을 μ^*로 두면, $\nu=\mu\cdot\tau$의 T_xM으로의 전개는 $\mu^*\cdot\tau^*$이다.

이제, τ가 M상에 x로부터 y까지의 곡선일 때, 아파인접속에 의한 τ를 따른 평행이동을 정의한다. 곡선 $\tau(t)$ $(\tau(0)=x,\ \tau(1)=y\,;0 \le t \le 1)$에 대하여

$$\tau^{-1}(t) := \tau(1-t) \quad (0 \le t \le 1)$$

로 둔다. 이때, 아파인접속에 의한 곡선 τ^{-1}의 $T_y(M)$으로의 전개 $(\tau^{-1})^*(t)$는 다음과 같이 주어진다.

$$(\tau^{-1})^*(t) := \int_0^t \tau_0^t(y'(t))\,dt \quad \left(y'(t) := \frac{d\tau^{-1}(t)}{dt}\right),$$

여기서 τ_0^t는 곡선 τ^{-1}를 따른 $\tau^{-1}(t)$로부터 $\tau^{-1}(0)=y$로의 선형평행이동이다. $(\tau^{-1})^*(1)$

$=: C$로 두면, 아파인접속에 의한 두 아파인공간 간의 아파인 평행이동(affine parallel displacement) $\tilde{\tau}$는 다음과 같이 주어진다 :

$$\tilde{\tau}: T_xM \ni X \;\rightarrow\; \tilde{\tau}(X) = \tau(X) + C \in T_yM.$$

여기서, $\tau(X)$는 $X \in T_xM$의 곡선 τ를 따른 (선형접속에 의한) 선형평행이동이다.

M의 곡선 $\tau = \{\tau_t \mid 0 \le t \le b\}$의 아파인접속에 의한 전개 τ^*도 τ의 정의역 $[0,\ b]$와 같은 정의역을 갖는데, 역으로 T_xM의 원점 (0벡터)을 시점으로 하는 곡선

$$\tau^* = \{x_t^* \mid t \in [0,\ b]\}$$

가 주어졌을 때, 점 $x\ (= x_0^*)$를 시점으로 하는 M의 곡선 τ로 τ의 전개가 τ^*로 되는 것이 존재할까? 일반적으로, 정의역까지 일치하는 M상의 그러한 곡선 τ는 존재하지 않는다.

정리 13.1 $T_x(M)$의 0벡터를 시점(starting point)으로 하는 곡선

$$\tau^* = \{x_t^* \mid 0 \le t \le b\} \quad (\subset T_x(M))$$

가 주어졌을 때, 적절한 수 $\delta (> 0)$가 존재하여, M의 곡선 $\tau = y_t\ (0 \le t \le \delta)$가 $y_0 = x$이고 τ의 아파인접속에 의한 T_xM으로의 전개 y_t^*가 $y_t^* = x_t^*\ (0 \le t \le \delta)$인 곡선 y_t $(0 \le t \le \delta)$가 유일하게 존재한다.

증명 $\pi(u) = x$인 점 $u\,(\in L(M))$를 고정한다. $T_x(M)$의 곡선 $x_t^*\,(0 \le t \le b)$에 대해서 R^n의 곡선 $u^{-1}(x_t^*)$를 취하고,

$$\frac{d\left(u^{-1}(x_t^*)\right)}{dt} = u^{-1}\left(\frac{dx_t^*}{dt}\right) =: \xi_t$$

로 둔다. 각 ξ_t에 대응하는 기저벡터장(standard horizontal vector field) $B(\xi_t)$에 대하여, u를 시점으로 하는 $B(\xi_t)$의 적분곡선을 u_t라 하자. 이때, u_t는 어떤 적절한 $\delta > 0$에 대하여

$$u_0 = u, \quad u_t{}' = \left(B(\xi_t)\right)_{u_t} \quad (0 \le t \le \delta < b)$$

를 만족하는 $B(\xi_t)$의 해곡선이다. 이러한 해곡선(적분곡선)은 미분방정식의 해의 존재정리에 의해 보증된다. 이때, $x_t := \pi(u_t)\ (0 \le t \le \delta)$로 두면

$$x_t{}' = \pi(u_t{}') = u_t \xi_t = u_t \left(u_0^{-1} \left(\frac{dx_t^*}{dt} \right) \right)$$

가 성립된다. u_t는 x_t의 수평 lift이므로, 곡선 x_t의 역방향을 따른 $x_t{}'$의 선형평행이동 $\tau_0^t(x_t{}')$는 $\tau_0^t(x_t{}') = dx_t^*/dt \ (0 \le t \le \delta)$를 만족한다. 따라서 정리 9.1에 의해 곡선 x_t $(0 \le t \le \delta)$의 아파인접속에 의한 $T_x(M)$으로의 전개가 x_t^* $(0 \le t \le \delta)$이다.

이제, 이러한 곡선의 유일성(uniqueness)을 증명하기 위해, M상의 곡선 y_t $(y_0 = x)$의 아파인접속에 의한 $T_x(M)$으로의 전개가 x_t^*라 가정하자. $u_0 = u$를 시점으로 하는 y_t의 수평 lift를 v_t $(0 \le t \le \delta,\ v_0 = u_0 = u)$라 하면 v_t도 $B(\xi_t)$의 적분곡선이다. 실제

$$v_0^{-1} x_t^* = \xi_t \ \ (u_0 = v_0 = u), \quad \tau_0^t(y_t{}') = \frac{dx_t^*}{dt}$$

이므로 $v_t \xi_t = y_t{}' = \pi_*(v_t{}')$이다. 적분곡선의 일의성(uniqueness)으로부터 $v_t = u_t$ $(0 \le t \le \delta)$이므로 $y_t = x_t$ $(0 \le t \le \delta)$이다. ■

위 정리에서 M의 곡선 x_t의 존재범위가 x_t^*의 정의역인 $[0, b]$까지 확장가능하다고 할 수는 없다. 실제

$$\tau^* = \left\{ x_t^* = tY \mid 0 \le t \le b \right\} \quad (Y \in T_x M,\ \ x_0^* = x_0 = x)$$

일 때

$$\tau_0^t(x_t{}') = Y \quad (0 \le t \le b)$$

인 곡선 x_t가 존재하였다고 가정하자. 그러한 곡선 x_t $(0 \le t \le b)$상의 한 점 p를 제외한 M의 미분가능인 다양체 $M \setminus \{p\} =: N$상에선, 곡선 x_t의 정의역을 x_t^*의 정의역인 $[0,\ b]$까지 확장할 수 없다. 여기서, M상의 선형접속이 다음 조건을 만족할 때, 그러한 선형접속을 **전완비**(totally complete) 혹은 Ehresmann**완비**(complete in the sense of Ehresmann)라고 한다:

M상에서 임의로 주어진 점 x와 $T_x(M)$의 0벡터를 시점으로 하는 임의의 곡선

$$\tau^* = \left\{ x_t^* \mid 0 \le t \le b \right\}$$

에 대해, $x = x_0$를 시점으로 하는 M상의 적절한 곡선 $\tau = \{x_t \mid 0 \le t \le b\}$가 존재하여, 곡선 τ의 아파인접속에 의한 $T_x(M)$으로의 전개가 $\tau^* = \left\{ x_t^* \mid 0 \le t \le b \right\}$와 일치한다.

M상의 선형접속이 전완비(totally complete)이면, 그러한 선형접속은 §11에서 정의한 측지선의 의미에서 완비(geodesically complete)임은 명백하다.

역으로, M상의 선형접속이 측지선의 의미에서 완비(geodesically complete)이면 전완비(totally complete)일까? 다음은 (측지선의 의미에서) 완비인 선형접속이 전완비가 아닌 예이다 (cf. [29]).

$\{u,\ v\}$를 R^2의 좌표계라 하고, 그것에 관해서 선형접속의 계수함수가

$$\Gamma_{12}^2(u,\ v) = -2e^v,\quad \Gamma_{21}^2(u,\ v) = 2e^v,\quad \text{나머지 } \Gamma_{ij}^k = 0$$

인 R^2상의 선형접속 ∇를 취한다. 이때

$$\Gamma_{ij}^{*\,k} := \frac{1}{2}\left(\Gamma_{ij}^k + \Gamma_{ji}^k\right)$$

로 두면 $\Gamma_{ij}^{*\,k} = 0$이므로, Γ^*에 의해 R^2에 일반적인 평탄한 접속 ∇^*가 정의된다. 이때, 선형접속 ∇와 ∇^*는 (아파인매개변수를 포함한) 동일한 측지선들을 갖는다 (cf. §12). R^2의 선형접속 ∇^*는 측지선의 의미에서 완비(geodesically complete)이므로, 선형접속 ∇도 완비이다.

이제, $p = (0,\ 0)$를 시점으로 하는 곡선 τ가 다음과 같이 주어졌다고 하자 :

$$(u(t),\ v(t)) = (t,\ -\log(1-t)) \quad (0 \le t < 1).$$

이 곡선 τ의 정의역을 1까지 확장하는 것은 불가능하다. 이 곡선 τ의 접공간 $T_p(R^2)$ $(p = (0,\ 0))$로의 주어진 선형접속 ∇에 관한 전개를 구하자.

$r \in (0,\ 1)$에서 접벡터

$$\left(\frac{du}{dt},\ \frac{dv}{dt}\right)_{t=\gamma} = \left(1,\ \frac{1}{(1-r)}\right)$$

을 곡선 τ의 역방향으로 $p = (0,\ 0)$까지 평행이동해서 얻어진 접벡터 $Y(r)$을 구하기 위하여, 우선 $(U(t),\ V(t))$를 τ를 따른 평행인 R^2상의 벡터장으로 (초기치)

$$U(r) = 1,\quad V(r) = \frac{1}{(1-r)}$$

을 만족한다고 하면

$$\Gamma_{21}^2(u(t),\ v(t)) = -\Gamma_{12}^2(u(t),\ v(t)) = 2e^{v(t)} = \frac{2}{(1-t)}$$

이므로

$$\frac{dU}{dt}+\left(\frac{du}{dt}\Gamma^1_{11}+\frac{dv}{dt}\Gamma^1_{21}\right)U+\left(\frac{du}{dt}\Gamma^1_{12}+\frac{dv}{dt}\Gamma^1_{22}\right)V=\frac{dU}{dt}=0,$$

$$\frac{dV}{dt}+\left(\frac{du}{dt}\Gamma^2_{11}+\frac{dv}{dt}\Gamma^2_{21}\right)U+\left(\frac{du}{dt}\Gamma^2_{12}+\frac{dv}{dt}\Gamma^2_{22}\right)V$$

$$=\frac{dV}{dt}+\frac{2}{(1-t)^2}U-\frac{2}{(1-t)}V=0,$$

즉, $U=1,\ \ V(t)=\dfrac{1+r-2t}{(1-t)^2}$이다. 따라서

$$Y(r)=(U(0),\ V(0))=(1,\ 1+r)$$

이 된다. 곡선 τ의 전개 τ^*는 $Y(t)$를 적분한

$$\left(u^*(t),\ v^*(t)\right)=\int_0^t(1,\ 1+t)dt=\left(t,\ t+\frac{t^2}{2}\right)$$

이 되므로, $\tau^*=\left(u^*(t),\ v^*(t)\right)$는 $t\in[0,\ \infty)$에서 정의된다. 그러나 주어진

$$\tau=\{(u(t),\ v(t))=(t,\ -\log(1-t))\mid 0\le t<1\}$$

의 정의역 $[0,\ 1)$은 $[0,\ \infty)$로 확장불가능하다. 따라서 위의 선형접속 ∇는 전완비(totally complete)가 아니다.

제4장

리만접속

리만다양체 (M, g)의 선형접속 중에서, 특히 리만계량 g에 의해 결정된 M상의 프레임번들 $L(M)$에서의 접속을 (M, g)상의 리만접속이라 하는데, 이 장에서는 리만접속에 관한 성질 및 특성에 관하여 소개한다.

§1. 리만접속(Levi-Civita접속)

(M, g)를 n차원 리만다양체라 하자. M상의 임의로 주어진 좌표근방 $(U; x^1, \ldots, x^n)$에서 $g_{ij} := g(\partial/\partial x^i, \partial/\partial x^j)$는 리만계량 g의 성분이고 $[g_{ij}]^{-1} =: [g^{ij}]$로 둔다. 이때, U상의 함수계

(1.1)
$$\Gamma^i_{jk} := \frac{1}{2}\sum_l g^{il}\left(\frac{\partial g_{lk}}{\partial x^j} + \frac{\partial g_{lj}}{\partial x^k} - \frac{\partial g_{jk}}{\partial x^l}\right)$$

에 의해 정의된 M의 접속을 **리만접속** 혹은 Levi-Civita**접속**이라 한다.

정리 1.1 리만다양체 (M, g)에서, C^∞ 곡선 $c(t)$ $(-\epsilon < t < \epsilon)$를 따른 (리만접속에 관한) 접벡터공간의 평행이동

$$P_{ba}: T_{c(a)}M \to T_{c(b)}M \quad (a, b \in (-\epsilon, \epsilon))$$

은 다음 성질을 갖는다 :

$$g_{c(b)}(P_{ba}(u), P_{ba}(v)) = g_{c(a)}(u, v) \quad (u, v \in T_{c(a)}M).$$

증명 벡터장 Y_t, Z_t $(-\epsilon < t < \epsilon)$를 초기치 $Y_a = u$, $Z_a = v$를 만족하는 곡선 $c(t)$를 따른 평행인 벡터장이라 하자. 이때

$$P_{ba}(u) = Y_b, \quad P_{ba}(v) = Z_b$$

이므로, $g_{c(t)}(Y_t, Z_t) =$ 상수(constant)임을 밝히면 충분하다.

주어진 곡선이 포함되는 좌표근방 $(U; x^1, x^2, \dots, x^n)$에서

$$c'(t) = (\xi^1(t), \dots, \xi^n(t)), \quad Y_t = (\eta^1(t), \dots, \eta^n(t)), \quad Z_t = (\zeta^1(t), \dots, \zeta^n(t))$$

로 두면

$$\frac{d}{dt} g_{c(t)}(Y_t, Z_t) = \frac{d}{dt}\left(\sum_{i,j} g_{ij}(c(t))\, \eta^i(t)\, \zeta^j(t)\right). \tag{1.2}$$

한편, Y_t, Z_t는 주어진 곡선 $c(t)$ $(-\epsilon < t < \epsilon)$를 따라 평행이므로

$$\left(\frac{d\eta^i}{dt}\right) = -\sum_{k,l} \Gamma^i_{kl}\, \xi^k \eta^l, \quad \left(\frac{d\zeta^j}{dt}\right) = -\sum_{k,l} \Gamma^j_{kl}\, \xi^k \zeta^l. \tag{1.3}$$

식 (1.3)으로부터

$$\sum_{i,j} g_{ij}(c(t))\left(\frac{d\eta^i}{dt}\zeta^j(t) + \eta^i(t)\frac{d\zeta^j}{dt}\right) = -\sum_{i,j,k,l}\left(g_{ij}\Gamma^i_{kl} + g_{li}\Gamma^i_{kj}\right)_{c(t)} \xi^k(t)\, \eta^l(t)\, \zeta^j(t). \tag{1.4}$$

식 (1.1)의 도움으로, 식 (1.4)는

$$\sum_{i,j} g_{ij}(c(t))\left(\frac{d\eta^i}{dt}\zeta^j(t) + \eta^i(t)\frac{d\zeta^j}{dt}\right) = -\sum_{i,j,k} \frac{\partial g_{ij}}{\partial x^k}(c(t))\, \xi^k(t)\, \eta^i(t)\, \zeta^j(t) \tag{1.5}$$

로 된다. 따라서 식 (1.2), (1.4), (1.5)로부터

$$\frac{d}{dt} g_{(t)}(Y_t, Z_t) = 0. \tag{1.6}$$

■

따름정리 1.2 리만다양체 (M, g)상의 측지선 $c(t)$ $(-\epsilon < t < \epsilon)$의 접벡터의 길이는 일정하다. 즉

$$g_{c(t)}(c'(t), c'(t)) = \text{상수(constant)} \quad (-\epsilon < t < \epsilon).$$

증명 측지선 $c(t)$ $(-\epsilon < t < \epsilon)$의 접벡터장은 측지선 $c(t)$를 따라서 평행이므로, 정리 1.1로부터 명백하다. ■

이제, 주어진 선형접속에 대해서 $X\ (\in \mathfrak{X}(M))$ 방향으로의 $Y \in \mathfrak{X}(M)$의 공변미분을 임의로 주어진 $(r,\ s)$형 텐서장의 공변미분으로 확장하기 위하여, 필요한 실벡터공간인 텐서공간들 간의 선형동형사상을 소개한다.

n차원 실벡터공간 $V,\ W$간의 선형동형사상

$$P:\ V \to W$$

가 주어졌다고 하자. $V^*,\ W^*$를 각기 벡터공간 $V,\ W$의 쌍대공간(dual space)이라 하고, $(P^*(\mu))(\boldsymbol{x}) := \mu(P(\boldsymbol{x}))\ \ (\mu \in W^*,\ \boldsymbol{x} \in V)$로 사상

$$P^*:\ W^* \to V^* \tag{1.7}$$

을 정의하면, 사상 P^*도 선형동형사상이다. 실제, $\mu \in W^*$이면 $P^*(\mu) \in V^*$이고

$$P^*(\mu+\nu) = P^*(\mu) + P^*(\nu), \quad P^*(k\mu) = kP^*(\mu) \quad (\mu,\ \nu \in W^*,\ k \in R).$$

더욱이, $\mu,\ \nu \in W^*\ (\mu \neq \nu)$이면 $P^*(\mu) \neq P^*(\nu)$이고, $\omega \in V^*$이면 $P^*\left(\sum_{i=1}^{n} \omega(\boldsymbol{e}_i)\boldsymbol{h}^i\right) = \omega$이다. 여기서, $\omega = \sum_i \omega(\boldsymbol{e}_i)\boldsymbol{f}^i$ $\left(\{\boldsymbol{e}_i\}_i,\ \{\boldsymbol{f}^j\}_j\right.$는 $V,\ V^*$의 기저이고 서로간의 쌍대기저, $\{P\boldsymbol{e}_i =: \boldsymbol{d}_i\}_i,\ \{\boldsymbol{h}^j\}_j$는 $W,\ W^*$의 기저이고 서로간의 쌍대기저이다$\left.\right)$.

$V^{(r,\ s)},\ W^{(r,\ s)}$를 벡터공간 $V,\ W$상의 $(r,\ s)$형 텐서들로 이뤄진 텐서공간이라 하자. 선형사상 P와 P^*에 의하여

$$P^{(r,\ s)}\left(\mu^1,\ \ldots,\ \mu^r,\ \boldsymbol{y}_1,\ \ldots,\ \boldsymbol{y}_s\right) := \left(P^*(\mu^1),\ \ldots,\ P^*(\mu^r),\ P^{-1}(\boldsymbol{y}_1),\ \ldots,\ P^{-1}(\boldsymbol{y}_s)\right)$$
$$\left(\mu^1,\ \ldots,\ \mu^r \in W^*;\ \boldsymbol{y}_1,\ \ldots,\ \boldsymbol{y}_s \in W\right)$$

로 정의된 사상

$$P^{(r,\ s)}:\ W^* \times \cdots \times W^* \times W \times \cdots \times W \to\ V^* \times \cdots \times V^* \times V \times \cdots \times V \tag{1.8}$$

를 이용하여, 텐서공간 간의 선형동형사상

$$P^{(r,\ s)}:\ V^{(r,\ s)} \ni F \ \mapsto\ P^{(r,\ s)}(F) := F \circ P^{(r,\ s)} \in W^{(r,\ s)} \tag{1.9}$$

를 정의한다.

$V,\ W$의 기저 $\{\boldsymbol{e}_i\}_i,\ \{\widetilde{\boldsymbol{e}}_i\}_i$에 대해서

$$\widetilde{\boldsymbol{e}}_i = \sum_j P(\boldsymbol{e}_j)\, p^j_i \tag{1.10}$$

라 하자. 행렬 $\left[p^i{}_j\right]$는 정칙(invertible)이고, 그 역행렬을 $\left[q^i{}_j\right]$라 하면

$$(1.11) \qquad P(e_i) = \sum_j \widetilde{e}_j \, q^j_i$$

이다. $F \in V^{(r,\,s)}$의 기저 $\{e_i\}_i$에 관한, 성분을 $F^{i_1 \cdots i_r}_{j_1 \cdots j_s}$라 하고, $P^{(r,\,s)}(F) \in W^{(r,\,s)}$의 (기저 $\{\widetilde{e}_i\}_i$에 관한) 성분을 $\widetilde{F}^{i_1 \cdots i_r}_{j_1 \cdots j_s}$라 하면, 식

$$(1.12) \qquad \widetilde{F}^{i_1 \cdots i_r}_{j_1 \cdots j_s} = \sum_{\substack{k_1 \cdots k_r \\ h_1 \cdots h_s}} q^{i_1}_{k_1} \cdots q^{i_r}_{k_r} \, p^{h_1}_{j_1} \cdots p^{h_s}_{j_s} F^{k_1 \cdots k_r}_{h_1 \cdots h_s}$$

가 성립된다. 실제, V, W의 기저 $\{e_i\}_i$, $\{\widetilde{e}_i\}_i$의 쌍대기저를 $\{f^j\}_j$, $\{\widetilde{f}^j\}_j$로 두면, 식 (1.9)에 의하여

$$(1.13) \qquad \begin{aligned} \widetilde{F}^{i_1 \cdots i_r}_{j_1 \cdots j_s} &= \left(P^{(r,\,s)}(F)\right)\left(\widetilde{f}^{i_1}, \ldots, \widetilde{f}^{i_r}, \widetilde{e}_{j_1}, \ldots, \widetilde{e}_{j_s}\right) \\ &= F\left(P^*\left(\widetilde{f}^{i_1}\right), \ldots, P^*\left(\widetilde{f}^{i_r}\right), P^{-1}\left(\widetilde{e}_{j_1}\right), \ldots, P^{-1}\left(\widetilde{e}_{j_s}\right)\right). \end{aligned}$$

식 (1.11)에 의해 $\left(P^*\left(\widetilde{f}^i\right)\right)(e_k) = q^i_k$이다. 이 식과 식 (1.10)으로부터

$$(1.14) \qquad P^*\left(\widetilde{f}^i\right) = \sum_k q^i_k f^k, \quad P^{-1}\left(\widetilde{e}_j\right) = \sum_h p^h_j e_h$$

를 얻는다. 식 (1.13), (1.14)에 의해 식 (1.12)가 성립된다.

특히, $V = W$이고 P가 항등사상일 때는, 식 (1.10)은 벡터공간 V의 기저변환식이고, 식 (1.12)는 기저변환에 따른 $(r,\,s)$형 텐서의 텐서성분변환식이다.

n차원 다양체 M상에 선형접속이 주어졌을 때, M상의 텐서장(tensor field)에 대한 공변미분(covariant derivative)에 관하여 고찰하자. M상의 $(r,\,s)$형 텐서장 F의 $X \in \mathfrak{X}(M)$에 의한 공변미분을 다음과 같이 정의한다 :

x를 M상의 임의로 주어진 점, 곡선 $c(t)$ $(-\epsilon < t < \epsilon,\ c(0) = x)$를 벡터장 X의 적분곡선이라 하자. 곡선 $c(t)$를 따른 (주어진 선형접속에 관한) 평행이동인 선형동형사상

$$(1.15) \qquad P^{(r,\,s)}_{0t} : T_{c(t)}M \rightarrow T_xM \quad (c(0) = x)$$

과 식 (1.9)에 의한 $(r,\,s)$형 텐서공간 간의 선형동형사상

$$(1.16) \qquad P^{(r,\,s)}_{0t} : (T_{c(t)}M)^{(r,\,s)} \rightarrow (T_xM)^{(r,\,s)} \quad (x = c(0))$$

을 이용하여, 점 x에서의 접벡터 $(\nabla_X F)_x \in (T_x(M))^{(r,\,s)}$를

$$(1.17) \qquad (\nabla_X F)_x := \lim_{t\to 0} \frac{P_{0t}^{(r,\,s)}(F_{c(t)}) - F_x}{t}$$

로 정의한다.

여기서, 식 (1.17)의 $(r,\,s)$형 텐서장 $\nabla_X F$가 C^∞ 텐서장임을, $\nabla_X F$의 성분을 F의 성분이 포함된 식으로 나타내어 그들이 C^∞ 함수들임을 밝혀 $\nabla_X F$가 C^∞ 텐서장임을 증명하기로 한다.

주어진 점 $x\in M$를 포함하는 국소좌표근방 $(U; x^1,\ \dots,\ x^n)$을 임의로 택하여

$$c(t) = (x^1(t),\ \dots,\ x^n(t)), \quad X_{c(t)} = (\xi^1(t),\ \dots,\ \xi^n(t))$$

로 둔다. 가정에 의해 $c(t)$는 $X\in\mathfrak{X}(M)$의 적분곡선이기 때문에 $dx^i/dt = \xi^i(t)$이다.

편의상, F를 M상의 $(1,\ 1)$형 텐서장이라 하자. 위의 국소좌표근방에서

$$F = \sum_{i,j} F^i_j \frac{\partial}{\partial x^i} \otimes dx^j$$

로 표기되고, 식 (1.10)과 (1.14)를 이 경우에 적용하면

$$(1.18) \qquad \begin{cases} P_{0t}^{-1}\left(\dfrac{\partial}{\partial x^i}\right)_x = \displaystyle\sum_j p^j_i(t)\left(\dfrac{\partial}{\partial x^j}\right)_{c(t)}, \quad P_{0t}^*(dx^i)_x = \displaystyle\sum_k q^i_k(t)(dx^k)_{c(t)} \\ \left([p^i_j(t)]^{-1} = [q^i_j(t)],\ \ p^i_j(0) = q^i_j(0) = \delta^i_j\right). \end{cases}$$

$P_{0t}^{(1,1)}(F_{c(t)}) =: K(t)$ $(K(0) = F_x,\ c(0) = x)$의 $T_x(M)$의 기저 $\{(\partial/\partial x^i)_x\}_i$에 관한 성분은 식 (1.12)에 의해

$$(1.19) \qquad K(t)^i_j = \sum_{k,h} q^i_k(t)\, p^h_j(t) (F_{c(t)})^k_h\,.$$

식 (1.17), (1.18) 및 (1.19)에 의하여

$$(1.20) \qquad \begin{aligned} ((\nabla_X F)_x)^i_j &= \lim_{t\to 0}\frac{K(t)^i_j - (F_x)^i_j}{t} \\ &= \lim_{t\to 0}\frac{1}{t}\Big\{\sum_k (q^i_k(t) - q^i_k(0))(F_x)^k_j + \sum_h (p^h_j(t) - p^h_j(0))(F_x)^i_h \\ &\qquad + ((F_{c(t)})^i_j - (F_x)^i_j)\Big\} \end{aligned}$$

더욱이, $P_{t0}(\partial/\partial x^j)_x = \sum_h p_j^h(t)(\partial/\partial x^h)_{c(t)}$와 $P_{0t}^*(dx^i)_x = \sum_k q_k^i(t)(dx^k)_{c(t)}$는 곡선 $c(t)$ $(-\epsilon < t < \epsilon)$를 따라 평행이므로

$$(1.21)\qquad \frac{dp_j^h}{dt}(0) + \sum_{k,l} \Gamma_{kl}^h(x)\xi^k(0)p_j^l(0) = 0, \quad \frac{dq_k^i}{dt}(0) - \sum_{t,l} \Gamma_{tk}^l(x)\xi^t(0)q_l^i(0) = 0.$$

식 (1.18), (1.20), (1.21)에 의해

$$(1.22)\qquad (\nabla_X F)_x = \sum_{i,j}\left\{\sum_k \xi^k(0)\left(\frac{\partial F_j^i}{\partial x^k}\right)_x + \sum_{t,k}\left(\Gamma_{tk}^i(x)\xi^t(0)(F_x)_j^k - \Gamma_{tj}^k(x)\xi^t(0)(F_x)_k^i\right)\right\}\left(\frac{\partial}{\partial x^i}\right)_x \otimes (dx^j)_x.$$

식 (1.22)의 우변의 $\sum_k \xi^k(0)(\partial F_j^i/\partial x^k)_x = X_x(F_j^i)$이고, 이와 같이 $(\nabla_X F)_x$의 성분들을 분석하면, 점 x가 $U(\subset M)$상을 움직일 때 $(\xi^1(0), \ldots, \xi^n(0))$는 X_x의 성분이므로 텐서장 $\nabla_X F$의 성분은 U상의 C^∞ 함수이다. 따라서 각 좌표근방에서 $\nabla_X F$의 성분은 C^∞ 함수이므로 $\nabla_X F$는 M상의 C^∞ 텐서장이다. 좌표근방 $(U; x^1, \ldots, x^n)$에서 $X = (\xi^1, \ldots, \xi^n)$이라 할 때, $\nabla_X F$의 각 성분은

$$(1.23)\qquad (\nabla_X F)_j^i = \sum_k \xi^k \frac{\partial F_j^i}{\partial x^k} + \sum_{k,h}\left(\Gamma_{kh}^i \xi^k F_j^h - \Gamma_{kj}^h \xi^k F_h^i\right)$$

로 주어진다.

명제 1.3 g를 다양체 M상의 리만계량(Riemannian metric), ∇를 리만접속이라 하자. 이때

$$\nabla g = 0.$$

증명 $X \in \mathfrak{X}(M)$, x를 임의로 주어진 M상의 점이라 하자. $c(t)$ $(-\epsilon < t < \epsilon,\ c(0) = x)$를 X의 적분곡선

$$P_{0t} : T_{c(t)}(M) \to T_x(M) \quad (x = c(0))$$

를 곡선 $c(t)$를 따른 평행이동이라 하자. 이때, 식 (1.9)에 의한 사상 $P_{0t}^{(0,2)}$에 의해 정의되어진 (리만접속에 의한 평행이동 사상인) 선형동형사상 $P_{0t}^{(0,2)}$는 식 (1.9)의 도움으로

(1.24) $$\left(P_{0t}^{(0,\,2)}(g_{c(t)})\right)(u,\ v) = g_{c(t)}\left(P_{t0}(u),\ P_{t0}(v)\right) \quad \left(u,\ v \in T_x(M)\right)$$

을 만족한다. 더욱이, 정리 1.1에 의해

(1.25) $$g_{c(t)}\left(P_{t0}(u),\ P_{t0}(v)\right) = g_x(u,\ v)$$

를 얻는다. 한편, u, v는 $T_x(M)$의 임의의 원이므로, 식 (1.24)와 (1.25)에 의해

$$P_{0t}^{(0,\,2)} g_{c(t)} = g_x \,.$$

따라서

$$\left(\nabla_X g\right)_x = \lim_{t \to 0} \frac{P_{0t}^{(0,2)}(g_{c(t)}) - g_x}{t} = 0\,.$$

x는 M의 임의의 점이므로, $\nabla_X g = 0$. 또한, $X \in \mathfrak{X}(M)$도 임의로 주어진 벡터장이므로 $\nabla g = 0$. ■

§2. 리만접속의 특성과 Laplace-Beltrami작용소

$(M,\ g)$를 n차원 리만다양체, $O(M,\ g)$를 $(M,\ g)$상의 정규직교프레임번들(the bundle of all orthonormal frames), ∇를 주파이버번들 $O(M,\ g)$의 접속으로 부터 유도되어진 $\Gamma(M,\ TM)=\mathfrak{X}(M)$상에 정의된 공변미분이라 하자. 이때, $\nabla g=0$. 실제, x를 M상의 임의의 점, $X\in\mathfrak{X}(M)$, $c(t)$ $(-\epsilon<t<\epsilon,\ c(0)=x)$를 주어진 X의 적분곡선, $Y,\ Z\in\mathfrak{X}(M)$, u_t를 $O(M,\ g)$상의 $u_0\in O(M,\ g)$를 지나는 $c(t)$의 수평 lift라 하자. 이때

$$Y_{c(t)}=u_t\xi_t,\quad Z_{c(t)}=u_t\eta_t$$

로 두면

$$\nabla_{X_x}Y=u_0\left(\frac{d\xi_t}{dt}\right)_{t=0},\quad \nabla_{X_x}Z=u_0\left(\frac{d\eta_t}{dt}\right)_{t=0}$$

이므로

$$g_x\left(\nabla_{X_x}Y,\ Z_x\right)+g_x\left(Y_x,\ \nabla_{X_x}Z\right)=X_x(g(Y,\ Z)),$$

즉

$$\nabla_{X_x}g=0$$

이다. $X_x\in T_x(M)$ 및 $Y,\ Z\in\mathfrak{X}(M)$은 임의로 주어졌으므로 $\nabla g=0$. 주파이버번들 $O(M,\ g)$상에 접속이 주어질 때마다, 그 접속으로부터 유도되어진 ∇는 $\nabla g=0$를 만족한다. 따라서 $L(M)$에서 $\nabla g=0$를 만족하는 선형접속 ∇는 무수히 존재한다.

$L(M)$에서 $\nabla g=0$를 만족하는 접속 ∇를 **계량적**(metric)이라 한다.

이제, M상의 선형접속으로, 계량적이고 열률텐서장(torsion tensor field)이 0인 접속은 유일하게 존재함을 밝힌다. 이 증명은 다음에서 두 가지로 주어진다.

> **정리 2.1** 리만다양체 $(M,\ g)$상에서, 계량적이고 열률텐서장이 0인 선형접속은 유일하게 존재한다.

증명1 계량적 선형접속 ∇의 존재는, 위에서 언급한바 있다. 임의로 주어진 계량적 선형접속 ∇를 변경하여, 계량적이고 열률텐서장이 0인 선형접속 ∇^*를 구성해보자.

우선, 이러한 두 성질을 갖는 ∇^*가 존재한다고 가정한다. 이때, 주어진 계량적 접속 ∇에 대하여

$$D(X,\ Y) := \nabla^*_X Y - \nabla_X Y \quad (X,\ Y \in \mathfrak{X}(M))$$

로 두면, D는 M상의 $(1,\ 2)$형 텐서장이다. $\nabla g = \nabla^* g = 0$이므로

$$g(D(X,\ Y),\ Z) + g(Y,\ D(X,\ Z)) = 0 \quad (X,\ Y,\ Z \in \mathfrak{X}(M)) \tag{2.1}$$

이다. 식 (2.1)에서 $X,\ Y,\ Z$에 대한 순환합(cyclic sum)을 취하면

$$g(D(Y,\ Z),\ X) + g(Z,\ D(Y,\ X)) = 0, \tag{2.2}$$

$$g(D(Z,\ X),\ Y) + g(X,\ D(Z,\ Y)) = 0 \tag{2.3}$$

이 성립된다. 한편 ∇에 관한 열률텐서장을 T로 두면

$$\nabla^*_X Y - \nabla^*_Y X - [X,\ Y] = T(X,\ Y) + D(X,\ Y) - D(Y,\ X)$$

로 되고, ∇^*의 열률텐서가 0이라는 조건으로부터

$$D(X,\ Y) - D(Y,\ X) = -T(X,\ Y) \tag{2.4}$$

가 성립한다. 식 (2.1)+(2.2)−(2.3)과 식 (2.4)에 의해

$$\begin{aligned} g(D(X,\ Y),\ Z) &\\ &= \frac{1}{2}\{g(T(Y,\ Z),\ X) + g(T(X,\ Z),\ Y) - g(T(X,\ Y),\ Z)\} \end{aligned} \tag{2.5}$$

가 얻어진다. 식 (2.5)의 우변은 $Y,\ Z$에 대해서 skew-symmetric이므로, 식 (2.5)가 성립하면 식 (2.1)이 성립한다. 또한, 식 (2.5)가 성립하면 식 (2.4)도 성립한다. 환언하면, 식 (2.5)를 이용하여 $(1,\ 2)$형 텐서장 D를 정의하고, $\nabla^*_X Y := \nabla_X Y + D(X,\ Y)$로 선형접속 ∇^*를 정의하면, ∇^*는 계량적이고 ∇^*에 관한 열률텐서장도 0이다.

이러한 두 성질(metric이고 torsion free)을 갖는 접속의 유일성을 증명하기 위해서, 접속 ∇와 ∇^*가 두 성질을 갖는다고 하자. 이때, 본 증명의 앞 부분에서 제시한 바에 의해 식 (2.5)를 만족하게 된다. 더욱이, 식 (2.5)의 우변의 ∇에 관한 열률텐서장 T가 0이므로 $D(X,\ Y) = 0\,(X,\ Y \in \mathfrak{X}(M))$. 따라서 $\nabla = \nabla^*$이다. ■

증명2 주어진 $X,\ Y \in \mathfrak{X}(M)$에 대해서

$$\begin{aligned} 2g(\nabla_X Y,\ Z) &= Xg(Y,\ Z) + Yg(X,\ Z) - Zg(X,\ Y) \\ &\quad + g([X,\ Y],\ Z) + g([Z,\ X],\ Y) - g(X,\ [Y,\ Z]) \ (Z \in (M)) \end{aligned} \tag{2.6}$$

이 성립되도록 M상의 벡터장 $\nabla_X Y$를 정의하면, $(X, Y) \to \nabla_X Y$는 공변미분연산의 성질을 만족한다. 더욱이, 식 (2.6)에 의해

$$g(\nabla_X Y - \nabla_Y X - [X, Y], Z) = 0 \quad (Z \in \mathfrak{X}(M))$$

이므로, ∇에 관한 열률텐서장은 0이다. 더욱이, 식 (2.6)과 식 (2, 6)에서 Y, Z를 교환한 식을 더하면

$$g(\nabla_X Y, Z) + g(Y, \nabla_X Z) = X(g(Y, Z)) \tag{2.7}$$

가 성립된다. 즉, $\nabla g = 0$.

유일성은 $\nabla g = 0$와 열률텐서장 $T = 0$를 만족하는 선형접속 ∇는 필연적으로 식 (2.6)을 만족하여야 하므로 명백하다. ■

좌표근방 $U(\subset M)$상의 국소좌표계 $\{x^1, \ldots, x^n\}$에 관한 리만계량성분

$$g_{ij} := g\left(\frac{\partial}{\partial x^i}, \frac{\partial}{\partial x^j}\right)$$

로, 식 (2.6)을 나타내면

$$2\sum_m \Gamma_{ij}^m g_{mk} = \frac{\partial g_{jk}}{\partial x^i} + \frac{\partial g_{ik}}{\partial x^j} - \frac{\partial g_{ij}}{\partial x^k} \tag{2.8}$$

로 되고, $[g_{ij}]^{-1} =: [g^{ij}]$로 두면

$$\Gamma_{ij}^l = \frac{1}{2}\sum_k g^{lk}\left(\frac{\partial g_{jk}}{\partial x^i} + \frac{\partial g_{ik}}{\partial x^j} - \frac{\partial g_{ij}}{\partial x^k}\right). \tag{2.9}$$

여기서, 리만다양체 (M, g)상의 선형접속이 계량적 $(\nabla g = 0)$이고 열률텐서장 0(torsion free)인 선형접속의 계수함수는 필연적으로 (2.9)식으로 나타나고, 식 (2.9)는 §1의 식 (1.1)이므로 위의 두 성질 (계량적이고 torsion free)을 만족하는 유일한 선형접속은 리만접속(Levi-Civita접속)이다. 역으로, 식 (2.9)에 의해 정의된 선형접속은 정리 2.1의 증명 2에 의해 계량적이고 열률텐서장 0인 M상의 유일한 선형접속임을 알 수 있다.

이제, 식 (2.9)에서의 g^{ij}는 (2, 0)형 텐서장의 국소좌표계 $\{x^1, \ldots, x^n\}$에 관한 성분임을 밝히려 한다.

우선 $\phi : T_x(M) \ni X \to \phi(X) \in T_x(M)^*$를

$$(\phi(X))(Y) := g_x(X, Y) \quad (Y \in T_x(M))$$

로 정의하면, ϕ는 실(real)선형동형사상이다. 실제, $X_1,\ X_2 \in T_x(M)\ (X_1 \neq X_2)$이면, $\phi(X_1) \neq \phi(X_2)$이다. 더욱이, 임의로 주어진 $\omega = \sum_i \omega_x(\partial/\partial x^i)_x (dx^i)_x$에 대해서

$$\sum_k \omega_x\left(\frac{\partial}{\partial x^k}\right)_x g^{ki}(x) =: X^i,\ \sum_i X^i\left(\frac{\partial}{\partial x^i}\right)_x =: X$$

로 두면

$$(\phi(X))(Y) = \omega_x(Y)\ \ (Y \in T_x(M)),\ \ i.e.,\ \phi(X) = \omega_x.$$

좌표계 $\{x_1,\ \dots,\ x_n\}$에 관하여, $\phi(\partial/\partial x^j) = \sum_k g_{jk}dx^k$이고 $Y = \sum_k Y^k(\partial/\partial x^k)$이면

$$\phi(Y) = \sum_{k,\ j} Y^k g_{kj} dx^j$$

이다. 여기서, $\sum_k Y^k g_{kj} =: Y_j$로 두면 $\phi(Y) = \sum_j Y_j dx^j$이다.

다음에 선형동형대응 ϕ를 이용하여 벡터공간 $T_x(M)^*$상의 내적 g^*를

(2.10) $$g^*(\alpha,\ \beta) := g(\phi^{-1}(\alpha),\ \phi^{-1}(\beta))\ \ (\alpha,\ \beta \in T_x(M)^*)$$

로 정의한다. 좌표근방 $U(\subset M)$상으로 확장하여 벡터공간을

$$\phi^{-1}(\alpha) = \frac{\partial}{\partial x^i},\quad \phi^{-1}(\beta) = \frac{\partial}{\partial x^j}$$

로 두면

$$\alpha = \sum_k g_{ik}dx^k,\quad \beta = \sum_l g_{jl}dx^l$$

이다. $g^*(dx^k,\ dx^l) =: g^{*kl}$로 두면, 식 (2.10)에 의해

$$g^*(\alpha,\ \beta) = g_{ij} = \sum_{k,\ l} g_{ik}g_{jl}g^{*kl}$$

이므로, $g^{*kl} = g^{kl}$. 따라서 g^{ij}는 실벡터공간 $T_x(M)^*$의 내적 g^*의 $\{x^1,\ \dots,\ x^n\}$에 관한 성분

(2.11) $$g^{ij} = g^{*ij}\ \ (:= g(\phi^{-1}(dx^i),\ \phi^{-1}(dx^j)))$$

이므로, g^{ij}는 $(2,\ 0)$형의 텐서장의 성분이다.

위의 선형동형사상 $\phi: T_x(M) \to T_x(M)^*$에 의해, 다음 식

(2.12) $$(\operatorname{grad} f)_x = \phi^{-1}((df)_x) \quad (f \in C^\infty(M))$$

로 함수 f의 gradient $\operatorname{grad} f \in \mathfrak{X}(M)$를 정의한다. 국소적으로

$$\operatorname{grad} f = \sum_i f^i \frac{\partial}{\partial x^i} \quad \left(f^i = \sum_i g^{ik} \frac{\partial f}{\partial x^k}\right).$$

함수 $f \in C^\infty(M)$에 대하여, $\{p \in M \mid f(p) = c_0 \in R\} \subset M$을 **등위면**(level surface)이라 한다. $\operatorname{grad} f$는 등위면에 수직이다. 실제, $f(p) = c_0$인 점 p주위의 국소좌표계

$\{x^1, \ldots, x^r, x^{r+1}, \ldots, x^n\}$ ($\{x^1, \ldots, x^r\}$은 점 p주위의 등위면의 국소좌표계)

에 관하여

$$g\left(\operatorname{grad} f, \frac{\partial}{\partial x^j}\right) = \sum_{k,\,l} g^{kl} \frac{\partial f}{\partial x^k} g_{lj} = \frac{\partial f}{\partial x^j} = 0 \quad (j = 1, 2, \ldots, r).$$

그리고 $X \in \mathfrak{X}(M)$의 **발산**(divergence) $\operatorname{div} X \in C^\infty(M)$을 다음과 같이 정의한다 :

(2.13) $$(\operatorname{div} X)_x := (\text{선형사상 } T_x M \ni V \mapsto \nabla_V X \in T_x M \text{의 trace}).$$

함수 $f \in C^\infty(M)$와 $X \in \mathfrak{X}(M)$에 대해서

$$\operatorname{div}(fX) = X(f) + f \operatorname{div} X$$

이다. 실제, 국소좌표계 $\{x^1, \ldots, x^n\}$에 관하여

$$\operatorname{div}(fX) = \sum_i dx^i(\nabla_{\partial/\partial x^i} fX) = X(f) + f \operatorname{div} X.$$

함수 $f \in C^\infty(M)$의 Laplacian Δf를 다음과 같이 정의한다 :

(2.14) $$\Delta f := \operatorname{div}(\operatorname{grad} f).$$

이때, $\Delta : C^\infty(M) \to C^\infty(M)$을 **Laplace작용소**(Laplace operator) 혹은 Laplace-Beltrami **작용소**라 한다. 국소좌표계 $\{x^1, \ldots, x^n\}$에 대해서

(2.15) $$\begin{aligned}\Delta f &= \sum_i dx^i(\nabla_{\partial/\partial x^i} \operatorname{grad} f) \\ &= \sum_{i,\,k}\left(\frac{\partial g^{ik}}{\partial x^i}\frac{\partial f}{\partial x^k} + g^{ik}\frac{\partial^2 f}{\partial x^i \partial x^k} + \sum_j g^{jk}\frac{\partial f}{\partial x^k}\Gamma^i_{ij}\right).\end{aligned}$$

식 (2.9)로부터

$$\sum_i \Gamma^i_{ij} = \frac{1}{2}\sum_{i,\ l} g^{il}\frac{\partial g_{il}}{\partial x^j}. \tag{2.16}$$

또 식 (2.9)의 도움으로

$$-\sum_{i,\ j,\ k} g^{ij}\Gamma^k_{ij}\frac{\partial f}{\partial x^k} = \sum_{i,\ k}\frac{\partial g^{ik}}{\partial x^k}\frac{\partial f}{\partial x^i} + \frac{1}{2}\sum_{i,\ j,\ k,\ l} g^{ij}g^{kl}\frac{\partial g_{ij}}{\partial x^l}\frac{\partial f}{\partial x^k}. \tag{2.17}$$

식 (2.15), (2.16)과 (2.17)로부터

$$\triangle f = \sum_{i,\ k}\left(g^{ik}\frac{\partial^2 f}{\partial x^i \partial x^k} - \sum_j g^{ij}\Gamma^k_{ij}\frac{\partial f}{\partial x^k}\right). \tag{2.18}$$

국소좌표근방 $(U; x^1,\ \dots,\ x^n)$에 대한 국소프레임(local frame) $\{\partial/\partial x^i\}_i$와 U상에서 정의되어진 정규직교기저 $\{e_i\}_i$와의 관련 식을

$$\frac{\partial}{\partial x^j} = \sum_k a^k_j e_k, \quad e_l = \sum_k b^k_l \frac{\partial}{\partial x^k} \tag{2.19}$$

로 두면 $[a^i_j]^{-1} = [b^i_k]$이고, $\{e_i\}_i$의 쌍대프레임(dual frame)을 $\{d^j\}_j$로 두면

$$dx^i = \sum_k b^i_k d^k, \quad d^j = \sum_k a^j_k dx^k. \tag{2.20}$$

식 (2.19)로부터

$$[e_k,\ e_i] = \sum_{s,\ t}\left(b^s_k\frac{\partial b^t_i}{\partial x^s} - b^s_i\frac{\partial b^t_k}{\partial x^s}\right)\frac{\partial}{\partial x^t}. \tag{2.21}$$

선형동형사상 $\phi:\ T_x(M) \to T_x(M)^*$ $((\phi(e_i))(e_j) = g(e_i,\ e_j) = \delta_{ij})$, (2.19), (2.20)에 의해

$$\sum_j a^i_j dx^j = d^i = \phi(e_i) = \phi\left(\sum_k b^k_i \frac{\partial}{\partial x^k}\right) = \sum_{k,\ j} b^k_i g_{kj} dx^j$$

이므로

$$\sum_k g^{ik} a^j_k = b^i_j, \quad \sum_k g_{jk} b^k_i = a^i_j. \tag{2.22}$$

식 (2.19)와 (2.22)로부터

$$\sum_k a^k_i a^k_j = g_{ij}, \quad \sum_k b^i_k b^j_k = g^{ij}. \tag{2.23}$$

식 (2.6)으로부터

$$g(\nabla_{e_i} e_i,\ e_k) = g([e_k,\ e_i],\ e_i). \tag{2.24}$$

식 (2.19), (2.23)에 의해

$$\sum_i e_i^2 = \sum_{j,\,k,\,t} b_k^t \frac{\partial b_k^j}{\partial x^t}\frac{\partial}{\partial x^j} + \sum_{k,\,t} g^{kt}\frac{\partial^2}{\partial x^k \partial x^t}. \tag{2.25}$$

식 (2.19), (2.21), (2.23), (2.24)의 도움으로

$$\sum_i \nabla_{e_i} e_i = \sum_{i,\,j,\,s,\,t} g^{sj}\, a_t^i \frac{\partial b_i^t}{\partial x^s}\frac{\partial}{\partial x^j} - \sum_{j,\,k,\,t} b_k^j \frac{\partial b_k^t}{\partial x^t}\frac{\partial}{\partial x^j}. \tag{2.26}$$

한편, 식 (2.22)에 의해 $a_t^i = \sum_h g_{th} b^h_{\ i}$이므로

$$\sum_{h,\,i,\,j,\,s,\,t} g^{sj} g_{th} b^h_i \frac{\partial b_i^t}{\partial x^s}\frac{\partial}{\partial x^j} = \sum_{h,\,i,\,j,\,s,\,t} g^{sj} g_{th}\left(\frac{\partial\left(b^h_i b^t_i\right)}{\partial x^s} - \frac{\partial b^h_i}{\partial x^s} b^t_{\ i}\right)\frac{\partial}{\partial x^j}$$

이므로, 식 (2.23)에 의해

$$\sum_{i,\,j,\,s,\,t} g^{sj}\, a^i_{\ t} \frac{\partial b_i^t}{\partial x^s}\frac{\partial}{\partial x^j} = \frac{1}{2}\sum_{h,\,j,\,s,\,t} g^{sj} g_{th}\frac{\partial g^{ht}}{\partial x^s}\frac{\partial}{\partial x^j}. \tag{2.27}$$

식 (2.16)과 (2.27)에 의해

$$\sum_{i,\,j,\,s,\,t} g^{sj}\, a_t^i \frac{\partial b_i^t}{\partial x^s}\frac{\partial}{\partial x^j} = -\sum_{i,\,s,\,j} \Gamma^i_{\ is}\, g^{sj}\frac{\partial}{\partial x^j}. \tag{2.28}$$

식 (2.23), (2.25), (2.26), (2.28)의 도움으로

$$\sum_i \left(e_i^2 - \nabla_{e_i} e_i\right) = \sum_{i,\,j}\left(g^{ij}\frac{\partial^2}{\partial x^i \partial x^j} + \frac{\partial g^{ij}}{\partial x^i}\frac{\partial}{\partial x^j}\right) + \sum_{i,\,j,\,k} g^{jk}\Gamma^i_{ik}\frac{\partial}{\partial x^j}. \tag{2.29}$$

식 (2.15), (2.18), (2.29)에 의해, Laplace작용소는 다음과 같이 나타난다 :

$$\begin{aligned} \triangle_g &= \sum_{k,\,j}\left(g^{kj}\frac{\partial^2}{\partial x^k \partial x^j} + \frac{\partial g^{kj}}{\partial x^k}\frac{\partial}{\partial x^j} + \sum_i g^{kj}\Gamma^i_{ik}\frac{\partial}{\partial x^j}\right) \\ &= \sum_{k,\,j}\left(g^{kj}\frac{\partial^2}{\partial x^k \partial x^j} - \sum_i g^{ik}\Gamma^j_{ik}\frac{\partial}{\partial x^j}\right) = \sum_i\left(e_i^2 - \nabla_{e_i} e_i\right). \end{aligned} \tag{2.30}$$

문 2.1 $\triangle_g$를 리만다양체 $(M,\ g)$상의 Lapace작용소라 할 때, 좌표근방 $(U; x^1,\ \ldots,\ x^n)$에서

$$\triangle_g(f) = \frac{1}{\sqrt{G}}\sum_{i,\,j}\frac{\partial}{\partial x^i}\left(\sqrt{G}\, g^{ij}\frac{\partial f}{\partial x^j}\right) \quad (f \in C^\infty(M)), \tag{2.31}$$

여기서, $G := \det\left[g_{ij}\right]$.

증명 국소좌표근방 $(U; x^1, \cdots, x^n)$에서

$$\frac{1}{\sqrt{G}}\frac{\partial\sqrt{G}}{\partial x^i} = \frac{1}{2}\sum_{k,\,l}\frac{\partial g_{kl}}{\partial x^i}g^{kl}$$

이므로, 식 (2.16), (2.30)에 의해

$$\begin{aligned}&\frac{1}{\sqrt{G}}\sum_{i,\,j}\frac{\partial}{\partial x^i}\left(\sqrt{G}\,g^{ij}\frac{\partial f}{\partial x^j}\right)\\&=\sum_{i,\,j}\left(\frac{\partial g^{ij}}{\partial x^i}\frac{\partial}{\partial x^j}+g^{ij}\frac{\partial^2}{\partial x^i\partial x^j}+\frac{1}{2}\sum_{k,\,l}\frac{\partial g_{kl}}{\partial x^i}g^{kl}g^{ij}\frac{\partial}{\partial x^j}\right)(f)\\&=\sum_i\left(e_i^2-\nabla_{e_i}e_i\right)(f)=\Delta_g(f).\end{aligned}$$

■

∇를 리만다양체 (M, g)상의 리만접속, $f\in C^\infty(M)$이라 할 때, $H_f := \nabla(df)$로 두면 H_f는 M상의 $(0, 2)$형의 텐서장이다. 벡터장 X, Y에 대해서

(2.32) $$H_f(X, Y) := (\nabla_Y(df))(X)$$

인데, 식 (2.32)는

$$(\nabla_Y(df))(X) = Y((df)(X)) - (df)(\nabla_Y X) = Y(Xf) - (\nabla_Y X)(f)$$

이고, ∇에 대한 열률텐서장이 0이므로

(2.33) $$H_f(X, Y) = H_f(Y, X) \quad (X, Y\in\mathfrak{X}(M))$$

가 성립한다. 이와 같은 실대칭(real symmetric) $(0, 2)$형 텐서장 H_f를 함수 f의 Hessian(the Hessian of f)이라 한다. 특히, f의 임계점(critical point) x (즉, $(df)_x = 0$)에서는

$$(H_f(X, Y))(x) = Y_x(Xf) = X_x(Yf) \quad (X, Y\in\mathfrak{X}(M))$$

가 되고, 국소좌표계 $\{x^1, \ldots, x^n\}$에 관해선

(2.34) $$\left(H_f\left(\frac{\partial}{\partial x^i}, \frac{\partial}{\partial x^j}\right)\right)(x) = \frac{\partial^2 f}{\partial x^i\partial x^j}(x)$$

로 되어, 식 (2.34)는 f의 임계점 x에서의 함수 f의 Hessian(the Hessian of f at the critical point x)이다. 그러나 $f\in C^\infty(M)$의 임계점이 아닌 M상의 일반적인 점(point)에서도, 열률 0인 선형접속만 주어지면 식 (2.32)에 의해 M상의 실대칭 $(0, 2)$형 텐서장인 Hessian H_f의 정의가 가능하다.

리만다양체 (M, g)의 리만접속 ∇에 관한, $f \in C^{\infty}(M)$의 Hessian H_f의 trace를 각 점 $x \in M$에서 다음과 같이 정의한다 :

$$\mathrm{Trace}(H_f)_x := \left(\sum_{i=1}^{n} H_f(e_i,\ e_i)\right)(x). \tag{2.35}$$

여기서, $\{e_i\}_i$는 국소적으로 정의된 정규직교프레임이다. 식 (2.35)는 정규직교프레임을 취하는 방법과는 무관함은 명백하다.

문 2.2 리만다양체 (M, g)상에서

$$\Delta_g(f) = \mathrm{Trace}(H_f) \quad (f \in C^{\infty}(M)).$$

증명 국소정규직교프레임 $\{e_i\}_i$에 대해서, 식 (2.30), (2.35)에 의해서

$$\begin{aligned}\mathrm{Trace}(H_f) &= \sum_i (\nabla_{e_i}(df))(e_i) \\ &= \sum_i \{e_i((df)(e_i)) - (df)(\nabla_{e_i} e_i)\} \\ &= \sum_i (e_i^2 - \nabla_{e_i} e_i)(f) = \Delta_g(f).\end{aligned}$$

■

앞에서, 리만계량과 리만접속에 관련된 텐서해석의 기본적인 요항들을 소개하였는데, 리만계량과 리만접속에 관련된 측지선의 가장 간단한 특성은 다음과 같다.

리만다양체 (M, g)상의 리만접속 ∇에 관한 측지선 $x(t)$는 $\nabla_t x'_t = 0$이므로

$$\|x'_t\|_g^2 = g(x'_t,\ x'_t) = c \quad (c : \text{상수})$$

이다. 호장(arc length) $s(t) = \sqrt{c}\,t$로 측지선을 표기하면, s도 affine매개변수이다. 즉, $\nabla_s x'_s = 0$이다. 일반적으로, 주어진 측지선 x_t (t는 affine매개변수)가 $-\infty < t < \infty$에 대해서 정의되어 있을 때, 측지선 x_t를 **완비**(complete)라 한다.

§3. 곡률텐서장과 Ricci텐서장

리만다양체 (M, g)상의 리만접속 ∇에 대한 곡률텐서장 R은

$$R(X, Y)Z := \nabla_X \nabla_Y Z - \nabla_Y \nabla_X Z - \nabla_{[X, Y]} Z \quad (X, Y, Z \in \mathfrak{X}(M))$$

로 정의된 $(1, 3)$형 텐서장이다. 리만계량 g에 관해서 $\nabla g = 0$이므로

$$(3.1) \qquad Xg(Z, W) = g(\nabla_X Z, W) + g(Z, \nabla_X W) \quad (X, W, Z \in \mathfrak{X}(M))$$

이다. $g(Z, W) =: f \in C^{\infty}(M)$ $(Z, W \in \mathfrak{X}(M))$으로 두면

$$(3.2) \qquad X(Yf) - Y(Xf) - [X, Y](f) = 0$$

이므로, 식 (3.1)에 의해

$$\begin{aligned} X(Yf) &= X(g(\nabla_Y Z, W) + g(Z, \nabla_Y W)) \\ &= g(\nabla_X \nabla_Y Z, W) + g(\nabla_Y Z, \nabla_X W) \\ &\quad + g(\nabla_X Z, \nabla_Y W) + g(Z, \nabla_X \nabla_Y W). \end{aligned}$$

마찬가지로

$$\begin{aligned} Y(Xf) &= g(\nabla_Y \nabla_X Z, W) + g(\nabla_X Z, \nabla_Y W) \\ &\quad + g(\nabla_Y Z, \nabla_X W) + g(Z, \nabla_Y \nabla_X W), \\ [X, Y](f) &= g(\nabla_{[X, Y]} Z, W) + g(Z, \nabla_{[X, Y]} W) \end{aligned}$$

이므로, 식 (3.2)에 의해

$$(3.3) \qquad g(R(X, Y)Z, W) + g(Z, R(X, Y)W) = 0.$$

여기서, M상의 임의로 주어진 계량적 접속에 관한 곡률텐서장도 식 (3.3)을 만족함을 알 수 있다.

3장 정리 6.1과 정리 6.2에 의해, 열률텐서장 0 (torsion free)인 선형접속에 관한 곡률텐서장 R은

$$(3.4) \qquad \mathfrak{S}\{R(X, Y)Z\} = 0,$$

$$(3.5) \qquad \mathfrak{S}\{(\nabla_Z R)(X, Y)\} = 0$$

를 만족한다. 식 (3.4)는 **비안키 제1항등식**(the first identity of Bianchi), 식 (3.5)는 **비안키 제2항등식**(the second identity of Bianchi)이라 한다. 식 (3.5)는

$$(\nabla_Z R)(X,\ Y)W + (\nabla_X R)(Y,\ Z)W + (\nabla_Y R)(Z,\ X)W = 0$$

$(X,\ Y,\ Z,\ W \in \mathfrak{X}(M))$을 의미한다.

다음에 $(M,\ g)$상의 리만접속에 관한 $(0,\ 2)$형 텐서장인 Ricci텐서장 Ric를 다음과 같이 정의한다 :

(3.6) $\quad Ric(X,\ Y) := ($선형변환 $V \to R(V,\ X)Y$의 trace$)\ (X,\ Y,\ V \in \mathfrak{X}(M))$.

식 (3.3), (3.4) 및 (3.6)에 의해

(3.7) $$Ric(X,\ Y) = Ric(Y,\ X)\quad (X,\ Y \in \mathfrak{X}(M))$$

가 성립된다. 왜냐하면, 식 (3.4)에 의해

$$R(V,\ X)Y + R(X,\ Y)V = R(V,\ Y)X\quad (X,\ Y,\ V \in \mathfrak{X}(M))$$

로 되고, 식 (3.3)으로부터 선형변환 $V \to R(X,\ Y)V$의 trace는 0이므로

$$Ric(X,\ Y) = Ric(Y,\ X)\quad (X,\ Y \in \mathfrak{X}(M))$$

이다. 국소좌표계 $\{x^1,\ \cdots,\ x^n\}$에 관한 곡률텐서장 R은

(3.8) $$R\left(\frac{\partial}{\partial x^j},\ \frac{\partial}{\partial x^k}\right)\frac{\partial}{\partial x^m} =: \sum_{i=1}^{n} R^i_{mjk}\frac{\partial}{\partial x^i}$$

로 표기된다. 여기서

(3.9) $$g\left(R\left(\frac{\partial}{\partial x^j},\ \frac{\partial}{\partial x^k}\right)\frac{\partial}{\partial x^m},\ \frac{\partial}{\partial x^l}\right) =: R_{lmjk}$$

로 정의하면, 식 (3.8), (3.9)에 의해

(3.10) $$\sum_i R^i_{mjk}\, g_{il} = R_{lmjk}$$

가 얻어진다. 식 (3.3), (3.9)로부터

(3.11) $$R_{lmjk} = -R_{lmkj},\quad R_{lmjk} = -R_{mljk}.$$

또 식 (3.4)로부터

(3.12) $$R_{lmjk} + R_{ljkm} + R_{lkmj} = 0\quad (\text{비안키 제1항등식})$$

이 성립한다. 식 (3.12)에서 첨자의 순환합(cycle sum)을 취하면

(3.13) $$R_{mjkl} + R_{mklj} + R_{mljk} = 0,$$

(3.14) $$R_{jklm} + R_{jlmk} + R_{jmkl} = 0,$$

(3.15) $$R_{klmj} + R_{kmjl} + R_{kjlm} = 0.$$

식 (3.12) + (3.15) − (3.13) − (3.14)에 식 (3.11)을 적용하면

(3.16) $$R_{lmjk} = R_{jklm}$$

을 얻는다. 위의 결과들을 요약하면

> **정리 3.1** 리만다양체 $(M,\ g)$상의 리만접속에 관한 곡률텐서장 R에 의한, (0, 4)형 텐서장
>
> $$\mathfrak{X}(M)\times\mathfrak{X}(M)\times\mathfrak{X}(M)\times\mathfrak{X}(M)\ni(X,\ Y,\ U,\ V)\mapsto g(R(U,\ V)Y,\ X)\in\mathfrak{X}(M)$$
>
> 의 성질을 식 (3.9)에 의해 국소성분으로 표기하면
>
> $$R_{mljk} = -R_{lmjk},\quad R_{lmkj} = -R_{lmjk},\quad R_{lmjk} = R_{jklm}$$
>
> 이 성립하고, 세 번째 식은
>
> $$g(R(U,\ V)Y,\ X) = g(R(Y,\ X)U,\ V)\quad (X,\ Y,\ U,\ V\in\mathfrak{X}(M))$$
>
> 를 의미한다.

이제, Ricci텐서장의 성분을 구한다. $Ric(\partial/\partial x^i,\ \partial/\partial x^j)$는 변환 $V\to R(V,\ \partial/\partial x^i)\partial/\partial x^j$의 trace이므로, 식 (3.8)에 의해

(3.17) $$Ric\left(\frac{\partial}{\partial x^i},\ \frac{\partial}{\partial x^j}\right) = \sum_k R^k_{jki}$$

이다. $Ric(\partial/\partial x^i,\ \partial/\partial x^j) =: R_{ij}$로 두면, 식 (3.7)로부터 $R_{ij} = R_{ji}$가 된다.

Ricci텐서장의 trace를 scalar곡률$(\in C^\infty(M))$이라 하고, ρ로 표기한다. 따라서 $(M,\ g)$상의 국소정규직교프레임을 $\{e_i\}_i$로 두면

(3.18) $$\rho = \sum_i Ric(e_i,\ e_i)$$

이고, $(M,\ g)$상의 (0, 2)형 텐서장 Ric에 대응하는 (1, 1)형 텐서장 Ric를 다음과 같이 정의한다 :

(3.19) $$g(\mathrm{Ric}(X),\ Y) := Ric(X,\ Y)\quad (X,\ Y\in\mathfrak{X}(M)).$$

식 (3.7)과 (3.19)로부터 $g(\mathrm{Ric}(X),\ Y) = g(X,\ \mathrm{Ric}(Y))$이고, 좌표근방계 $(U;x^1,\ \ldots,\ x^n)$에 관하여 $\mathrm{Ric}(\partial/\partial x^j) = \sum_i R^i_j\partial/\partial x^i$에 의한 성분 R^i_j는

(3.20)
$$R^i_j = \sum_k g^{ik} R_{kj}$$

이다. 식 (2.19), (3.18)에 의해

(3.21)
$$\rho = \sum_{i,\ k,\ l} b^k_i b^l_i R_{kl} \quad \left(R_{kl} = Ric\left(\frac{\partial}{\partial x^k},\ \frac{\partial}{\partial x^l} \right) \right)$$

이 되고, 식 (2.23), (3.20), (3.21)로부터

(3.22)
$$\rho = \sum_i R^i_i$$

가 성립한다.

예제 3.2 $X \in \mathfrak{X}(M)$, $\{e_i\}_i$가 $(M,\ g)$상에서의 국소정규직교프레임일 때

$$\mathrm{Ric}(X) = \sum_k R(X,\ e_k)e_k.$$

증명 식 (3.19)에 의해 $g\left(\mathrm{Ric}(\partial/\partial x^i),\ \partial/\partial x^j\right) = R_{ij}$. 식 (2.19), (2.22), (3.8)로부터

(3.23)
$$\sum_k g\left(R\left(\frac{\partial}{\partial x^i},\ e_k \right) e_k,\ \frac{\partial}{\partial x^j} \right) = \sum_{h,\ l,\ s} g^{hl} g_{sj} R^s_{lih}$$

를 얻는다. 식 (3.11), (3.17), (3.19)와 (3.23)으로부터

(3.24)
$$\sum_k R\left(\frac{\partial}{\partial x^i},\ e_k \right) e_k = \mathrm{Ric}\left(\frac{\partial}{\partial x^i} \right).$$ ■

정리 3.3 연결(connected) 리만다양체 $(M,\ g)$ $(\dim M = n \geq 3)$에서

$$Ric = \lambda g \quad (\lambda \in C^\infty(M))$$

이면, M상에서 $\lambda =$ 상수(constant)이다.

증명 Bianchi 제2항등식 (3.5)식으로부터

(3.25)
$$\nabla_m R_{ijkl} + \nabla_k R_{ijlm} + \nabla_l R_{ijmk} = 0.$$

여기서, $\nabla_m R_{ijkl} := g\left((\nabla_{\partial/\partial x^m} R)(\partial/\partial x^k,\ \partial/\partial x^l)\partial/\partial x^j,\ \partial/\partial x^i \right)$. 가정의 조건 $Ric = \lambda g$,

식 (3.11), (3.25)와 $\nabla_m g^{ij} = 0$를 이용하면

$$0 = \sum_{i,\ k,\ j,\ l} g^{ik} g^{jl} (\nabla_m R_{ijkl} + \nabla_k R_{ijlm} + \nabla_l R_{ijmk}) = (n-2) \nabla_m \lambda$$

이므로, λ는 국소적으로 상수(constant)이다. 더욱이, M이 연결(connected)이므로 M 상에서 $\lambda =$상수(constant). ■

리만다양체 $(M,\ g)$에서 $Ric = cg$ (c는 상수)일 때, $(M,\ g)$를 Einstein**공간**(Einstein space), g를 Einstein**계량**(Einstein metric)이라 한다.

§4. 초곡면(hypersurface) 기하

사상 ϕ를 n차원 다양체 M의 유클리드공간 E^{n+1}으로의 immersion이라 하자. 이때, 다양체 M을 E^{n+1}의 immersed **초곡면**(immersed hypersurface)이라 한다.

예로써, E^{n+1}에서 $(x^1)^2+\cdots+(x^{n+1})^2=1$로 정의된 구면 S^n과 같이, 적절한 방정식 $f(x^1, \ldots, x^{n+1})=0$를 만족하는 점 전체로 이뤄진 n차원 다양체는 E^{n+1}의 immersed 초곡면이다.

다양체 M이 ϕ에 의한 E^{n+1}의 immersed 초곡면일 때, M의 각 점 x의 접공간 T_xM에서 내적은

$$(4.1)\qquad g_x(X, Y) := \langle \phi_* X, \phi_* Y\rangle \quad (X, Y \in T_xM)$$

로 정의한다. 여기서, $\langle , \rangle$는 E^{n+1}상의 표준내적(usual inner product)이다. g_x가 $T_x(M)$의 내적이 됨은 명백하다. 이제, $\{y^1, y^2, \ldots, y^{n+1}\}$을 E^{n+1}의 유클리드좌표계라 하고, 점 $x\ (\in M)$의 M상의 좌표근방 U의 국소좌표계를 $\{x^1, \ldots, x^n\}$이라 하고, immersion ϕ를 $y^p=\phi^p(x^1, \ldots, x^n)$ $(1 \le p \le n+1)$로 표기하면

$$(4.2)\qquad \phi_*\left(\frac{\partial}{\partial x^i}\right) = \sum_{p=1}^{n+1} \frac{\partial \phi^p}{\partial x^i}\frac{\partial}{\partial y^p} \quad (1 \le i \le n)$$

이므로

$$(4.3)\qquad g_{ij} := g\left(\frac{\partial}{\partial x^i}, \frac{\partial}{\partial x^j}\right) = \sum_{p=1}^{n+1} \frac{\partial \phi^p}{\partial x^i}\frac{\partial \phi^p}{\partial x^j}$$

로 되고, g_{ij}는 U상에서 $\{x^1, x^2, \ldots, x^n\}$의 미분가능함수이다. 이러한 M상의 리만계량(Riemannian metric) g를 M상의 **유도되어진 리만계량**(induced Riemannian metric), 혹은 M상의 **제1기본형식**(first fundamental form)이라 한다.

이제, $E := \phi^{-1}(TE^{n+1}) = \{(x, Y) \mid x \in M, Y \in T_{\phi(x)}E^{n+1}\}$, M으로부터 E로의 절단(cross section) 전체로 이뤄진 $C^\infty(M)-$module를 $\Gamma(M;E)$라 할 때, $\phi_*(X) \in \Gamma(M;E)$ $(X \in \mathfrak{X}(M))$이다. D를 E^{n+1}의 표준선형접속(usual linear connection)의 공변미분연산이라 두면, $D_X\phi_*(Z) \in \Gamma(M;E)$ $(X, Z \in \mathfrak{X}(M))$가 결정된다. M의 각 점 x에서 $D_X\phi_*(Z)$를 T_xM의 성분과 M에 직교하는 성분의 합으로 분해하여

$$(4.4)\qquad (D_X\phi_* Z)_x = \phi_*((\nabla_X Z)_x) + \alpha_x(X, Z)$$

$$\left((\nabla_X Z)_x \in T_x M,\ \alpha_x(X,\ Z) \perp T_x M\right)$$

로 둔다. M이 orientable 다양체일 때, ϕ를 따른 단위벡터장 ξ, 즉 $\xi \in \Gamma(M,\ E)$로 M의 각 점 x에서 $\langle \xi_x,\ \phi_* Z\rangle = 0$ $(Z \in T_x M,\ y = \phi(x))$가 모든 $Z \in T_x M$에서 성립하도록 ξ를 정의할 수 있다. 이러한 벡터장 $\xi \in \Gamma(M; E)$를 M상의 **단위법벡터장**(unit normal vector field)이라 한다. 이때

(4.5) $$\alpha(X,\ Z) =: h(X,\ Z)\xi \quad (X,\ Z \in \mathfrak{X}(M))$$

으로 두면, (4.4)에 의해 h는 M상의 $(0,\ 2)$형 텐서장이다. 이 $(0,\ 2)$형 텐서장 h를 ξ에 대응하는 **제2기본형식**(second fundamental form corresponding to ξ)이라 한다. 여기서, ξ대신에 $-\xi$를 단위법벡터장으로 선택했을 때는, 대응하는 제2기본형식은 $-h$로 된다. 이상을 정리하면

(4.6) $$D_X \phi_*(Y) = \phi_*(\nabla_X Y) + h(X,\ Y)\xi \quad (X,\ Y \in \mathfrak{X}(M)).$$

식 (4.6)을 **가우스공식**(formula of Gauss)이라 한다.

식 (4.6)에 의해 정의된 사상

$$\mathfrak{X}(M) \times \mathfrak{X}(M) \ni (X,\ Y) \to \nabla_X Y \in \mathfrak{X}(M)$$

은 M상의 선형접속이다. 실제, 식 (4.6)에서 X또는 Y에 관한 가법성(addition)은 명백하고, $f \in C^\infty(M)$, $X,\ Y \in \mathfrak{X}(M)$에 대하여

$$D_{fX}\phi_* Y = f D_X \phi_* Y$$

이므로, $\nabla_{fX} Y = f \nabla_X Y$이다. 한편

$$D_X \phi_*(fY) = D_X(f\phi_*(Y)) = (Xf)\phi_*(Y) + f D_X \phi_*(Y)$$

이므로, 식 (4.6)에 의해 $\nabla_X fY = (Xf)Y + f\nabla_X Y$가 얻어진다.

한편, $\langle \xi,\ \xi\rangle = 1$에 의해 $\langle D_X \xi,\ \xi\rangle = 0$ $(X \in \mathfrak{X}(M))$이므로 $D_X \xi = \phi_* Y$인 $Y \in \mathfrak{X}(M)$가 존재한다. 이 벡터장 Y를 $-AX$로 두면

(4.7) $$D_X \xi = -\phi_*(AX)$$

로 된다. 곡면론에서는 식 (4.7)을 Weingarten공식(Weingarten's formula)이라 한다. 식 (4.7)에서

$$\mathfrak{X}(M) \ni X \to D_X \xi = \phi_*(-AX) \in \Gamma(M; E) \quad (X \in \mathfrak{X}(M))$$

이 $C^\infty(M)$ 선형사상이므로, 사상 $X \mapsto AX$도 $C^\infty(M)$ 선형사상이다. 따라서 A는 M상의

$(1,\ 1)$형 텐서장이다.

예제 4.1 A는 M상의 $C^\infty(M)$ 텐서장이다.

증명 $$g\left(A\left(\frac{\partial}{\partial x^i}\right),\ \frac{\partial}{\partial x^j}\right) = \left\langle \phi_*\left(A\left(\frac{\partial}{\partial x^i}\right)\right),\ \phi_*\frac{\partial}{\partial x^j}\right\rangle$$
$$= \left\langle -D_{\frac{\partial}{\partial x^i}}\xi,\ \phi_*\frac{\partial}{\partial x^j}\right\rangle$$
$$= -\frac{\partial}{\partial x^i}\left\langle \xi,\ \phi_*\frac{\partial}{\partial x^j}\right\rangle + \left\langle \xi,\ D_{\frac{\partial}{\partial x^i}}\phi_*\frac{\partial}{\partial x^j}\right\rangle$$
$$= \left\langle \xi,\ h\left(\frac{\partial}{\partial x^i},\ \frac{\partial}{\partial x^j}\right)\xi\right\rangle = h\left(\frac{\partial}{\partial x^i},\ \frac{\partial}{\partial x^j}\right)$$

이므로, A는 M상의 $C^\infty(M)$ 텐서장이다. ■

M상의 $(1,\ 1)$형 텐서장인 A를 **형작용소**(shape operator)라 한다. 형작용소 A를 이용하여, M상의 단위법벡터장 ξ가 각 접선방향 X에 대해서 어떻게 굽어 있는지를 가늠하여 immersed 초곡면 M의 형을 추정한다.

형작용소 A와, $(0,\ 2)$형 텐서장 h와의 관계는 다음과 같다 ;

(4.8) $$h(X,\ Y) = g(AX,\ Y).$$

실제, $X,\ Y \in \mathfrak{X}(M)$에 대해서

$$\langle D_X\phi_* Y,\ \xi\rangle + \langle \phi_* Y,\ \phi_*(-AX)\rangle = 0$$

이므로, $h(X,\ Y) = g(Y,\ AX)$이다.

더욱이, E^{n+1}의 선형접속 D가

1) D의 열률(torsion)텐서장이 0이므로, 3장의 정리 7.5로부터

$$D_X\phi_*(Y) - D_Y\phi_*(X) = \phi_*([X,\ Y])\quad (X,\ Y \in \mathfrak{X}(M)),$$

2) E^{n+1}상에서 D에 관한 곡률텐서장 R은 0,

3) E^{n+1}상의 내적 $\langle,\ \rangle$에 관하여 계량적(metric)

이라는 성질을 갖고 있으므로, 3장의 정리 7.5의 도움으로

(4.9) $$D_X\phi_*(Y) - D_Y\phi_*(X) - \phi_*([X,\ Y]) = 0,$$

(4.10) $$D_XD_Y\phi_* Z - D_YD_X\phi_* Z - D_{[X,\ Y]}\phi_* Z = R(\phi_* X,\ \phi_* Y)\phi_* Z = 0,$$

(4.11) $$X\langle \phi_* Y, \phi_* Z\rangle = \langle D_X\phi_* Y, \phi_* Z\rangle + \langle \phi_* Y, D_X\phi_* Z\rangle$$

가 모든 $X, Y, Z \in \mathfrak{X}(M)$에 대해서 성립한다.

식 (4.6)의 도움으로, 식 (4.9)에서 M에 접하는 성분을 취하면

(4.12) $$\nabla_X Y - \nabla_Y X - [X, Y] = 0$$

를 얻고, 식 (4.9)에서 M에 직교하는 성분으로부터

(4.13) $$h(X, Y) = h(Y, X)$$

를 얻는다. 식 (4.8), (4.13)으로부터

(4.14) $$g(AX, Y) = g(X, AY) \quad (X, Y \in \mathfrak{X}(M))$$

이다. 그리고 식 (4.11)에 의해

(4.15) $$Xg(Y, Z) = g(\nabla_X Y, Z) + g(Y, \nabla_X Z) \quad (X, Y, Z \in \mathfrak{X}(M))$$

가 성립한다. 식 (4.12)와 (4.15)에 의하면, ∇는 g에 관하여 계량적(metric)이고, ∇에 대한 열률텐서장은 0이다. 즉, ϕ에 의해 유도되어진 M상의 선형접속 ∇는 Levi-Civita접속이다.

한편, 식 (4.6)과 (4.7)로부터

(4.16) $$D_X(D_Y\phi_* Z) = \phi_*(\nabla_X\nabla_Y Z - h(Y, Z)AX) + (h(X, \nabla_Y Z) + X(h(Y, Z)))\xi$$

로 된다. 식 (4.6)에 의해

(4.17) $$D_{[X, Y]}\phi_* Z = \phi_*(\nabla_{[X, Y]}Z) + h([X, Y], Z)\xi$$

이다. 식 (4.10), (4.16) 및 (4.17)로부터

(4.18) $$\begin{aligned} 0 &= D_X(D_Y\phi_* Z) - D_Y(D_X\phi_* Z) - D_{[X, Y]}\phi_* Z \\ &= \phi_*(\nabla_X\nabla_Y Z - \nabla_Y\nabla_X Z - h(Y, Z)AX + h(X, Z)AY - \nabla_{[X, Y]}Z) \\ &\quad + \{h(X, \nabla_Y Z) - h(Y, \nabla_X Z) + X(h(Y, Z)) - Y(h(X, Z)) - h([X, Y], Z)\}\xi \end{aligned}$$

를 얻는다. 식 (4.18)로부터

(4.19) $$\nabla_X\nabla_Y Z - \nabla_Y\nabla_X Z - \nabla_{[X, Y]}Z = h(Y, Z)AX - h(X, Z)AY,$$

(4.20) $$X(h(Y, Z)) - Y(h(X, Z)) + h(X, \nabla_Y Z) - h(Y, \nabla_X Z) - h([X, Y], Z) = 0$$

를 얻는다. 식 (4.8), (4.19)로부터

(4.21) $$R(X,\ Y)Z = g(AY,\ Z)AX - g(AX,\ Z)AY \quad (X,\ Y,\ Z \in \mathfrak{X}(M))$$

를 얻는다.

일반적으로, 내적공간 $(V,\ \langle\ ,\ \rangle)$이 주어졌을 때, $\boldsymbol{x},\ \boldsymbol{y} \in V$에 대해서 선형사상 $\boldsymbol{x} \wedge \boldsymbol{y}$를 다음과 같이 정의한다 :

(4.22) $$\boldsymbol{x} \wedge \boldsymbol{y} : V \ni \boldsymbol{z} \mapsto (\boldsymbol{x} \wedge \boldsymbol{y})(\boldsymbol{z}) := \langle \boldsymbol{y},\ \boldsymbol{z} \rangle \boldsymbol{x} - \langle \boldsymbol{x},\ \boldsymbol{z} \rangle \boldsymbol{y} \in V.$$

식 (4.21)과 (4.22)로부터

(4.23) $$R(X,\ Y) = AX \wedge AY \quad (X,\ Y \in \mathfrak{X}(M))$$

를 얻는다. 식 (4.23)을 **가우스방정식**(equation of Gauss)이라 한다.

한편, 식 (4.20)과 $\nabla_X Y - \nabla_Y X = [X,\ Y]$를 이용하면

(4.24) $$(\nabla_X h)(Y,\ Z) = (\nabla_Y h)(X,\ Z)$$

를 얻는다. 더욱이, (4.8)에 의해 $\nabla_X(h(Y,\ Z)) = \nabla_X(g(AY,\ Z))$이므로

(4.25) $$(\nabla_X h)(Y,\ Z) + h(\nabla_X Y,\ Z) + h(Y,\ \nabla_X Z) = g((\nabla_X A)(Y) + A(\nabla_X Y),\ Z) + g(AY,\ \nabla_X Z)$$

를 얻는다. 식 (4.8), (4.24), (4.25)로부터

(4.26) $$(\nabla_X A)(Y) = (\nabla_Y A)(X) \quad (X,\ Y \in \mathfrak{X}(M))$$

를 얻는다. 식 (4.24), (4.26)을 **Codazzi방정식**(equation of Codazzi)이라 한다.

Gauss방정식과 Codazzi방정식은 초곡면(hypersurface)기하의 기본적 방정식이다. 가우스방정식은 초곡면상의 곡률텐서장 R과 형작용소(shape operator) A와의 대수적 관계를 나타내고 있다. 형작용소 A에 의해 초곡면상의 곡률텐서장 R이 결정된다. 역으로, 초곡면상에 곡률텐서장 R이 주어져 있을 경우엔 형작용소 A의 정보를 얻을 수 있다. 예로, 초곡면 M상의 곡률텐서장 $R=0$이면, M의 각 점에서 (A의 계수) ≤ 1이다. 이 결과는 평탄초곡면의 중요한 특성이다.

Codazzi방정식은 초곡면상의 형작용소가, 반드시 만족해야 하는 편미분방정식이다.

이제, n차원 리만다양체 $(M,\ g)$가 주어졌다고 하자. 이때, $(M,\ g)$를 정의역으로 하는 등장적(isometric) imbedding $\phi : (M,\ g) \to (E^{n+1},\ \langle\ ,\ \rangle)$이 존재할까? 만약, 존재한다면 (간단히, M을 단연결(simply connected)로 둠)

$$g(AX,\ Y) = g(X,\ AY) \quad (X,\ Y \in \mathfrak{X}(M))$$

를 만족하는 M상의 $(1,\ 1)$형 텐서장 A가 존재하여 $(\nabla_X A)(Y) = (\nabla_Y A)(X)$ (Codazzi방정식)가 만족되게 된다. 여기서, ∇는 $(M,\ g)$의 g에 대한 Levi-Civita접속이다. 역으로 M가 단연결일 때, $(M,\ g)$상에

$$g(AX,\ Y) = g(X,\ AY) \quad (X,\ Y \in \mathfrak{X}(M))$$

를 만족하는 $(1,\ 1)$형 텐서장이 존재하여 Codazzi방정식

$$(\nabla_X A)(Y) = (\nabla_Y A)(X) \quad (X,\ Y \in \mathfrak{X}(M))$$

가 만족되면, 등장적 immersion $\phi : M \to E^{n+1}$이 E^{n+1}의 합동변환을 제외하고는 유일하게 존재한다(초곡면의 기본정리).

예제 4.2 n차원 실내적공간 $(V,\ \langle\ ,\ \rangle)$에서의 선형변환

$$V \ni \boldsymbol{z} \mapsto (\boldsymbol{z} \wedge \boldsymbol{x})(\boldsymbol{y}) := \langle \boldsymbol{x},\ \boldsymbol{y} \rangle \boldsymbol{z} - \langle \boldsymbol{z},\ \boldsymbol{y} \rangle \boldsymbol{x}$$

의 trace는 $(n-1)\langle \boldsymbol{x},\ \boldsymbol{y} \rangle$이다.

증명 $\{e_i\}_i$를 $(V,\ \langle\ ,\ \rangle)$상의 정규직교기저라 하자. 이때, 구하고자 하는 trace는

$$\begin{aligned}\sum_i \langle (e_i \wedge \boldsymbol{x})(\boldsymbol{y}),\ e_i \rangle &= \sum_i \{ \langle \langle \boldsymbol{x},\ \boldsymbol{y} \rangle e_i,\ e_i \rangle - \langle \langle e_i,\ \boldsymbol{y} \rangle \boldsymbol{x},\ e_i \rangle \} \\ &= n\langle \boldsymbol{x},\ \boldsymbol{y} \rangle - \langle \boldsymbol{x},\ \boldsymbol{y} \rangle = (n-1)\langle \boldsymbol{x},\ \boldsymbol{y} \rangle.\end{aligned}$$ ■

예제 4.3 Gauss방정식에 의해 Ricci텐서장 Ric와 Ric, scalar곡률 ρ에 관하여 다음 식들이 성립한다 :

$$\begin{aligned}&Ric(X,\ Y) = g(AX,\ Y)\operatorname{tr}(A) - g(A^2X,\ Y), \\ &\mathrm{Ric} = \operatorname{tr}(A)A - A^2 \quad (g(\mathrm{Ric}(X),\ Y) := Ric(X,\ Y)), \\ &\rho = \{\operatorname{tr}(A)\}^2 - \operatorname{tr}(A^2).\end{aligned}$$

증명 $\{e_i\}_i$를 초곡면 $(M,\ g)$상의 국소정규기저라 하자.

$$\begin{aligned}Ric(X,\ Y) &= \sum_i g(R(e_i,\ X)Y,\ e_i) \\ &= \sum_i g((Ae_i \wedge AX)(Y),\ e_i) \\ &= \sum_i g(g(AX,\ Y)Ae_i - g(Ae_i,\ Y)AX,\ e_i)\end{aligned}$$

$$= g(AX,\ Y)\mathrm{tr}(A) - \sum_i g(Ae_i,\ Y)g(AX,\ e_i)$$
$$= g(AX,\ Y)\mathrm{tr}(A) - \sum_i g(AY,\ e_i)g(AX,\ e_i)$$
$$= g(AX,\ Y)\mathrm{tr}(A) - g(A^2X,\ Y),$$

위의 식을 이용하면

$$g(\mathrm{Ric}(e_j),\ e_i) = Ric(e_j,\ e_i) = g(Ae_j,\ e_i)\mathrm{tr}(A) - g(A^2e_j,\ e_i)$$
$$= g(\mathrm{tr}(A)A(e_j) - A^2e_j,\ e_i)$$

이므로 $\mathrm{Ric} = \mathrm{tr}(A)A - A^2$이고, 마찬가지로

$$\rho = \sum_i Ric(e_i,\ e_i) = \sum_i \{g(Ae_i,\ e_i)\mathrm{tr}(A) - g(A^2e_i,\ e_i)\}$$
$$= \{\mathrm{tr}(A)\}^2 - \mathrm{tr}(A^2).$$ ■

예제 4.4 E^{n+1}의 연결(connected)인 초곡면 M $(n \geq 2)$의 형작용소 A가 $A = \lambda I$ ($\lambda \in C^\infty(M)$, I는 항등변환)이면, $\lambda =$상수(constant)이다.

증명 $(\nabla_{\partial/\partial x^i} A)\left(\dfrac{\partial}{\partial x^j}\right) = \dfrac{\partial \lambda}{\partial x^i}\dfrac{\partial}{\partial x^j}$, $(\nabla_{\partial/\partial x^j} A)\left(\dfrac{\partial}{\partial x^i}\right) = \dfrac{\partial \lambda}{\partial x^j}\dfrac{\partial}{\partial x^i}$.

Codazzi방정식에 의해, $i \neq j$인 $i,\ j$에 대해서

$$\frac{\partial \lambda}{\partial x^i} = \frac{\partial \lambda}{\partial x^j} = 0.$$

따라서 $\lambda =$상수(constant). ■

특히, M이 E^3의 등장적 초곡면일 때, 형작용소 A의 행렬식 K를 **가우스곡률**(Gaussian curvature)이라 한다. 이 가우스곡률은, M의 차원이 2차원이므로 단위법벡터장의 선택에 무관계하다. 더욱이

$$g(AX,\ Y) = g(X,\ AY)\quad (X,\ Y \in \mathfrak{X}(M))$$

이므로, A의 고유벡터로 이뤄진 (M상에서 국소적으로 정의된) 정규직교기저 $\{X_1,\ X_2\}$ $(AX_1 = \lambda X_1,\ AX_2 = \mu X_2)$를 취하면, 가우스곡률 $K = \lambda\mu$이다. 가우스방정식으로부터

$$R(X_1,\ X_2) = AX_1 \wedge AX_2 = \lambda\mu X_1 \wedge X_2 = KX_1 \wedge X_2$$

이므로

$$(4.27) \qquad g(R(X_1,\ X_2)X_2,\ X_1) = K$$

를 얻는다. 식 (4.27)은 정규직교기저 $\{X_1,\ X_2\}$를 취하는 방법에 독립이다. 실제, $\{Y_1,\ Y_2\}$를 또 다른 정규기저라 하면

$$Y_1 = a_{11}X_1 + a_{21}X_2, \quad Y_2 = a_{12}X_1 + a_{22}X_2$$

인 직교행렬 $(a_{ij})_{i,\ j}$가 존재하고, 식 (4.23)에 의해

$$\begin{aligned} g(R(Y_1,\ Y_2)Y_2,\ Y_1) &= g(R(a_{11}X_1,\ a_{22}X_2)Y_2,\ Y_1) \\ &\quad + g(R(a_{21}X_2,\ a_{12}X_1)Y_2,\ Y_1) \\ &= \lambda\mu\, g((X_1 \wedge X_2)(Y_2),\ Y_1) = \lambda\mu = K. \end{aligned}$$

결과적으로, 곡률텐서장 R이 리만계량 g에 의해 결정되므로, 형작용소 A의 행렬식인 가우스곡률도 리만계량 g에 의해 완전히 결정된다(가우스의 위대한 정리(Gauss' theorem egregium)). 가우스곡률 $g(R(X_1,\ X_2)X_2,\ X_1)$을 일반의 n차원 리만다양체의 경우로 확장한 것이, 다음 절에서의 단면곡률(sectional curvature)이다.

이제, 곡선 x_t가 초곡면 $(M,\ g)$상의 곡선이고, $Y = Y_t$가 곡선 x_t를 따른 M의 접벡터장이라 하자. 이때, Gauss공식 (4.6)은 (ϕ_*를 생략해서)

$$\frac{dY}{dt} = \nabla_t Y + h(\dot{x}_t,\ Y_t)\xi_t$$

로 쓸 수 있다. 여기서, $\nabla_t Y$는 M의 Levi-Civita접속에 관한 곡선 x_t를 따른 공변미분이다. t를 고정하여 E^{n+1}의 부분공간 $T_{x_t}(M)$으로의 직교사영(orthogonal projection)을 P_t로 두면

$$\nabla_t Y = P_t\left(\frac{dY}{dt}\right) = \lim_{\delta \to 0} \frac{P_t(Y_{t+\delta}) - Y_t}{\delta}$$

이고, $Y_{t+\delta}$는 접공간 $T_{x_t}(M)$에 속하지 않는데, 벡터 $Y_{t+\delta}$를 부분공간 $T_{x_t}(M)$상에 직교사영시킨 후에 Y_t와의 차를 취하게 된다. 이 식은 초곡면 M의 Levi-Civita접속에 관한 공변미분의 기하학적인 의미를 부여한다.

Levi-Civita접속의 운동학적(Kinematic) 측면의 고찰로

$$M = S^2 := \left\{(x^1,\ x^2,\ x^3) \in E^3 \mid \sum_{i=1}^{3}(x^i)^2 = 1\right\}$$

에 속하는 점 $x_0 := (0,\ 0,\ -1)$에서의 접평면

$$T_{x_0}(S^2) = \{(x^1,\ x^2,\ -1) \in E^3 |\ \text{각}\ x^i \in R,\ (i=1,\ 2)\} =: \Sigma$$

상으로 초곡면 S^2의 굴림(rolling)에 관하여 소개한다 (cf. [19]).

점 $x_0 = (0,\ 0,\ -1)$에서 출발하는 S^2상의 C^∞곡선 x_t가 임의로 주어졌다고 하자. 개구간 $J := (-\epsilon,\ \epsilon) \ni t$에 대하여

$$f_0 := I_4,\ f_t := \begin{bmatrix} C_t & \boldsymbol{c}_t \\ 0 & 1 \end{bmatrix}$$

로 두자. 이때, C_t가 변수 t에 대하여 $SO(3)$-값을 취하는 C^∞사상이고, $\boldsymbol{c}_t$는 변수 t에 대하여 열벡터 R^3-값을 취하는 C^∞사상이면, $\{f_t\}_{t \in J}$를 **1-매개변수운동**(1-parametric motion)이라 한다. 각 시각 $t \in J = (-\epsilon,\ \epsilon)$에 대해서 E^3사이의 사상 f_t를 다음과 같이 정의한다 :

(4.28) $$f_t : E^3 \ni \boldsymbol{x}\ \rightarrow\ C_t\boldsymbol{x} + \boldsymbol{c}_t = f_t(\boldsymbol{x}) \in E^3.$$

S^2상의 주어진 곡선 x_t $(t \in J)$에 대하여, $f_0(x_0) = x_0\,(x_0 = -e_3)$이고, 각 $t \in J$ 마다

$$f_t(x_t) = C_t x_t + \boldsymbol{c}_t = -e_3 + \boldsymbol{c}_t \ \ (\boldsymbol{c}_t\text{는 } \boldsymbol{R}^2(xy\text{평면})\text{상의 곡선})$$

를 만족하도록, 1-매개변수운동 $\{f_t\}_{t \in J}$를 구성한다(S^2상의 곡선 x_t가 Σ에 접하도록(Σ상으로 굴림)).

점 $t \in J = (-\epsilon,\ \epsilon)$를 고정하고, y $(\in E^3)$를 임의로 주어진 점이라 할 때 E^3상의 벡터장 X_t를 다음과 같이 정의한다 :

$$(X_t)_y := \left(\frac{df_u}{du}\right)_{u=t}(x) = \left(\frac{df_u(x)}{du}\right)_{u=t} \in T_{f_t(x)}E^3 \ \ \left(x = f_t^{-1}(y)\right).$$

한편, $f_t^{-1} = \begin{bmatrix} C_t^{-1} & -C_t^{-1}\boldsymbol{c}_t \\ 0 & 1 \end{bmatrix}$이므로, 식 (4.28)에 의해

(4.29) $$\left(\frac{df_t}{dt}\right)f_t^{-1} = \begin{bmatrix} S_t & v_t \\ 0 & 0 \end{bmatrix} \ \ \left(S_t := \left(\frac{dC_t}{dt}\right)C_t^{-1},\ v_t := -S_t\boldsymbol{c}_t + \left(\frac{d\boldsymbol{c}_t}{dt}\right)\right)$$

를 얻는다. 식 (4.29)로부터

(4.30) $$(X_t)_y = S_t y + v_t \ \ (y = f_t(x) = C_t x + \boldsymbol{c}_t)$$

가 성립한다. 식 (4.28), (4.29)에 의해

$$(4.31) \qquad \left(\frac{df_t}{dt}\right)(x) = \frac{df_t(x)}{dt} = S_t C_t x + \left(\frac{dc_t}{dt}\right)$$

이다.

특정시각(순간) $t(\in J)$에서 $S_t = 0$이고 $v_t = 0$이면, 순간운동(instantaneous motion) (4.29)를 순간 t에서 **순간정지**(instantaneous standstill)라 한다. 만약 $S_t = 0$이고 $v_t \neq 0$이면, (4.29)를 순간 t에서 **순간이동**(instantaneous translation)이라 하고, 순간이동일 경우엔 E^3의 모든 점 y에 대해서 $(X_t)_y = v_t$, 즉 E^3의 모든 점은 특정시각(순간) t에서 같은 속도를 갖는다.

$(X_t)_{y_0} = 0$인 점 y_0 $(\in E^3)$가 존재하면, 특정순간 t에서의 순간운동 (4.29)를 **순간회전** (instantaneous rotation)이라 하고, 이때 $(df_t(x_0)/dt) = 0$ $(f_t^{-1}(y_0) = x_0)$이고, 특히 점 y_0 $(= f_t(x_0))$를 **순간회전의 중심**(center of instantaneous rotation)이라 한다.

순간정지인 경우를 피하기 위하여, 이후에서는 $S_t \neq 0$으로 가정한다.

이제, $t \in J$를 고정하여 $(X_t)_y = 0$인 y $(\in E^3)$가 존재한다고 하자. $S_t = (dC_t/dt)C_t^{-1}$는 비대칭적(skew-symmetric)이므로

$$(4.32) \qquad S_t = \begin{pmatrix} 0 & \alpha_t & \beta_t \\ -\alpha_t & 0 & \gamma_t \\ -\beta_t & -\gamma_t & 0 \end{pmatrix}$$

로 둘 수 있다. $S_t \neq 0$이므로 $\operatorname{rank}(S_t) = 2$이고

$$\ker(S_t) = \{\lambda\omega_t \mid \lambda \in R,\ \omega_t = {}^t(-\gamma_t,\ \beta_t,\ -\alpha_t)\}$$

이다. 식 (4.32)의 도움으로

$$S_t e_1 = -\alpha_t e_2 - \beta_t e_3, \quad S_t e_2 = \alpha_t e_1 - \gamma_t e_3, \quad S_t e_3 = \beta_t e_1 + \gamma_t e_2$$

이므로

$$(4.33) \qquad S_t e_i = \omega_t \times e_i \quad (i = 1,\ 2,\ 3)$$

가 성립한다. 식 (4.33)으로부터

$$(4.34) \qquad S_t(U) = \omega_t \times U \quad (U \in E^3)$$

를 얻는다. 벡터 $\omega_t = {}^t(-\gamma_t,\ \beta_t,\ -\alpha_t)$를 순간 t에서 **각속도**(angular velocity)라 한다.

임의로 주어진 S^2상의 C^∞ 곡선 x_t $(x_0 = {}^t(0,\ 0,\ -1),\ t \in J)$에 대해서, 다음 조건

$$\text{'각 } t \in J\text{에 대해서 } y_t := f_t(x_t) = C_t x_t + c_t = {}^t(0,\ 0,\ -1) + c_t \in f_t(S^2)$$
$$(c_t\text{는 } x,\ y\text{평면상의 } C^\infty\text{ 곡선)'}$$

을 만족하는 1-매개변수운동 $\{f_t = C_t + c_t\}_{t \in J}$이, 각 $t(\in J)$에 대응된 벡터

$$\omega_t = {}^t(-\gamma_t,\ \beta_t,\ -\alpha_t)$$

가 $y_t = f_t(x_t)$에서 $f_t(S^2)$에 접할 때, 1-매개변수운동 $\{f_t\}_{t \in J}$를 **굴림**(rolling)이라 한다. 여기서, $C_t \dot{x}_t = \dot{c}_t$ $(f_t x_t = y_t = C_t x_t + \boldsymbol{c}_t,\ C_t x_t = -e_3)$이므로

$$\dot{C}_t\, x_t + \dot{\boldsymbol{c}}_t = 0 \tag{4.35}$$

이다. 따라서 $f_t(x_t) = y_t$는 순간회전(instantaneous rotation)의 중심이다.

S^2상의 $-e_3$를 시점으로 하는 임의의 곡선 x_t $(x_0 = -e_3)$에 대해서

$$\overrightarrow{f_t(0)f_t(x_t)} = C_t x_t = -e_3$$

이므로, 식 (4.31)과 (4.34)의 도움으로

$$\left(\frac{df_t}{dt}\right)(x_t) = S_t\left(\overrightarrow{f_t(0)f_t(x_t)}\right) + \frac{d\boldsymbol{c}_t}{dt} = -\omega_t \times e_3 + \frac{d\boldsymbol{c}_t}{dt}.$$

이 식으로부터 굴림인 1-매개변수운동 $\{f_t\}_{t \in J}$ $\left(\omega_t \in T_{y_t} f_t(S^2),\ y_t = f_t(x_t)\right)$의 기하학적 의미를 알 수 있다.

이제, S^2상의 곡선 x_t $(x_0 = -e_3,\ t \in J = (-\epsilon,\ \epsilon))$에 대해, 각 순간(instant) $t(\in J)$에서 점 x_t가 $\Sigma = \{{}^t(x^1,\ x^2,\ 0) \mid x^i \in R\ (i = 1,\ 2)\}$와 접촉(contact)하는 S^2의 굴림(rolling)인 1-매개변수운동 $\{f_t\}_{t \in J}$를 구하자.

식 (4.31), (4.34)와 (4.35)에 의해

$$S_t(e_3) = -\dot{C}_t x_t = \dot{c}_t = \dot{y}_t \tag{4.36}$$

이고, 1-매개변수운동 $\{f_t\}_{t \in J}$가 굴림(rolling)이면 $\omega_t \in \Sigma$, 즉 각 $t \in J$에 대해서

$$\omega_t = {}^t(-\gamma_t,\ \beta_t,\ 0) \tag{4.37}$$

이다. 더욱이, 식 (4.34), (4.36)과 (4.37)에 의해

$$S_t(e_3) = \omega_t \times e_3 = \beta_t e_1 + \gamma_t e_2 = \dot{c}_t = \dot{y}_t \tag{4.38}$$

이고, $\{\dot{y}_t,\ \omega_t\}$는 $\{e_1,\ e_2\}$와 같은 방향(same orientation)을 갖는다.

S^2상의 곡선 x_t를 따른 벡터장 $\boldsymbol{b}_1 = \boldsymbol{b}_1(t)$, $\boldsymbol{b}_2 = \boldsymbol{b}_2(t)$를 다음과 같이 정의한다.

$$C_t^{-1}(e_1) =: \boldsymbol{b}_1(t), \quad C_t^{-1}(e_2) =: \boldsymbol{b}_2(t).$$

이때

$$\boldsymbol{b}_1(0) = e_1, \quad \boldsymbol{b}_2(0) = e_2,$$

$$\langle \boldsymbol{b}_1(t), -x_t \rangle = \langle C_t^{-1}(e_1), C_t^{-1}(e_3) \rangle = 0,$$

$$\langle \boldsymbol{b}_2(t), -x_t \rangle = \langle C_t^{-1}(e_2), C_t^{-1}(e_3) \rangle = 0$$

이므로, 각 $t(\in J)$에 대해서 $\boldsymbol{b}_1(t)$, $\boldsymbol{b}_2(t)$는 점 $x_t(\in S^2)$에서 S^2의 접벡터들이다.

더욱이, 다음 성질들을 갖는다.

(i) $\boldsymbol{b}_1(t)$와 $\boldsymbol{b}_2(t)$는 S^2상의 주어진 곡선 x_t를 따라, 평행이다(S^2상의 Levi-Civita접속에 관하여);

(ii) $dx_t/dt =: k_1(t)\boldsymbol{b}_1(t) + k_2(t)\boldsymbol{b}_2(t)$로 두면, $dy_t/dt = k_1(t)e_1 + k_2(t)e_2$이다.

실제, $C_t\boldsymbol{b}_1(t) = e_1$이므로

$$\left(\frac{d\boldsymbol{b}_1}{dt}\right) = -C_t^{-1}(S_t(e_1)) = -C_t^{-1}(\omega_t \times e_1) = -C_t^{-1}(\beta_t e_3)$$

가 되고, 마찬가지로 $(d\boldsymbol{b}_2/dt) = C_t^{-1}(\gamma_t e_3)$로 된다. 따라서 $\boldsymbol{b}_1(t)$와 $\boldsymbol{b}_2(t)$는 곡선 x_t를 따라 평행이다. 성질 (ii)에 대해선, 식 (4.36)의 덕분으로

$$\left(\frac{dy_t}{dt}\right) = C_t\left(\frac{dx_t}{dt}\right) = C_t(k_1(t)\boldsymbol{b}_1(t) + k_2(t)\boldsymbol{b}_2(t)) = k_1(t)e_1 + k_2(t)e_2$$

가 성립한다.

위의 성질 (i), (ii)에 의해, Σ상의 곡선 $y_t = {}^t(0, 0, -1) + c_t$는 S^2상의 주어진 곡선 x_t의 (x_0에서 S^2의) 접공간 Σ상으로의 전개(development)이다. 결국, S^2상의 주어진 C^∞-곡선 x_t $(t \in J = (-\epsilon, \epsilon))$를 점 x_0를 출발점으로 하여 각 순간 t에서 점 x_t가 Σ와 접촉하게 하는 굴림(rolling) $\{f_t = C_t + c_t\}_{t \in J}$에 의한 $f_t(x_t) =: y_t$ $(t \in J)$는 주어진 곡선 x_t의 (S^2의 점 x_0에서의) 접평면 Σ로의 전개(development)가 된다.

위와 같은 1-매개변수운동(1-parametric motion)인 굴림(rolling) $\{f_t = C_t + c_t\}_{t \in J}$가 유일하게 존재함을 밝힌다.

먼저, $\boldsymbol{b}_1(t)$, $\boldsymbol{b}_2(t)$ $(t \in J = (-\epsilon, \epsilon))$를 S^2상의 임의로 주어진 곡선 x_t $(x_0 = -e_3,\ t \in J)$를 따라서, 초기조건 $\boldsymbol{b}_1(0) = e_1$와 $\boldsymbol{b}_2(0) = e_2$를 만족하는 평행인 벡터장이라 하자. 그러한

$b_i(t)$ $(i=1,\ 2;\ t\in J)$는 유일하게 존재한다. 이제, C_t $(t\in J)$를

$$C_t b_1(t)=e_1,\quad C_t b_2(t)=e_2,\quad C_t x_t=-e_3\ \ (t\in J)$$

에 의해 완전히 결정된 유일한 $SO(3)$-값을 취하는 행렬이라 하자. 더욱이, y_t를 S^2상의 주어진 곡선 x_t의 $y_0=x_0=-e_3$를 시점으로 하는 Σ에로의 전개(development)라 하자. 물론, 이 전개도 S^2상의 곡선 x_t에 의해서 유일하게 결정되어진다. 이때

$$C_t\left(\frac{dx_t}{dt}\right)=\left(\frac{dy_t}{dt}\right)\ \ (t\in J)$$

이다. 실제, 곡선 x_t를 따른 벡터 $(dx_t/dt)=k_1(t)b_1(t)+k_2(t)b_2(t)$의 $T_{x_0}S^2=\sum$에로의 평행이동한 벡터는

$$k_1(t)b_1(0)+k_2(t)b_2(0)=k_1(t)e_1+k_2(t)e_2$$

이고

$$C_t\left(\frac{dx_t}{dt}\right)=C_t\left(k_1(t)b_1(t)+k_2(t)b_2(t)\right)=k_1(t)e_1+k_2(t)e_2$$

이다. 더욱이, y_t는 곡선 x_t의 $T_{x_0}S^2=\sum$에로의 전개이므로

$$\left(\frac{dy_t}{dt}\right)=k_1(t)e_1+k_2(t)e_2$$

이다.

이제, $c_t:=y_t+e_3$ $(t\in J)$, $f_t:=\begin{bmatrix} C_t & c_t \\ 0 & 1\end{bmatrix}$이라 두면, $\{f_t\}_{t\in J}$는

$$y_t=-e_3+c_t=C_t x_t+c_t=f_t(x_t)$$

가 순간회전(instantaneous rotation)의 중심인 굴림(rolling)이다. 실제, $C_t x_t=-e_3$, $c_t=y_t+e_3$이므로

$$\frac{dC_t}{dt}x_t+\frac{dc_t}{dt}=-C_t\frac{dx_t}{dt}+\frac{dc_t}{dt}=-\frac{dy_t}{dt}+\frac{dc_t}{dt}=0,$$

즉 $\{f_t=C_t+c_t\}_{t\in J}$는 $y_t=f_t(x_t)=-e_3+c_t$를 중심으로 하는 순간회전(instantaneous rotation) (4.29)를 생성한다. 더욱이, $C_t b_1(t)=e_1$이므로 $\dot{C}_t b_1(t)=-C_t \dot{b_1}(t)$이고

$$\dot{C}_t C_t^{-1}e_1=-C_t(\dot{b_1}(t))=S_t(e_1)=\omega_t\times e_1$$

이다. $\boldsymbol{b}_1(t)$가 x_t를 따라서 평행이므로 ω_t는 y_t에서 $f_t(S^2)$에 접한다. 따라서 $\{f_t\}_{t \in J}$는 $y_t = f_t(x_t)$가 순간회전의 중심인 굴림(rolling)이다.

정리 4.4 x_t $(t \in J)$를 단위구면 S^2상의 C^∞ – 곡선이라 하자. 여기서, $x_0 = -e_3$.

$$\{y_t = f_t(x_t) = C_t x_t + c_t\}_{t \in J} \subset \Sigma = T_{x_0}(S^2)$$

인 S^2의 Σ에로의 굴림인 1-매개변수운동(1-parametric motion) $\{f_t = C_t + c_t\}_{t \in J}$가 유일하게 존재하고, 곡선 $\{y_t = f_t(x_t)\}_{t \in J}$는 곡선 x_t의 Σ상으로의 전개(development)이다.

이와 같은 운동학적(kinematic) 측면의 고찰의 결과들은 E^{n+1}의 초곡면 M의 경우에도 확장되어진다 (cf. [19]).

§5. 단면곡률(sectional curvature)

가우스곡률의 확장으로, 리만다양체 M의 단면곡률을 정의하자. 점 $x \in M$의 접공간 $T_x(M)$의 2차원 부분공간 σ를 평면(plane) 또는 평면절단(plane section)이라 한다. σ의 임의의 기저$\{X, Y\}$를 취하면, Schwartz's inequality에 의해

$$g(X, X)g(Y, Y) - g(X, Y)^2 > 0$$

이고

$$\frac{g(R(X, Y)Y, X)}{g(X, X)g(Y, Y) - g(X, Y)^2}$$

은 평면 σ에만 의존하고 기저$\{X, Y\}$의 선택에는 독립이다. 실제, 다른 기저 $\{X_1, Y_1\}$을 취하면

$$X_1 = aX + bY, \quad Y_1 = cX + dY \quad (ad - bc \neq 0)$$

이고, §3의 정리 3.1로부터

$$g(R(X_1, Y_1)Y_1, X_1) = (ad - bc)^2 g(R(X, Y)Y, X)$$

를 얻고

$$g(X_1, X_1)g(Y_1, Y_1) - g(X_1, Y_1)^2 = (ad - bc)^2\{g(X, X)g(Y, Y) - g(X, Y)^2\}$$

이 된다. 여기서

$$K(\sigma) := \frac{g(R(X, Y)Y, X)}{g(X, X)\,g(Y, Y) - g(X, Y)^2} \tag{5.1}$$

을 σ의 **단면곡률**(sectional curvature)이라 한다. 특히, $\{X, Y\}$가 정규직교기저이면, 식 (5.1)은

$$K(\sigma) = g(R(X, Y)Y, X) \tag{5.2}$$

가 된다.

곡률텐서장 R이 0이면, M상의 임의의 점에서의 어떠한 평면 σ에 대해서도, 당연히 단면곡률 $K(\sigma) = 0$가 된다. 역으로, 리만다양체 (M, g)상의, 모든 점의 모든 평면 σ에 대해 단면곡률 $K(\sigma) = 0$가 성립하면 곡률텐서장 R이 $R = 0$가 되는데, 보다 일반적으로 다음 정리가 알려져 있다.

정리 5.1 x를 리만다양체 (M, g)상에서, 임의로 주어진 점이라 하자. 만약, x에서의 모든 평면 σ에 대해서

$$K(\sigma) = c(\text{상수})$$

이면, x에서의 곡률텐서 R은 $X, Y\ (\in T_xM)$에 대해서

$$R_x(X, Y) = cX \wedge Y \tag{5.3}$$

이고, 그 역도 성립한다.

증명 $X, Y, Z, U \in T_xM$에 대해서, §4의 식 (4.22)로부터

$$\begin{aligned} g_x((X \wedge Y)(Z), U) &= -g_x(Z, (X \wedge Y)(U)), \\ (X \wedge Y)(Z) + (Y \wedge Z)(X) &+ (Z \wedge X)(Y) = 0 \end{aligned} \tag{5.4}$$

를 얻는다. 식 (5.1)은

$$K(\sigma) = \frac{g_x(R(X, Y)Y, X)}{g_x((X \wedge Y)Y, X)} \tag{5.5}$$

이므로, 만약 $R_x(X, Y) = cX \wedge Y$이면 $K(\sigma) = c$이다. 따라서 정리에서의 역이 성립한다.

R_0를 $R_0(X, Y) := X \wedge Y\ (X, Y \in T_xM)$인 T_xM상에서 $(1, 3)$형 텐서라 하자. $\{X, Y\}(\subset T_xM)$가 일차독립이라면, 가정에 의해

$$g_x(R(X, Y)Y, X) = cg_x((X \wedge Y)(Y), X) \tag{5.6}$$

이므로, $R' := R - cR_0$로 두면

$$g_x(R'(X, Y)Y, X) = 0 \tag{5.7}$$

를 얻는다. 식 (5.4)와 3장의 식 (6.5)의 도움으로, R'는 다음 성질

$$R'(X, Y) = -R'(Y, X),\ R'(X, Y)Z + R'(Y, Z)X + R'(Z, X)Y = 0 \tag{5.8}$$

를 갖는 $T_x(M)$상의 $(1, 3)$형 텐서이다.

이제, 이러한 성질들을 이용하여 $T_x(M)$상에서 $R' = 0$임을 증명한다.

식 (5.7)은 $X, Y\ (\in T_xM)$가 일차종속일 때는, 식 (5.8)에 의해 $T_x(M)$상에서 $R' = 0$이다. $X, Y, Z\ (\in T_xM)$에 대해서, 식 (5.7)로부터

(5.9) $$g_x(R'(X,\ Y+Z)(Y+Z),\ X)$$
$$= g_x(R'(X,\ Y)Z,\ X) + g_x(R'(X,\ Z)Y,\ X) = 0$$

를 얻는다. 한편 식 (5.4), (5.8) 및 §3의 식 (3.3)으로부터

(5.10) $$g_x(R'(X,\ Z)Y,\ X) = g_x(R'(X,\ Y)Z,\ X)$$

를 얻고, 다시 식 (5.9), (5.10)으로부터

(5.11) $$g_x(R'(X,\ Y)Z,\ X) = 0$$

를 얻는다. 따라서 $g_x(R'(X,\ Y)X,\ Z) = 0$가 성립하고, 더욱이 $Z\ (\in T_xM)$는 임의의 원이므로

(5.12) $$R'(X,\ Y)X = 0 \ \ (X,\ Y \in T_xM)$$

이 성립한다. 식 (5.12)에 의해

$$0 = R'(X+Z,\ Y)(X+Z) = R'(X,\ Y)Z + R'(Z,\ Y)X \ \ (X,\ Y,\ Z \in T_xM)$$

이므로

(5.13) $$R'(X,\ Y)Z + R'(Z,\ Y)X = 0$$

를 얻는다. 마찬가지로

(5.14) $$R'(Y,\ Z)X + R'(X,\ Z)Y = 0,$$
(5.15) $$R'(Z,\ X)Y + R'(Y,\ X)Z = 0$$

를 얻는다. (5.13)+(5.14)에 의해

(5.16) $$R'(X,\ Y)Z + R'(X,\ Z)Y = 0$$

이다. 식 (5.13)과 (5.16)에 의해

(5.17) $$R'(X,\ Z)Y = R'(Z,\ Y)X = R'(Y,\ X)Z$$

가 성립한다. 식 (5.8), (5.17)로부터, 임의로 주어진 $X,\ Y,\ Z\ (\in T_xM)$에 대해서 $R'(X,\ Y)Z = 0$이므로, T_xM상에서 $R' = 0$이다. ■

다음에 Schur의 정리를 소개한다.

> **정리 5.2** (M, g)가 차원이 3 이상인 연결 리만다양체라 하자. 만약, 각 점 $x \in M$에서 단면곡률 $K(\sigma)$가 평면절편 σ에는 독립적이고, 단지 점 $x \in M$에만 의존하는 함수 $K(\sigma) = \lambda_x$이면, 이때 M상에서의 함수 $K(\sigma)$는 상수함수 ($K(\sigma) =$상수)이다.

증명 정리 5.1에 의해, 각 점 $x \in M$에서 곡률텐서 R_x가

$$R_x(X, Y) = \lambda_x X \wedge Y \ \left(X, Y \in T_x M\right)$$

인, 점 x에 의존하는 상수 λ_x가 존재한다. $X, Y \in \mathfrak{X}(M)$에 대해서 $R_0(X, Y) := X \wedge Y$로 두면, R_0는 M상의 $(1, 3)$형 텐서장이다. $X, Y, Z, W \in \mathfrak{X}(M)$에 대해서

$$\begin{aligned}(\nabla_W R_0)(X, Y)Z &= \nabla_W(R_0(X, Y)Z) - R_0(\nabla_W X, Y)Z \\ &\quad - R_0(X, \nabla_W Y)Z - R_0(X, Y)\nabla_W Z \\ &= \nabla_W(g(Y, Z)X - g(X, Z)Y) - g(Y, Z)\nabla_W X \\ &\quad + g(\nabla_W X, Z)Y - g(\nabla_W Y, Z)X + g(X, Z)\nabla_W Y \\ &\quad - g(Y, \nabla_W Z)X + g(X, \nabla_W Z)Y \\ &= 0\end{aligned}$$

이므로, $\nabla_W R_0 = 0$이다. $R = \lambda R_0 \ \left(\lambda \in C^\infty(M)\right)$이므로, $\nabla_X R = (X\lambda)R_0$이다. 따라서

$$(\nabla_X R)(Y, Z) = (X\lambda)R_0(Y, Z) = (X\lambda)\, Y \wedge Z$$

이므로, Bianchi 제2항등식을 이용하면

$$(X\lambda)(Y \wedge Z) + (Y\lambda)(Z \wedge X) + (Z\lambda)(X \wedge Y) = 0 \tag{5.18}$$

를 얻는다. 여기서, M의 차원이 3 이상이므로, $\{X, Y, Z\}$를 국소적으로 정의된 정규직교프레임에 속하는 벡터장으로 둘 수 있고, 그러한 벡터장 Z를 식 (5.18)의 좌변에 변수로 적용하면

$$(X\lambda)Y - (Y\lambda)X = 0 \tag{5.19}$$

를 얻는다. 식 (5.19)로부터, $\lambda \in C^\infty(M)$가 M상에서 상수함수임이 밝혀진다. ■

참고 리만다양체 (M, g)에서 $\dim M \geq 3$일 때, $R = \lambda R_0$이면 'λ는 M상에서 상수이다'는 결과는 §3의 Ricci텐서 Ric에 관한 '$\dim M \geq 3$이고 $Ric = \lambda g$이면, $\lambda \ \left(\in C^\infty(M)\right)$는

M상에서 상수함수'인 결과와 §4의 '형작용소 $A=\lambda I$ $(\dim M \geq 2)$이면 M상에서 λ $(\in C^{\infty}(M))$는 상수이다'라는 결과와 같은 유형의 결과이다.

리만다양체 (M, g)의 단면곡률 K가 M상에서 상수 c인 경우, 즉 $R=cR_0$가 모든 점에서 성립할 때, (M, g)를 **정곡률공간**(space of constant curvature)이라 하고, 완비(complete)인 정곡률공간을 **공간형**(space form)이라 한다.

마지막으로, Ricci텐서와 단면곡률과의 관계를 알아보자. X를 $T_x(M)$에 속하는 단위벡터라 하고, $\{X=X_1, X_2, \dots, X_n\}$을 $T_x(M)$의 정규직교기저라 하자. X_1, $X_i (i \geq 2)$로 펼쳐지는 평면 σ_i의 단면곡률 $K(\sigma_i)$는

$$K(\sigma_i)=g_x(R_x(X, X_i)X_i, X)=g_x(R_x(X_i, X)X, X_i)$$

이므로

$$Ric(X, X)=\sum_{i=2}^{n} K(\sigma_i) \tag{5.20}$$

를 얻는다.

예제 5.3 E^{n+1}의 초곡면 M의 한 점에서, 접벡터 X, Y로 펼쳐지는 평면 σ의 단면곡률 $K(\sigma)$는

$$K(\sigma)=\frac{h(X, X)h(Y, Y)-h(X, Y)^2}{g(X, X)g(Y, Y)-g(X, Y)^2}$$

이다. 여기서, h는 제2기본형식이다.

증명 Gauss방정식 $R(X, Y)=AX \wedge AY$ $(X, Y \in \mathfrak{X}(M))$을 이용하면, X, Y로 펼쳐지는 평면의 단면곡률은

$$\frac{g(R(X, Y)Y, X)}{g(X, X)g(Y, Y)-g(X, Y)^2}=\frac{g((AX \wedge AY)(Y), X)}{g(X, X)g(Y, Y)-g(X, Y)^2}$$

이다. 더욱이, $g(AX, Y)=g(X, AY)=h(X, Y)$ $(X, Y \in \mathfrak{X}(M))$이므로,

$$g((AX \wedge AY)(Y), X)=h(Y, Y)h(X, X)-h(X, Y)^2$$

이므로

$$K(\sigma)=\frac{h(X, X)h(Y, Y)-h(X, Y)^2}{g(X, X)g(Y, Y)-g(X, Y)^2}. \qquad \blacksquare$$

§6. 정곡률공간(constant curvature space)

유클리드공간 E^n상의 곡률텐서장 R은 0이므로, 단면곡률도 0이다.

반경 r인 구면 $S^n(r)$ $(\subset E^{n+1})$에, E^{n+1}로부터 유도되어진 리만계량에 대한 단면곡률은 $\frac{1}{r^2}$임을 밝힌다.

음의 정곡률을 갖는 리만다양체의 전형적인 예는 쌍곡형공간(hyperbolic space) $H^n(r)$이다. 이는 단면곡률(정곡률) $-\frac{1}{r^2}$을 갖는 리만다양체로, 유클리드공간이 아닌 로렌츠공간(Lorentzian space) L^{n+1}의 초곡면으로 정의한다.

그리고 $S^n(r)$, $H^n(r)$상의 측지선을 구한다. 특히, $H^2(1)$은 복소함수론에서 예시되는 바와 같이, 단위원의 내부(interior) 또는 상반평면상의 Poincaré계량과 등장적임을 소개한다.

E^{n+1}의 정규직교좌표계 $\{x^1, ..., x^{n+1}\}$에 대하여, 반경 r인 구면 $S^n(r)$은

$$S^n(r) = \left\{x \in E^{n+1} \mid \langle x, x\rangle = \sum_{i=1}^{n+1} (x^i)^2 = r^2\right\} \tag{6.1}$$

이다. $S^n(r)$의 각 점 x에서 $\xi_x := -x/r$로 두면, ξ는 $S^n(r)$상의 내측방향의(inward) 단위법벡터장이고

$$T_x(S^n(r)) = \{X \in T_x(E^{n+1}) \mid \langle X, x\rangle = 0\}.$$

이제, x $(\in S^n(r))$ 주위의 $S^n(r)$의 국소좌표계를 $\{y^1, \cdots, y^n\}$이라 하자. $X \in T_x(S^n(r))$과 위치벡터 x 자신에 대해서

$$D_X x = \sum_{b=1}^{n}\sum_{i,h=1}^{n+1} D_{X^b(\partial x^h/\partial y^b)(\partial/\partial x^h)}\, x^i \frac{\partial}{\partial x^i} = \sum_{b=1}^{n}\sum_{i,h=1}^{n+1} X^b \frac{\partial x^h}{\partial y^b}\delta^i_h \frac{\partial}{\partial x^i} = X$$

이므로

$$D_X\xi = D_X\left(-\frac{x}{r}\right) = -\frac{1}{r}X = -AX.$$

따라서 $A = \frac{1}{r}$ (I는 항등변환). 더욱이, §4의 Gauss방정식 (4.23)에 의해

$$R(X, Y) = AX \wedge AY = \frac{1}{r^2} X \wedge Y \tag{6.2}$$

를 얻는다. 식 (6.2)와 §5의 정리 5.1에 의해 $S^n(r)$의 단면곡률(정곡률)은 $\frac{1}{r^2}$이다.

일반적으로, 초곡면 M상의 곡선 x_t에 대하여

$$D_t x_t' = \nabla_t x_t' + h(x_t', x_t')\xi_{x_t}$$

이므로, 초곡면상의 곡선 x_t가 측지선일 필요충분조건은

$$D_t x_t' = h(x_t', x_t')\xi_{x_t} = g(Ax_t', x_t')\xi_{x_t}$$

이다. $S^n(1)$상에서는

$$\xi_{x_t} = -x_t, \quad A = I$$

이다. 특히, t를 호장매개변수(arc length parameter), 즉 $g(x_t', x_t') = 1$이 되도록 취하면, $S^n(1)$상에서 x_t가 측지선일 필요충분조건은

(6.3) $$D_t x_t' = \frac{d^2 x_t}{dt^2} = -x_t$$

가 된다. 여기서, 초기조건 $x_0 = x \in S^n(1)$, $x_t'{}_{(t=0)} = X$ (단위접벡터)를 만족하는 측지선은

(6.4) $$x_t = \cos t\, x + \sin t\, X$$

로 주어진다. 식 (6.4)는 $S^n(1)$상의 측지선의 일반적인 식이다. 식 (6.4)는 위치벡터 x와 단위접벡터 X에 의해 생성되는 E^{n+1}의 부분공간인 평면과 $S^n(1)$과의 공통부분이고, 이를 **대원**(great circle)이라 한다.

따라서 (i) $S^n(1)$상의 점 x와 $-x$를 지나는 측지선은 무수히 존재하고, (ii) $S^n(1)$의 점 x와 $y(\neq x)$를 지나는 측지선은 유일하게 존재하며, 이 측지선을 따른 x로부터 y까지의 측지선의 호장(arc length) d는 $\langle x, y\rangle = |x||y|\cos d = \cos d$에 의해 주어진다.

이제, 쌍곡형공간(hyperbolic space)를 정의하자.

먼저, R^{n+1}상의 비퇴화(non-degenerating) 대칭(symmetric) 쌍선형사상(bilinear mapping)인 로렌츠내적(Lorentzian inner product)

(6.5) $$\langle x, y\rangle := \sum_{i=1}^{n} x^i y^i - x^{n+1} y^{n+1}$$

을 정의하고, 이 로렌츠내적을 갖는 R^{n+1}을 **로렌츠공간**(Lorentzian space)이라 하고, L^{n+1}로 표기한다.

L^{n+1}의 초곡면

$$\{x \in L \mid \langle x,\ x \rangle = -r^2\} = \{x \in L^{n+1} \mid (x^1)^2 + \cdots + (x^n)^2 - (x^{n+1})^2 = -r^2\}$$

은 두 부분의 연결성분(connected component)으로 되어있다. 실제, 이러한 초곡면은 $x^{n+1} > 0$ (즉, $x^{n+1} \geq r$)인 연결성분과, $x^{n+1} < 0$ (즉, $x^{n+1} \leq -r$)인 연결성분으로 이루어진다. 여기서

$$H^n(r) := \{x \in L^{n+1} \mid \langle x,\ x \rangle = -r^2,\ x^{n+1} > 0\} \tag{6.6}$$

로 둔다.

점 $x\,(\in H^n(r))$에서의 접공간은 $\langle x_t,\ x_t \rangle = -r^2$ $(x_0 = x)$인 $H^n(r)$상의 곡선 x_t의 x_0에서의 접벡터 X (즉, $\langle x,\ X \rangle = 0$)로 이뤄진다 ;

$$T_x(H^n(r)) = \{X \in T_x(L^{n+1})\ \ \langle x,\ X \rangle = 0\}.$$

이제, $\xi_x := -x/r\,(x \in H^n(r))$이라 두면, ξ는 $H^n(r)$상에서 정의된 법벡터장(normal vector field)이고 $\langle \xi_x,\ \xi_x \rangle = -1$ $(x \in H^n(r))$이다. 로렌츠내적을 $T_x(H^n(r))$상에 제한하면, 실벡터공간 $T_x(H^n(r))$상의 일반내적(positive definite inner product)이 된다. 실제, $L^{n+1} = T_x(H^n(r)) \oplus \{\xi_x\}_R$ (직교집합(orthogonal direct sum))으로 $\langle \xi_x,\ \xi_x \rangle = -1$이다. 따라서 $H^n(r)$상에 리만계량이 유도되어진다. $H^n(r)$은 L^{n+1}로의 등장적 imbedding에 의한 상(image)이다. 이와 같이 유도되어진 리만계량 g를 갖는 리만다양체 $(H^n(r),\ g)$를 **쌍곡형공간**(hyperbolic space)이라 한다.

일반적으로, 리만다양체 $(M,\ g)$가 L^{n+1}으로의 등장적(isometric) immersion에 의한 초곡면인 부분다양체이라면, 국소적으로 $\langle \xi_x,\ \xi_x \rangle = -1$인 단위법벡터장(unit normal vector field) ξ를 선택할 수 있다. 유클리드공간의 초곡면에서와 같이, $X,\ Y \in \mathfrak{X}(H^n(r))$에 대해서

$$\begin{aligned} D_X Y &= \nabla_X Y + \alpha(X,\ Y) = \nabla_X Y + h(X,\ Y)\xi, \\ D_X \xi &= -AX \end{aligned} \tag{6.7}$$

로 둘 수 있다. 여기서, $M \subset L^{n+1}$로 간주하여 등장적 imbedding ϕ를 생략하고 있다. 유클리드공간의 초곡면의 경우와 마찬가지로 A는 형작용소, α는 제2기본텐서장, h는 제2기본형식이라 한다. 3장 §7의 정리 7.5에 의해, $X,\ Y \in \mathfrak{X}(H^n(r))$에 대하여

$$\begin{aligned} 0 &= T(\phi_* X,\ \phi_* Y) = D_X \phi_* Y - D_Y \phi_* X - \phi_* [X,\ Y] \\ &= \phi_* (\nabla_X Y - \nabla_Y X - [X,\ Y]) + (h(X,\ Y) - h(Y,\ X))\xi \end{aligned}$$

이므로

$$T^{\nabla} = 0, \quad h(X, Y) = h(Y, X) \tag{6.8}$$

를 얻는다. 그리고 $X, Y \in \mathfrak{X}(H^n(r))$에 대해서, 식 (6.7)에 의해

$$\begin{aligned} 0 = D_X\langle \xi, Y\rangle &= \langle D_X\xi, Y\rangle + \langle \xi, D_X Y\rangle \\ &= \langle -AX, Y\rangle - h(X, Y) = -g(AX, Y) - h(X, Y) \end{aligned}$$

이므로

$$h(X, Y) = -g(AX, Y) \tag{6.9}$$

를 얻는다. 더욱이, $X, Y, Z \in \mathfrak{X}(H^n(r))$에 대해서

$$\begin{aligned} X(g(Y, Z)) = X\langle \phi_* Y, \phi_* Z\rangle &= \langle D_X\phi_* Y, \phi_* Z\rangle + \langle \phi_* Y, D_X\phi_* Z\rangle \\ &= \langle \phi_* \nabla_X Y, \phi_* Z\rangle + \langle \phi_* Y, \phi_* \nabla_X Z\rangle \\ &= g(\nabla_X Y, Z) + g(Y, \nabla_X Z) \end{aligned}$$

이므로, ∇는 계량적(metric)접속이다. 식 (6.8)에서 ∇의 열률(torsion)텐서장 $T^{\nabla} = 0$이므로, ∇는 리만다양체 $(H^n(r), g)$상의 Levi-Civita접속이다. 한편, $X, Y, Z \in \mathfrak{X}(H^n(r))$에 대해서

$$\begin{aligned} D_X D_Y Z &= D_X(\nabla_Y Z + \alpha(Y, Z)) \\ &= \nabla_X\nabla_Y Z + \alpha(X, \nabla_Y Z) + X(h(Y, Z))\xi + h(Y, Z)(-AX), \\ D_{[X, Y]} Z &= \nabla_{[X, Y]} Z + h([X, Y], Z)\xi \end{aligned}$$

이므로

$$\begin{aligned} 0 &= D_X D_Y Z - D_Y D_X Z - D_{[X, Y]} Z \\ &= \nabla_X\nabla_Y Z - \nabla_Y\nabla_X Z - \nabla_{[X, Y]} Z - h(Y, Z)AX + h(X, Z)AY \\ &\quad + \{h(X, \nabla_Y Z) - h(Y, \nabla_X Z) + X(h(Y, Z)) - Y(h(X, Z)) - h([X, Y], Z)\}\xi \end{aligned}$$

로 된다. 따라서

$$\begin{aligned} &R^{\nabla}(X, Y)Z = h(Y, Z)AX - h(X, Z)AY, \\ &h(X, \nabla_Y Z) - h(Y, \nabla_X Z) + X(h(Y, Z)) - Y(h(X, Z)) - h([X, Y], Z) = 0 \end{aligned} \tag{6.10}$$

를 얻는다. 식 (6.9), (6.10)으로부터, $X, Y \in \mathfrak{X}(H^n(r))$에 대해

$$R^{\nabla}(X, Y) = -AX \wedge AY \tag{6.11}$$

가 성립한다. 그런데, $H^n(r)$에서 $\xi_x = -\dfrac{x}{r}$ $(x \in H^n(r))$이므로

$$D_X\xi = -AX = D_X\left(-\frac{x}{r}\right) = -X/r.$$

따라서

$$A = I/r \ (I\text{는 항등변환}) \tag{6.12}$$

을 얻는다. 식 (6.11), (6.12)에 의해

$$R^{\nabla}(X,\ Y) = -\frac{1}{r^2}X\wedge Y \tag{6.13}$$

가 성립한다. 식 (6.13)과 §5의 정리 5.1에 의해, $(H^n(r),\ g)$의 단면곡률은 $-\dfrac{1}{r^2}$이다. 즉, 리만다양체 $(H^n(r),\ g)$는 정곡률(constant curvature) $-\dfrac{1}{r^2}$을 갖는 정곡률공간(쌍곡형공간)이다.

이제, $H^n := H^n(1)$상의 측지선을 구하자. H^n상의 곡선 x_t (t는 호장변수(arc length parameter))가 측지선이기 위한 필요충분조건은

$$D_t x_t' \left(= \nabla_t x_t' + h(x_t',\ x_t')\xi_{x_t}\right) = h(x_t',\ x_t')\xi_{x_t}$$

이다. 식 (6.9), (6.12)로부터 $h(x_t',\ x_t') = -g(x_t',\ x_t') = -1$이고, $\xi_{x_t} = -x_t$이므로

$$\frac{d^2x_t}{dt^2} = x_t \tag{6.14}$$

가 $(H^n(r),\ g)$상의 측지선의 방정식이 된다. 초기조건 $x_0 = x$, $x_t'|_{t=0} = X$ (단위접선벡터)를 만족하는 $(H^n,\ g)$상의 측지선은

$$x_t = \cosh(t)x + \sinh(t)X \tag{6.15}$$

$$\left(\cosh(t) = \left(e^t + e^{-t}\right)/2,\ \sinh(t) = \left(e^t - e^{-t}\right)/2\right)$$

로 주어진다. 측지선 (6.15)는 $x\left(\in H^n\right)$와, x와 직교하는 벡터 X에 의해 펼쳐지는 평면과 H^n과의 겹치는 부분의 곡선이다.

S^n의 경우와는 다르게, H^n상의 임의로 주어진 서로 다른 두 점 $x,\ y$에 대해서, 두 점 $x,\ y$를 지나는 H^n상의 측지선은 항상 유일하게 존재한다. 왜냐하면, 우선 $x,\ y$가 일차종속 $(y = \lambda x)$이면, $\langle y,\ y\rangle = \lambda^2\langle x,\ x\rangle = -\lambda^2 = -1$이고 $\lambda = \pm 1$이다. $y^{n+1} > 0$이므로 $\lambda = 1$이고 $y = x$이다. 따라서 서로 다른 두 점 $x,\ y\left(\in H^n \subset L^{n+1}\right)$는 일차독립이다. 그러므로 $x,\ y$를 위치벡터로 간주하여, $x,\ y$가 펼치는 L^{n+1}의 평면과 H^n과의 공통부분인 곡선이 두

점 $x,\ y\ (\in H^n)$을 지나는 유일한 측지선이다. 더욱이, 식 (6.15)에 의해 주어진 두 점 $x,\ y$ $(x \neq y)$를 지나는 H^n상의 측지선은 호장변수 t와 적절한 단위접벡터 X에 의해

$$\cosh(t)x + \sinh(t)X = x_t \quad (x_0 = x,\ x_d = y)$$

로 주어진다. 이때, H^n상에서의 두 점 $x,\ y$ 사이의 거리 d는,

$$\langle x,\ y\rangle = \langle x,\ \cosh(d)x + \sinh(d)X\rangle = -\cosh(d)$$

이므로

$$\cosh(d) = -\langle x,\ y\rangle \tag{6.16}$$

에 의해 주어진다. 한편,

$$x,\ y \in L^{n+1}\text{에 대하여, } \langle x,\ x\rangle = -1\text{일 때}$$
$$\langle x,\ y\rangle^2 \geq \langle x,\ x\rangle\langle y,\ y\rangle = -\langle y,\ y\rangle$$

가 성립한다. 실제, $\{a_i\}_{i=1}^{n+1}$이 $\langle a_i,\ a_i\rangle = 1\ (1 \leq i \leq n)$이고 $\langle a_{n+1},\ a_{n+1}\rangle = -1$인 L^{n+1}의 정규직교기저라 하자. 주어진 벡터 $x = : a_{n+1},\quad y = \sum_{i=1}^{n+1} y^i a_i$로 두면

$$\langle x,\ y\rangle^2 = (y^{n+1})^2 \geq (-1)\left\{\sum_{i=1}^{n}(y^i)^2 - (y^{n+1})^2\right\} = \langle x,\ x\rangle\langle y,\ y\rangle$$

가 성립한다. 특히, $y \in H^n$일 때는 $\langle x,\ y\rangle^2 \geq 1$이므로, $\langle x,\ y\rangle \geq 1$ 혹은 $\langle x,\ y\rangle \leq -1$이다. 식 (6.16)에 의해, H^n상의 다른 두 점 $x,\ y$가 주어졌을 때

$$\langle x,\ y\rangle \leq -1 \tag{6.17}$$

이 성립한다.

$H^2\ (= H^2(1))$와 다음의 두 리만다양체 $(D,\ g)$와 $(U,\ h)$는 등장적(isometric)이다.

이제, $D := \{z = x + \sqrt{-1}\,y \equiv (x,\ y) \in R^2 \equiv C \mid (x^2 + y^2) < 1\}$상에

$$(ds)^2 = \frac{4\{(dx)^2 + (dy)^2\}}{\{1 - (x^2 + y^2)\}^2} = \frac{4dzd\bar{z}}{(1 - |z|^2)^2},$$

즉 리만계량

$$g = \frac{4(dx \otimes dx + dy \otimes dy)}{\{1 - (x^2 + y^2)\}^2}$$

가 정의되는데, 이 리만계량 g를 Poincaré**계량**이라 한다.

한편, 상반평면 $U := \{\omega = u + \sqrt{-1}\,v = (u,\ v) \in R^2 = C \mid v > 0\}$상에

$$h = \frac{(du \otimes du + dv \otimes dv)}{v^2}$$

로 정의된 U상의 리만계량 h도 Poincaré**계량**이라 한다. 여기서, 리만다양체 $(D,\ g)$와 $(U,\ h)$는 등장적(isometric)이기 때문이다. 실제

(6.18)
$$dz = dx + \sqrt{-1}\,dy, \quad d\bar{z} = dx - \sqrt{-1}\,dy,$$
$$\frac{\partial}{\partial z} = \frac{1}{2}\left(\frac{\partial}{\partial x} - \sqrt{-1}\,\frac{\partial}{\partial y}\right), \quad \frac{\partial}{\partial \bar{z}} = \frac{1}{2}\left(\frac{\partial}{\partial x} + \sqrt{-1}\,\frac{\partial}{\partial y}\right)$$

이므로

(6.19)
$$dx = \frac{1}{2}(dz + d\bar{z}), \quad dy = \frac{-\sqrt{-1}}{2}(dz - d\bar{z}),$$
$$\frac{\partial}{\partial x} = \left(\frac{\partial}{\partial z} + \frac{\partial}{\partial \bar{z}}\right), \quad \frac{\partial}{\partial y} = \sqrt{-1}\left(\frac{\partial}{\partial z} - \frac{\partial}{\partial \bar{z}}\right)$$

이다. 식 (6.19)로부터 D상에서

(6.20)
$$g = \frac{2(dz \otimes d\bar{z} + d\bar{z} \otimes dz)}{(1 - |z|^2)^2}$$

로 변형된다. 두 리만다양체 $(D,\ g)$와 $(U,\ h)$ 사이의 사상

$$\phi :\ D \ni z \ \mapsto \ \frac{\sqrt{-1}\,(1-z)}{1+z} = \omega \in U$$

는

$$2v\sqrt{-1} = \omega - \bar{\omega} = \frac{\sqrt{-1}\,(1-z)}{1+z} + \frac{\sqrt{-1}\,(1-\bar{z})}{1+\bar{z}}$$
$$= \frac{2(1 - z\bar{z})}{(1+z)(1+\bar{z})}\sqrt{-1}$$

이므로, $v > 0 \Leftrightarrow |z|^2 < 1$이다. 따라서 사상 ϕ는 well defined이다. 더욱이, z를 ω에 관하여 풀면

$$\psi :\ U \ni \omega \ \mapsto \ z := \frac{\sqrt{-1} - \omega}{\sqrt{-1} + \omega} \in D$$

가 되고, ψ는 ϕ의 역함수이므로, ϕ는 두 리만다양체 $(D,\ g)$, $(U,\ h)$ 간의 미분(복소해석)동형사상이다. U상의 점 $\omega = u + \sqrt{-1}\,v\ \ (v > 0)$이므로

$$u = \frac{\omega + \overline{\omega}}{2}, \quad v = \frac{\omega - \overline{\omega}}{2\sqrt{-1}} \tag{6.21}$$

이고, $\omega = \dfrac{\sqrt{-1}\,(1-z)}{1+z}$이므로 미분(복소해석)동형사상 ϕ의 대응점 간에

$$du = \frac{-\sqrt{-1}}{(1+z)^2}dz + \frac{\sqrt{-1}}{(1+\overline{z})^2}d\overline{z}, \tag{6.22}$$

$$dv = \frac{-1}{(1+z)^2}dz - \frac{1}{(1+\overline{z})^2}d\overline{z}$$

가 성립한다. 식 (6.21)과 $\omega = \dfrac{\sqrt{-1}\,(1-z)}{1+z}$로부터

$$v^2 = \frac{(1-|z|^2)^2}{(1+z)^2(1+\overline{z})^2} \tag{6.23}$$

이다. 식 (6.22)로부터, 미분(복소해석)동형사상 ϕ의 대응점 간에,

$$du \otimes du + dv \otimes dv = \frac{2(dz \otimes d\overline{z} + d\overline{z} \otimes dz)}{(1+z)^2(1+\overline{z})^2} \tag{6.24}$$

를 얻고, 식 (6.23)과 (6.24)에 의해 U상의 계량은 미분(복소해석)동형사상 ϕ의 대응점에서

$$h = \frac{2}{(1-|z|^2)^2}(dz \otimes d\overline{z} + d\overline{z} \otimes dz) \tag{6.25}$$

로 변형된다. 따라서 식 (6.20)과 (6.25)에 의해 사상 ϕ는 등장동형사상(isometry)이다.

리만다양체 $(U,\ h)$는 정곡률 -1을 갖는 쌍곡형공간이다. 더욱이, $(U,\ h)$상의 한 점 $P(x_0,\ y_0)$를 지나는 측지선은 중심을 x축에 둔 상반평면 $(v > 0)$상의 반원(semicircle)들과 $\{(x_0,\ y) \in R^2 = C \mid y > 0\}$인 선(line)이다. 여기서, 측지선을 직선이라고 부르기로 한다면, 직선(측지선) l에 포함되지 않는 점 Q를 지나고 l에 평행인 (즉, l과 만나지 않는) 직선(측지선)이 직선 l과 점 Q의 위치에 따라 여러 가지로 나타날 수 있다. 이는 Poincaré에 의한 비유클리드기하학의 모델이다 (cf. [24]).

§7. 리만다양체상의 곡선길이의 변분

리만다양체 (M, g)상의 곡선 $\tau = x_t \ (a \leq t \leq b)$가 미분가능인 곡선인 경우, 곡선 τ의 길이는

$$L(\tau) = \int_a^b \sqrt{g(x_t{}', x_t{}')}\, dt. \tag{7.1}$$

주어진 곡선 $\tau = x_t \ (a \leq t \leq b)$의 **변분**(variation)이란, 미분가능사상

$$\phi : [a, b] \times (\epsilon, -\epsilon) \ni (t, s) \ \mapsto \ \phi(t, s) \in M$$

으로 $\phi(t, 0) = x_t$인 사상 ϕ를 말한다. 주어진 변분이 τ의 양단(end points)을 고정한다는 것은 모든 $s \in (-\epsilon, \epsilon)$에 대해서

$$\phi(a, s) = x_a, \quad \phi(b, s) = x_b \tag{7.2}$$

임을 의미한다.

변분 ϕ에 따른 벡터장 $\phi_*(\partial/\partial t)$, $\phi_*(\partial/\partial s)$가 정의되고, 더욱이

$$X_t := \phi_*\left(\left(\frac{\partial}{\partial s}\right)_{(t,\ 0)}\right) \quad (a \leq t \leq b) \tag{7.3}$$

로 정의된 X_t는 곡선 τ를 따른 벡터장인데, 이 벡터장 $X_t \ (a \leq t \leq b)$를 변분 ϕ의 **변분벡터장**(variational vector field)이라 한다. 식 (7.2)를 만족하는 변분 ϕ의 변분벡터장 $X_t \ (a \leq t \leq b)$는

$$X_a = 0, \quad X_b = 0 \tag{7.4}$$

를 만족한다. 각 $s \in (-\epsilon, \epsilon)$에 대해서, $t \mapsto \phi(t, s) \ (a \leq t \leq b)$를 곡선 τ_s라 두면, τ_s의 길이는 다음과 같다.

$$L(s) := L(\tau_s) = \int_a^b \sqrt{g\left(\phi_*\left(\frac{\partial}{\partial t}\right)_{(t,\ s)},\ \phi_*\left(\frac{\partial}{\partial t}\right)_{(t,\ s)}\right)}\, dt. \tag{7.5}$$

이때

$$\left(\frac{dL}{ds}\right)_{s=0}, \quad \left(\frac{d^2L}{ds^2}\right)_{s=0}$$

를 각기 **제1변분**(first variation), **제2변분**(second variation)이라 한다. 여기서, 제1변분과 제2변분을 계산하자. 편의상, 곡선 $x_t \ (a \leq t \leq b)$에서 매개변수 t가 호장(arc length)매개변수

에 비례한다고 가정하자. 즉, 모든 $t \in [a, b]$에 대해서

(7.6) $$\sqrt{g(x_t{}', x_t{}')} = k, \quad L(\tau) = k(b-a)$$

인 상수 $k(>0)$가 존재한다.

식 (7.5)로부터

(7.7) $$\frac{dL}{ds} = \int_a^b \frac{\partial}{\partial s} \sqrt{g\left(\phi_*\left(\frac{\partial}{\partial t}\right)_{(t,\, s)},\ \phi_*\left(\frac{\partial}{\partial t}\right)_{(t,\, s)}\right)}\, dt,$$

$$\frac{\partial}{\partial s} \sqrt{g\left(\phi_*\left(\frac{\partial}{\partial t}\right)_{(t,\, s)},\ \phi_*\left(\frac{\partial}{\partial t}\right)_{(t,\, s)}\right)} = \frac{g(\nabla_s \phi_*(\partial/\partial t)_{(t,\, s)},\ \phi_*(\partial/\partial t)_{(t,\, s)})}{\sqrt{g(\phi_*(\partial/\partial t)_{(t,\, s)},\ \phi_*(\partial/\partial t)_{(t,\, s)})}}$$

를 얻는다. 3장 정리 7.5의 1)에 의해 $\nabla_s \phi_*(\partial/\partial t)_{(t,\, s)} = \nabla_t \phi_*(\partial/\partial s)_{(t,\, s)}$이므로, $s=0$로 두면 식 (7.3)에 의해

(7.8) $$\begin{aligned} g\left(\nabla_t \phi_*\left(\frac{\partial}{\partial s}\right)_{(t,\, 0)},\ \phi_*\left(\frac{\partial}{\partial t}\right)_{(t,\, 0)}\right) &= g(\nabla_t X_t,\ x_t{}') \\ &= \frac{dg(X_t,\ x_t{}')}{dt} - g(X_t,\ \nabla_t x_t{}') \end{aligned}$$

를 얻는다. 식 (7.6), (7.7) 및 (7.8)로부터

(7.9) $$\begin{aligned} \left(\frac{dL}{ds}\right)_{s=0} &= \frac{1}{k}\int_a^b \left\{\frac{dg(X_t,\ x_t{}')}{dt} - g(X_t,\ \nabla_t x_t{}')\right\} dt \\ &= \frac{1}{k}\left\{g(X_t,\ x_t{}')_{t=b} - g(X_t,\ x_t{}')_{t=a} - \int_a^b g(X_t,\ \nabla_t x_t{}')dt\right\} \end{aligned}$$

를 얻는다.

양단(end points)을 고정하는 변분에 대해서는 $X_a = X_b = 0$이므로, 식 (7.9)로부터

(7.10) $$\left(\frac{dL}{ds}\right)_{s=0} = -\frac{1}{k}\int_a^b g(X_t,\ \nabla_t x_t{}')dt$$

가 성립한다.

식 (7.10)으로부터, 임의로 주어진 변분벡터장 X_t $(X_a = X_b = 0)$에 대해서 $(dL/ds)_{s=0} = 0$이기 위한 필요충분조건은 $\nabla_t x_t{}' = 0$ $(a \le t \le b)$이다.

> **정리 7.1** 리만다양체상의 미분가능인 곡선 τ가 양단(end points)을 공유하는 미분가능인 곡선들 중에서 최단길이(the shortest length)를 갖는다면, 곡선 τ는 측지선이다.

곡선 $\tau = x_t$ $(a \le t \le b)$ (t는 호장매개변수)를 측지선이라 하고, 양 끝점 x_a, x_b를 고정하는 변분 ϕ에 대해서, 변분벡터장 X_t의 τ에 직교하는 성분을 $X_t^{\perp}$이라 두면

$$X_t^{\perp} = X_t - g(X_t,\ x_t')\,x_t' \tag{7.11}$$

가 된다. 식 (7.7)로부터

$$\begin{aligned}
&\frac{\partial^2}{\partial s^2}\left(\sqrt{g\left(\phi_*\left(\frac{\partial}{\partial t}\right)_{(t,\ s)},\ \phi_*\left(\frac{\partial}{\partial t}\right)_{(t,\ s)}\right)}\right)\\
&= \left(\sqrt{g\left(\phi_*\left(\frac{\partial}{\partial t}\right)_{(t,\ s)},\ \phi_*\left(\frac{\partial}{\partial t}\right)_{(t,\ s)}\right)}\right)^{-\frac{1}{2}}\left\{g\left(\nabla_s\nabla_t\phi_*\left(\frac{\partial}{\partial s}\right)_{(t,\ s)},\ \phi_*\left(\frac{\partial}{\partial t}\right)_{(t,\ s)}\right)\right.\\
&\qquad\left.+\,g\left(\nabla_t\phi_*\left(\frac{\partial}{\partial s}\right)_{(t,\ s)},\ \nabla_s\phi_*\left(\frac{\partial}{\partial t}\right)_{(t,\ s)}\right)\right\}\\
&\quad-\left(g\left(\phi_*\left(\frac{\partial}{\partial t}\right)_{(t,\ s)},\ \phi_*\left(\frac{\partial}{\partial t}\right)_{(t,\ s)}\right)\right)^{-\frac{3}{2}}\left(g\left(\nabla_t\phi_*\left(\frac{\partial}{\partial s}\right)_{(t,\ s)},\ \phi_*\left(\frac{\partial}{\partial t}\right)_{(t,\ s)}\right)\right)^2
\end{aligned} \tag{7.12}$$

를 얻는다. 3장 정리 7.5의 2)에 의해

$$\begin{aligned}
&\nabla_s\nabla_t\phi_*\left(\frac{\partial}{\partial s}\right)_{(t,\ s)} - \nabla_t\nabla_s\phi_*\left(\frac{\partial}{\partial s}\right)_{(t,\ s)}\\
&\qquad = R\left(\phi_*\left(\frac{\partial}{\partial s}\right)_{(t,\ s)},\ \phi_*\left(\frac{\partial}{\partial t}\right)_{(t,\ s)}\right)\phi_*\left(\frac{\partial}{\partial s}\right)_{(t,\ s)}
\end{aligned} \tag{7.13}$$

가 되고, 곡선 τ가 측지선이므로

$$g\left(\nabla_t\nabla_s\phi_*\left(\frac{\partial}{\partial s}\right)_{(t,\ s)},\ x_t'\right) = \frac{\partial}{\partial t}\left(g\left(\nabla_s\phi_*\left(\frac{\partial}{\partial s}\right)_{(t,\ s)},\ x_t'\right)\right) \tag{7.14}$$

이다. 시각 $s=0$에서 식 (7.12)는, 식 (7.13)과 $\|x_t'\| = 1$로부터

$$\begin{aligned}
&\frac{\partial^2}{\partial s^2}\left(\sqrt{g\left(\phi_*\left(\frac{\partial}{\partial t}\right)_{(t,\ s)},\ \phi_*\left(\frac{\partial}{\partial t}\right)_{(t,\ s)}\right)}\right)\Bigg|_{s=0}\\
&= g\left(\nabla_t\nabla_s\phi_*\left(\frac{\partial}{\partial s}\right)_{(t,\ s)},\ \phi_*\left(\frac{\partial}{\partial t}\right)_{(t,\ s)}\right)\Bigg|_{s=0} + g\left(R(X_t,\ x_t')X_t,\ x_t'\right)\\
&\quad + g(\nabla_t X_t,\ \nabla_t X_t) - \left(g(\nabla_t X_t,\ x_t')\right)^2
\end{aligned} \tag{7.15}$$

로 된다. 시각 $s=0$에서 식 (7.14)와 (7.15)로부터

$$(7.16)\quad \left(\frac{d^2L(s)}{ds^2}\right)_{s=0} = \int_a^b \left\{\frac{\partial}{\partial t}\left(g\left(\nabla_s \phi_*\left(\frac{\partial}{\partial s}\right)_{(t,\ s)},\ x_t'\right)\right)\bigg|_{s=0} + g\left(R\left(X_t,\ x_t'\right)X_t,\ x_t'\right) + g\left(\nabla_t X_t,\ \nabla_t X_t\right) - \left(g\left(\nabla_t X_t,\ x_t'\right)\right)^2\right\}dt$$

가 되고, 양단(end points)이 고정된 변분이므로

$$(7.17)\quad \left[g\left(\nabla_s \phi_*\left(\frac{\partial}{\partial s}\right)_{(t,\ s)},\ x_t'\right)\Big|_{s=0}\right]_a^b = 0$$

이다. 따라서 (7.16)과 (7.17)에 의해

$$(7.18)\quad \left(\frac{d^2L}{ds^2}\right)_{s=0} = \int_a^b \{g(R(X_t,\ x_t')X_t,\ x_t') + g(\nabla_t X_t,\ \nabla_t X_t) - (g(\nabla_t X_t,\ x_t'))^2\}dt$$

를 얻는다. 그리고 $g\left(X_t^\perp,\ x_t'\right)=0$이므로 $g\left(\nabla_t X_t^\perp,\ x_t'\right)=0$이다. 따라서 (7.11)로부터

$$(7.19)\quad g(\nabla_t X_t,\ \nabla_t X_t) = g\left(\nabla_t X_t^\perp,\ \nabla_t X_t^\perp\right) + \left(g\left(\nabla_t X_t,\ x_t'\right)\right)^2$$

을 얻는다. 식 (7.18), (7.19)에 의해

$$(7.20)\quad \left(\frac{d^2L}{ds^2}\right)_{s=0} = \int_a^b \left\{g\left(R\left(X_t^\perp,\ x_t'\right)X_t,\ x_t'\right) + g\left(\nabla_t X_t^\perp,\ \nabla_t X_t^\perp\right)\right\}dt$$
$$= \int_a^b \left\{g\left(\nabla_t X_t^\perp,\ \nabla_t X_t^\perp\right) - \| X_t^\perp \|^2\, \sigma\left(X_t^\perp,\ x_t'\right)\right\}dt$$

가 된다. 여기서, $\sigma\left(X_t^\perp,\ x_t'\right)$는 $X_t^\perp$와 x_t'에 의해 생성된 평면의 단면곡률(sectional curvature)이다. 식 (7.20)에 의해 단면곡률이 항상 음이면

$$\left(\frac{d^2L}{ds^2}\right)_{s=0} = 0 \Leftrightarrow X_t^\perp = 0 \quad (a \le t \le b)$$

가 성립한다.

이제, 제1변분공식을 이용한 Gauss 보제를 소개한다. 리만다양체 $(M,\ g)$상의 각 점 x에서 지수사상 Exp를 3장 §12에서와 같이 정의한다. 이때, 적절히 주어진 양수 r에 대해서, 사상 Exp는

$$N_x = \left\{X \in T_x(M) \quad g(X,\ X) < r^2\right\}$$

으로부터 $U_x(\subset M)$상으로의 미분동형사상이라고 가정할 수 있다.

정리 7.2 (Gauss 보제). 임의로 주어진 $X \in N_x$에 대해서, $W \perp X$인 $W \in T_x M$을 취하여 $W \in T_X(T_x(M))$으로 간주한다. 이때, $(\mathrm{Exp}_x)_{*X}(W)$는 점 $\mathrm{Exp}_x(X)$ $(\in M)$에서 측지선 $x_t = \mathrm{Exp}_x(tX)$와 직교한다. 즉, 점 $x(\in M)$를 지나는 측지선들은 초곡면

$$\{\mathrm{Exp}_x(Y) \mid Y \in N_x,\ \|Y\| = \|X\|\} (\subset U_x)$$

와 직교한다.

증명 주어진 벡터 X의 길이 $\|X\| =: k < r$로 둔다. 지금 X_s를 $X_0 = X$이고 $(dX_s/ds)_{s=0} = W$ 및 $\|X_s\| = 1$인 곡선으로 두고

$$\phi(t,\ s) := \mathrm{Exp}_x(tX_s) \quad (0 \le t \le 1,\ -\epsilon < s < \epsilon)$$

로, 측지선 $x_t = \mathrm{Exp}_x(tX)$의 변분 ϕ를 정의한다. 각 s에 대해서 $\phi(t,\ s)$ $(0 \le t \le 1)$는 x에서 출발하는 측지선으로 되어 있다. 그 변분벡터장을 W_t^*로 두면

$$W_1^* = (\mathrm{Exp}_x)_{*X}(W)$$

가 된다. 모든 s에 대해서 $L(s) = k$이므로, $(dL(s)/ds)_{s=0} = 0$이다. 제1변분공식 (7.9)로부터, $\nabla_t x_t' = 0$이고 $W_0^* = 0$이므로

$$\left(\frac{dL(s)}{ds}\right)_{s=0} = \frac{1}{k} g\left(W_1^*,\ (x_t')_{t=1}\right) = 0 \tag{7.21}$$

가 된다. 즉, $g\left((\mathrm{Exp}_x)_{*X}(W),\ (x_t')_{t=1}\right) = 0$가 된다. ■

더욱이, 정리 7.2(Gauss 보제)를 이용하여 다음 정리를 얻는다.

정리 7.3 리만다양체 $(M,\ g)$상의 점 x에서, 미분동형사상인 지수사상

$$\mathrm{Exp}: N_x = \{X \in T_x(M) \mid \|X\| < r\} \to U_x(\subset M)$$

가 주어졌을 때, U_x상에서 임의로 주어진 점 $y = \mathrm{Exp}(X)$ $(\|X\| = l < r)$에 대해서 측지선 $\tau = \mathrm{Exp}\, tX$ $(0 \le t \le 1)$는 x와 y를 잇는 곡선 중에서 최단길이(the shortest length)를 갖는다.

증명 먼저, 정칙(regular)곡선 $\nu = x_s \ (0 \leq s \leq 1,\ x_0 = x,\ x_1 = y)$가 U_x에 포함되어진 곡선이라 하자. 이때, $x_s = \mathrm{Exp}X_s \ (0 \leq s \leq 1)$인 N_x상의 곡선 $X_s \ (0 \leq s \leq 1)$가 존재한다. $\mathrm{Exp}X_0 = x_0 = x$이므로 $X_0 = 0 \ (\in N_x \subset T_xM)$이고, 더욱이 x_s가 정칙곡선이므로

$$X_s = 0 \ (0 \leq s \leq 1) \Leftrightarrow s = 0$$

이다. 이제, $s(\in (0,\ 1])$에 대해서

$$t_s := \| X_s \|, \quad Z_s := \frac{X_s}{t_s}$$

로 두면, $\| Z_s \| = 1$이고 $X_s = t_s Z_s$가 된다 (여기서, $(t,\ Z)$는 $X(\in N_x)$의 극좌표(polar coordinates)로 간주될 수 있다). 시각 $s = s_0$에서 X_s의 접벡터는

$$\left(\frac{dX_s}{ds}\right)_{s_0} = \left(\frac{dt}{ds}\right)_{s_0} Z_{s_0} + t_{s_0}\left(\frac{dZ}{ds}\right)_{s_0}$$

인데

$$\left(\frac{dt}{ds}\right)_{s_0} Z_{s_0}\text{는 곡선 } s \to t_s Z_{s_0}\text{의 } s = s_0\text{에서의 접벡터,}$$

$$t_{s_0}\left(\frac{dZ}{ds}\right)_{s_0}\text{는 곡선 } s \to t_{s_0} Z_s\text{의 } s = s_0\text{에서의 접벡터}$$

이다. 한편, $g(Z_s,\ Z_s) = 1$이므로, $\left(\frac{dt}{ds}\right)_{s_0} Z_{s_0}$와 $t_{s_0}\left(\frac{dZ}{ds}\right)_{s_0}$는 직교한다.

Gauss 보제로부터, 점 $x_{s_0} = \mathrm{Exp}_x(X_{s_0}) = (\mathrm{Exp}_x)(t_{s_0} Z_{s_0})$에서

$$g\left((\mathrm{Exp}_x)_{*X_{s_0}}\left(\left(\frac{dt}{ds}\right)_{s_0} Z_{s_0}\right),\ (\mathrm{Exp}_x)_{*X_{s_0}}\left(t_{s_0}\left(\frac{dZ}{ds}\right)_{s_0}\right)\right) = 0$$

이 된다. 따라서

$$\begin{aligned}(x_s')_{s_0} &= (\mathrm{Exp}_x)_{*X_{s_0}}\left(\left(\frac{dX}{ds}\right)_{s_0}\right) \\ &= (\mathrm{Exp}_x)_{*X_{s_0}}\left(\left(\frac{dt}{ds}\right)_{s_0} Z_{s_0}\right) + (\mathrm{Exp}_x)_{*X_{s_0}}\left(t_{s_0}\left(\frac{dZ}{ds}\right)_{s_0}\right)\end{aligned}$$

이므로, $(0,\ 1]$에 속하는 임의로 주어진 점 s_0에서

$$\| (x_s')_{s_0} \| = \left\| \left(\frac{dX}{ds}\right)_{s_0} \right\| \geq \left| \left(\frac{dt}{ds}\right)_{s_0} \right| \geq \left(\frac{dt}{ds}\right)_{s_0}$$

가 성립한다. 더욱이, $t_0 = \| X_0 \| = 0$이고 $t_1 = \| X_1 \| = \| X \| = l$이므로

$$L(\nu) = \int_0^1 \| x_s{}' \| ds \geq \int_0^1 \frac{dt_s}{ds} ds = t_1 - t_0 = l$$

이고, $L(\tau) = l$이므로 $L(\nu) \geq L(\tau)$임이 증명된다.

이제, 곡선 ν가 U_x에 포함되지 않을 경우엔, ν가 x에서 출발하여 최초로 U_x의 경계와 만나는 점을 z라 두고, 곡선 ν의 x로부터 z까지의 부분을 ν'로 두면 $L(\nu) \geq L(\nu')$이고, 주어진 점 $y (\in U_x)$는 U_x상의 임의로 주어진 점이므로, ν'의 길이 $L(\nu')$는 x, y를 잇는 U_x에 포함되는 위의 경우의 증명에서 알 수 있듯이 $L(\nu') \geq r > l$이 된다. 따라서 이 경우에도 $L(\nu) \geq L(\nu') \geq l = L(\tau)$가 성립된다. ■

참고 정리 7.3의 증명으로부터, $L(\nu) = L(\tau)$이기 위한 필요충분조건은

$$\nu \subset U_x \text{이고, } \left(\frac{dZ_s}{ds} \right) = 0 \quad (s \in (0,\ 1])$$

임을 얻는다. 따라서 $X_s = \| X_s \| Z_1 (\in N_x \subset T_x(M))$이므로, $x_s = \mathrm{Exp}(\| X_s \| Z_1)$이 된다. 더욱이, $x_1 = y = \mathrm{Exp} X = \mathrm{Exp}(\| X_1 \| Z_1)$이므로 $\| X_1 \| Z_1 = X = X_1$이 된다. 즉, $L(\nu) = L(\tau)$인 곡선 ν는 측지선 τ의 매개변수만 바뀐 곡선이다.

§8. 아파인변환(affine transformation)

$\{U;x^1, \cdots, x^n\} = (U, \theta_U)$, $\{V;y^1, \cdots, y^n\} = (V, \theta_V)$를 각각 n차원 다양체 M, N의 좌표근방, $\phi: U \to V$를 미분동형사상이라 하자. 이때

$$\theta_U \circ \phi^{-1}: V \to \theta_U(U)$$

는 N의 허용좌표계이고, $\bar{p} = \phi(p)$ $(p \in U)$와 $p \in U$는 같은 좌표 $\{x^\lambda\}$을 갖는다. $\phi: U \to V$를 국소좌표 θ_U, θ_V에 의해

$$y^\lambda = y^\lambda(x^1, \ldots, x^n) \tag{8.1}$$

으로 표시하면, 식 (8.1)은 V상의 두 좌표계 θ_V, $\theta_U \circ \phi^{-1}$사이의 좌표변환식이다.

정의 8.1 $\phi: U \to V$를 미분동형사상, $\Gamma^{*\lambda}_{\mu\nu}(x)$를 $\{V, x^\lambda, \theta_U \circ \phi^{-1}\}$에서 N상의 주어진 선형접속의 계수라 하자. 이때, $\{U, x^\lambda, \theta_U\}$에 관한 함수족 $\Gamma^{*\lambda}_{\mu\nu}(x)$를 ϕ에 의한 U상에 **유도된 선형접속**이라 한다.

미분동형사상 ϕ에 의해 대응점이 같은 좌표를 가지므로, U와 V를 동일시하여 똑같은 선형접속을 사용하는 경우이다.

정리 8.2 n차원 다양체 M, N 간의 미분동형사상 $\phi: M \to N$이 주어지고, N이 선형접속 Γ를 가질 때, M의 각 좌표근방 U상에

$$\phi_U: U \to \phi(U) \subset N$$

에 의해 유도된 접속은 M상의 선형접속이 된다.

증명 $U_a \cap U_b \neq \varnothing$인 경우, $\{U_a, x^\lambda, \theta_a\}$, $\{U_b, x'^\lambda, \theta_b\}$에 관하여, $V_\alpha := \phi(U_a)$, $V_\beta := \phi(U_b)$로 두고 V_α, V_β상의 좌표변환

$$\{V_\alpha, y^\lambda, \theta_\alpha\} \to \{V_\alpha, x^\lambda, \theta_a \circ \phi^{-1}\} \text{ 및}$$
$$\{V_\beta, y'^\lambda, \theta_\beta\} \to \{V_\beta, x'^\lambda, \theta_b \circ \phi^{-1}\}$$

에 의해 U_a와 V_α, U_b와 V_β의 대응점이 같은 좌표를 갖도록 한다. $\{V_\alpha, x^\lambda, \theta_a \circ$

$\phi^{-1}\}$, $\{V_\beta,\ x'^\lambda,\ \theta_b \circ \phi^{-1}\}$에서의 선형접속의 계수를 ($\{V_\alpha; y^\lambda\}$, $\{V_\beta; y'^\lambda\}$에서의 선형접속의 계수 $\Gamma^\lambda_{\mu\nu}$, $\Gamma'^\lambda_{\mu\nu}$로부터 각각 좌표변환식들에 의해 얻어지는데) $\Gamma^{*\lambda}_{\mu\nu}(\bar{p})$, $\Gamma'^{*\lambda}_{\mu\nu}(\bar{p})$로 두고, ϕ에 의한 U_a, U_b상의 유도접속의 계수를 $\Gamma^{*\lambda}_{\mu\nu}(p)$, $\Gamma'^{*\lambda}_{\mu\nu}(p)$로 두면, 정의 8.1에 의해

$$\Gamma^{*\lambda}_{\mu\nu}(p) = \Gamma^{*\lambda}_{\mu\nu}(\bar{p}), \quad \Gamma'^{*\lambda}_{\mu\nu}(p) = \Gamma'^{*\lambda}_{\mu\nu}(\bar{p})$$

이다. $\Gamma^{*\lambda}_{\mu\nu}(\bar{p})$, $\Gamma'^{*\lambda}_{\mu\nu}(\bar{p})$는 N상의 선형접속의 계수이므로, $V_\alpha \cap V_\beta$상의 좌표변환 $\theta_a \circ \phi^{-1} \to \theta_b \circ \phi^{-1}$

$$x'^\lambda = x'^\lambda(x) \tag{8.2}$$

에 의해

$$\sum_\lambda \Gamma^{*\lambda}_{\mu\nu}(\bar{p})\frac{\partial x'^\alpha}{\partial x^\lambda} = \frac{\partial^2 x'^\alpha}{\partial x^\mu \partial x^\nu} + \sum_{\beta,\ \gamma}\Gamma'^{*\alpha}_{\beta\gamma}(\bar{p})\frac{\partial x'^\beta}{\partial x^\mu}\frac{\partial x'^\gamma}{\partial x^\nu}$$

인 관계가 있다. 따라서

$$\sum_\lambda \Gamma^{*\lambda}_{\mu\nu}(p)\frac{\partial x'^\alpha}{\partial x^\lambda} = \frac{\partial^2 x'^\alpha}{\partial x^\mu \partial x^\nu} + \sum_{\beta,\ \gamma}\Gamma'^{*\alpha}_{\beta\gamma}(p)\frac{\partial x'^\beta}{\partial x^\mu}\frac{\partial x'^\gamma}{\partial x^\nu}.$$

더욱이, (8.2)는 $U_a \cap U_b$상의 좌표변환 $\theta_a \to \theta_b$로 간주할 수도 있으므로, Γ^*에 대해서 3장 §4의 식 (4.2)가 성립한다. ■

정의 8.3 정리 8.2에 의해 M상에 정의된 선형접속을 ϕ에 의한 **유도접속**(induced connection)이라 하고, $\Phi(\Gamma)$로 표기한다.

정리 8.4 $\phi: M \to N$을 n차원 두 다양체 M, N 간의 미분동형사상, Γ는 N상의 선형접속이라 하자. 이때, M상의 선형접속 Γ^*가 ϕ에 의한 유도접속일 필요충분조건은

$$\phi_*\left(\nabla^*_X Y\right) = \nabla_{\phi_* X}\phi_* Y \tag{8.3}$$

가 임의의 p, $X \in T_pM$과 점 p의 근방에서 정의된 임의의 벡터장 Y에 대해서 성립하는 것이다. 여기서, ∇^*, ∇는 Γ^*, Γ에 대응된 공변미분이다.

증명 $U_a \cap U_b \neq \varnothing$ 인 경우; $\{U_a,\ x^\lambda,\ \theta_a\}$, $\{U_b,\ x'^\lambda,\ \theta_b\}$, $\{\phi(U_a) =: V_\alpha,\ x^\lambda,\ \theta_a \circ \phi^{-1}\}$, $\{\phi(U_b) =: V_\beta,\ x'^\lambda,\ \theta_b \circ \phi^{-1}\}$에 관하여

$$X = \sum_\lambda \xi^\lambda \left(\frac{\partial}{\partial x^\lambda}\right)_p = \sum_\lambda \xi'^\lambda \left(\frac{\partial}{\partial x'^\lambda}\right)_p, \quad Y = \sum_\lambda \eta^\lambda \left(\frac{\partial}{\partial x^\lambda}\right) = \sum_\lambda \eta'^\lambda \left(\frac{\partial}{\partial x'^\lambda}\right),$$

$\phi(p) = \bar{p}$로 두면

$$\sum_\gamma \frac{\partial^2 x^\gamma}{\partial x'^\alpha \partial x'^\beta} \frac{\partial x'^\lambda}{\partial x^\gamma} = -\sum_{\gamma,\ \mu} \frac{\partial x^\gamma}{\partial x'^\beta} \frac{\partial x^\mu}{\partial x'^\alpha} \frac{\partial^2 x'^\lambda}{\partial x^\mu \partial x^\gamma}$$

이므로

$$\begin{aligned}
\phi_*\left(\nabla^*_X Y\right) &= \sum_{\alpha,\ \lambda} \xi^\alpha \left(\frac{\partial \eta^\lambda}{\partial x^\alpha} + \sum_\mu \Gamma^{*\,\lambda}_{\alpha\mu}(p)\eta^\mu\right)\left(\frac{\partial}{\partial x^\lambda}\right)_{\bar{p}} \\
&= \sum_{\alpha,\ \lambda} \xi'^\alpha \left(\frac{\partial \eta'^\lambda}{\partial x'^\alpha} + \sum_{\beta,\ \gamma} \eta'^\beta \frac{\partial^2 x^\gamma}{\partial x'^\alpha \partial x'^\beta} \frac{\partial x'^\lambda}{\partial x^\gamma} + \sum_\beta \Gamma'^{*\,\lambda}_{\alpha\beta} \eta'^\beta \right.\\
&\qquad \left. + \sum_{\beta,\ \gamma,\ \mu} \eta'^\beta \frac{\partial x^\gamma}{\partial x'^\beta} \frac{\partial x^\mu}{\partial x'^\alpha} \frac{\partial^2 x'^\lambda}{\partial x^\mu \partial x^\gamma}\right)\left(\frac{\partial}{\partial x'^\lambda}\right)_{\bar{p}} \\
&= \sum_{\alpha,\ \lambda} \xi'^\alpha \left(\frac{\partial \eta'^\lambda}{\partial x'^\alpha} + \sum_\mu \Gamma'^{*\,\lambda}_{\alpha\mu} \eta'^\mu\right)\left(\frac{\partial}{\partial x'^\lambda}\right)_{\bar{p}}.
\end{aligned}$$

따라서 식 (8.3)의 좌변의 국소표현은 좌표계의 선택에 독립이다. 더욱이, V_α상에 $\{x^\lambda\}$에 관한 Γ의 계수를 $\Gamma^\lambda_{\mu\nu}$로 두면

$$\nabla_{\phi_* X} \phi_* Y = \sum_{\alpha,\ \lambda} \xi^\alpha \left(\frac{\partial \eta^\lambda}{\partial x^\alpha} + \sum_\mu \Gamma^\lambda_{\alpha\mu}(\bar{p})\eta^\mu\right)\left(\frac{\partial}{\partial x'^\lambda}\right)_{\bar{p}}.$$

결국, 식 (8.3)이 성립할 필요충분조건은

$$\sum_{\alpha,\ \mu} \xi^\alpha \eta^\mu \left(\Gamma^{*\,\lambda}_{\alpha\mu}(p) - \Gamma^\lambda_{\alpha\mu}(\bar{p})\right) = 0$$

가 임의의 실수 ξ^α, η^μ에 대하여 성립하는 것이다. 이 조건은

$$\Gamma^{*\,\lambda}_{\alpha\mu}(p) = \Gamma^\lambda_{\alpha\mu}(\bar{p})$$

와 동치조건이다. ■

선형접속 Γ의 $\{V_\alpha,\ y^\lambda\}$에 관한 계수를 $\Gamma^\lambda_{\mu\nu}$라 할 때, 좌표변환 $\{V_\alpha,\ x^\lambda,\ \theta \circ \phi^{-1}\} \to \{V_a,\ y^\lambda\}$에 의해

$$\Gamma^{*\,\alpha}_{\beta\gamma}(\bar{p}) = \sum_\lambda \left(\frac{\partial x^\alpha}{\partial y^\lambda} \frac{\partial^2 y^\lambda}{\partial x^\beta \partial x^\gamma} + \sum_{\mu,\ \nu} \frac{\partial x^\alpha}{\partial y^\lambda} \frac{\partial y^\mu}{\partial x^\beta} \frac{\partial y^\nu}{\partial x^\gamma} \Gamma^\lambda_{\mu\nu}(\bar{p})\right)$$

이므로, $\Gamma^{*}{}^{\alpha}_{\beta\gamma}(p) := \Gamma^{*}{}^{\alpha}_{\beta\gamma}(\bar{p})$와 $\Gamma^{\alpha}_{\beta\gamma}(\bar{p})$와의 관계로부터 다음 정리를 얻는다.

정리 8.5 $\phi: M \to N$이 n차원 두 다양체 M, N 간의 미분동형사상이고, N이 선형접속 Γ를 가질 때, ϕ를 국소적으로 $y^{\lambda} = y^{\lambda}(x)$로 두면, M상의 ϕ에 의한 유도접속 $\Gamma^{*} := \Phi(\Gamma)$의 계수는

$$\Gamma^{*}{}^{\alpha}_{\beta\gamma} = \sum_{\lambda} \frac{\partial x^{\alpha}}{\partial y^{\lambda}} \left(\frac{\partial^2 y^{\lambda}}{\partial x^{\beta} \partial x^{\gamma}} + \sum_{\mu,\,\nu} \Gamma^{\lambda}_{\mu\nu} \frac{\partial y^{\mu}}{\partial x^{\beta}} \frac{\partial y^{\nu}}{\partial x^{\gamma}} \right)$$

로 주어진다.

정리 8.6 $\phi: M \to N$을 미분동형사상, Γ^{*}, Γ를 각각 M, N의 선형접속이라 하자. 이때, 만약

$$\Gamma^{*} = \Phi(\Gamma)$$

이면, ϕ를 **아파인사상**(affine mapping)이라 하고, 이러한 사상 ϕ가 존재하면 $\{M, \Gamma^{*}\}$와 $\{N, \Gamma\}$는 **아파인동형**(affine isomorphic)이라 한다. 특히, 아파인사상 $\{M, \Gamma^{*}\} \to \{M, \Gamma^{*}\}$를 **아파인변환**(affine transformation)이라 한다.

사상 ϕ가 M의 일부(개부분다양체)에서만 정의된 경우에도 마찬가지이다. 정리 8.4, 8.5로부터 다음 정리를 얻는다.

정리 8.7 M, N은 선형접속 Γ^{*}, Γ를 갖는 미분다양체, $\phi: M \to N$을 미분동형사상이라 하자. 이때, ϕ가 아파인사상일 필요충분조건은

$$\phi_{*}\left(\nabla^{*}_{X} Y\right) = \nabla_{\phi_{*}X} \phi_{*} Y \tag{8.4}$$

가 임의의 X, $Y(\in \mathfrak{X}(M))$에 대해서 성립하는 것이다.

정리 8.8 정리 8.7과 같은 가정하에서, ϕ를 국소적으로 $y^{\lambda} = y^{\lambda}(x)$로 두면, ϕ가 아파인사상일 필요충분조건은

$$\Gamma^{*}{}^{\alpha}_{\beta\gamma} = \sum_{\lambda} \frac{\partial x^{\alpha}}{\partial y^{\lambda}} \left(\frac{\partial^2 y^{\lambda}}{\partial x^{\beta} \partial x^{\gamma}} + \sum_{\mu,\nu} \frac{\partial y^{\mu}}{\partial x^{\beta}} \frac{\partial y^{\nu}}{\partial x^{\gamma}} \Gamma^{\lambda}_{\mu\nu} \right) \tag{8.5}$$

가 성립하는 것이다.

곡선 $c(t)$를 $\{M, \Gamma^*\}$상의 t를 아파인 매개변수로 하는 측지선일 때 $\nabla^*_{\dot{c}}\dot{c} = 0$이고, 더욱이 ϕ가 아파인변환이면 정리 8.7에 의해

$$\phi_*\left(\nabla^*_{\dot{c}}\dot{c}\right) = \nabla_{\phi_*(\dot{c})}\phi_*\left(\dot{c}\right) = 0$$

이므로

> **정리 8.9** 아파인사상 $\phi : M \to N$은 M상의 측지선 c를 N상의 측지선 $\phi \circ c$로 옮기고, 더욱이 측지선 c의 아파인 매개변수는 N상의 측지선 $\phi \circ c$의 아파인 매개변수가 된다.

미분동형사상인 아파인사상은 측지선을 측지선으로 옮기는데, 측지선을 측지선으로 옮기는 미분동형사상인 사영변환(projective transformation)은 일반적으로 아파인사상이 아니다. 그런데 아파인 매개변수를 불변으로 하는 미분동형사상인 사영변환은 아파인사상이다.

상기의 점들을 확인하기 위하여 사영변환에 관하여 소개하기로 한다.

정의 8.10 미분다양체 M상의 선형접속 Γ, Γ^*에 대하여, Γ에 관한 측지선과 Γ^*에 관한 측지선이 항상 일치하면, Γ와 Γ^*는 **사영적 대응**(projective correspondence)관계에 있다고 한다.

곡선 $c : x^\lambda = x^\lambda(s)$ (s는 아파인 매개변수)가 Γ에 관한 측지선이면

$$\frac{d^2x^\lambda}{ds^2} + \sum_{\mu,\ \nu}\Gamma^\lambda_{\mu\nu}\frac{dx^\mu}{ds}\frac{dx^\nu}{ds} = 0 \tag{8.6}$$

이고, 매개변수 $t = t(s)$에 관해서 식 (8.6)은

$$\frac{d^2x^\lambda}{dt^2} + \sum_{\mu,\ \nu}\Gamma^\lambda_{\mu\nu}\frac{dx^\mu}{dt}\frac{dx^\nu}{dt} = \alpha(t)\frac{dx^\lambda}{dt} \tag{8.7}$$

인 형으로 변한다. 역으로, 식 (8.7)에서

$$\alpha(t) := -\frac{d^2t}{ds^2}\Big/\left(\frac{dt}{ds}\right)^2 = -\left(\frac{ds}{dt}\right)^2\frac{d}{ds}\left(1/\frac{ds}{dt}\right) = \frac{d^2s}{dt^2}\Big/\frac{ds}{dt} \tag{8.8}$$

로 두면, 식 (8.7)은 다음 식

$$(8.9)\qquad \left(\frac{ds}{dt}\right)^2\left(\frac{d^2x^\lambda}{ds^2}+\sum_{\mu,\ \nu}\Gamma^\lambda_{\mu\nu}\frac{dx^\mu}{ds}\frac{dx^\nu}{ds}\right)+\frac{d^2s}{dt^2}\frac{dx^\lambda}{ds}=\left(\frac{d^2s}{dt^2}/\frac{ds}{dt}\right)\frac{dx^\lambda}{dt}$$

로 변형되고, 식 (8.9)는 식 (8.6)의 형이 된다.

일반적으로, 미분방정식 $y'+P(x)y=Q(x)$의 해는

$$(8.10)\qquad y=e^{-\int P(x)dx}\left[\int(Q(x)\cdot e^{\int P(x)dx})dx+c\right]$$

이므로, 식 (8.8)의 해는 식 (8.10)의 도움으로

$$(8.11)\qquad s=c_1\int e^{\int\alpha(t)dt}dt+c_2$$

가 된다.

곡선 $c: x^\lambda=x^\lambda(t)$가 M상의 선형접속 Γ, Γ^*에 관하여 임의로 주어진 측지선이라 하자. 이때

$$(8.12)\qquad \frac{d^2x^\lambda}{dt^2}+\sum_{\mu,\ \nu}\Gamma^\lambda_{\mu\nu}\frac{dx^\mu}{dt}\frac{dx^\nu}{dt}=\alpha(t)\frac{dx^\lambda}{dt},$$

$$(8.13)\qquad \frac{d^2x^\lambda}{dt^2}+\sum_{\mu,\ \nu}\Gamma^{*\lambda}_{\ \mu\nu}\frac{dx^\mu}{dt}\frac{dx^\nu}{dt}=\beta(t)\frac{dx^\lambda}{dt}.$$

여기서, $\alpha(t)$, $\beta(t)$는 곡선 c상의 함수로 t는 임의로 주어진 매개변수이다 (반드시, 아파인 매개변수는 아니다). 식 (8.12)에서 (주어진 측지선의) 변수 t가 아파인 매개변수일지라도, 식 (8.13)에서의 매개변수 t는 일반적으로 Γ^*에 관한 아파인 매개변수는 아니다. 편의상 선형접속들은 대칭선형접속$\left(\Gamma^\lambda_{\mu\nu}=\Gamma^\lambda_{\nu\mu},\ \Gamma^{*\lambda}_{\ \mu\nu}=\Gamma^{*\lambda}_{\ \nu\mu}\right)$이라 가정한다.

식 (8.12), (8.13)으로부터, 대칭텐서장

$$(8.14)\qquad a^\lambda_{\mu\nu}:=\Gamma^{*\lambda}_{\ \mu\nu}-\Gamma^\lambda_{\mu\nu}$$

를 정의하면 식 (8.12), (8.13)으로부터

$$(8.15)\qquad \sum_{\mu,\ \nu}a^\lambda_{\mu\nu}\frac{dx^\mu}{dt}\frac{dx^\nu}{dt}=(\beta-\alpha)\frac{dx^\lambda}{dt}$$

를 얻는다. 식 (8.15)에 의해

$$(8.16)\qquad \sum_{\mu,\ \nu}a^\lambda_{\mu\nu}\frac{dx^\mu}{dt}\frac{dx^\nu}{dt}\frac{dx^\omega}{dt}=(\beta-\alpha)\frac{dx^\lambda}{dt}\frac{dx^\omega}{dt}$$

로 되고, 우변은 λ, ω에 대해서 대칭이므로

$$\sum_{\alpha,\ \mu,\ \nu}\left(\delta_\alpha^\omega a_{\mu\nu}^\lambda - \delta_\alpha^\lambda a_{\mu\nu}^\omega\right)\frac{dx^\alpha}{dt}\frac{dx^\mu}{dt}\frac{dx^\nu}{dt}=0 \tag{8.17}$$

가 된다. 더욱이, 임의로 주어진 점 p와 점 p에서의 임의의 방향 $\xi^\lambda=(dx^\lambda/dt)_p$가 주어졌을 때, 점 p에서 방향이 ξ^λ인 측지선이 존재하므로 식 (8.17)의 도움으로

$$\left(\delta_\alpha^\omega a_{\mu\nu}^\lambda - \delta_\alpha^\lambda a_{\mu\nu}^\omega + \delta_\mu^\omega a_{\nu\alpha}^\lambda - \delta_\mu^\lambda a_{\nu\alpha}^\omega + \delta_\nu^\omega a_{\alpha\mu}^\lambda - \delta_\nu^\lambda a_{\alpha\mu}^\omega\right)=0 \tag{8.18}$$

가 성립한다. 식 (8.18)에서 $\omega=\alpha$로 두고, α를 변역상에 움직여 합을 취하고

$$\psi_\mu := \frac{1}{n+1}\sum_\alpha a_{\mu\alpha}{}^\alpha \quad (\dim M=n) \tag{8.19}$$

으로 두면, 식 (8.18)의 도움으로

$$a_{\mu\nu}{}^\lambda=\psi_\mu\delta_\nu^\lambda+\psi_\nu\delta_\mu^\lambda \tag{8.20}$$

를 얻는다.

역으로, M상의 두 선형접속 Γ, Γ^*가 국소적으로

$$\Gamma^*{}_{\mu\nu}^\lambda=\Gamma_{\mu\nu}^\lambda+\psi_\mu\delta_\nu{}^\lambda+\psi_\nu\delta_\mu{}^\lambda \tag{8.21}$$

를 만족하는 공변벡터장 ψ_μ가 존재하면, 식 (8.12)와 (8.13)은 동시에 성립된다.

정리 8.11 M상의 두 선형접속 Γ, Γ^*가 사영적 대응일 필요충분조건은

$$\Gamma^*{}_{\mu\nu}^\lambda=\Gamma_{\mu\nu}^\lambda+\psi_\mu\delta_\nu^\lambda+\psi_\nu\delta_\mu^\lambda \tag{8.22}$$

인 공변벡터장 ψ_μ가 존재하는 것이다.

정의 8.12 미분동형사상 $\phi: M\to N$이 $(M,\ \Gamma)$상의 임의로 주어진 측지선을 항상 $(N,\ \Gamma^*)$상의 측지선으로 옮기면, ϕ를 **사영사상**이라 하고, $(M,\ \Gamma)$와 $(N,\ \Gamma^*)$는 **사영동형**이라 한다. 특히, $M=N$이고 $\Gamma=\Gamma^*$인 경우의 사영사상을 **사영변환**(projective transformation)이라 한다. ϕ가 국소적 동형사상일 경우도 마찬가지로 정의할 수 있다.

다양체 N상의 선형접속 Γ^*와 미분동형사상 $\phi: M\to N$에 관하여, M상에 유도되어진 선형접속 $\Phi(\Gamma^*)$에 관한 M상의 측지선을 사상 ϕ는 $(N,\ \Gamma^*)$상의 측지선으로 옮긴다. 더욱이, 미분동형사상 $\phi: (M,\ \Gamma)\to(N,\ \Gamma^*)$가 사영사상이면, Γ와 $\Phi(\Gamma^*)$는 사영적 대응관계

이다. 명백히

정리 8.13 아파인사상은 사영사상이다.

정리 8.11, 정의 8.12와 $\Phi(\Gamma^*)$의 정의로부터

정리 8.14 미분동형사상 $\phi: M \to N$이 $(M, \Gamma) \to (N, \Gamma^*)$의 사영사상일 필요충분 조건은, 각 대응점이 같은 좌표를 갖는 국소좌표계에 관해서 Γ, $\Phi(\Gamma^*)$의 계수 $\Gamma^{\lambda}_{\mu\nu}$, ${\Gamma^*}^{\lambda}_{\mu\nu}$ 사이에

(8.23) $${\Gamma^*}^{\lambda}_{\mu\nu} = \Gamma^{\lambda}_{\mu\nu} + \psi_\mu \delta^\lambda_\nu + \psi_\nu \delta^\lambda_\mu$$

가 성립되는 벡터장 ψ_λ가 존재하는 것이다.

정의 8.12와 정리 8.14에 의해, 임의로 주어진 측지선을 항상 측지선으로 옮기는 미분동형사상(사영사상)은 일반적으로 아파인사상은 아니고, 정리 8.4의 증명과정에 의해 임의의 측지선에 대한 아파인 매개변수를 항상 불변으로 하는 미분동형사상은 아파인사상임이 밝혀진다.

아파인사상 $\phi: (M, \Gamma^*) \to (N, \Gamma)$에 대해서, 식 (8.5)가 성립되므로 Γ^*, Γ의 곡률 $K^* = ({K^*}_{\lambda\mu\nu}{}^{\omega})$와 $K = (K_{\lambda\mu\nu}{}^{\omega})$의 사이에는

(8.24) $${K^*}_{\alpha\beta\gamma}{}^{\delta} = \sum_{\lambda,\ \mu,\ \nu,\ \kappa} K_{\lambda\mu\nu}{}^{\kappa} \frac{\partial y^\lambda}{\partial x^\alpha} \frac{\partial y^\mu}{\partial x^\beta} \frac{\partial y^\nu}{\partial x^\gamma} \frac{\partial x^\delta}{\partial y^\kappa}$$

인 관계가 있다. 실제, 식 (8.5)가 형식적으로 접속계수의 좌표변환식과 같으므로, 곡률텐서장의 좌표변환식도 같은 형으로 유도되는 셈이다. ϕ로부터 유도된 텐서공간 사이의 사상 Φ를 사용하면 $\phi: y^\lambda = y^\lambda(x)$에 의해

$$\Phi\left(\frac{\partial}{\partial y^\lambda}\right) = (\phi^{-1})_*\left(\frac{\partial}{\partial y^\lambda}\right) = \sum_\alpha \frac{\partial x^\alpha}{\partial y^\lambda} \frac{\partial}{\partial x^\alpha},$$

$$\Phi(dy^\mu) = \phi^*(dy^\mu) = \sum_\alpha \frac{\partial y^\mu}{\partial x^\alpha} dx^\alpha,$$

$$\Phi(g) = g \circ \phi \quad (g \in C^\infty(N))$$

이므로, 식 (8.24)에 의해

$$\Phi\left(\sum_{\lambda,\ \mu,\ \nu,\ \omega} K_{\lambda\mu\nu}{}^{\omega}\, dy^{\lambda}\otimes dy^{\mu}\otimes dy^{\nu}\otimes \frac{\partial}{\partial y^{\omega}}\right)$$

$$= \sum_{\substack{\lambda,\ \mu,\ \nu,\ \omega \\ \alpha,\ \beta,\ \gamma,\ \delta}} \left(K_{\lambda\mu\nu}{}^{\omega} \circ \phi\right) \frac{\partial y^{\lambda}}{\partial x^{\alpha}} \frac{\partial y^{\mu}}{\partial x^{\beta}} \frac{\partial y^{\nu}}{\partial x^{\gamma}} \frac{\partial x^{\delta}}{\partial y^{\omega}}\, dx^{\alpha}\otimes dx^{\beta}\otimes dx^{\gamma}\otimes \frac{\partial}{\partial x^{\delta}}$$

$$=: \sum_{\alpha,\ \beta,\ \gamma,\ \delta} K^{*}{}_{\alpha\beta\gamma}{}^{\delta}\, dx^{\alpha}\otimes dx^{\beta}\otimes dx^{\gamma}\otimes \frac{\partial}{\partial x^{\delta}}$$

이고, 식 (8.24)에 의해

(8.25) $$K^{*} = \Phi(K)$$

이다.

아파인변환 $\phi : (M,\ \Gamma) \to (M,\ \Gamma)$에 대해서, 우선 정의로부터 $\phi : M \to M$은 미분동형사상으로

$$\Gamma = \Phi(\Gamma), \quad \Gamma_{p} = \Phi\left(\Gamma_{\phi(p)}\right) \ \ (p \in M)$$

가 성립한다. 환언하면, 아파인변환에 의해 선형접속은 불변이다. $(M,\ \Gamma)$의 아파인변환 ϕ, ψ에 대해서 ϕ^{-1}, $\phi \circ \psi$도 명백히 아파인변환이므로, 아파인변환의 전체는 사상의 합성을 군연산으로 하는 군(group)이다. 이 군(group)을 $(M,\ \Gamma)$의 아파인변환군이라 한다.

아파인변환에 대해서는 식 (8.25)가

(8.26) $$K = \Phi(K)$$

가 되므로

정리 8.15 아파인변환에 의해 곡률텐서장은 불변이다.

예) R^{n}의 평행좌표계 $\{y^{\lambda}\}$에 관해서 $\Gamma^{\lambda}_{\mu\nu} = 0$인 선형접속에 대해서, 미분동형사상 ϕ: $y^{\lambda} = y^{\lambda}(x)$에 의해 점 y^{λ}에서 $\Gamma^{\lambda}_{\mu\nu}(y) = 0$를 점 x^{λ}에 유도하면, 정리 8.5에 의해

$$\Gamma^{*}{}^{\alpha}_{\beta\gamma}(x) = \sum_{\lambda} \frac{\partial x^{\alpha}}{\partial y^{\lambda}} \frac{\partial^{2} y^{\lambda}}{\partial x^{\beta} \partial x^{\gamma}}$$

가 된다. 더욱이, ϕ가 아파인변환일 필요충분조건은

$$\Gamma^{*}{}^{\alpha}_{\beta\gamma}(x) = \Gamma^{\alpha}_{\beta\gamma}(\phi(x)) = 0$$

인데, 이 조건은 $\partial^{2} y^{\lambda} / \partial x^{\beta} \partial x^{\gamma} = 0$와 동치조건이다. 이 식을 풀면

$$y^\lambda = \sum_\mu a_\mu^\lambda x^\mu + b^\lambda \quad (a_\mu^\lambda,\ b^\lambda \in R)$$

가 얻어진다. 여기서, ϕ가 미분동형사상이므로 $\det(a_\mu^\lambda) \neq 0$이다. 따라서 R^n의 아파인변환군은 1차 변환군이다.

$\{\phi_t\}_{t \in R}$을 아파인접속 Γ를 갖는 $(M,\ \Gamma)$의 변환군이라 하자. M상의 임의의 점 p의 근방 U상에서, t를 고정하면 $\phi_t : U \to \phi_t(U)$에 의해 $\phi_t(U)$상의 아파인접속 Γ로부터 U상에 유도접속(induced connection)

(8.27)
$$\Gamma_t := \Phi_t(\Gamma)$$

가 정의된다. 특히 $t = 0$이면, ϕ_0는 항등사상이므로 $\Gamma_0 = \Gamma$이다. 이제

(8.28)
$$\left(\frac{\partial}{\partial t}\Gamma_t\right)_{t=0} := \lim_{t \to 0}\frac{1}{t}(\Gamma_t - \Gamma)$$

는 Γ_t와 Γ가 U상의 선형접속이므로 그들의 차는 $(1,\ 2)$차의 텐서장이고, 식 (8.28)의 좌변도 $(1,\ 2)$차의 텐서장이다.

정의 8.16 변환군 $\{\phi_t\}_{t \in R}$가 유도하는 벡터장을 X라 할 때

(8.29)
$$\mathcal{L}_X \Gamma := \left(\frac{\partial}{\partial t}\Gamma_t\right)_{t=0}$$

를 X에 관한 Γ의 **Lie-미분상**(the quotient of Γ relative to X)이라 하고, $\mathcal{L}_X \Gamma$를 그 성분으로 $\mathcal{L}_X \Gamma_{\mu\nu}^\lambda$로도 표기한다.

정의 8.17 변환군 $\{\phi_t\}_{t \in R}$이 각 t에 대해서 ϕ_t가 다양체 M의 아파인변환이면, $\{\phi_t\}_{t \in R}$을 **아파인변환군**이라 한다.

특히, $\{\phi_t\}$가 1-매개변수국소변환군(one-parameter group of local transformations)일 경우는 각 ϕ_t는 아파인국소변환이다.

$\{\phi_t\}$를 $(M,\ \Gamma)$의 아파인변환군이고 X를 $\{\phi_t\}$가 유도하는 벡터장이라 하면

$$\Phi_t(\Gamma) = \Gamma_t = \Gamma$$

이므로 $\mathcal{L}_X\Gamma=0$이다. 역으로 $(M,\ \Gamma)$의 $\{\phi_t\}$에 대해서, $\mathcal{L}_X\Gamma=0$가 M상의 모든 점에서 성립하면 $\Phi_t(\Gamma)$는 t에 관하여 독립이므로

$$\Gamma_t := \Phi_t(\Gamma) := \Phi_0(\Gamma) = \Gamma$$

이다. 따라서

> **정리 8.18** $(M,\ \Gamma)$의 변환군이 아파인변환군일 필요충분조건은 $\mathcal{L}_X\Gamma=0$이다. 여기서, X는 $\{\phi_t\}$에 의해 유도되어진 벡터장이다.

이제, $\mathcal{L}_X\Gamma$를 좌표계를 사용하여 표시하면, $\{V,\ x^\lambda\}$에 관하여

$$\phi_t(x) = y \in \phi_t(U) \subset V \quad (x \in U \subset V)$$

가 되도록 $t \in (-\epsilon,\ \epsilon)$에서의 ϵ과 U를 적절히 취하여

$$\phi_t(x):\ y^\lambda = y^\lambda(x,\ t) \quad (t \in (-\epsilon,\ \epsilon),\ x \in U) \tag{8.30}$$

로 두고, $\Phi_t(\Gamma)=: \Gamma_t$의 계수를 $\Gamma_{t\,\alpha\beta}^{\ \gamma}$, $y=\phi_t(x)$에서의 Γ의 계수를 $\Gamma_{\mu\nu}^{\lambda}(y)$로 두면 정리 8.5에 의해

$$\Gamma_{t\,\alpha\beta}^{\ \gamma}(x) = \sum_\lambda \frac{\partial x^\gamma}{\partial y^\lambda}\left(\frac{\partial^2 y^\lambda}{\partial x^\alpha \partial x^\beta} + \sum_{\mu,\ \nu}\Gamma_{\mu\nu}^{\lambda}(y)\frac{\partial y^\mu}{\partial x^\alpha}\frac{\partial y^\nu}{\partial x^\beta}\right) \tag{8.31}$$

를 얻는다. 식 (8.31)로부터

$$\begin{aligned}\frac{\partial \Gamma_{t\,\alpha\beta}^{\ \gamma}}{\partial t} = \sum_\lambda \Bigg[&\left(\frac{\partial}{\partial t}\frac{\partial x^\gamma}{\partial y^\lambda}\right)\left(\frac{\partial^2 y^\lambda}{\partial x^\alpha \partial x^\beta} + \sum_{\mu,\ \nu}\Gamma_{\mu\nu}^{\lambda}\frac{\partial y^\mu}{\partial x^\alpha}\frac{\partial y^\nu}{\partial x^\beta}\right)\\ &+ \frac{\partial x^\gamma}{\partial y^\lambda}\Bigg\{\left(\frac{\partial}{\partial t}\frac{\partial^2 y^\lambda}{\partial x^\alpha \partial x^\beta}\right) + \sum_{\mu,\ \nu,\ \delta}\frac{\partial y^\delta}{\partial t}\frac{\partial \Gamma_{\mu\nu}^{\lambda}}{\partial y^\delta}\frac{\partial y^\mu}{\partial x^\alpha}\frac{\partial y^\nu}{\partial x^\beta}\\ &+ \sum_{\mu,\ \nu}\left(\Gamma_{\mu\nu}^{\lambda}\frac{\partial^2 y^\mu}{\partial t \partial x^\alpha}\frac{\partial y^\nu}{\partial x^\beta} + \Gamma_{\mu\nu}^{\lambda}\frac{\partial y^\mu}{\partial x^\alpha}\frac{\partial^2 y^\nu}{\partial t \partial x^\beta}\right)\Bigg\}\Bigg].\end{aligned} \tag{8.32}$$

더욱이, $X=\sum_\lambda \xi^\lambda(\partial/\partial x^\lambda)$로 두면, $(\partial y^\lambda/\partial t)_{t=0}=\xi^\lambda$이므로

$$\left(\frac{\partial}{\partial t}\frac{\partial y^\mu}{\partial x^\alpha}\right)_{t=0} = \frac{\partial \xi^\mu}{\partial x^\alpha},\quad \left(\frac{\partial}{\partial t}\frac{\partial^2 y^\lambda}{\partial x^\alpha \partial x^\beta}\right)_{t=0} = \frac{\partial^2 \xi^\lambda}{\partial x^\alpha \partial x^\beta}. \tag{8.33}$$

ϕ_0는 항등변환이므로

$$(8.34)\qquad \left(\frac{\partial y^\lambda}{\partial x^\alpha}\right)_{t=0}=\delta_\alpha^{\ \lambda},\quad \left(\frac{\partial^2 y^\lambda}{\partial x^\alpha \partial x^\beta}\right)_{t=0}=0.$$

그리고 $(\partial/\partial t)\left(\sum_\lambda(\partial x^\gamma/\partial y^\lambda)(\partial y^\lambda/\partial x^\alpha)\right)=0$에 의해

$$0=\sum_\lambda\left(\left(\frac{\partial}{\partial t}\frac{\partial x^\gamma}{\partial y^\lambda}\right)\frac{\partial y^\lambda}{\partial x^\alpha}+\frac{\partial x^\gamma}{\partial y^\lambda}\cdot\frac{\partial}{\partial t}\frac{\partial y^\lambda}{\partial x^\alpha}\right)_{t=0}=\left(\frac{\partial}{\partial t}\frac{\partial x^\gamma}{\partial y^\alpha}\right)_{t=0}+\frac{\partial \xi^\gamma}{\partial x^\alpha}$$

이므로

$$(8.35)\qquad \left(\frac{\partial}{\partial t}\frac{\partial x^\gamma}{\partial y^\alpha}\right)_{t=0}=-\frac{\partial \xi^\gamma}{\partial x^\alpha}.$$

한편, $\phi_t(x):y^\lambda=y^\lambda(x,\ t)$에 대해서

$$(8.36)\qquad \left(\frac{\partial \Gamma_{\mu\nu}^\lambda(y)}{\partial y^\epsilon}\right)_{t=0}=\frac{\partial \Gamma_{\mu\nu}^\lambda(x)}{\partial x^\epsilon},\quad \left(\Gamma_{\mu\nu}^\lambda(y)\right)_{t=0}=\Gamma_{\mu\nu}^\lambda(x).$$

식 (8.33)~(8.36)을 식 (8.32)에 대입하면

$$(8.37)\qquad \mathcal{L}_\xi \Gamma_{\alpha\beta}^\gamma=\frac{\partial^2\xi^\gamma}{\partial x^\alpha\partial x^\beta}+\sum_\lambda\left(-\frac{\partial \xi^\gamma}{\partial x^\lambda}\Gamma_{\alpha\beta}^\lambda+\xi^\lambda\frac{\partial \Gamma_{\alpha\beta}^\gamma}{\partial x^\lambda}+\frac{\partial \xi^\lambda}{\partial x^\alpha}\Gamma_{\lambda\beta}^\gamma+\frac{\partial \xi^\lambda}{\partial x^\beta}\Gamma_{\alpha\lambda}^\gamma\right)$$

를 얻는다. 식 (8.37)은 Γ에 관한 공변미분, 곡률텐서장

$$K_{\lambda\mu\nu}^{\ \ \ \ \kappa}:=\frac{\partial \Gamma_{\mu\nu}^{\ \kappa}}{\partial x^\lambda}-\frac{\partial \Gamma_{\lambda\nu}^{\ \kappa}}{\partial x^\mu}+\sum_\epsilon\left(\Gamma_{\lambda\epsilon}^\kappa\Gamma_{\mu\nu}^\epsilon-\Gamma_{\mu\epsilon}^\kappa\Gamma_{\lambda\nu}^\epsilon\right)$$

와 열률텐서장 $T_{\mu\nu}^\lambda:=\Gamma_{\mu\nu}^\lambda-\Gamma_{\nu\mu}^\lambda$에 의해

$$(8.38)\qquad \mathcal{L}_\xi \Gamma_{\alpha\beta}^\gamma=\nabla_\alpha\left(\nabla_\beta\,\xi^\gamma+\sum_\epsilon T_{\epsilon\beta}^\gamma\,\xi^\epsilon\right)+\sum_\epsilon K_{\epsilon\alpha\beta}^{\ \ \ \ \gamma}\xi^\epsilon$$

으로 된다. 여기서, $\nabla_\alpha\nabla_\beta\xi^\gamma$에 대해서 상술하면, $X=:\sum_\lambda\xi^\lambda(\partial/\partial x^\lambda)$, $\nabla X=:S$로 두면 S는 $(1,\ 1)$형 텐서장이고, 국소적으로

$$S\left(dx^\gamma,\ \frac{\partial}{\partial x^\beta}\right)=\nabla_\beta\xi^\gamma,\quad \nabla_\alpha\nabla_\beta\xi^\gamma=\left(\nabla_{(\partial/\partial x^\alpha)}S\right)\left(dx^\gamma,\ \frac{\partial}{\partial x^\beta}\right)$$

이다.

정리 8.19 변환군 $\{\phi_t\}$가 아파인변환일 필요충분조건은, $\{\phi_t\}$가 유도하는 벡터장 $X=\sum_\lambda \xi^\lambda(\partial/\partial x^\lambda)$가

(8.39) $$\mathcal{L}_\xi \Gamma^\gamma_{\mu\nu} = \nabla_\mu\left(\nabla_\nu \xi^\gamma + \sum_\epsilon T_{\epsilon\nu}{}^\gamma \xi^\epsilon\right) + \sum_\epsilon K_{\epsilon\mu\nu}{}^\gamma \xi^\epsilon = 0$$

를 만족하는 것이다.

식 (8.39)를 만족시키는 벡터장 X를 **무한소 아파인변환**(infinitesimal affine transformation) 혹은 **아파인 Killing벡터장**이라 한다.

§9. Jacobi벡터장

먼저, 다양체 (M, ∇)상에서 임의의 점 p의 특수한 성질을 갖는 convex 근방 (cf. [10, p.149])을 소개한다. $T_p(M)$의 기저 $(X_1, \ldots, X_n)$에 대해서 $0(\in T_pM)$의 근방을

$$N_p := \left\{ \sum_i a^i X_i \mid |a^i| < \delta \ (\delta > 0) \right\}$$

로 둔다. δ를 적절히 취하면 미분동형사상인(∇에 관한) 지수사상

$$\mathrm{Exp}: N_p \rightarrow U_p(\subset M)$$

에 의해 $x^i\left(\mathrm{Exp}\left(\sum_j a^j X_j\right)\right) =: a^i$인 U_p상의 국소좌표계인 표준좌표계(normal coordinate system) $x^1, \ldots, x^n$이 정의된다. 더욱이, 다음의 조건을 만족하는 양수 ϵ이 존재한다 (cf. [10, Theorem 8.7 p.149]) :

$0 < \rho < \epsilon$인 양수 ρ에 대해서

$$U(p;\rho) := \left\{ q \in M \mid \sum_i \left(x^i(q)\right)^2 < \rho^2 \right\}$$

에 속하는 임의의 두 점은 $U(p;\rho)$에 포함되는 측지선에 의해 연결되고 (이러한 $U(p;\rho)$를 p의 convex 근방), $U(p;\rho)$에 속하는 모든 점은 $U(p;\rho)$를 포함하는 표준좌표근방을 갖는다.

(M, ∇)를 n차원 다양체, T와 R을 M상의 열률(torsion) 텐서장과 곡률텐서장이라 하자. (M, ∇)상의 측지선 $\tau = x_t$ (t는 아파인 매개변수)상의 벡터장 X가 2계상미분방정식 (second order ordinary differential equation)

(9.1) $$\nabla_t^2 X + \nabla_t(T(X, \dot{x}_t)) + R(X, \dot{x}_t)\dot{x}_t = 0 \quad \text{(Jacobi방정식)}$$

를 만족하면, 그러한 벡터장 X를 Jacobi장이라 한다. 여기서, $\dot{x}_t := dx_t/dt$.

명제 9.1 측지선 $\tau = x_t$(t는 아파인 매개변수)를 따른 Jacobi장 X는 τ상의 한 점 x_a에서의, X와 $\nabla_t X$의 값에 의해 완전히 결정된다. 측지선 τ를 따른 Jacobi장 전체의 집합 J_τ는 차원이 $2n$인 실벡터공간이다 ($\dim M = n$).

증명 측지선 τ상의 점 x_a에서의 접공간의 기저 $\{X_1, \ldots, X_n\}$을 선택하고, 이들 벡터들을 측지선 x_t를 따라서 평행이동시켜 얻은 벡터장을 $\{X_1(t), \ldots, X_n(t)\}$로 둔다. $\tau = x_t$

상에 정의된 벡터장 X를

(9.2) $$X = \sum_j \varphi^j(t) X_j(t)$$

로 두면

(9.3) $$\nabla_t X = \sum_j \frac{d\varphi^j}{dt} X_j(t), \quad \nabla_t{}^2 X = \sum_j \frac{d^2\varphi^j}{dt^2} X_j(t)$$

이고, dx_t/dt는 x_t를 따라 평행이므로

(9.4) $$\frac{dx_t}{dt} = \sum_i a^i X_i(t) \ (\text{각 } a^i\text{는 상수})$$

로 된다. 곡률텐서장 R과 열률텐서장 T를 측지선 τ상에서, 각 점에서의 접공간의 기저 $\{X_1(t), \ldots, X_n(t)\}$에 관해

(9.5) $$R(X_i, X_j) X_k = \sum_l R^l_{kij}(t) X_l(t), \quad T(X_i, X_j) = \sum_k T^k_{ij}(t) X_k(t)$$

로 두면, 식 (9.2)와 (9.4)에 의해

(9.6) $$\begin{aligned} R(X_t, \dot{x}_t)\dot{x}_t &= \sum_{i,j,k,l} R^l_{kji}(t) \varphi^j(t) a^i a^k X_l(t), \\ T(X_t, \dot{x}_t) &= \sum_{i,j,l} T^l_{ji}(t) \varphi^j(t) a^i X_l(t) \end{aligned}$$

가 되므로, 식 (9.1)은

(9.7) $$\frac{d^2\varphi^l}{dt^2} + \sum_{i,j} T^l_{ji}(t) \frac{d\varphi^j}{dt} a^i + \sum_{i,j}\left(\frac{dT^l_{ji}}{dt} \varphi^j(t) a^i + \sum_k R^l_{kji}(t) \varphi^j(t) a^i a^k \right) = 0$$

인 2계 상 선형미분방정식(second order ordinary linear differential equation)과 동치이다. J_τ가 실벡터공간임은 명백하고, 식 (9.1)과 (9.7)은 동치이고 식 (9.7)의 해는 τ상의 한 점 x_a에서의

$$X_a = \sum_j \varphi^j(a) X_j(a), \quad (\nabla_t X)_{t=a} = \sum_k \frac{d\varphi^j}{dt}(a) X_j(a)$$

에 의해 완전히 결정되므로, $\dim J_\tau = 2n$이 된다. ■

이제, 측지선들의 족(family) τ^s $(-\epsilon < s < \epsilon)$가 다음 조건

(9.8) 각 $s \in (-\epsilon, \epsilon)$에 대해서 $\tau^s = x^s_t$ $(0 \le t \le 1)$는 측지선 (t는 아파인 매개변수),

$$\tau^0 = \tau \text{이고 } x_t^0 = x_t \quad (0 \le t \le 1)$$

를 만족하는 $[0,\ 1] \times (-\epsilon,\ \epsilon) \ni (t,\ s) \mapsto x_t^s \in M$인 C^∞ 사상이 존재하면, 그러한 사상을 주어진 측지선 $\tau = x_t\ (0 \le t \le 1)$의 **변분**(variation)이라 한다.

M상의 측지선 $\tau = x_t\ (0 \le t \le 1,\ t$는 아파인 매개변수)의 변분

$$\tau^s = x_t^s \quad (t \in [0,\ 1],\ s \in (-\epsilon,\ \epsilon))$$

가 주어졌을 때, 각 t에 대해서 매개변수 s에 관한 곡선 $\tau_t = x_{(t)}^s\ (-\varepsilon < s < \varepsilon)$가 정의되고, $x_{(t)}^s$에서의 접벡터는 $dx_{(t)}^s / ds$이고, $(dx_{(t)}^s/ds)_{s=0} =: X_t \in T_{x_t}(M)$로 정의하면, 이러한 측지선 τ상의 벡터장 X를 측지선 τ의 **무한소 변분**(infinitesimal variation)이라 한다.

> **정리 9.2** ([10, Theorem 1.2, p.64]). 측지선 $\tau = x_t\ (t \in [0,\ 1])$를 따른 벡터장 X가 Jacobi장일 필요충분조건은 다음과 같다.
>
> 벡터장 X가 측지선 τ의 무한소 변분이다. 여기서, 측지선 $\tau = x_t$에서 매개변수 t는 아파인 매개변수이다.

증명 벡터장 X가 측지선 τ의 무한소 변분이라 가정하자. 이때, X를 생성하는 측지선 τ의 변분 $\tau^s = x_t^s$가 존재한다. 사상

$$\nu : [0,\ 1] \times (-\varepsilon,\ \varepsilon) \ni (t,\ s) \mapsto \nu(t,\ s) \in L(M)$$

이 다음 성질

(9.9) $\quad \pi(\nu(t,\ s)) = x_t^s \quad (0 \le t \le 1,\ -\epsilon < s < \epsilon)$

각 s에 대해서 $\nu_t^{(s)} := \nu(t,\ s)\ (0 \le t \le 1)$는 수평곡선

을 갖는다고 하자.

$[0,\ 1] \times (-\varepsilon,\ \varepsilon)$상에 벡터장 $U,\ V$를

(9.10) $$U := \frac{\partial}{\partial s}, \quad V := \frac{\partial}{\partial t}$$

로 두고, $L(M)$상의 표준형식 θ, 접속형식 ω, 열률형식 Θ, 곡률형식 Ω에 대해서

(9.11) $$\theta^* := \nu^* \theta,\ \omega^* := \nu^* \omega,\ \Theta^* := \nu^* \Theta,\ \Omega^* := \nu^* \Omega$$

로 두면

(9.12) $$[U,\ V]=0;$$

(9.13) $$\omega^*(V)=0;$$

(9.14) $$V(\theta^*(V))=0.$$

식 (9.12)는 명백하고, 식 (9.9)의 두 번째 성질로부터 (9.13)을 얻고,

$$\theta^*\left(\frac{\partial}{\partial t}\right)=\theta\left(\nu_*\left(\frac{\partial}{\partial t}\right)\right)=\left(\nu_t^s\right)^{-1}\left(\frac{dx_t^{(s)}}{dt}\right)=\xi_t^{(s)}$$

로부터 $dx_t^{(s)}/dt$가 측지선이므로, $\xi_t^{(s)}=$상수 $(0\le t\le 1)$가 된다. 따라서 식 (9.14)도 성립된다.

§2의 정리 2.1(열률에 관한 구조방정식)에 의해

(9.15) $$\begin{aligned} U(\theta^*(V))-V(\theta^*(U))-\theta^*([U,\ V]) &= 2d\theta^*(U,\ V)=2\{-(\omega^*\wedge\theta^*)(U,\ V)+\Theta^*(U,\ V)\} \\ &= -\omega^*(U)\,\theta^*(V)+\omega^*(V)\,\theta^*(U)+2\Theta^*(U,\ V). \end{aligned}$$

식 (9.12), (9.13)과 (9.15)의 도움으로

(9.16) $$U(\theta^*(V))-V(\theta^*(U))=-\omega^*(U)\,\theta^*(V)+2\Theta^*(U,\ V)$$

를 얻는다. 식 (9.14)와 (9.16)으로부터

(9.17) $$VU(\theta^*(V))-V^2(\theta^*(U))=-V(\omega^*(U))\,\theta^*(V)+2V(\Theta^*(U,\ V))$$

를 얻는다. 식 (9.12)와 (9.14)에 의해

(9.18) $$VU(\theta^*(V))=UV(\theta^*(V))-[U,\ V](\theta^*(V))=0$$

가 된다. 식 (9.17), (9.18)에 의해

(9.19) $$V^2(\theta^*(U))=V(\omega^*(U))\,\theta^*(V)-2V(\Theta^*(U,\ V))$$

가 성립된다. 마찬가지로 제2구조방정식 $d\omega=-\omega\wedge\omega+\Omega$로부터

(9.20) $$\begin{aligned} U(\omega^*(V))-V(\omega^*(U))-\omega^*([U,\ V]) &= 2d\omega^*(U,\ V) \\ &= -\omega^*(U)\omega^*(V)+\omega^*(V)\omega^*(U)+2\Omega^*(U,\ V) \end{aligned}$$

를 얻는다. 식 (9.12), (9.13)과 (9.20)에 의해

$$V(\omega^*(U)) = -2\Omega^*(U,\ V) \tag{9.21}$$

로 된다. 식 (9.19), (9.21)로부터

$$V^2(\theta^*(U)) + 2\Omega^*(U,\ V)\theta^*(V) + 2V(\Theta^*(U,\ V)) = 0 \tag{9.22}$$

를 얻는다.

식 (9.22)가 Jacobi방정식이다. 실제

$$\theta^*(U_{(t,\ 0)}) = \theta\left(\frac{d\nu^s_{(t)}}{ds}\right)_{s=0} = (\nu_t)^{-1}(X_t) \quad (\nu_t := \nu^0_t) \tag{9.23}$$

가 성립한다. Z가 x_t를 따른 벡터장이라면

$$\nabla_t Z = \nu_t\left(\frac{d}{dt}(\nu_t^{-1}Z_t)\right) \tag{9.24}$$

이므로, 식 (9.23)에 의해

$$\begin{aligned}
\nabla_t\nabla_t X &= \nu_t \lim_{\delta\to 0}\frac{1}{\delta}\left\{\nu_{t+\delta}^{-1}\left(\nabla_{\dot{x}_{t+\delta}}X\right) - \nu_t^{-1}(\nabla_t X)\right\} \\
&= \nu_t \lim_{\delta\to 0}\frac{1}{\delta}\left\{\nu_{t+\delta}^{-1}\,\nu_{t+\delta}\lim_{\varepsilon\to 0}\frac{1}{\varepsilon}(\nu_{t+\delta+\varepsilon}^{-1}X_{t+\delta+\varepsilon} - \nu_{t+\delta}^{-1}X_{t+\delta})\right. \\
&\qquad \left. - \nu_t^{-1}\nu_t\lim_{\varepsilon\to 0}\frac{1}{\varepsilon}(\nu_{t+\varepsilon}^{-1}X_{t+\varepsilon} - \nu_t^{-1}X_t)\right\} \\
&= \nu_t \lim_{\delta\to 0}\frac{1}{\delta}\left\{\lim_{\varepsilon\to 0}\frac{1}{\varepsilon}\left(\nu_{t+\delta+\varepsilon}^{-1}X_{t+\delta+\varepsilon} - \nu_{t+\delta}^{-1}X_{t+\delta} - \nu_{t+\varepsilon}^{-1}X_{t+\varepsilon} + \nu_t^{-1}X_t\right)\right\} \\
&= \nu_t \lim_{\delta\to 0}\frac{1}{\delta}\left\{\left(\frac{\partial}{\partial t}\theta^*(U)\right)_{(t+\delta,\ 0)} - \left(\frac{\partial}{\partial t}\theta^*(U)\right)_{(t,\ 0)}\right\} \\
&= \nu_t\left(\left(\frac{\partial^2\theta^*(U)}{\partial t^2}\right)_{(t,\ 0)}\right) = \nu_t\left((V^2(\theta^*(U)))_{(t,\ 0)}\right)
\end{aligned}$$

로 된다. 따라서

$$\nu_t\left((V^2(\theta^*(U)))_{(t,\ 0)}\right) = \nabla_t^2 X \tag{9.25}$$

를 얻는다. 마찬가지로 $\pi_*\left(\left(d\nu^s_{(t)}/ds\right)_{s=0}\right) = X_t$이고 $\pi_*\left(d\nu_t^{(0)}/dt\right) = \dot{x}_t$이므로, 열률텐서장의 정의 (3장 §5의 식 (5.1))에 의해

$$(9.26)\qquad 2\Theta^*((U,\ V)_{(t,\ 0)}) = 2\Theta\left(\left(\frac{d\nu_t^s}{ds}\right)_{s=0},\ \left(\frac{d\nu_t^s}{dt}\right)_{s=0}\right) = \nu_t^{-1}\left(T\left(X_t,\ \dot{x}_t\right)\right)$$

가 된다. 식 (9.26)으로부터

$$\begin{aligned} &2V\left(\Theta^*((U,\ V)_{(t,\ 0)})\right) \\ &= \lim_{\Delta t \to 0} \frac{1}{\Delta t}\left\{\nu_{t+\Delta t}^{-1}\left(T\left(X_{t+\Delta t},\ \dot{x}_{t+\Delta t}\right)\right) - \nu_t^{-1}\left(T\left(X_t,\ \dot{x}_t\right)\right)\right\} \end{aligned}$$

이므로

$$(9.27)\qquad 2\nu_t\left(V\left(\Theta^*(U,\ V)_{(t,\ 0)}\right)\right) = \nabla_t\left(T\left(X_t,\ \dot{x}_t\right)\right)$$

를 얻는다. 곡률텐서장 R의 정의로부터

$$(9.28)\qquad \nu_t\left((2\Omega^*(U,\ V)\theta^*(V))_{(t,\ 0)}\right) = R\left(X_t,\ \dot{x}_t\right)\dot{x}_t$$

이다. 식 (9.22)에서 $s=0$로 두고, 식 (9.25), (9.27)과 (9.28)을 적용하면, 측지선 τ의 무한소 변분 X는 Jacobi방정식

$$(9.29)\qquad \nabla_t^2 X + \nabla_t\left(T\left(X,\ \dot{x}_t\right)\right) + R\left(X,\ \dot{x}_t\right)\dot{x}_t = 0$$

를 만족한다.

역으로, X를 측지선 $\tau = x_t\ (0 \le t \le 1)$를 따른 Jacobi장이라 하자. 측지선 상의 두 점 $x_a,\ x_b$를 적절한 convex 근방에 속하도록 택한다. τ를 따른 각 Jacobi장은 τ상의 주어진 두 점 $x_a,\ x_b$에서의 그 Jacobi장의 값에 의해 완전히 결정된다. 이는 Jacobi방정식이 2계 상 선형미분방정식이기 때문이다.

이제, x_a^s와 $x_b^s\ (-\varepsilon < s < \varepsilon)$가

$$x_a^0 = x_a,\ x_b^0 = x_b,\ \left(\frac{dx_a^s}{ds}\right)_{s=0} = X_a,\ \left(\frac{dx_b^s}{ds}\right)_{s=0} = X_b$$

를 만족하는 곡선이라 하자. 이때, ϵ를 충분히 작게 잡으면, 각 $s\ (-\varepsilon < s < \varepsilon)$에 대해서 $x_a^s,\ x_b^s$를 지나는 측지선 $x_t^s\ (a \le t \le b)$가 위에서 선택한 convex 근방에서 유일하게 존재한다. 여기서, 측지선 $\tau^s = x_t^s\ (a \le t \le b)$의 족(family)은 τ의 변분이고, 이 변분 τ^s에 의해 정의된 Jacobi장을 Y로 두자. τ를 따른 Jacobi장 $X,\ Y$는 τ상의 점 $x_a,\ x_b$에서 일치하므로 $X = Y$가 된다. 즉, τ를 따른 Jacobi장 X는, 측지선 τ의 변분 τ^s에 의해 유도되어진 무한소 변분이다. ■

명제 9.3 벡터장 X를 M의 무한소 아파인변환이라 하자 (각 점 $x \in M$에 대해서, 적절한 1-매개변수국소변환군의 원

$$\varphi_s : U \to \varphi_s(U) \quad (-\epsilon < s < \epsilon)$$

가 아파인변환이며 $\{\varphi_s\}$가 X를 생성한다). 이때, M상의 임의로 주어진 측지선 $\tau = x_t \ (0 \le t \le 1)$에 대하여, X는 주어진 측지선 τ를 따른 Jacobi장이다.

증명 $\varphi_s \ (-\varepsilon < s < \varepsilon)$를 X에 의해 생성된 아파인 1-매개변수국소변환군(local 1-parameter group of local transformations)이라 하자. $[0, 1]$이 긴밀위상공간이므로, ϵ을 적절히 작게 잡으면 $\varphi_s(x_t)$가 $0 \le t \le 1 \ (-\epsilon < s < \epsilon)$에서 정의될 수 있다. 이때, X의 정의역을 τ로 제한하면 벡터장 X는 측지선 τ의 변분

$$\tau^s = \varphi_s(t) = x_t^s \quad (0 \le t \le 1, \ -\epsilon < s < \epsilon)$$

에 의해 유도된 무한소 변분이다. 따라서 정리 9.2에 의해 벡터장 X는 측지선 τ를 따른 Jacobi장이다. ■

일반적으로, 다양체 M상의 선형접속 ∇가 계량적이면 $X, Y, Z, W \in \mathfrak{X}(M)$에 대해서

$$(XY - YX - [X, Y])g(Z, W) = 0$$

이므로

$$g(R(X, Y)Z, W) + g(Z, R(X, Y)W) = 0$$

가 되고, 열률텐서장 T가 M상에서 $T = 0$이면

$$R(X, Y)Z + R(Y, Z)X + R(Z, X)Y = 0$$

가 성립된다. 따라서 선형접속 ∇가 리만다양체 (M, g)상의 Levi-Civita접속이면

$$g(R(X, Y)Z, W) = g(R(Z, W)X, Y) \quad (X, Y, Z, W \in \mathfrak{X}(M))$$

가 된다.

문) 리만다양체 (M, g)상의 Levi-Civita접속 ∇에 관한 측지선 $c(t)$ (t는 아파인 매개변수)에 대하여

(i) $a\dot{c}$ $(a \in R)$는 측지선 $c(t)$를 따른 Jacobi장이다.

(ii) X, Y가 측지선 $c(t)$를 따른 Jacobi장이면, $g(X, \nabla_t Y) - g(\nabla_t X, Y) =$ 상수이다.

(iii) Y가 측지선 $c(t)$를 따른 Jacobi장이면

$$g\left(\dot{c},\ \nabla_{\dot{c}} Y\right) = a \in R,\ g(\dot{c},\ Y) = at + b\ \ (a,\ b \in R)$$

가 된다. 따라서 곡선 $c(t)$상의 다른 두 점에서 Y가 0벡터가 되면 Y와 $\dot{c}$는 수직이다.

증명 (i) $Y = a\dot{c}$ $(a \in R)$일 때, $\nabla_t^2 Y + R(Y, \dot{c})\dot{c} = 0$이므로, $a\dot{c}$는 측지선 $c(t)$를 따른 Jacobi장이다. (ii)에 관해선, X, Y가 Jacobi장이고 ∇가 Levi-Civita접속이므로

$$\begin{aligned}\frac{d}{dt}\left(g(X,\ \nabla_t Y) - g(\nabla_t X,\ Y)\right) &= g(X,\ \nabla_t^2 Y) - g(\nabla_t^2 X,\ Y)\\ &= -g(X,\ R(Y,\ \dot{c})\dot{c}) + g(R(X,\ \dot{c})\dot{c},\ Y) = 0\end{aligned}$$

가 된다. 따라서 $g(X, \nabla_t Y) - g(\nabla_t X, Y) =$ 상수(constant)이다.

(iii) $\dot{c}$는 측지선 $c(t)$를 따른 Jacobi장이므로, (ii)에서 $X := \dot{c}$로 두면

$$\frac{d}{dt}\left(g(\dot{c},\ Y)\right) = g(\dot{c},\ \nabla_t Y) = a\ \ (a \in R)$$

이므로, $g(\dot{c}, Y) = at + b$ $(a, b \in R)$가 된다. 따라서 $c(t)$상의 다른 두 점에서 Y가 0벡터이면 $a = b = 0$가 되므로, $c(t)$를 따른 Jacobi장 Y_t와 $\dot{c}$는 수직이다.

■

M상의 곡선 $\tau = x_t$를 측지선(t는 아파인변수)이라 하자. τ를 따른 Jacobi장 $X(\neq 0)$로써, τ상의 두 점 x, y에서 $X_x = 0$이고, $X_y = 0$인 Jacobi장 X가 존재하면, τ상의 두 점 x, y를 측지선 τ를 따라 서로 **공액**(conjugate)이라 한다.

$\tau^s = x_t^s$ $(0 \le t \le 1,\ -\varepsilon < s < \varepsilon)$를 각 s에 대해서 $x = x_0^s$, $y = x_1^s$인 측지선 τ의 변분이라 하자. 이때, 변분 τ^s로부터 유도된 Jacobi장이 0 벡터장이 아니면, 주어진 두 점 x, y는 τ를 따라서 공액이다. 그러나 측지선 상의 두 점 x, y에서 0벡터인 Jacobi장이 모두 그러한 변분에 의해서 유도되어지는 것은 아니다. 정리 9.2의 증명과정에서 알 수 있듯이, τ를 따른 Jacobi장이 모든 s $(-\varepsilon < s < \varepsilon)$에 대해서 $x = x_0^s$인 τ^s에 의해 생성되어지도록 τ의 변분

τ^s를 항상 구성할 수 있으나, $x_1^0 = y$에서 곡선 x_1^s $(-\varepsilon < s < \varepsilon)$의 접벡터가 0벡터일지라도, 반드시 x_1^s과 y와는 일치하지는 않는다.

편의상 M상의 선형접속이 완비(complete)라 가정한다. 벡터 $X \in T_x(M)$에서, 선형접속에 관한 지수사상 $\mathrm{Exp}: T_xM \to M$의 미분사상이 singular(정칙이 아닌)이면 (즉, $(\mathrm{Exp})_{*X}: T_X(T_xM) \to T_yM$, $y = \mathrm{Exp}X$,가 정칙(regular)이 아닌 선형사상이면) 벡터 X를 $T_x(M)$에서 점 x의 **공액점**(conjugate point)이라 한다.

> **정리 9.4** 만약 $X \in T_x(M)$이 $T_x(M)$에서 점 x의 공액점(conjugate point)이라면, $\mathrm{Exp}_x(X) \in M$은 측지선 $\mathrm{Exp}_x(tX)$를 따른 점 x의 공액점이다. 역으로, 주어진 점 x의 (x를 지나는 임의의 측지선을 따른) 모든 공액점은 이와 같이 얻어진다.

증명 ($X \in T_x(M)$에서 Exp_x의 미분사상) $=: (\mathrm{Exp}_x)_{*X}$, $y := \mathrm{Exp}_x(X)$로 두면

$$(\mathrm{Exp}_x)_{*X}: T_X(T_xM) \to T_y(M)$$

은 선형사상이다. 만약, $X \in T_x(M)$가 T_xM에서 x의 공액점이면, $(\mathrm{Exp}_x)_{*X}$는 정칙이 아닌 선형사상이다. 따라서 공간 $T_x(M)$에서 X를 지나는 곡선으로, 그 곡선의 접벡터가 $(\mathrm{Exp}_x)_{*X}$에 의해 0벡터($\in T_yM$)에 대응되어지는 곡선을 택할 수 있다. 그러한 곡선을 X^s $(-\varepsilon < s < \varepsilon)$이라 하자. 여기서, $X^0 = X$. 이때, 측지선 $\tau = \mathrm{Exp}_x(tX)$의 변분 $\tau^s: x_t^s = \mathrm{Exp}_x(tX^s)$에 의해 정의된 Jacobi장은 측지선 τ상의 두 점 x와 $y = \mathrm{Exp}_x(X)$에서 0벡터인 값을 취한다.

역으로, 측지선 $\tau = \mathrm{Exp}_x(tX)$상의 두 점 x와 $\mathrm{Exp}_x(X) = y$에서 $Y_x = 0$, $Y_y = 0$인 측지선 τ를 따른 Jacobi장 Y가 존재한다고 하자. 정리 9.2에 의해, 이러한 Jacobi장 Y는 $x = x_0^s$ $(-\varepsilon < s < \varepsilon)$인 τ의 적절한 변분 $\tau^s = x_t^s$ $(0 \le t \le 1,\ -\varepsilon < s < \varepsilon)$에 의해 유도되어진다. 이때, $X^0 = X$이고 $x_t^s = \mathrm{Exp}_x(tX^s)$인 T_xM상의 곡선 X^s가 존재한다. 여기서, $X^0 = X$에서의 곡선 X^s의 접벡터는 $(\mathrm{Exp}_x)_{*X}$에 의해 $Y_y = 0 \in T_y(M)$ $(y = \mathrm{Exp}_x(X))$에 대응되므로 $(\mathrm{Exp}_x)_{*X}$는 singular 선형사상이다. 이는 X가 $T_x(M)$에서 점 x의 공액점임을 의미한다. ■

참고 M상의 측지선 $x_t = \mathrm{Exp}_x(tX)$ ($X \in T_x(M)$, $0 \leq t \leq \infty$)에 대해서, $\mathrm{Exp}_x : T_x(M) \to M$은 $0 \in T_x(M)$에서 미분사상이 정칙(regular)이므로 측지선 τ의 일부분 $\{x_t = \mathrm{Exp}_x(tX) \mid 0 \leq t \leq a\}$에서 x의 공액점이 존재하지 않도록 양수 a를 택할 수 있다. 이제

$$S := \{s > 0 \mid x_s = \mathrm{Exp}_x(sX)\text{가 측지선 } x_t = \mathrm{Exp}_x(tX)\text{를 따른 점 } x_0\ (=x)\text{의 공액점이다}\},$$

$$b := \inf S$$

로 두면, $(\mathrm{Exp}_x)_*$는 sX ($s \in S$)에서 singular이므로 $(\mathrm{Exp}_x)_*$는 bX에서도 singular이다. 즉, $x_b = \mathrm{Exp}_x(bX)$는 주어진 점 x의 측지선 $x_t = \mathrm{Exp}_x(tX)$를 따른 공액점이다. 이러한 점 x_b를 측지선 $x_t = \mathrm{Exp}_x(tX)$를 따른 x의 **제1공액점**(the first conjugate point)라 한다.

정리 9.5 n차원 리만다양체 M, N이 같은 정곡률(constant curvature)을 갖는다고 하자. M의 점 x_0와 $T_{x_0}(M)$의 정규직교기저 $\{X_1, \cdots, X_n\}$, N의 점 y_0와 $T_{y_0}(N)$의 정규직교기저 $\{Y_1, \ldots, Y_n\}$이 주어졌을 때, x_0의 근방 U로부터 y_0의 근방 V상으로의 사상 f로

(9.30) $$f(x_0) = y_0,\ f_*(X_i) = Y_i\ \ (1 \leq i \leq n)$$

인 등장사상이 존재한다.

증명 x_0에서의 (Levi-Civita접속에 관한) 지수사상 Exp_{x_0}가

$$N_{x_0} := \{X \in T_{x_0}(M) \mid \|X\| < r\}$$

로부터 $\mathrm{Exp}_{x_0}(N_{x_0}) =: U_{x_0}$로의 미분동형사상이 주어져 있다고 하자. 마찬가지로 적절한 양수 s에 대하여, y_0에서의 지수사상 Exp_{y_0}가 $N_{y_0} := \{Y \in T_{y_0}(N) \mid \|Y\| < s\}$로부터 지수사상의 상(image) V_{y_0}로의 미분동형사상이라 하자. 양수 r, s중 작은 수를 공통으로 선택해도 무방하므로 $r = s$라 가정할 수 있다. 일반적으로, 등장변환은 Levi-Civita접속을 보존하므로, 지수사상과 등장변환은 가환(commutative)이다. 따라서 임의의 $X \in N_{x_0}$에 대해서

(9.31) $$f(\mathrm{Exp}_{x_0} X) := \mathrm{Exp}_{y_0}(F(X))$$

가 성립된다. 여기서, 우변의 F는 $T_{x_0}(M)$으로 부터 $T_{y_0}(N)$으로의 $F(X_i) = Y_i$ $(1 \le i \le n)$인 등장선형사상이다. 이제, (9.31)에 의해 사상 $f : U_{x_0} \to V_{y_0}$를 정의한다. 실제, U_{x_0}의 임의의 점 x는 $x = \mathrm{Exp}_{x_0}(X)$ $(X \in N_{x_0})$이고, $\|F(X)\| = \|X\|$이므로

$$F(X) \in N_{y_0}, \quad f(x) := \mathrm{Exp}_{y_0}(F(X))\,(\in V_{y_0})$$

가 정의된다. 이 사상 $f : U_{x_0} \to V_{y_0}$가 미분동형사상임은 명백하므로, 이제 f가 등장사상임을 밝히기로 한다.

$x \in U_{x_0}$와 $Z \in T_x(M)$가 임의로 주어졌을 때, 다양체 M, N상의 리만계량 g, h에 대해서

$$g(Z, Z) = h(f_* Z, f_* Z) \tag{9.32}$$

가 성립되면 충분하다. 주어진 $x = \mathrm{Exp}_{x_0}(X)$ $(X \in N_{x_0})$와 $Z \in T_x(M)$에 대해서

$$(\mathrm{Exp}_{x_0})_{*X}(W) = Z \in T_x(M)$$

을 성립시키는 $W \in T_{x_0}(M)$이 유일하게 존재한다. 이 벡터 $W \in T_{x_0}(M)$를 X $(\in N_{x_0} \subset T_{x_0}(M))$에서 접벡터 $(W \in T_X(T_{x_0}M))$로 간주하고, $\epsilon > 0$을 적절히 취하면

$$\tau(t, s) := \mathrm{Exp}_{x_0} t(X + sW) \in U_{x_0} \quad (0 \le t \le 1,\ -\epsilon < s < \epsilon) \tag{9.33}$$

인 사상 τ가 정의된다. 이 사상 τ는 측지선 $x_t = \mathrm{Exp}_{x_0}(tX)$의 변분이고, 측지선 x_t를 따른 변분 τ에 의해 유도된 Jacobi장을 Z_t라 하자 (cf. 정리 9.2). 명백히 $Z_0 = 0$, $Z_1 = Z$이다.

리만다양체 (N, h)상에서도 마찬가지로, 측지선

$$f(x_t) = f(\mathrm{Exp}_{x_0}(tX)) = \mathrm{Exp}_{y_0}(tF(X)) =: y_t$$

의 변분

$$\nu(t, s) = \mathrm{Exp}_{y_0} t(F(X) + sF(W)) \quad (0 \le t \le 1,\ -\epsilon < s < \epsilon) \tag{9.34}$$

가 정의되고, 식 (9.34)에 의한 측지선 y_t의 무한소 변분 V_t는 정리 9.2의 도움으로 측지선 y_t를 따른 Jacobi장이다. 한편, $f(\tau(t, s)) = \nu(t, s)$이므로, $f_*(Z_t) = V_t$, $V_0 = 0$이고 $V_1 = f_*(Z)$이다. 식 (9.32)의 증명은

(9.35) $$g(Z_t,\ Z_t) = h(V_t,\ V_t) \quad (0 \le t \le 1)$$

을 밝히면 충분하다.

점 x_0에서의 주어진 정규직교기저 $\{X_1,\ \ldots,\ X_n\}$을 측지선 $x_t = \mathrm{Exp}_{x_0}(tX)$를 따라 평행이동시켜 측지선 x_t상에 정의된 벡터장들의 족(family)을 $\{X_1(t),\ \ldots,\ X_n(t)\}$라 하고, $y_0 = f(x_0)$에서의 주어진 정규직교기저 $\{Y_1,\ \ldots,\ Y_n\}$을 측지선 $f(x_t) = y_t = \mathrm{Exp}_{y_0}(tF(X))$를 따라 평행이동시켜 측지선 y_t상에 정의된 벡터장들의 족을 $\{Y_1(t),\ \ldots,\ Y_n(t)\}$라 하자. x_t, $f(x_t) = y_t$는 측지선(t는 아파인 매개변수)이므로

$$Z_t := \sum_i \varphi^i(t) X_i(t),\quad V_t := \sum_i \psi^i(t) Y_i(t),\quad x_t{}' := \sum_i a^i X_i(t) \quad (\text{각 } a^i\text{는 상수})$$

로 두면

$$\left(\frac{dy_t}{dt}\right)_{t=0} = f_*\left(\left(\frac{dx_t}{dt}\right)_{t=0}\right) = F(\sum_i a^i X_i) = \sum_i a^i F(X_i) = \sum_i a^i Y_i$$

이므로

$$\left(\frac{dy_t}{dt}\right) = \sum_i a^i Y_i(t)$$

가 된다.

$(M,\ g)$상의 곡률텐서장 R을 측지선 x_t를 따라 $\{X_1(t),\ \ldots,\ X_n(t)\}$에 관하여 나타내면

$$\begin{aligned} R(X_j(t),\ X_i(t))X_k(t) &= c\{g(X_i(t),\ X_k(t))X_j(t) - g(X_j(t),\ X_k(t))X_i(t)\} \\ &= c\{\delta_{ik}X_j(t) - \delta_{jk}X_i(t)\} = \sum_l R^l_{kji}(t)X_l(t) \end{aligned}$$

이므로, R의 성분은

(9.36) $$R^l_{kji}(t) = c(\delta_{ik}\delta^l_j - \delta_{jk}\delta^l_i)$$

로 된다. $(N,\ h)$의 곡률텐서장의 측지선 $y_t = f(x_t)$상의 정규직교기저 $\{Y_1(t),\ \ldots,\ Y_n(t)\}$에 관한 성분도 가정에 의해 $(M,\ g)$와 $(N,\ h)$가 같은 정곡률을 갖는 정곡률공간(constant curvature space)이므로, 마찬가지로 식 (9.36)으로 주어진다.

따라서 Z_t와 V_t에 대한 Jacobi방정식 (9.7) (열률텐서장 $T=0$)은 완전히 일치한다. 식 (9.35)를 증명하기 위해서는 모든 t $(0 \le t \le 1)$에 대해, $\varphi^i(t) = \psi^i(t)$ $(1 \le i \le n)$을 증명하면 충분하다. $\varphi^i(t)$와 $\psi^i(t)$는 같은 연립 2계 상 선형미분방정식 (9.7) (열

률텐서장 $T=0$)의 해이므로 초기조건이 일치한다는 것, 즉

$$\varphi^i(0)=\psi^i(0) \quad (1\le i\le n), \tag{9.37}$$

$$\left(\frac{d\varphi^i}{dt}\right)_{t=0}=\left(\frac{d\psi^i}{dt}\right)_{t=0} \quad (1\le i\le n) \tag{9.38}$$

을 밝히면 된다. 식 (9.37)은 $Z_0=0$, $V_0=0$로부터 명백하다. 식 (9.38)을 밝히기 위해서는

$$(\nabla_t Z_t)_{t=0}=W,\quad (\nabla_t V_t)_{t=0}=F(W) \tag{9.39}$$

임을 밝히면 충분하다. 실제, 식 (9.33)과 3장의 정리 7.5(1)에 의해

$$(\nabla_t Z_t)_{t=0}=\left(\nabla_t\left(\tau_*\left(\frac{\partial}{\partial s}\right)\right)_{s=0}\right)_{t=0}=\left(\nabla_s\left(\tau_*\left(\frac{\partial}{\partial t}\right)\right)_{t=0}\right)_{s=0}$$

를 얻는데, $(\tau_*(\partial/\partial t))_{t=0}=X+sW$이므로 $(\nabla_t Z_t)_{t=0}=W$가 된다. 마찬가지로, 식 (9.34)와 3장의 정리 7.5(1)에 의해

$$(\nabla_t V_t)_{t=0}=\left(\nabla_t\left(\nu_*\left(\frac{\partial}{\partial s}\right)\right)_{s=0}\right)_{t=0}=\left(\nabla_s\left(\nu_*\left(\frac{\partial}{\partial t}\right)\right)_{t=0}\right)_{s=0}$$

가 성립되고, $(\nu_*(\partial/\partial t))_{t=0}=F(X)+sF(W)$이므로 $(\nabla_t V_t)_{t=0}=F(W)$이다. ■

정리 9.5의 증명과정을 검토해보면 리만다양체상의 Jacobi방정식 (식 (9.7)에서 열률텐서장 $T=0$인 식)에서 M과 N상의 곡률텐서장이, 측지선 x_t와 $f(x_t)=y_t$를 따른 평행인 정규직교기저 $\{X_i(t)\}_i$와 $\{Y_i(t)\}_i$에 관하여 같은 성분을 갖는다는 조건이 본질적이다. 따라서 정리 9.5를 다음과 같이 일반화할 수 있다.

리만다양체 M이 $\nabla R=0$인 조건을 만족할 때, **국소대칭적**(local symmetric)이라 한다. 이 때, 곡률텐서장 R은 어떠한 미분가능인 곡선을 따라서도 평행이고, $\{X_i(t)\}_i$가 곡선 x_t상의 평행인 정규직교기저일 때 R의 $\{X_i(t)\}_i$에 관한 성분은 모두 상수(constant)가 된다.

정리 9.6 M, N이 n차원 국소대칭인 리만다양체이고, $F\colon T_{x_0}(M)\to T_{y_0}(N)$이 등장선형사상으로 곡률텐서를 보존한다고 하자, 즉

$$F(R_M(X,\ Y)Z)=R_N(F(X),\ F(Y))F(Z)$$

가 임의의 $X,\ Y,\ Z\in T_{x_0}(M)$에 대해서 성립한다. 여기서, R_M, R_N은 각각 $(M,\ g)$,

$(N,\ h)$상의 곡률텐서장이다. 이때, x_0의 적절한 근방 U로부터 y_0의 적절한 근방 V로의 미분동형사상 f로 $(f_*)_{x_0} = F$인 등장변환 f가 존재한다.

정리 9.5, 정리 9.6의 따름정리들이 얻어진다.

따름정리 9.7 정곡률(constant curvature) c를 갖는 리만다양체 $(M,\ g)$는 공간형 E^n $(c=0$일 때), $S^n(r)$ $(c>0$일 때 $c=1/r^2)$, 또는 $H^n(r)$ $(c<0$일 때 $c=-1/r^2)$ 중의, 어느 한 정곡률공간과 국소등장적(locally isometric)이다.

따름정리 9.8 n차원 정곡률 리만다양체 M의 임의의 두 점 $x,\ y$가 주어졌을 때, 각 점에서의 정규직교기저 $\{X_1,\ \ldots,\ X_n\}$과 $\{Y_1,\ \ldots,\ Y_n\}$에 대해, $f(x)=y$이고 $f_*(X_i)=Y_i$ $(1 \le i \le n)$인 국소등장변환 (local isometric transformation) f가 존재한다.

따름정리 9.9 국소대칭적인 리만다양체 $(M,\ g)$상의 임의의 두 점 $x,\ y$에 대해서, x의 적절한 근방 U로부터 y의 적절한 근방 V로의 등장변환을 구성할 수 있다.

증명 $\tau = x_t$ $(0 \le t \le 1)$를 $x=x_0$와 $y=x_1$을 잇는 미분가능인 곡선이라하자. $\beta = \{X_i\}_i$를 T_xM의 정규직교기저라 하고, 각 $X_i(t)$ $(1 \le i \le n)$를 기저벡터 $X_i \in \beta$를 τ를 따라 평행이동시킨 τ상의 벡터장이라 하자. 이때, $(M,\ g)$가 국소대칭적이므로

$$g(R(X_i,\ X_j)X_k,\ X_l) = g(R(X_i(t),\ X_j(t))X_k(t),\ X_l(t))$$

이고, $F(X_i) = X_i(1) =: Y_i$ $(1 \le i \le n)$에 의해 선형등장사상 $F\colon T_xM \to T_yM$이 정의되고, $F(R(X_i,\ X_j)X_k) = R(FX_i,\ FX_j)(FX_k)$가 성립된다. 따라서 정리 9.6에 의해 본 따름정리를 얻을 수 있다. ■

$(M,\ g)$가 국소대칭적(locally symmetric)이라는 기하학적 의미는 다음과 같다. M상의 임의로 주어진 x_0에 대해서 x_0의 표준좌표근방(normal coordinate neighbourhood)을

$$U = \mathrm{Exp}_{x_0}(N) \quad \left(N := \left\{X \in T_{x_0}(M) \mid \|X\|_g < r\right\}\right)$$

로 둔다. U를 U로 옮기는 등장변환 $f(\neq$ 항등사상$)$로 $f^2=(U$상의 항등사상$)$이고 x_0가 f의 유일한 부동점(fixed point)이 되어주는 사상 f를 점 x_0에 관한 **국소대칭사상**(local symmetry)이라고 한다. 점 x_0에 관한 국소대칭사상 f는 등장사상으로

$$f(x_0)=x_0, \quad (f_*)_{x_0}(X)=-X \ \ (X\in T_{x_0}(M))$$

이므로, x_0에 관한 국소대칭사상(local symmetry)이 존재한다면 유일하게 존재하게 된다 (cf. [9, Lemma 11.2, p.62]). 더욱이, 국소대칭사상은 국소등장변환이므로 측지선을 측지선으로 옮기고, 따라서 각 점 $x\in U$에 대해서 x와 x_0를 잇는 측지선을 같은 길이만큼 연장하여 얻어진 점이 $f(x)(\in U)$가 된다. 이는 국소대칭사상의 유일성과, 정리 9.5의 증명과정에서의 등장사상 f의 구성으로부터 명백하다.

정리 9.10 리만다양체 (M, g)가 국소대칭적$(\nabla R=0)$이기 위한 필요충분조건은 각 점 x_0에 대해서 점 x_0의 적절한 근방상의 국소대칭사상(local symmetry)이 존재하는 것이다.

증명 $\nabla R=0$를 가정하자. 주어진 점 x_0의 접공간 $T_{x_0}(M)$에서 $F(X)=:-X \ (X\in T_{x_0}(M))$으로 두면, 명백히 F는 x_0에서의 곡률텐서 R을 보존 $(X, Y, Z\in T_{x_0}(M)$에 대해서 $R(-X, -Y)(-Z)=-R(X, Y)Z)$ 하는 등장선형사상이므로, 정리 9.6에 의해 x_0의 적절한 근방 U의 등장변환 f로 $f(x_0)=x_0$이고 $(f_*)_{x_0}=F$인 사상 f가 존재한다. 이 등장변환 f는 국소대칭사상(local symmetry)이다.

역으로, 각점 x_0의 근방에서 국소대칭사상 f가 존재한다고 하자. f는 등장변환이므로 $X, Y, Z\in\mathfrak{X}(U)$에 대해서

$$\nabla_{f_*X}f_*Y=f_*(\nabla_XY), \quad R(f_*X, f_*Y)f_*Z=f_*(R(X, Y)Z) \tag{9.40}$$

가 성립한다. 즉 f는 선형접속과 곡률텐서장을 보존한다. 식 (9.40)으로부터 $X, Y, Z, W\in\mathfrak{X}(U)$에 대해서

$$\begin{aligned}&(\nabla_{f_*X}R)(f_*Y, f_*Z)(f_*W)\\&=\nabla_{f_*X}(R(f_*Y, f_*Z)f_*W)-R(\nabla_{f_*X}f_*Y, f_*Z)f_*W\\&\quad -R(f_*Y, \nabla_{f_*X}f_*Z)f_*W-R(f_*Y, f_*Z)\nabla_{f_*X}f_*W\\&=f_*(\nabla_X(R(Y, Z)W)-R(\nabla_XY, Z)W\end{aligned}$$

$$
\begin{aligned}
&- R(Y,\ \nabla_X Z)W - R(Y,\ Z)\nabla_X W) \\
&= f_*((\nabla_X R)(Y,\ Z)W)
\end{aligned}
$$

이므로, f는 ∇R도 보존한다. 따라서 x_0에서

$$(f_*)_{x_0}(X) = -X \quad (X \in T_{x_0}(M))$$

이므로, 임의로 주어진 $X,\ Y,\ Z,\ W \in T_{x_0}(M)$에 대해서

$$(\nabla_{-X}R)(-Y,\ -Z)(-W) = -(\nabla_X R)(Y,\ Z)W$$

가 된다. 따라서 점 x_0에서 (1, 4)형 텐서 $\nabla R = 0$이고, 점 x_0는 M상에서 임의로 주어진 점이므로 M상의 (1, 3)형 텐서장 R은 평행이다. ■

§10. 리만다양체상의 거리함수와 완비인(complete) 리만다양체

연결(connected) 리만다양체 (M, g)상의 두 점 x, y에 대해서, 두 점을 잇는 모든 구분적(piecewise)으로 미분가능인 곡선 τ의 길이 $L(\tau)$의 하한(infimum)을 $d(x, y)$로 표기한다. 이 정의로부터

(i) M의 모든 두 점 x, y에 대해서 $d(x, y) \geq 0$,

(ii) M의 모든 두 점 x, y에 대해서 $d(x, y) = d(y, x)$,

(iii) M의 모든 점 x, y, z에 대해서 $d(x, z) \leq d(x, y) + d(y, z)$

임을 알 수 있다. 정리 7.3으로 부터, x, $y \in M$에 대해서

$$d(x, y) = 0 \text{일 필요충분조건은 } x = y$$

임을 얻는다. 따라서 리만계량 g에 의해 결정된 거리함수(distance function) d가 (M, g)상에 정의된다. 이러한 거리공간(metric topological space) (M, d)상의 위상(topology)과 주어진 다양체 M으로서의 위상이 일치함도 정리 7.3에 의해 명백하다.

리만다양체 (M, g) (혹은, 리만계량 g)가 **완비**(complete)란 M상의 어떠한 측지선이라도 완비인 측지선 (cf. 3장 §11)으로 확장가능하다는 것인데, 다음의 두 정리는 Hopf-Rinow (cf. [25, Theorem 18, p.462])에 의해 알려져 있다.

정리 10.1 ([10, Theorem 4.1, p.172]). 리만다양체 (M, g)가 주어졌을 때, 다음 세 조건은 동치이다.

(1) (M, g)는 완비이다.

(2) 거리함수 d에 관한 임의로 주어진 Cauchy열(sequence)은 M 내에서 극한을 갖는다 (M은 거리함수 d에 관해서 완비인 거리공간(metric topological space)이다).

(3) M의 d에 관한 유계인(bounded) 부분집합은 긴밀폐포(compact closure)를 갖는다.

정리 10.2 ([10, Theorem 4.2, p.172]). 연결인(connected) 리만다양체 (M, g)가 완비이면, M의 임의의 두 점 x, y에 대해서, 그들을 잇는 측지선 τ가 존재하여 $L(\tau) = d(x, y)$를 만족한다.

위 두 정리의 증명은 여기서는 생략하고, 정리 10.1의 (2) ⇒ (1)의 부분을 일반화한 다음

정리를 소개한다.

정리 10.3 리만다양체 (M, g)가 g에 의해 정의된 거리함수 d에 관해서 거리공간 (M, d)가 완비이면, 리만다양체 (M, g)는 전완비(complete in the sense of Ehresmann) (cf. 3장 §12)이다.

증명 M의 점 x의 접공간 T_xM상에서 0벡터를 시점으로 하는 곡선 C_t $(0 \le t \le b)$가 주어졌을 때, M의 x를 시점으로 하는 곡선 x_t $(0 \le t \le b)$로 그 전개(development)가 C_t와 일치하는 것이 존재함을 증명하면 된다. 3장의 정리 13.1에 의해서, 적절한 $\delta > 0$에 대해서 $0 \le t \le \delta$에서 정의되어진 x_t로, 그 곡선의 전개가 C_t인 곡선

$$x : [0,\ \delta] \ni t \to x_t \in M$$

가 존재한다. 그러한 δ의 상한(supremum)을 b_1으로 두고 $b_1 = b$임을 밝힌다. 이때, $0 \le t < b_1$에서 정의된 x_t가 존재하기 때문에 $t_k \uparrow b_1$인 수열 $\{t_k\}$를 취하면, 리만다양체의 경우 곡선의 전개가 명백히 곡선의 길이를 보전하기 때문에, x_t의 $t_k \le t \le t_l$ $(k < l)$에 대응하는 길이 $L_{k,\ l}$은 C_t의 $t_k \le t \le t_l$에 대응하는 길이와 같다. 따라서 $k \to \infty$일 때 $C_{t_k} \to C_{b_1}$이므로, $k,\ l \to \infty$일 때 $L_{k,\ l} \to 0$. 더욱이, $L_{k,\ l} \ge d(x_k,\ x_l)$이므로, M상의 점열 $\{x_{t_k}\}$는 d에 관한 Cauchy열이므로 점 $p(\in M)$에 수렴한다. 이 성질과 정리 7.3의 지수사상의 국소동형사상에 의해

$$t \to b_1 \text{일 때, } x_t \to p$$

임을 알 수 있다. 이제, $x_{b_1} =: p$로 두면, 곡선 x_t가 $[0,\ b_1]$에서 연속이고 $[0,\ b_1)$상에서는 (무한회) 미분가능이다. 이때, x_t가 $t = b_1$에서도 (무한회)미분가능이다는 것을 증명하자. 점 $p = x_{b_1}$을 포함하는 근방 U의 국소좌표계를 $\{x^1,\ \ldots,\ x^n\}$으로 하고 x_t가 U에 포함되어지는 부분 $(b_1 - \varepsilon) < t \le b_1$ $(\varepsilon > 0)$에서 $x_t = (x^1(t),\ \cdots,\ x^n(t))$로 두면, 각 $x^i(t)$는 $[b_1 - \varepsilon,\ b_1]$에서 연속이고 $[b_1 - \varepsilon,\ b_1)$에서 무한회 미분가능인데, $t = b_1$에서도 좌미계수의 의미로 $x^i(t)$가 무한회 미분가능임을 (보제 10.4, 10.5, 10.6에 의해) 밝힌다.

보제 10.4 함수 $f(t)$가 $[c,\ d]$에서 연속이고, $[c,\ d)$에서 무한회 미분가능이라 하자. 만약

$f'(t)$, $f''(t)$, ..., $f^{(k)}(t)$, ...가 모두 $[c, d)$에서 유계(bounded)이다면, f는 $t = d$ 에서도 (좌미계수의 의미로) 무한회 미분가능이다.

보제 10.4의 증명

임의의 $t \in [c, d)$에 대해서, 평균치의 정리로부터

$$f(d) - f(t) = (d-t)f'(t_0) \tag{10.1}$$

인 $t_0 (t < t_0 < d)$가 존재한다. 임의의 $t_1, t_2 \in [c, d)$ $(t_1 < t_2)$에 대해서도

$$f'(t_2) - f'(t_1) = (t_2 - t_1)f''(t_3) \tag{10.2}$$

인 t_3 $(t_1 < t_3 < t_2)$가 존재한다. $f''(t)$가 $[c, d)$에서 유계이므로 상한을 s로 두면, 식 (10.2)에 의해

$$f'(t_2) - f'(t_1) \leq s(t_2 - t_1) \tag{10.3}$$

이므로, R의 완비성으로부터

$$\lim_{t \to d-0} f'(t)$$

의 존재가 보장된다. 식 (10.1)에 의해

$$\lim_{t \to d-0} \frac{f(d) - f(t)}{d-t} = \lim_{t \to d-0} f'(t) \tag{10.4}$$

이고, 식 (10.4)의 값을 $f'(d)$로 정의하면 f'는 $[c, d]$에서 연속이고 $[c, d)$에서 무한회 미분가능이다. 더욱이, f''', $f^{(4)}$, ...가 $[c, d)$에서 유계이므로 위와 같은 방법에 의해 $f''(d)$(좌미분계수)가 정의된다. 이러한 과정을 연속하여 시행하면, $f^{(3)}(d)$, ..., $f^{(k)}(d)$, ...가 존재한다.

보제 10.5 긴밀폐포(compact closure)를 갖는 좌표근방 U상의 곡선

$$x : [c, d] \ni t \to x_t \in U \subset M$$

이 $[c, d]$에서 연속, $[c, d)$에서 무한회 미분가능이라 하자. 만약

$$\|x'_t\|, \|\nabla_t x_t'\|, \|\nabla_t^2 x_t'\|, \ldots, \|\nabla_t^k x_t'\|, \ldots$$

가 모두 $[c, d)$에서 유계이면, x_t의 각 좌표성분 $x^i(t)$는 보제 10.4의 조건을 만족한다.

보제 10.5의 증명

U상의 좌표계 $\{x^1, \ldots, x^n\}$을 편의상 유클리드좌표계로 간주한 norm을 $|\ \ |$로 표기하고, 리만계량 g에 의한 norm을 $\|\ \ \|$으로 표기하면, U가 긴밀폐포를 가지므로, U상의 모든 접벡터 Y에 대해서

$$A\|Y\| \leq |Y| \leq B\|Y\|$$

를 만족하는 양수 A, B를 택할 수 있다. 그리고 좌표계에 관한 Christoffel 기호 Γ^i_{jk}도 U상에서 유계이다. $\|\nabla_t x_t'\|$는 가정에 의해 $[c, d)$에서 유계이므로, $\nabla_t x_t'$의 성분

$$X^i(t) := \frac{d^2x^i}{dt^2} + \sum_{j,\ k}\Gamma^i_{jk}\frac{dx^j}{dt}\frac{dx^k}{dt}$$

도 유계이다. 따라서 d^2x^i/dt^2도 $[c, d)$에서 유계이다.

마찬가지로, $\|\nabla^2_t x_t'\|$도 가정에 의해 $[c, d)$에서 유계이므로

$$\frac{dX^i}{dt} + \sum_{j,\ k}\Gamma^i_{jk}\frac{dx^j}{dt}X^k$$

는 $[c, d)$에서 유계, 따라서 dX^i/dt도 유계이다. Γ^i_{jk}의 편미분도 유계이므로

$$\frac{d^3x^i}{dt^3} = \frac{d}{dt}\left(X^i(t) - \sum_{j,\ k}\Gamma^i_{jk}\frac{dx^j}{dt}\frac{dx^k}{dt}\right)$$

도 $[c, d)$에서 유계이다. 이와 같은 방법을 계속하면 d^kx^i/dt^k $(k=4, 5, \ldots)$도 $[c, d)$에서 유계임이 밝혀진다.

보제 10.6 곡선 x_t의 (아파인)전개 (cf. 3장 §9)가 C_t $(0 \leq t \leq b_1)$일 때

$$\|x_t'\|,\ \|\nabla_t x_t'\|,\ \ldots,\ \|\nabla^{(k)}x_t'\|,\ \ldots$$

는 모두 $[0, b_1)$에서 유계이다.

보제 10.6의 증명

(아파인)전개의 정의로부터, 각 t $(0 \leq t < b_1)$에 대해서 x_t'를 곡선을 따라 $T_{x_0}(M)$상으로 평행이동시킨 벡터가 dC_t/dt이므로 $\|x_t'\|_{g_t} = \|dC_t/dt\|_{g_0}$이다. C_t가 $[0, b_1]$에서 무한회 미분가능이므로, $[0, b_1)$에서 $\|x_t'\|$는 유계이다. 더욱이, 곡선 x_t를 따른 평행이동은 선형사상이므로 $\tau_t^{t+\delta}x'_{t+\delta} - x_t'$와 $C'_{t+\delta} - C_t'$는 곡선을 따라 평행이다. 따

라서 $\nabla_t x_t{}'$와 d^2C/dt^2는 곡선 x_t를 따라 평행이므로

$$\| \nabla_t x_t{}' \| = \left\| \frac{d^2C}{dt^2} \right\|$$

이고 $\| \nabla_t x_t{}' \|$는 $0 \leq t < b_1$에서 유계이다.

마찬가지로, $\nabla_t^{(k)} x_t{}'$와 $(d^{(k+1)}C/dt^{k+1})$ $(k=2,\ 3,\ 4,\ \ldots)$도 곡선 x_t를 따라서 평행이므로, $\| \nabla_t^{(k)} x_t{}' \|$ $(k=2,\ 3,\ 4,\ \ldots)$도 $0 \leq t < b_1$에서 유계이다.

따라서 보제 10.4, 10.5와 10.6에 의해, 곡선 x_t가 $[0,\ b_1]$에서 무한회 미분가능임이 밝혀졌다.

이제는, 곡선 C_t $(b_1 \leq t \leq b)$를 곡선 x_t $(0 \leq t \leq b_1)$을 따라서 아파인 평행이동시킨 상(image)을 B_t $(b_1 \leq t \leq b)$로 둔다. B_t $(b_1 \leq t \leq b)$는 x_{b_1}에서의 접공간 $T_{x_{b_1}}(M)$의 (0 벡터로부터 출발하는) 곡선이다. 이때, 적절한 $\varepsilon > 0$에 대하여 x_{b_1}에서 시작하는 M의 곡선 x_t $(b_1 \leq t \leq b_1+\varepsilon)$가 존재하여, 그 전개가 B_t $(b_1 \leq t \leq b_1+\varepsilon)$로 된다. 따라서 x_t $(0 \leq t \leq b_1+\varepsilon)$는 무한회 미분가능이고 그 전개가 C_t $(0 \leq t \leq b_1+\varepsilon)$로 된다. 이는 b_1의 정의에 모순이다. 따라서 $b_1 = b$가 됨을 알 수 있다. ■

정리 10.1로부터 리만다양체 $(M,\ g)$가 compact이면 완비임을 알 수 있다. 그리고 리만다양체 $(M,\ g)$상의 임의의 두 점 $x,\ y$에 대해서 x를 y로 옮기는 M의 등장변환이 존재할 때, $(M,\ g)$를 **등질**(homogeneous)이라 한다. $(M,\ g)$가 등질공간이다면 완비이다. 실제, $(M,\ g)$의 g에 의해 정의된 거리함수(distance function 혹은 metric)가 등장변환에 의해 불변이므로, $(M,\ g)$가 등질이라면 모든 점 x에 대해서 $\{y \in M \mid d(x,\ y) \leq r\}$과 같이 compact(긴밀)이도록 (점에 독립적인) $r > 0$을 취할 수 있다. 이 성질에서 거리공간(metric topological space) $(M,\ d)$가 완비이고, 정리 10.1의 덕분으로 리만다양체 $(M,\ g)$가 완비임을 알 수 있다.

리만다양체 $(M,\ g)$상의 벡터장 X에 의해, M상의 각 점에서 생성되어진 1-매개변수국소변환군 $\{\varphi_t\}_{t \in (-\varepsilon,\ \varepsilon)}$의 각 φ_t $(t \in (-\varepsilon,\ \varepsilon))$가 국소등장적(locally isometric)일 때, 그러한 벡터장 X를 **무한소 등장변환**(infinitesimal isometry) 또는 Killing**벡터장**(Killing vector field)이라 한다.

벡터장 X $(\in \mathfrak{X}(M))$가 Killing벡터장일 필요충분조건은

(10.5) $$X(g(Y,\ Z)) = g([X,\ Y],\ Z) + g(Y,\ [X,\ Z]) \quad (Y,\ Z \in \mathfrak{X}(M))$$

이다. 실제, $X \in \mathfrak{X}(M)$에 의해 생성되어진 1-매개변수국소변환군 ϕ_t $(-\varepsilon < t < \varepsilon)$에 대해서

(10.6) $$f(t; Y, Z) := g(\phi_{t*}(Y), \phi_{t*}(Z)) - (\phi_t^{-1})^*(g(Y, Z)) \quad (Y, Z \in \mathfrak{X}(M))$$

로 둔다. 이제, X를 Killing벡터장이라 하자. 이때, $f(t; Y, Z) = 0$이고

$$\begin{aligned}\left(\frac{df(t; Y, Z)}{dt}\right)_{t=0} &= \lim_{t \to 0} \frac{1}{t}\{g(\phi_{t*}Y, \phi_{t*}Z) - g(Y, Z) \circ \phi_t^{-1}\} \\ &= \lim_{t \to 0} \frac{1}{t}\{g(\phi_{t*}Y - Y, \phi_{t*}Z) \\ &\qquad + g(Y, \phi_{t*}Z - Z) + g(Y, Z) - g(Y, Z) \circ \phi_t^{-1}\} \\ &= -g([X, Y], Z) - g(Y, [X, Z]) + X(g(Y, Z)) = 0\end{aligned}$$

이므로

(10.7) $$X(g(Y, Z)) = g([X, Y], Z) + g(Y, [X, Z]).$$

역으로, 식 (10.7)이 만족된다고 가정하자. 이때, 식 (10.7)에 의해 $(df(t; Y, Z)/dt)_{t=0} = 0$ $(Y, Z \in \mathfrak{X}(M))$. 더욱이, $Y, Z \in \mathfrak{X}(M)$에 대해서 식 (10.6)에 의해

$$\begin{aligned}f(s+t; Y, Z) &= g(\phi_{s+t*}Y, \phi_{s+t*}Z) - g(Y, Z) \circ \phi_{s+t}^{-1} \\ &= f(s; \phi_{t*}Y, \phi_{t*}Z) + g(\phi_{t*}Y, \phi_{t*}Z) \circ \phi_s^{-1} \\ &\quad - g(Y, Z) \circ \phi_t^{-1} \circ \phi_s^{-1} \\ &= f(s; \phi_{t*}Y, \phi_{t*}Z) + f(t; Y, Z) \circ \phi_s^{-1}\end{aligned}$$

이고, 식 (10.7)에 의해

$$\left(\frac{df(s; \phi_{t*}Y, \phi_{t*}Z)}{ds}\right)_{s=0} = 0$$

이므로

$$\left(\frac{df(s+t; Y, Z)}{ds}\right)_{s=0} = \left(\frac{d(f(t; Y, Z) \circ \phi_s^{-1})}{ds}\right)_{s=0} = -X(f(t; Y, Z),$$

즉

(10.8) $$\frac{df(t; Y, Z)}{dt} = -X(f(t; Y, Z)).$$

미분방정식 (10.8)에 대해서, 해의 유일성과 $f(0; Y, Z) = 0$이므로 충분히 작은 $\varepsilon > 0$에 대해서

$$f(t; Y, Z) = 0 \quad (-\epsilon < t < \epsilon\ ; Y, Z \in \mathfrak{X}(M))$$

인 해가 얻어진다. 따라서 $X(\in \mathfrak{X}(M))$는 Killing벡터장이다.

리만다양체 $(M,\ g)$가 완비일 때, 곡률(단면곡률)의 움직이는 범위를 제한하면 다양체 M의 위상적 구조가 결정되는 많은 결과들이 알려져 있다(pinching problems).

§11. 공형 Weyl텐서장

리만다양체 (M, g)와 M상에서 양(positive)인 값을 갖는 임의로 주어진 미분가능함수 ϕ가 주어졌을 때, 새로운 M상의 리만계량

(11.1) $$g^* = \phi^2 g$$

가 정의되는데, 이때, g^*를 g의 **공형변형**(conformal change)이라 하고, g와 g^*는 서로 **공형적**(conformal)이라 한다.

M상의 공형적 리만계량 g, g^* $(g^* = \phi^2 g)$에 관한 Levi-Civita접속 ∇와 ∇^*에 대응하는 곡률텐서장을 각각 R과 R^*로 표기한다. 여기서, ∇와 ∇^*와의 관계, R과 R^*와의 관계를 조사하고, 그리고 M상에 임의로 주어진 리만계량 g에 대한 공형 Weyl텐서장(conformal Weyl tensor field)을 정의하고 이 텐서장은 공형변형에 의해 불변임을 밝힌다.

우선, M상에 $(1, 2)$형 텐서장 K를

(11.2) $$K(X, Y) := \nabla^*_X Y - \nabla_X Y \quad (X, Y \in \mathfrak{X}(M))$$

로 정의한다. 각 벡터장 X에 대해서

(11.3) $$K(X)Y := K(X, Y)$$

로 두면, $K(X)$는 M상에서 $(1, 1)$형 텐서장이다. $\nabla^*_X g^* = 0$와 $\nabla_X g = 0$이므로

(11.4) $$g(K(X)Y, Z) + g(Y, K(X)Z) = 2\alpha(X)g(Y, Z).$$

여기서, α는

(11.5) $$\alpha = d(\log \phi)$$

인 1차 미분형식이다. 식 (11.4)로부터

(11.6) $$g(K(Y)Z, X) + g(Z, K(Y)X) = 2\alpha(Y)g(Z, X),$$

(11.7) $$g(K(Z)X, Y) + g(X, K(Z)Y) = 2\alpha(Z)g(X, Y)$$

를 얻는다. $K(X)Y = K(Y)X$를 이용하여, (11.4)+(11.6)−(11.7)을 취하면

(11.8) $$g(K(X)Y, Z) = \alpha(X)g(Y, Z) + \alpha(Y)g(X, Z) - \alpha(Z)g(X, Y)$$

가 성립된다. 식 (11.5)의 α에 대응하는 벡터장을 U, 즉

$$\alpha(Y)=g(Y,\ U)\quad (Y\in\mathfrak{X}(M))$$

로 두면

$$\begin{aligned}\alpha(Y)g(X,\ Z)-\alpha(Z)g(X,\ Y)&=g(Y,\ U)g(X,\ Z)-g(Z,\ U)g(X,\ Y)\\&=g(g(Y,\ U)X-g(X,\ Y)U,\ Z)\\&=g((X\wedge U)(Y),\ Z)\end{aligned}$$

이다. 이 식과 식 (11.8)로부터

$$K(X)=\alpha(X)I+X\wedge U,\qquad (11.9)$$
$$(i.e.,\quad K(X)Y=\alpha(X)Y+\alpha(Y)X-g(X,\ Y)U)$$

를 얻는다.

한편, $X,\ Y,\ Z\in\mathfrak{X}(M)$에 대해서, 식 (11.2)에 의해

$$\nabla^*_X\nabla^*_Y Z=(\nabla_X+K(X))(\nabla_Y+K(Y))Z\qquad (11.10)$$

이다. $X,\ Y\in\mathfrak{X}(M)$에 대해서

$$X(\alpha(Y))=(\nabla_X\alpha)(Y)+\alpha(\nabla_X Y)$$

이므로

$$X(\alpha(Y))-Y(\alpha(X))-\alpha([X,\ Y])=(\nabla_X\alpha)(Y)-(\nabla_Y\alpha)(X)\qquad (11.11)$$

이고, 식 (11.5)에 의해 식 (11.11)은

$$X(Y\log\phi)-Y(X\log\phi)-[X,\ Y]\log\phi=0\qquad (11.12)$$

이므로

$$(\nabla_X\alpha)(Y)=(\nabla_Y\alpha)(X)\qquad (11.13)$$

를 얻는다. 식 (11.2), (11.3), (11.9), (11.10)과 (11.13)의 덕분으로

$$\begin{aligned}R^*(X,\ Y)Z=&\ R(X,\ Y)Z+(\nabla_X\alpha)(Z)Y-(\nabla_Y\alpha)(Z)X\\&+\alpha(Y)\alpha(Z)X-\alpha(X)\alpha(Z)Y\\&-g(Y,\ Z)\nabla_X U+g(X,\ Z)\nabla_Y U\\&-g(Y,\ Z)\alpha(U)X+g(X,\ Z)\alpha(U)Y\\&+g(X,\ U)g(Y,\ Z)U-g(Y,\ U)g(X,\ Z)U\end{aligned}\qquad (11.14)$$

를 얻는다. 이 식을 조금 간단히 표기하기 위하여, (1, 1)형 텐서장 B를

(11.15)
$$\begin{aligned} B(X) &:= -g(X, U)U + \nabla_X U + \frac{1}{2}\alpha(U)X \\ &= -\alpha(X)U + \nabla_X U + \frac{1}{2}\alpha(U)X \end{aligned}$$

로 정의하면, 식 (11.14)는

(11.16)
$$\begin{aligned} R^*(X, Y)Z = R(X, Y)Z &+ (\nabla_X \alpha)(Z)Y - (\nabla_Y \alpha)(Z)X \\ &+ \alpha(Y)\alpha(Z)X - \alpha(X)\alpha(Z)Y \\ &- \frac{1}{2}g(Y, Z)\alpha(U)X + \frac{1}{2}g(X, Z)\alpha(U)Y \\ &- g(Y, Z)B(X) + g(X, Z)B(Y) \end{aligned}$$

가 된다. 한편, $g(\nabla_X U, Z) = (\nabla_X \alpha)(Z)$이므로, 식 (11.15)와 (11.16)으로부터

(11.17)
$$R^*(X, Y)Z = R(X, Y)Z - (BX \wedge Y + X \wedge BY)(Z)$$

를 얻는다. 요약하면

정리 11.1 리만다양체 (M, g)의 리만계량 g의 공형변형 $g^* = \phi^2 g$에 대해서

$$\alpha := d(\log \phi),\ \ U := \mathrm{grad}(\log \phi),$$
$$B(X) := -\alpha(X)U + \nabla_X U + \frac{1}{2}\alpha(U)X \quad (X \in \mathfrak{X}(M))$$

로 두면, g와 g^*에 대한 Levi--Civita접속 ∇와 ∇^*의 관계는

(11.18)
$$\nabla^*_X - \nabla_X = \alpha(X)I + X \wedge U$$

이고, g와 g^*에 대한 곡률텐서장 R과 R^*와의 관계는

(11.19)
$$R^*(X, Y)Z = R(X, Y)Z - (BX \wedge Y + X \wedge BY)(Z)$$

로 된다.

다양체 M상에서 공형적 리만계량 g^*, g $(g^* = \phi^2 g)$에 대해서, 국소적으로 정의된 직교기저를 각기 $\{e_i^*\}_i$, $\{e_i\}$, 그 쌍대기저(dual basis)를 각기 $\{d^{*j}\}_j$, $\{d^j\}_j$로 두면

(11.20)
$$e_i^* = e_i/\phi, \quad d^{*j} = \phi d^j$$

이다. g^*와 g에 관한 $(0, 2)$형 Ricci텐서장을 각기 Ric^*, Ric로 두면, (11.20)에 의해

$$Ric^*(Y, Z) = \sum_i g^*(R^*(e_i^*, Y)Z, e_i^*) = \sum_i g(R^*(e_i, Y)Z, e_i) \tag{11.21}$$

가 되고, 식 (11.14)의 도움으로

$$\begin{aligned} Ric^*(Y, Z) &= Ric(Y, Z) + (1-n)(\nabla_Y \alpha)(Z) + (n-2)\alpha(Y)\alpha(Z) \\ &\quad + (2-n)g(Y, Z)\|U\|_g^2 - g(Y, Z)\sum_i g(\nabla_{e_i}U, e_i) + g(\nabla_Y U, Z) \end{aligned} \tag{11.22}$$

를 얻는다. 식 (11.15)에 의해

$$\mathrm{trace}(B) =: \mathrm{tr}(B) = \frac{(n-2)}{2}\|U\|_g^2 + \sum_i g(\nabla_{e_i}U, e_i) \tag{11.23}$$

이고, 식 (11.22)와 (11.. 23)으로부터

$$\begin{aligned} Ric^*(Y, Z) &= Ric(Y, Z) - \mathrm{tr}(B)g(Y, Z) \\ &\quad + (1-n)(\nabla_Y \alpha)(Z) + g(\nabla_Y U, Z) \\ &\quad + (n-2)\alpha(Y)\alpha(Z) + \frac{(2-n)}{2}g(Y, Z)\|U\|_g^2 \end{aligned} \tag{11.24}$$

를 얻는다. 한편

$$g(\nabla_Y U, Z) = Y(\alpha(Z)) - \alpha(\nabla_Y Z) = (\nabla_Y \alpha)(Z)$$

이므로, 식 (11.13)에 의해

$$g(\nabla_Y U, Z) = (\nabla_Y \alpha)(Z) = g(\nabla_Z U, Y) \tag{11.25}$$

가 성립된다. 식 (11.24), (11.25)에 의해

$$\begin{aligned} Ric^*(Y, Z) &= Ric(Y, Z) - \mathrm{tr}(B)\,g(Y, Z) + (2-n)(\nabla_Y \alpha)(Z) \\ &\quad + (n-2)\alpha(Y)\alpha(Z) + \frac{(2-n)}{2}g(Y, Z)\|U\|_g^2 \end{aligned} \tag{11.26}$$

이 된다. 식 (11.15)에서 정의된 $(1, 1)$형 텐서장 B에 대응되어지는 $(0, 2)$형 텐서장 β를

$$\beta(Y, Z) := g(B(Y), Z)$$

로 정의하면, 식 (11.13), (11.15)와 (11.25)에 의해

$$\begin{aligned} \beta(Y, Z) &= -\alpha(Y)\alpha(Z) + (\nabla_Y \alpha)(Z) + \frac{1}{2}\|U\|_g^2\, g(Y, Z) \\ &= \beta(Z, Y) \end{aligned} \tag{11.27}$$

가 된다. 식 (11.26), (11.27)로부터

$$Ric^* = Ric + (2-n)\beta - \mathrm{tr}(B)\, g \tag{11.28}$$

를 얻는다. 이제, Ric^*와 Ric에 대응되어지는 $(1,\ 1)$형 Ricci텐서장을 각기 Ric^*와 Ric로 두면, 식 (11.20)과 (11.28)에 의해

$$\phi^2 \mathrm{Ric}^* = \mathrm{Ric} - (n-2)B - \mathrm{tr}(B)I \tag{11.29}$$

가 된다. 리만계량 g^*와 g에 관한 scalar곡률을 각기 ρ^*와 ρ라 하면, 식 (11.20)과 (11.29)로부터

$$\phi^2 \rho^* = \rho + 2(1-n)\,\mathrm{tr}(B) \tag{11.30}$$

를 얻는다.

리만계량 g의 공형 Weyl텐서장(conformal Weyl tensor field)를 $(\dim M \geq 3$일 때$)$

$$\begin{aligned} C(X,\ Y) := R(X,\ Y) - \frac{1}{(n-2)}(\mathrm{Ric}(X) \wedge Y + X \wedge \mathrm{Ric}(Y)) \\ + \frac{\rho}{(n-1)(n-2)} X \wedge Y \end{aligned} \tag{11.31}$$

로 정의하는데, 이 공형 Weyl텐서장은 리만계량의 공형변형 $(g^* = \phi^2 g)$에 의해 불변임을 밝힌다.

> **정리 11.2** $\dim M \geq 3$이고 M상의 리만계량 $g,\ g^*$가 공형적 $(g^* = \phi^2 g)$일 때, g와 g^*의 공형 Weyl텐서장 C와 C^*는 일치한다.

증명 g^*에 관해서

$$\begin{aligned} (X \wedge^* Y)(Z) &= g^*(Y,\ Z)X - g^*(X,\ Z)Y \\ &= \phi^2 g(Y,\ Z)X - \phi^2 g(X,\ Z)Y \\ &= \phi^2 (X \wedge Y)(Z) \end{aligned}$$

이므로, 식 (11.29)에 의해

$$\mathrm{Ric}^*(X) \wedge^* Y = \mathrm{Ric}(X) \wedge Y + (2-n)BX \wedge Y - \mathrm{tr}(B)\, X \wedge Y, \tag{11.32}$$

$$X \wedge^* \mathrm{Ric}^*(Y) = X \wedge \mathrm{Ric}(Y) + (2-n)X \wedge BY - \mathrm{tr}(B)\, X \wedge Y \tag{11.33}$$

가 된다. 또 식 (11.30)에 의해

(11.34) $$\rho^* X \wedge^* Y = \{\rho + 2(1-n)\mathrm{tr}(B)\} X \wedge Y$$

로 되고, g^*에 관한 공형 Weyl텐서장은 식 (11.31)에 의해

(11.35) $$C^*(X, Y) = R^*(X, Y) - \frac{1}{(n-2)}(\mathrm{Ric}^*(X) \wedge^* Y + X \wedge^* \mathrm{Ric}^*(Y)) + \frac{\rho^*}{(n-1)(n-2)} X \wedge^* Y$$

인데, $X \wedge^* Y = \phi^2 X \wedge Y \ (X, Y \in \mathfrak{X}(M))$, (11.17), (11.29)와 (11.30)의 덕분으로, 식 (11.35)는

(11.36) $$\begin{aligned} C^*(X, Y) &= R(X, Y) - \frac{1}{(n-2)}(\mathrm{Ric}(X) \wedge Y + X \wedge \mathrm{Ric}(Y)) \\ &\quad + \frac{\rho}{(n-1)(n-2)} X \wedge Y \\ &= C(X, Y). \end{aligned}$$ ■

공형 Weyl텐서장 C를 국소적으로

$$C\left(\frac{\partial}{\partial x^i}, \frac{\partial}{\partial x^j}\right)\frac{\partial}{\partial x^k} =: \sum_l C_{ijk}{}^l \frac{\partial}{\partial x^l}, \quad \sum_l C_{ijk}{}^l g_{lt} =: C_{ijkt}$$

로 두면, 다음 항등식들이 만족된다 :

(11.37) $$C_{ijkt} = -C_{jikt} = -C_{ijtk},$$

(11.38) $$C_{ijk}{}^l + C_{jki}{}^l + C_{kij}{}^l = 0,$$

(11.39) $$C_{ijkl} = C_{klij},$$

(11.40) $$\sum_l C_{ljk}{}^l = 0.$$

실제, 식 (11.37)에서 $C_{ijkt} = -C_{jikt}$는 C의 정의인 식 (11.31)로부터 명백하고

$$g((X \wedge Y)(Z), W) = -g(Z, (X \wedge Y)(W))$$

이고

$$g(R(X, Y)Z, W) = -g(Z, R(X, Y)W)$$

이므로, $C_{ijkt} = -C_{ijtk}$가 된다. 그리고

$$\mathfrak{S}\{R(X, Y)Z\} = 0, \quad \mathfrak{S}\{(\mathrm{Ric}(X) \wedge Y + X \wedge \mathrm{Ric}(Y))(Z)\} = 0$$

이고, $\mathfrak{S}\{(X\wedge Y)(Z)\}=0$이므로 식 (11.38)이 성립된다. 더욱이, 식 (11.37)과 (11.38)에 의해 (11.39)가 성립된다. 국소적으로 정의된 정규직교프레임 $\{e_i\}_i$에 대해서, 식 (11.31)에 의해

$$\sum_i g(C(e_i,\ Y)Z,\ e_i)=0$$

이 된다. 따라서 식 (11.40)이 성립된다.

3차원의 리만다양체 $(M,\ g)$의 리만계량 g에 대한 공형 Weyl텐서장은 M상에서 0벡터장인데, 이것은 공형 Weyl텐서장의 성질 (11.37) ~ (11.40)을 이용하여 밝힐 수 있다. 여기서, $\dim M=3$일 때, 리만계량 g의 공형 Weyl텐서장이 M상에서 0벡터장임을 내적공간상에 곡률형텐서를 정의하여, 이 텐서의 성질을 이용하여 보다 일반적인 측면으로 고찰한다.

이제, $(V,\ <,\ >)$을 n차원 실내적공간이라 하고, L은 V상의 $(1,\ 3)$형 텐서

$$V\times V\ni(X,\ Y)\ \rightarrow\ L(X,\ Y)\in\mathfrak{gl}(V):=\{\omega\mid\omega:\ V\ \rightarrow\ V\text{는 } R-\text{선형사상}\}$$

으로 조건

(11.41) $$L(X,\ Y)=-L(Y,\ X)$$

(11.42) $$\langle L(X,\ Y)Z,\ W\rangle=-\langle Z,\ L(X,\ Y)W\rangle$$

(11.43) $$\mathfrak{S}\{L(X,\ Y)Z\}(=(L(X,\ Y)Z\text{의 순환합}))=0$$

를 만족할 때, 텐서 L을 $(V,\ <,\ >)$상의 **곡률형텐서**(curvature-like tensor)라 한다. 곡률형텐서 L에 대한 **Ricci텐서** Ric_L은

(11.44) $$\mathrm{Ric}_L(X):=\sum_i L(X,\ E_i)E_i$$

로 정의한다. 여기서, $\{E_i\}_i$는 $(V,\ <,\ >)$상의 임의로 주어진 정규직교기저이다. Ric_L의 trace를 L의 **scalar곡률**이라 하고, ρ_L로 표기한다. V의 평면 (2차원 부분공간) σ에 대한 L의 **단면곡률** $K_L(\sigma)$도 리만다양체 $(M,\ g)$상의 곡률텐서장에 의한 단면곡률과 마찬가지로 정의한다.

V상의 곡률형텐서 전체에 의해 생성된 실벡터공간을 $\mathcal{L}(V)$라 하고, V상의 내적 $<,\ >$을 $\mathcal{L}(V)$상으로 확장한다. 이때, 다음 두 조건은 동치조건이다 (cf. §5, 정리 5.1).

i) K_L가 상수함수이다.

ii) 임의의 $X,\ Y\in V$에 대해서, $L(X,\ Y)=cX\wedge Y$ (c는 적절한 상수).

한편

$$\mathcal{L}_1(V) := \{L \in \mathcal{L}(V) \mid K_L \text{은 상수함수}\}$$

로 두면, $\mathcal{L}_1(V)$는 벡터공간으로서 $\mathcal{L}(V)$의 부분공간이고, $(\mathcal{L}(V), <, >)$에서 $\mathcal{L}_1(V)$의 직교보공간(orthocomplementary subspace)을 $\mathcal{L}_1^{\perp}(V)$로 표기하면

$$\mathcal{L}_1^{\perp}(V) = \{L \in \mathcal{L}(V) \mid \rho_L = 0\}$$

이다. 이를 밝히기 위해, $(V, <, >)$상의 정규직교기저 $\{E_i\}_i$와 $L, L' \in \mathcal{L}(V)$에 대해서

$$L(E_k, E_m)E_j =: \sum_i L_{kmj}{}^i E_i, \quad L'(E_k, E_m)E_j =: \sum_i L'_{kmj}{}^i E_i$$

로 두면 $\langle L, L' \rangle = \sum_{i, j, k, m} L_{kmj}{}^i L'_{kmj}{}^i$인데, $L'(X, Y) = cX \wedge Y$ (c는 상수)이면

$$L'_{kmj}{}^i = c(\delta_{mj}\delta_k{}^i - \delta_{kj}\delta_m{}^i)$$

이므로

$$\langle L, L' \rangle = 2c\,\rho_L$$

이다. 따라서 모든 $L' \in \mathcal{L}_1(V)$에 대해서 $\langle L, L' \rangle = 0$일 필요충분조건은 $\rho_L = 0$이다.

더욱이, $\mathcal{L}_1^{\perp}(V)$의 부분공간으로

$$\{L \in \mathcal{L}_1^{\perp}(V) \mid \mathrm{Ric}_L = 0\} =: \mathcal{L}_\omega(V)$$

라 하면

$$\mathcal{L}_1^{\perp}(V) = \mathcal{L}_\omega(V) \oplus \mathcal{L}_\omega^{\perp}(V) \ : \text{ 직교직합(orthognal direct sum)}$$

이 되고, $\mathcal{L}_\omega^{\perp}(V) =: \mathcal{L}_2(V)$로 두면

(11.45) $\quad \mathcal{L}(V) = \mathcal{L}_1(V) \oplus \mathcal{L}_\omega(V) \oplus \mathcal{L}_2(V)$: 직교직합(orthogonal direct sum)

으로 된다.

$L \in \mathcal{L}(V)$를 (11.45)에 관해

$$L = L_1 + L_\omega + L_2 \quad (L_1 \in \mathcal{L}_1(V),\ L_\omega \in \mathcal{L}_\omega(V),\ L_2 \in \mathcal{L}_2(V))$$

로 분해하면, $\dim M = n \geq 3$일 때 $L(\in \mathcal{L}(V))$의 성분 L_1, L_ω, L_2는 다음과 같은 곡률형 텐서로 된다 :

$$(11.46)\qquad \begin{aligned} L_1(X,\ Y) &= \frac{\rho_L}{n(n-1)} X \wedge Y, \\ L_2(X,\ Y) &= \frac{1}{n-2}\left\{\mathrm{Ric}_L(X) \wedge Y + X \wedge \mathrm{Ric}_L(Y) - \frac{2\rho_L}{n} X \wedge Y\right\}, \\ L_\omega(X,\ Y) &= L(X,\ Y) - \frac{1}{n-2}\{\mathrm{Ric}_L(X) \wedge Y + X \wedge \mathrm{Ric}_L(Y)\} \\ &\quad + \frac{\rho_L}{(n-1)(n-2)} X \wedge Y. \end{aligned}$$

왜냐하면, $L \in \mathfrak{L}(V)$일 때 L_1, L_ω, L_2를 곡률형텐서 L에 대하여, 식 (11.46)으로 정의된 곡률형텐서들이라 하면

$$\rho_{(L_\omega + L_2)} = 0, \quad \mathrm{Ric}_{L_\omega} = 0, \ \langle L_2,\ L_\omega \rangle = 0.$$

따라서

$$L = L_1 + L_\omega + L_2 \in \mathfrak{L}_1(V) \oplus \mathfrak{L}_\omega(V) \oplus \mathfrak{L}_2(V) = \mathfrak{L}(V)$$

로 직교분해된다.

곡률형텐서 $L \in \mathfrak{L}(V)$의 성분 L_ω를 곡률형텐서 L의 **Weyl텐서**라 한다. L_ω의 Ricci텐서는 0이다. 이제, 3차원 리만다양체 $(M,\ g)$의 g에 대한 공형 Weyl텐서장은 0벡터장임을, 보다 일반적인 다음의 정리로, 증명한다.

> **정리 11.3** 내적공간 $(V, <, >)$의 차원이 3일 때, 곡률형텐서 L의 Ricci텐서가 0이면, $L = 0$이다.

증명 $\{E_1,\ E_2,\ E_3\}$를 $(V,\ <,\ >)$상의 정규직교기저라 하고, K_{ij}를 $\{E_i,\ E_j\}_R$에 의한 L에 관한 단면곡률이라 하자. 이때, $\mathrm{Ric}_L = 0$이므로

$$K_{12} + K_{13} = K_{21} + K_{23} = K_{31} + K_{32} = 0$$

이다. 따라서 $K_{12} = K_{13} = K_{23} = 0$이고, 차원이 3이므로 모든 단면곡률은 0이다. 그러므로 $L = 0$. ■

위 정리에 의해 $\dim M = 3$일 때, $(M,\ g)$상의 공형 Weyl텐서장 C는 항등적으로 0텐서장이다.

정리 11.4 3차원 리만다양체가 Einstein공간이면, 이 다양체는 정곡률공간(constant curvature space)이다.

증명 $(M,\ g)$가 Einstein다양체이므로 정리 3.3에 의해 $Ric = \lambda g$ (λ는 상수)이다. $\{E_1,\ E_2,\ E_3\}$를 (국소적으로 정의된) 정규직교프레임이라하고, $\{E_i,\ E_j\}$ $(i \neq j)$로 펼쳐진 평면의 단면곡률을 K_{ij}로 두면

$$K_{12} + K_{13} = K_{21} + K_{23} = K_{31} + K_{32} = \lambda$$

이므로 $K_{31} = K_{32} = K_{21} = \dfrac{\lambda}{2}$이다. 더욱이, $\dim M = 3$이므로 모든 평면에 대한 단면곡률이 $\dfrac{\lambda}{2}$이다. 즉, $(M,\ g)$는 정곡률공간이다. ■

$(M,\ g)$의 국소좌표계 $\{x_i\}$에 관하여 국소적으로 정의된 프레임 $\left\{\dfrac{\partial}{\partial x^i}\right\}_i$에 대해서

(11.47) $$N_{ij} := Ric\left(\frac{\partial}{\partial x^i},\ \frac{\partial}{\partial x^j}\right) - \frac{\rho}{2(n-1)}\, g_{ij}$$

로 $(0,\ 2)$형 텐서장 N을 정의하고, $(0,\ 3)$형 텐서장 D를

(11.48) $$D_{ijk} := \nabla_i N_{jk} - \nabla_j N_{ik}$$

로 정의한다. 공형적 리만계량 $g,\ g^*$ $(g^* = \phi^2 g)$에 대해서 $D^*_{ijk} := \nabla^*_i N^*_{jk} - \nabla^*_j N^*_{ik}$는 식 (11.28), (11.30), (11.47), (11.48)의 도움으로

(11.49) $$D^*_{ijk} = D_{ijk} + (n-2)\sum_l C_{ijk}{}^l f_l, \quad f_l := \frac{1}{\phi}\frac{\partial \phi}{\partial x^l}$$

가 성립된다. M의 차원이 3이면 정리 11.3과 식 (11.49)에 의해

(11.50) $$D^*_{ijk} = D_{ijk} \ (\dim M = 3)$$

이다. M의 차원이 3일 때, g가 평탄리만계량 g^*와 공형적이면 식 (11.47), (11.48), (11.50)에 의해 $D_{ijk} = 0$가 된다. 여기서, 다음 정리 11.6의 증명에 이용될 보제를 소개한다.

보제 11.5 $n(>3)$차원 $(M,\ g)$상에서 공형 Weyl텐서장 C가 항등적으로 0텐서장이면, D_{ijk}도 항등적으로 0이다.

증명 국소좌표계 $\{x^\lambda\}_\lambda$에 관해서, 식 (11.31)로부터

$$(11.51)\quad \sum_\alpha \nabla_\alpha C_{\lambda\mu\nu}{}^\alpha = \sum_\alpha \nabla_\alpha R_{\lambda\mu\nu}{}^\alpha + \frac{1}{(n-1)(n-2)}(g_{\mu\nu}\nabla_\lambda \rho - g_{\lambda\nu}\nabla_\mu \rho)$$
$$- \frac{1}{n-2}\left(\sum_{\alpha,\ \beta} g_{\mu\nu} g^{\alpha\beta}\nabla_\alpha R_{\lambda\beta} - \nabla_\mu R_{\lambda\nu} + \nabla_\lambda R_{\mu\nu} - \sum_{\alpha,\ \beta} g_{\lambda\nu} g^{\alpha\beta}\nabla_\alpha R_{\mu\beta}\right)$$

를 얻는다. 여기서, $R_{\mu\nu} := Ric\left(\frac{\partial}{\partial x^\mu}, \frac{\partial}{\partial x^\nu}\right)$. 한편

$$\nabla_\alpha R_{\lambda\mu\nu}{}^\alpha = -(\nabla_\lambda R_{\mu\alpha\nu}{}^\alpha + \nabla_\mu R_{\alpha\lambda\nu}{}^\alpha)$$

이므로

$$(11.52)\quad \sum_\alpha \nabla_\alpha R_{\lambda\mu\nu}{}^\alpha = \nabla_\lambda R_{\mu\nu} - \nabla_\mu R_{\lambda\nu}$$

이고, 식 (11.47)에 의해

$$(11.53)\quad \sum_{\alpha,\ \beta} \nabla_\alpha R_{\lambda\beta}\, g^{\beta\alpha} = \frac{1}{2(n-1)}\nabla_\lambda \rho + \sum_{\alpha,\ \beta} g^{\beta\alpha}\nabla_\alpha N_{\lambda\beta}$$

가 된다. 식 (11.51), (11.52)와 (11.53)에 의해

$$(11.54)\quad \sum_\alpha \nabla_\alpha C_{\lambda\mu\nu}{}^\alpha = \frac{(n-3)}{(n-2)}(\nabla_\lambda R_{\mu\nu} - \nabla_\mu R_{\lambda\nu})$$
$$+ \frac{1}{2(n-1)(n-2)}(g_{\mu\nu}\nabla_\lambda \rho - g_{\lambda\nu}\nabla_\mu \rho)$$
$$+ \frac{1}{(n-2)}\sum_{\alpha,\ \beta}(g_{\lambda\nu} g^{\beta\alpha}\nabla_\alpha N_{\mu\beta} - g_{\mu\nu} g^{\beta\alpha}\nabla_\alpha N_{\lambda\beta})$$

를 얻는다. 한편

$$\nabla_\mu \rho = \sum_{\alpha,\ \beta,\ \gamma} \nabla_\mu R_{\gamma\alpha\beta}{}^\gamma\, g^{\alpha\beta} = -\sum_{\alpha,\ \beta,\ \gamma} g^{\alpha\beta}(\nabla_\gamma R_{\alpha\mu\beta}{}^\gamma + \nabla_\alpha R_{\mu\gamma\beta}{}^\gamma)$$

이므로

$$(11.55)\quad \nabla_\mu \rho = 2\sum_{\alpha,\ \beta} \nabla_\alpha R_{\mu\beta}\, g^{\alpha\beta}$$

이다. 식 (11.47), (11.48)에 의해

(11.56)
$$\begin{aligned} D_{\lambda\mu\nu} &= \nabla_{\lambda} N_{\mu\nu} - \nabla_{\mu} N_{\lambda\nu} \\ &= \nabla_{\lambda} R_{\mu\nu} - \nabla_{\mu} R_{\lambda\nu} - \frac{1}{2(n-1)}(g_{\mu\nu}\nabla_{\lambda}\rho - g_{\lambda\nu}\nabla_{\mu}\rho) \end{aligned}$$

가 된다. 식 (11.54), (11.55)와 (11.56)에 의해

(11.57)
$$\sum_{\alpha}\nabla_{\alpha} C_{\lambda\mu\nu}{}^{\alpha} = \frac{n-3}{n-2} D_{\lambda\mu\nu}$$

를 얻는다. 따라서 $n>3$이고 C가 항등적으로 0텐서장이면 D도 항등적으로 0텐서장이 된다. ■

리만다양체 (M, g)상의 각 점 p에 대해서 p의 적절한 근방 U와 U상에서 평탄한(flat) 리만계량 g^*가 존재해서, U상에서 g와 g^*가 공형적(conformal)일 때, 리만계량 g를 **공형적평탄**(conformally flat)이라 한다.

이제, 국소적으로 $g^* = \phi^2 g$이고, g^*가 국소평탄 $(R^* = 0)$이라 하자. 이때, $C^* = 0$이므로 정리 11.2에 의해 $C = 0$가 된다. 역으로, 다음 정리가 알려져 있다.

정리 11.6 n차원 리만다양체 (M, g)상에서, $n=3$일 때는 $D=0$이고 $n>3$일 때는 공형 Weyl텐서장 C가 0텐서장이 될 필요충분조건은 g가 공형적 평탄계량이라는 것이다.

증명 g가 공형적 평탄이라면, $n=3$일 때 $D=0$이고 $n>3$일 때 $C=0$임은 명백하다. 이제, $n=3$일 때 $D=0$이고 $n>3$일 때는 공형 Weyl텐서장 C가 0텐서장이라 가정하자. 미지함수 f_ν에 대한 편미분방정식계

(11.58)
$$\beta_{\mu\nu} = \frac{1}{n-2} N_{\mu\nu},$$

즉

(11.59)
$$\nabla_{\mu} f_{\nu} - f_{\mu} f_{\nu} + \frac{1}{2}\sum_{\alpha,\beta} f_{\alpha} f_{\beta}\, g^{\alpha\beta} g_{\mu\nu} = \frac{1}{n-2}\left\{R_{\mu\nu} - \frac{\rho}{2(n-1)} g_{\mu\nu}\right\}$$

를 생각한다. 편미분방정식계 (11.59)의 해 f_ν의 존재를 보장하는 적분가능조건

$$\nabla_{\lambda}\nabla_{\mu} f_{\nu} - \nabla_{\mu}\nabla_{\lambda} f_{\nu} = -\sum_{\varepsilon} R_{\lambda\mu\nu}{}^{\varepsilon} f_{\varepsilon}$$

을 계산하면, 식 (11.31), (11.56) 및 (11.59)에 의해

$$\sum_{\varepsilon} C_{\lambda\mu\nu}{}^{\varepsilon} f_{\varepsilon} + \frac{1}{(n-2)} D_{\lambda\mu\nu} = 0 \tag{11.60}$$

가 되므로

$$D_{\lambda\mu\nu} = 0 \tag{11.61}$$

가 해 f_ν의 존재를 위한 적분가능조건이다. 식 (11.61)은 $n=3$일 때는 본 정리의 가정에 의해 성립되고, $n>3$일 때는 가정과 보제 11.5에 의해 항등적으로 만족되어진다. 따라서 편미분방정식계 (11.59)는 완전적분가능이므로, 임의로 주어진 점 p의 적절한 근방 U_1에서 해 f_ν를 갖는다. 더욱이, (11.59)에서 $\nabla_\mu f_\nu = \nabla_\nu f_\mu$이므로 $f_\nu = \partial f/\partial x^\nu$인 스칼라함수 f가 p의 근방 $U(\subset U_1)$에서 존재한다. 이러한 함수 f를 사용하여 g와 공형적 대응인 계량 $g^* = \phi^2 g\ (\phi := e^f)$를 택하면, 식 (11.58)의 도움에 의해

$$L^*_{\mu\nu} := R^*_{\mu\nu} - \frac{\rho^*}{2(n-1)} g^*_{\mu\nu} = 0$$

가 된다. $\sum_{\mu,\nu} L^*_{\mu\nu} g^{*\mu\nu} = 0$ 이므로 $\rho^* = 0$. 따라서 $R^*_{\mu\nu} = 0$가 된다. n이 3일 때는 $C = C^* = 0$이고, $n>3$일 때는 본 정리의 가정과 정리 11.2에 의해 $C^*_{\lambda\mu\nu}{}^{\gamma} = 0$이므로, $R^*_{\lambda\mu\nu}{}^{\gamma} = 0\ (n \geq 3)$을 얻는다. 즉, g^*는 (국소적으로) 평탄한 계량이다. ■

§12. E^n의 부분다양체

유클리드공간 $E^n = (R^n, \langle\,,\,\rangle)$에서 내적 $\langle\,,\,\rangle$은 $p = (p_1, p_2, \ldots, p_n) \in R^n$을 시점으로 하는 접공간(tangent space) T_pR^n에 속하는

$$\boldsymbol{x},\ \boldsymbol{y} \in T_pR^n \quad (\boldsymbol{x} = (x^1, x^2, \ldots, x^n)_p,\ \boldsymbol{y} = (y^1, y^2, \ldots, y^n)_p)$$

에 대하여 $\langle \boldsymbol{x}, \boldsymbol{y} \rangle := \sum_{i=1}^{n} x^i y^i$이다. 이 절에서는 $<, > =: g^0$로 둔다.

(M, g)를 (R^n, g^0)의 등장적 embedded 부분다양체, 즉

(i) $i : M \hookrightarrow R^n$이 C^∞ 사상이고,

(ii) $M(\subset R^n)$이 C^∞ 다양체, $g := i^* g^0$.

각 $p(\in M)$에서, R^n의 내적 g^0에 의해

(12.1) $$T_pM \subset T_pR^n (\equiv R^n) = T_pM \oplus T_pM^\perp \quad (\text{직교직합}).$$

M상의 임의로 주어진 벡터장 W는 $W: M \ni x \mapsto W_x \in T_xM \subset T_xR^n \equiv R^n$ 인 대응이므로

(12.2) $$\mathfrak{X}(M) = \left\{ W \in C^\infty(M, R^n) \mid W_x \in T_xM \subset T_xR^n \equiv R^n,\ x \in M \right\}$$

으로 간주할 수 있다. 즉, $W(\in \mathfrak{X}(M))$를 $W = (W^1, W^2, \ldots, W^n)$로 두면, 각 W^i $(1 \le i \le n)$는 M상의 C^∞ 함수들이고 각 dW^i $(1 \le i \le n)$는 M상의 1-form들이다.

$$dW := (dW^1, dW^2, \ldots, dW^n)$$

으로 두자. 점 $x(\in M)$에서 M의 접벡터 $u(\in T_xM)$에 대해서, $(dW^i)(u) = u(W^i) \in R$ $(1 \le i \le n)$이고

(12.3) $$(dW)(u) = ((dW^1)(u), dW^2(u), \ldots, (dW^n)(u)) \in R^n.$$

$D :=$ (유클리드공간 (R^n, g^0)상의 Levi-Civita접속), $W\ (\in \mathfrak{X}(M))$, $u \in T_xM$ $(x \in M)$. 이때

(12.4) $$D_u W = u(W) = (dW)(u).$$

증명 $\sigma : (-\varepsilon, \varepsilon) \to M(\subset R^n)$을 C^1-곡선으로 $\sigma(0) = x$, $\sigma'(0) = u$를 만족하는 곡선이라

하자. σ를 R^n의 곡선으로 간주하여

$$D_u W := \frac{d}{dt}\bigg|_{t=0} {}^{D}P^{-1}_{\sigma(t)}(W(\sigma(t)).$$

여기서, ${}^{D}P_{\sigma(t)}$는 곡선 σ_t $(\sigma_t(s) := \sigma(s),\ (0 \le s \le t))$를 따라서, R^n의 접속 D에 관한 $T_{\sigma(0)}R^n$에서 $T_{\sigma(t)}R^n$으로의 평행이동이다. 따라서

$$\begin{aligned}\frac{d}{dt}\bigg|_{t=0} {}^{D}P^{-1}_{\sigma(t)}(W(\sigma(t)) &= \frac{d}{dt}\bigg|_{t=0} W(\sigma(t)) \\ &= \left(\frac{d}{dt}\bigg|_{t=0} W^1(\sigma(t)),\ \frac{d}{dt}\bigg|_{t=0} W^2(\sigma(t)),\ \ldots,\ \frac{d}{dt}\bigg|_{t=0} W^n(\sigma(t))\right) \\ &= ((dW^1)(u),\ (dW^2)(u),\ \ldots,\ (dW^n)(u)) = (dW)(u),\end{aligned}$$

$W(\in \mathfrak{X}(M)),\ u \in T_xM\ (x \in M)$. ■

T_xR^n의 직교분할 (12.1)

$$T_xM \subset T_xR^n = T_xM \oplus T_xM^{\perp} \quad (x \in M)$$

에 의해

(12.5) $$(dW)(u) = D_u W = \nabla_u W + \alpha_x(u,\ W)$$

$$(x \in M,\ u \in T_xM,\ W \in \mathfrak{X}(M),\ \nabla_u W \in T_xM,\ \alpha_x(u,\ W) \in T_xM^{\perp})$$

로 두면, $f \in C^{\infty}(M)$에 대해서

(12.6) $$\nabla_u fW = (df)(u)W_x + f(x)\nabla_u W,$$

(12.7) $$\alpha_x(u,\ fW) = f(x)\,\alpha_x(u,\ W)$$

가 성립한다.

증명 $D_u fW = d(fW)(u) = (df)(u)\,W_x + f(x)\,dW(u)$
$= (df)(u)\,W_x + f(x)\{\nabla_u W + \alpha_x(u,\ W)\},$

$D_u fW = \nabla_u fW + \alpha_x(u,\ fW).$

여기서, T_xM성분과 $T_xM^{\perp}$성분을 비교하면, (12.6)과 (12.7)을 얻을 수 있다. ■

더욱이, $dW(u)$ $(u \in T_xM)$는 변수 W에 관해 $R-$선형이므로, $\nabla_u W$와 $\alpha_x(u,\ W)$도 변수 W에서 R-선형이다.

만약, $W_x = V_x \in T_xM$ $(W,\ V \in \mathfrak{X}(M))$이면 $\alpha_x(u,\ W) = \alpha_x(u,\ V)$. 이는 (12.7)에 의해 명백하다. 한편, $\alpha_x : T_xM \times T_xM \to T_xM^{\perp} \subset R^n$은 식 (12.5)와 (12.7)로부터 $R-$쌍선형($R-$bilinear)임이 밝혀진다. 이 사상 α를 부분다양체 $i : M \hookrightarrow R^n$의 **제2기본형식**이라 한다.

이제, $x \in M$와 $W,\ Z \in \mathfrak{X}(M)$에 대해서

(12.8) $$(\nabla_Z W)_x := \nabla_{Z(x)} W$$

로 정의하면 ∇는 (12.5)와 (12.6)에 의해 M상의 접속이 된다. 더욱이 3장 정리 7.5의 1)에 의해 다음 보제를 얻는다.

보제 12.1 ([28, Lemma 1.16, p.129]). C^∞ 리만다양체 $(M,\ g)$, $(N,\ h)$, ${}^N\nabla$는 리만계량 h에 대한 N상의 Levi-Civita접속, C^∞ 사상 $\phi : M \to N$, M상의 ϕ에 의한 TN의 유도번들

$$E := \phi^{-1}TN = \{(x,\ Y) \mid x \in M,\ Y \in T_{\phi(x)}N\},$$

$\widetilde{\nabla}$는 ϕ와 ${}^N\nabla$에 의해 E상에 유도된 접속일 때

(12.9) $$\widetilde{\nabla}_X \phi_* Y - \widetilde{\nabla}_Y \phi_* X = \phi_*[X,\ Y] \quad (X,\ Y \in \mathfrak{X}(M)).$$

$X,\ Y(\in \mathfrak{X}(M))$에 대해서, 보제 12.1에 의해

(12.10) $$D_X i_* Y - D_Y i_* X = i_*(\nabla_X Y - \nabla_Y X) + \alpha(X,\ Y) - \alpha(Y,\ X) = i_*([X,\ Y]).$$

식 (12.10)으로부터, $X,\ Y\ (\in \mathfrak{X}(M))$에 대해

(12.11) $$\nabla_X Y - \nabla_Y X - [X,\ Y] =: T^{\nabla}(X,\ Y) = 0,\ \alpha(X,\ Y) = \alpha(Y,\ X).$$

$(u^1,\ u^2,\ \ldots,\ u^n)$이 R^n의 표준좌표계일 때, $Z \in \mathfrak{X}(M)$, $Z = (Z^1,\ Z^2,\ \ldots,\ Z^n)$, $x \in M$에 대하여, $g^0 = \sum_{i=1}^{n} du^i \otimes du^i$이고

$$(di)_x(Z_x) = (i_*)_x(Z_x) = Z_x = (Z^1(x),\ Z^2(x),\ \ldots,\ Z^n(x)) = \sum_{j=1}^{n} Z^j(x)\left(\frac{\partial}{\partial u^j}\right)_x.$$

M상의 리만계량 $i^*g^0 =: g$와 $Z,\ W \in \mathfrak{X}(M)$에 대하여

$$Z = (Z^1,\ Z^2,\ \ldots,\ Z^n),\ W = (W^1,\ W^2,\ \ldots,\ W^n) \in \mathfrak{X}(M),$$

$$g(Z,\ W) = (i^* g^0)(Z,\ W) = g^0(i_* Z,\ i_* W) = g^0(Z,\ W) = \sum_{i=1}^{n} Z^i W^i.$$

그리고 $u \in T_x M$ $(x \in M)$, $Z,\ W \in \mathfrak{X}(M)$일 때

$$u(g(Z,\ W)) = g_x(\nabla_u Z,\ W_x) + g_x(Z_x,\ \nabla_u W). \tag{12.12}$$

증명 $\sigma(0) = x$이고 $\sigma(t)\ _{t=0} = u$를 만족하는 M상의 C^∞곡선 $\sigma(t)$에 대해

$$\begin{aligned}
u(g(Z,\ W)) &= \frac{d}{dt}\ _{t=0} \sum_{i=1}^{n} \{Z^i(\sigma(t))\, W^i(\sigma(t)\} \\
&= \sum_{i=1}^{n} \left\{ \frac{d}{dt} Z^i(\sigma(t))\ _{t=0} W^i(\sigma(0)) + Z^i(\sigma(0)) \frac{d}{dt} W^i(\sigma(t))\ _{t=0} \right\} \\
&= \sum_{i=1}^{n} \{u(Z^i)\, W^i(x) + Z^i(x)\, u(W^i)\} \\
&= \sum_{i=1}^{n} \{(dZ^i)(u)\, W^i(x) + Z^i(x)\, (dW^i)(u)\} \\
&= g^0(D_u Z,\ W_x) + g^0(Z_x,\ D_u W) \\
&= g_x(\nabla_u Z,\ W_x) + g_x(Z_x,\ \nabla_u W).
\end{aligned}$$

■

식 (12.11), (12.12)에 의해, ∇는 (M, g)상의 Levi-Civita접속이다. 요약하면

보제 12.2 (i) 제2기본형식 $\alpha_x : T_x M \times T_x M \to T_x M^\perp$ $(x \in M)$은 대칭적 R-쌍선형(symmetric R-bilinear)이고, 임의로 주어진 $Z,\ W \in \mathfrak{X}(M)$에 대해 $M \ni x \to \alpha_x(Z_x,\ W_x) \in R$은 C^∞ 사상이다.

(ii) M상에 유도되어진 접속 ∇는 $(M,\ g)$상의 Levi-Civita접속이다.

정리 12.3 R^n의 부분다양체 M의 개부분집합 U상에서 정의되어진

$$\xi : U \ni x \to \xi_x \in T_x M^\perp$$

에 대해서

$$(D_Z \xi)_x = -(A_\xi Z)_x + (\nabla^\perp_Z \xi)_x \in T_x M \oplus T_x M^\perp \quad (x \in M,\ Z \in \mathfrak{X}(M)) \tag{12.13}$$

으로 두면

(12.14) $$g(A_\xi Z,\ W) = g^0(\alpha(Z,\ W),\ \xi).$$

증명 $Z,\ W(\in \mathfrak{X}(M))$에 대해서 $g^0(W,\ \xi) = 0$이므로

$$D_Z W = \nabla_Z W + \alpha(Z,\ W)$$

와 식 (12.13)에 의해

$$0 = g^0(D_Z W,\ \xi) + g^0(W,\ D_Z \xi) = g^0(\alpha(Z,\ W),\ \xi) + g(W,\ -A_\xi Z). \qquad \blacksquare$$

정리 12.4 (Gauss) $(R^n,\ g^0)$의 등장적 imbedding 다양체 $(M,\ g := i^* g^0)$의 리만접속 ∇에 대한 곡률텐서장 ${}^M R$은 $X,\ Y,\ Z,\ W\ (\in \mathfrak{X}(M))$일 때

(12.15) $$g({}^M R(X,\ Y)Z,\ W) = g^0(\alpha(Y,\ Z),\ \alpha(X,\ W)) - g^0(\alpha(X,\ Z),\ \alpha(Y,\ W)).$$

증명 $$X(Y(Z)) = X(\nabla_Y Z + \alpha(Y,\ Z))$$
$$= \nabla_X \nabla_Y Z + \alpha(X,\ \nabla_Y Z) - A_{\alpha(Y,\ Z)} X + \nabla^\perp_X \alpha(Y,\ Z)$$

이고, 마찬가지로

$$Y(X(Z)) = \nabla_Y \nabla_X Z + \alpha(Y,\ \nabla_X Z) - A_{\alpha(X,\ Z)} Y + \nabla^\perp_Y \alpha(X,\ Z).$$

한편, $[X,\ Y](Z) = \nabla_{[X,\ Y]} Z + \alpha([X,\ Y],\ Z)$이고, 더욱이

(12.16) $$0 = X(Y(Z)) - Y(X(Z)) - [X,\ Y](Z).$$

식 (12.16)에서 M의 접(tangent)성분을 비교하여

(12.17) $${}^M R(X,\ Y)Z = A_{\alpha(Y,\ Z)} X - A_{\alpha(X,\ Z)} Y$$

를 얻는다. 식 (12.14), (12.17)로부터

(12.18) $$g({}^M R(X,\ Y)Z,\ W)$$
$$= g^0(\alpha(X,\ W),\ \alpha(Y,\ Z)) - g^0(\alpha(Y,\ W),\ \alpha(X,\ Z)). \qquad \blacksquare$$

예제 12.5 $M := S^n = \left\{ x = (x^1,\ x^2,\ \ldots,\ x^{n+1}) \in R^{n+1} \mid g^0(x,\ x) = \sum_{i=1}^{n+1} (x^i)^2 = 1 \right\}$로 두고, $i : M \hookrightarrow R^{n+1}$, $(i^* g^0) =: g$, $x = (x^1,\ x^2,\ \ldots,\ x^{n+1}) \in M \subset R^{n+1}$이고, $(u^1,$

u^2, ..., u^{n+1})을 R^{n+1}의 표준좌표계라 하자. 그리고 사상 ξ를

$$\xi : M = S^n \ni x \mapsto (u^1(x),\ u^2(x),\ \ldots,\ u^{n+1}(x))_x$$
$$= (x^1,\ x^2,\ \ldots,\ x^{n+1})_x = x \in (T_x S^n)^{\perp} \subset R^{n+1}$$

로 정의한다. 이때, $X,\ Y,\ Z,\ W \in \mathfrak{X}(S^n)$에 대해서

(12.19) $\alpha(Z,\ W) = -g(Z,\ W)\xi,$

$$g(R(X,\ Y,\ )Z,\ W) = g(Y,\ Z)g(X,\ W) - g(X,\ Z)g(Y,\ W).$$

증명 $g^0(W,\ \xi) = 0$이고 $Dg^0 = 0$이므로, 식 (12.13), (12.14)에 의해

(12.20) $g^0(D_Z W,\ \xi) = -g^0(W,\ D_Z\xi) = g(A_\xi(Z),\ W) = g^0(\alpha(Z,\ W),\ \xi).$

S^n상에서 $Z =: \sum_{j=1}^{n+1} Z^j(\partial/\partial u^j)$, $\xi = \sum_{j=1}^{n+1} u^j(\partial/\partial u^j)$로 두면, $x \in S^n$에 대해

$$Z_x = \sum_{j=1}^{n+1} Z^j(x)\left(\frac{\partial}{\partial u^j}\right)_x, \quad \xi(x) = \sum_{i=1}^{n+1} u^i(x)\left(\frac{\partial}{\partial u^i}\right)_x$$

이므로

(12.21)
$$(D_Z\xi)(x) = \sum_{j,\ l=1}^{n+1} Z^j(x) D_{(\partial/\partial u^j)_x} u^l \left(\frac{\partial}{\partial u^l}\right)$$
$$= \sum_{j,\ l=1}^{n+1} Z^j(x)\,\delta_j^l \left(\frac{\partial}{\partial u^l}\right)_x = \sum_{j=1}^{n+1} Z^j(x)\left(\frac{\partial}{\partial u^j}\right)_x.$$

식 (12.20), (12.21)에 의해

(12.22) $(g^0(\alpha(Z,\ W),\ \xi))(x) = (-g^0(W,\ D_Z\xi))(x) = -g_x(W,\ Z).$

그러므로 $\alpha(Z,\ W) = -g(W,\ Z)\xi$이고, 정리 12.4에 의해

(12.23) $g(R(X,\ Y)Z,\ W) = g(Y,\ Z)\,g(X,\ W) - g(X,\ Z)\,g(Y,\ W).$ ■

§13. E^{n^2}의 부분다양체 $SO(n)$

정곡률공간 (N, h)로의 등장적 imbedding 다양체 (M, g)상에 정의되어진 법번들(normal bundle) 및 이 법번들에서의 법접속(normal connection)을 소개한다. 그리고 초곡면의 경우와 마찬가지로 Gauss방정식, Codazzi방정식 등을 소개한다. 예로써, $GL(n, R)(\subset R^{n^2})$의 등장적 imbedding 다양체 $SO(n)$에 관하여 고찰한다.

13.1 법접속(normal connection)

(N, h)를 $(n+p)$차원 정곡률(constant curvature) 리만다양체, ϕ를 n차원 리만다양체 (M, g)의 (N, h)로의 등장적 imbedding이라 하자. 이때

$$(\phi^* h)(X, Y) = g(X, Y) \quad (X, Y \in \mathfrak{X}(M)).$$

M의 각 점 x에 대해서

(13.1) $$T_{\phi(x)}N = \phi_*(T_x M) \oplus \phi_*(T_x M)^{\perp} \quad \text{(직교직합(orthogonal direct sum))}.$$

여기서, $\phi_*(T_x M)^{\perp}$의 차원은 p이고

(13.2) $$N_{\phi} := \bigcup_{x \in M} \phi_*(T_x M)^{\perp}$$

는 M상의 벡터번들(vector bundle)인데, 이 벡터번들 N_{ϕ}를 M상의 **법번들**(normal bundle)이라 한다. 각 점 $x(\in M)$의 fiber인 법공간은 내적 h_x (h의 $\phi_*(T_x M)^{\perp}$에서의 제한)를 가지는 내적공간이다. 이하 $X, Y, \ldots$을 M상의 벡터장이라 한다.

${}^N\nabla$는 (N, h)상의 Levi-Civita접속, $E := \phi^{-1}TN$을 M상의 imbedding ϕ에 의한 TN의 유도번들, $\widetilde{\nabla}$는 ϕ와 ${}^N\nabla$에 의해 E상에 유도되어진 접속이라 할 때, §12와 마찬가지로 직교분해 (13.1)에 의해

(13.3) $$\widetilde{\nabla}_X \phi_* Y =: \phi_*(\nabla_X Y) + \alpha(X, Y)$$

로 두면, ∇는 (M, g)상의 Levi-Civita접속이고, α는 M의 각 점 x에서 R-쌍선형사상(R-bilinear mapping) $\alpha_x : T_x M \times T_x M \to N_{\phi}$이고, $\alpha_x(X, Y) = \alpha_x(Y, X)$이다.

실제, $T^{{}^N\nabla} = 0$이므로, 보제 12.1의 도움으로

(13.4) $$\widetilde{\nabla}_X \phi_* Y - \widetilde{\nabla}_Y \phi_* X = \phi_*[X,\ Y].$$

식 (13.3), (13.4)에 의해

(13.5) $$\phi_*(\nabla_X Y - \nabla_Y X) + \alpha(X,\ Y) - \alpha(Y,\ X) = \phi_*([X,\ Y]).$$

식 (13.5)의 도움으로

(13.6) $$\nabla_X Y - \nabla_Y X - [X,\ Y] =: T^{\nabla}(X,\ Y) = 0, \quad \alpha(X,\ Y) = \alpha(Y,\ X).$$

더욱이, $X,\ Y,\ Z \in \mathfrak{X}(M)$ 에 대해서

$$\begin{aligned} X(g(Y,\ Z)) &= X(h(\phi_* Y,\ \phi_* Z)) \\ &= h(\widetilde{\nabla}_X \phi_* Y,\ \phi_* Z) + h(\phi_* Y,\ \widetilde{\nabla}_X \phi_* Z) \\ &= h(\phi_*(\nabla_X Y),\ \phi_* Z) + h(\phi_* Y,\ \phi_*(\nabla_X Z)) \\ &= g(\nabla_X Y,\ Z) + g(Y,\ \nabla_X Z) \end{aligned}$$

이므로, ∇는 계량적이다.

식 (13.3)에서의 α를 imbedding ϕ에 관한 **제2기본텐서장**(second fundamental tensor field)이라 한다.

이제, $\Gamma(N_\phi) := \{\xi \mid \xi : M \to N_\phi$는 C^∞ 절단(cross section)$\}$. $\xi (\in \Gamma(N_\phi))$에 대해서, 직교분해 (13.1)에 의해

(13.7) $$\widetilde{\nabla}_X \xi =: \phi_*(-A_\xi X) + \nabla^{\perp}_X \xi$$

로 둔다. 여기서, $A_\xi X$는 M상의 벡터장이고, $\nabla^{\perp}_X \xi$는 imbedding ϕ를 따른 법벡터장(normal vector field)이다.

식 (13.7)로부터, 사상

(13.8) $$\mathfrak{X}(M) \times \Gamma(N_\phi) \ni (X,\ \xi) \mapsto A_\xi X \in \mathfrak{X}(M)$$

은 $C^\infty(M)$ 쌍선형(bilinear)사상이다. 이 사상에 의해서, 주어진 $\xi \in \Gamma(N_\phi)$에 대해서

$$A_\xi : \mathfrak{X}(M) \ni X \mapsto A_\xi(X) \in \mathfrak{X}(M)$$

인 $C^\infty(M)$ 선형사상이 정의되는데, 이 사상 A_ξ를 법벡터장 ξ에 대응하는 **형작용소**(shape operator)라 한다. 형작용소와 제2기본텐서장과의 관계는 다음과 같다.

(13.9) $$g(A_\xi X,\ Y) = h(\alpha(X,\ Y),\ \xi) \quad (X,\ Y \in \mathfrak{X}(M),\ \xi \in \Gamma(N_\phi)).$$

식 (13.6), (13.9)에 의해, $X,\ Y \in \mathfrak{X}(M)$, $\xi \in \Gamma(N_\phi)$에 대해서

$$g(A_\xi X,\ Y) = h(\alpha(X,\ Y),\ \xi) = g(X,\ A_\xi Y). \tag{13.10}$$

한편, 식 (13.7)에 의해 사상

$$\nabla^\perp : \mathfrak{X}(M) \times \Gamma(N_\phi) \ni (X,\ \xi) \mapsto \nabla^\perp{}_X \xi \in \Gamma(N_\phi) \tag{13.11}$$

는 $X,\ Y \in \mathfrak{X}(M)$, $\xi,\ \eta \in \Gamma(N_\phi)$, $f \in C^\infty(M)$에 대해서

$$\nabla^\perp{}_{X+Y}\xi = \nabla^\perp{}_X\xi + \nabla^\perp{}_Y\xi,\quad \nabla^\perp{}_{fX}\xi = f\nabla^\perp{}_X\xi,$$
$$\nabla^\perp{}_X(\xi+\eta) = \nabla^\perp{}_X\xi + \nabla^\perp{}_X\eta,$$
$$\nabla^\perp{}_X f\xi = (Xf)\xi + f\nabla^\perp{}_X\xi$$

인 조건을 만족한다. 따라서 $\nabla^\perp$은 M상의 벡터번들 N_ϕ에서의 접속이다.

더욱이, 접속 $\nabla^\perp$은 N_ϕ의 fiber계량(metric) h에 관하여 계량적 접속이다. 실제, $X,\ Y \in \mathfrak{X}(M)$, $\xi,\ \eta \in \Gamma(N_\phi)$에 대해서, 식 (13.7)에 의해

$$\begin{aligned}\widetilde{\nabla}_X(h(\xi,\ \eta)) &= X(h(\xi,\ \eta))\\ &= h(\widetilde{\nabla}_X\xi,\ \eta) + h(\xi,\ \widetilde{\nabla}_X\eta) = h(\nabla^\perp{}_X\xi,\ \eta) + h(\xi,\ \nabla^\perp{}_X\eta).\end{aligned}$$

이 접속 $\nabla^\perp$ (M상의 벡터번들 N_ϕ에서의 접속)을 imbedding ϕ에 관한 **법접속**(normal connection)이라 한다.

13.2 가우스방정식(Gauss' Equation)

정곡률공간 $(N,\ h)$의 정곡률(constant curvature)을 c라 한다. M의 점 x의 적절한 개근방(open neighbourhood) U상에서의 N_ϕ의 정규직교프레임(orthonormal frame)을 $\{\xi_1,\ \xi_2,\ \ldots,\ \xi_p\}$라 하고, 각 ξ_i에 대응하는 형작용소(shape operator)를 A_i로 두면, $(M,\ g)$상의 곡률 R은

$$R(X,\ Y) = cX\wedge Y + \sum_{i=1}^{p} A_iX \wedge A_iY. \tag{13.12}$$

여기서, $(X\wedge Y)(Z) := g(Y,\ Z)X - g(X,\ Z)Y$ $(X,\ Y,\ Z \in \mathfrak{X}(M))$.

실제, 식 (13.3)과 (13.7)에 의해

$$\widetilde{\nabla}_X\widetilde{\nabla}_Y\phi_*Z = \widetilde{\nabla}_X\{\phi_*(\nabla_YZ) + \alpha(Y,\ Z)\}$$

$$= \phi_*(\nabla_X \nabla_Y Z) + \alpha(X, \nabla_Y Z) - \phi_*(A_{\alpha(Y, Z)} X) + \nabla^{\perp}_X(\alpha(Y, Z)),$$

$$\widetilde{\nabla}_{[X, Y]} \phi_* Z = \phi_*(\nabla_{[X, Y]} Z) + \alpha([X, Y], Z)$$

로 되고, 3장 정리 7.5에 의해

$$\begin{aligned}([\widetilde{\nabla}_X, \widetilde{\nabla}_Y] - \widetilde{\nabla}_{[X, Y]}) \phi_* Z &= R(\phi_* X, \phi_* Y) \phi_* Z \\ &= c\,\{h(\phi_* Y, \phi_* Z)\phi_* X - h(\phi_* X, \phi_* Z)\phi_* Y\}\} \\ &= c\,\{g(Y, Z)\,\phi_* X - g(X, Z)\,\phi_* Y\}\end{aligned}$$

이므로,

$$\begin{aligned}&([\widetilde{\nabla}_X, \widetilde{\nabla}_Y] - \widetilde{\nabla}_{[X, Y]}) \phi_* Z \\ &= \phi_*(\nabla_X \nabla_Y Z - \nabla_Y \nabla_X Z - \nabla_{[X, Y]} Z - A_{\alpha(Y, Z)} X + A_{\alpha(X, Z)} Y) \\ &\quad + \alpha(X, \nabla_Y Z) - \alpha(Y, \nabla_X Z) - \alpha([X, Y], Z) \\ &\quad + \nabla^{\perp}_X(\alpha(Y, Z)) - \nabla^{\perp}_Y(\alpha(X, Z))\end{aligned}$$

로 되고, 더욱이, $A_{\xi_i} X =: A_i X$로 두고

$$h(\alpha(Y, Z), \xi_i) = g(A_{\xi_i} Y, Z) =: \alpha(Y, Z)^i$$

로 두면

$$A_{\alpha(Y, Z)} X = \sum_{i=1}^{p} \alpha(Y, Z)^i A_{\xi_i} X = \sum_{i=1}^{p} g(A_i Y, Z) A_i X$$

이므로

$$R(X, Y) = c X \wedge Y + \sum_{i=1}^{p} A_i X \wedge A_i Y$$

가 얻어진다. 즉

$$R^{\nabla}(X, Y) Z = c\{g(Y, Z)X - g(X, Z)Y\} + A_{\alpha(Y, Z)} X - A_{\alpha(X, Z)} Y.$$

$X, Y \in \mathfrak{X}(M)$가 $g(X, X) = g(Y, Y) = 1$이고 $g(X, Y) = 0$라 하자. X와 Y가 펼치는 평면 σ에 대한 M의 단면곡률(sectional curvature)을 $K(\sigma)$로 하면

(13.13) $$K(\sigma) = c + \sum_{i=1}^{p} \{g(A_i X, X) g(A_i Y, Y) - g(A_i X, Y)^2\}.$$

실제, 식 (13.10), (13.12)에 의해

$$\begin{aligned}K(\sigma) &:= \frac{g(R^{\nabla}(X, Y)Y, X)}{g(X, X)g(Y, Y)-g(X, Y)^2} \\ &= g((cX\wedge Y)(Y)+(\sum_{i=1}^{p} A_iX\wedge A_iY)(Y), X) \\ &= g(cg(Y, Y)X-cg(X, Y)Y+\sum_{i=1}^{p}\{g(A_iY, Y)A_iX-g(A_iX, Y)A_iY\}, X) \\ &= c+\sum_{i=1}^{p}\{g(A_iY, Y)g(A_iX, X)-g(A_iX, Y)^2\}.\end{aligned}$$

식 (13.10)과 (13.13)에 의해

(13.14) $$K(\sigma) := c+h(\alpha(Y, Y), \alpha(X, X))-h(\alpha(X, Y), \alpha(X, Y)).$$

13.3 Codazzi방정식

제2기본텐서 α의 공변미분 $\nabla^*_X\alpha$를 $X, Y, Z\in\mathfrak{X}(M)$에 대해서

(13.15) $$(\nabla^*_X\alpha)(Y, Z) := \nabla^{\perp}_X(\alpha(Y, Z))-\alpha(\nabla_XY, Z)-\alpha(Y, \nabla_XZ)$$

로 두면

(13.16) $$\mathfrak{X}(M)\times\mathfrak{X}(M)\ni(Y, Z)\mapsto(\nabla^*_X\alpha)(Y, Z)\in\Gamma(N_\phi)$$

는, 식 (13.15)에 의해 $C^\infty(M)$-쌍선형이고

(13.17) $$(\nabla^*_X\alpha)(Z, Y)=(\nabla^*_X\alpha)(Y, Z)$$

가 된다. 더욱이

(13.18) $$(\nabla^*_X\alpha)(Y, Z)=(\nabla^*_Y\alpha)(X, Z)$$ (Codazzi's equation)

이 성립된다. 실제

$$\begin{aligned}[\widetilde{\nabla}_X, \widetilde{\nabla}_Y]\,\phi_*Z-\widetilde{\nabla}_{[X, Y]}\phi_*Z &= R(\phi_*X, \phi_*Y)\phi_*Z \\ &= c\{g(Y, Z)\phi_*X-g(X, Z)\phi_*Y\},\end{aligned}$$

$$\begin{aligned}[\widetilde{\nabla}_X\widetilde{\nabla}_Y]\phi_*Z-\widetilde{\nabla}_{[X, Y]}\phi_*Z &= \phi_*(R^{\nabla}(X, Y)Z-A_{\alpha(Y, Z)}X+A_{\alpha(X, Z)}Y) \\ &\quad +\alpha(X, \nabla_YZ)-\alpha(Y, \nabla_XZ)-\alpha([X, Y], Z) \\ &\quad +\nabla^{\perp}_X(\alpha(Y, Z))-\nabla^{\perp}_Y(\alpha(X, Z)).\end{aligned}$$

위 두 식에서 접벡터 부분과 법(normal)벡터 부분을 비교하면

(13.19) $\nabla^{\perp}_X(\alpha(Y, Z)) = \nabla^{\perp}_Y(\alpha(X, Z)) + \alpha(Y, \nabla_X Z) + \alpha([X, Y], Z) - \alpha(X, \nabla_Y Z)$

로 되고, 식 (13.15)와 (13.19)에 의해

$$(\nabla^*_X \alpha)(Y, Z) = (\nabla^*_Y \alpha)(X, Z).$$

여기서, ∇^*는 M상의 벡터번들 $TM^* \otimes TM^* \otimes N_\phi$에서의 접속이다.

식 (13.3), (13.7), 3장 정리 7.5의 도움으로

$$([\widetilde{\nabla}_X, \widetilde{\nabla}_Y] - \widetilde{\nabla}_{[X, Y]})(\xi) = c\{h(\phi_* Y, \xi)\phi_* X - h(\phi_* X, \xi)\phi_* Y\} = 0,$$

$$\begin{aligned}([\widetilde{\nabla}_X, \widetilde{\nabla}_Y] - \widetilde{\nabla}_{[X, Y]})(\xi) &= [\nabla^{\perp}_X, \nabla^{\perp}_Y]\xi - \nabla^{\perp}_{[X, Y]}\xi \\ &\quad - \phi_*(\nabla_X(A_\xi Y) + A_{\nabla^{\perp}_Y \xi} X - \nabla_Y(A_\xi X) - A_{\nabla^{\perp}_X \xi} Y - A_\xi [X, Y]) \\ &\quad - \alpha(X, A_\xi Y) + \alpha(Y, A_\xi X).\end{aligned}$$

위 두 식으로부터

(13.20) $([\nabla^{\perp}_X, \nabla^{\perp}_Y] - \nabla^{\perp}_{[X, Y]})(\xi) =: R^{\perp}(X, Y)\xi = \alpha(X, A_\xi Y) - \alpha(Y, A_\xi X).$

식 (13.10)과 (13.20)에 의해

(13.21) $h(R^{\perp}(X, Y)\xi, \eta) = g([A_\xi, A_\eta](X), Y) \quad (X, Y \in \mathfrak{X}(M),\ \xi, \eta \in \Gamma(N_\phi)).$

13.4 예제 $i : SO(n) \hookrightarrow M(n, R) \equiv R^{n^2}$인 경우

$$N := M(n, R) = \left\{x = (x^i{}_j)_{i, j = 1, 2, \ldots, n} \mid \text{각 } x^i{}_j \in R\right\},$$

$$M := SO(n) := \left\{A \in M(n, R) \mid {}^t A A (= A\, {}^t A) = I_n,\ \det A = 1\right\}.$$

$$X = (x^i{}_j),\ Y = (y^i{}_j) \in M(n, R)$$

에 대해

(13.22) $$g^0(X, Y) := \langle X, Y \rangle := \operatorname{tr}({}^t X Y) = \sum_{i, j = 1}^{n} x^i_j\, y^i{}_j.$$

$i : SO(n) \hookrightarrow (M(n, R), \langle\ ,\ \rangle = g^0)$에 대해서, $i^* g^0 =: g$로 두면, $X, Y \in M(n, R)$. $A \in SO(n)$에 대해서

$$\langle AX,\ AY\rangle = \mathrm{tr}\,({}^t(AX)(AY)) = \mathrm{tr}\,({}^tXY) = \langle X,\ Y\rangle,$$
$$\langle XA,\ YA\rangle = \mathrm{tr}\,({}^t(XA)(YA)) = \mathrm{tr}\,({}^tXY) = \langle X,\ Y\rangle$$

이므로, g^0 $(= <,\ >)$는 $SO(n)-$양측불변(bi-invariant)이다. 더욱이, $A \in SO(n)$이기 때문에 $A : SO(n) \to SO(n)$은 $(SO(n),\ g)$의 등장변환이다.

단위행렬 I_n $(=:\ e)$에서의 $SO(n)$의 접공간은 $SO(n)$의 Lie대수 $\mathfrak{o}(n)$ ($SO(n)$상의 좌불변벡터장 전체로 이뤄진 공간)으로

(13.23) $$\mathfrak{o}(n) = \{X \in M(n,\ R) \mid {}^tX = -X\}$$

이다. 한편

(13.24) $$\mathfrak{s}(n) := \{X \in M(n,\ R) \mid {}^tX = X\}$$

로 두면, $M(n,\ R)$의 I_n $(=:\ e)$에서의 접공간은 $M(n,\ R)$과 동일시할 수 있고, $g^0\,(= <,\ >)$에 대해

(13.25) $$M(n,\ R) \equiv T_e M(n,\ R) = \mathfrak{o}(n) \oplus \mathfrak{s}(n) \quad (\text{직교직합})$$

으로 되고, $SO(n)$의 임의의 점 A에 대해서는

(13.26) $$T_A(M(n,\ R)) = M(n,\ R) = A(\mathfrak{o}(n) \oplus \mathfrak{s}(n)) \quad (\text{직교직합})$$

이 되고, $SO(n)$의 1-매개변수부분군(1-parameter subgroup)

$$A_s := \exp sX \quad (X \in \mathfrak{o}(n))$$

에 대해서

(13.27) $$\frac{dA_s}{ds} = A_sX, \quad \frac{d^2A_s}{ds^2} = A_sX^2$$

이므로

(13.28) $$\alpha\left(\frac{dA_s}{ds},\ \frac{dA_s}{ds}\right) = A_sX^2, \quad \nabla_{(dA_s/ds)}\frac{dA_s}{ds} = 0$$

가 된다. 식 (13.28)에 의해 A_s $(= \exp(sX))$는 $SO(n)$의 측지선이다. 즉, $X \in \mathfrak{o}(n)$을 초기 접벡터로 하는 e를 지나는 $(SO(n),\ g)$의 측지선은 $\exp(sX)$로 주어진다.

식 (13.28)에서 $s = 0$일 때

(13.29) $$\alpha(X,\ X) = X^2 \quad (X \in \mathfrak{o}(n))$$

이고, 식 (13.28)에서 X를 $Y+Z$로 교환하고 $s = 0$로 두면, 식 (13.6)과 (13.29)에 의해

(13.30) $$\alpha(Y,\ Z) = \frac{1}{2}(YZ + ZY) \quad (Y,\ Z \in \mathfrak{o}(n))$$

가 얻어진다. 더욱이, $(SO(n),\ g)$상의 임의의 측지선은 1-매개변수부분군의 $SO(n)$의 원의 좌이동에 의한 상(image)이다.

이제 $A \in SO(n),\ X,\ Y \in \mathfrak{o}(n),\ A_s := A\exp(s(X+Y))$에 대해서 식 (13.6), (13.27)과 (13.28)에 의해

$$\begin{aligned}\alpha(A_s(X+Y),\ A_s(X+Y)) &= A_s(X+Y)^2 \\ &= \alpha(A_sX,\ A_sX) + 2\alpha(A_sX,\ A_sY) + \alpha(A_sY,\ A_sY)\end{aligned}$$

이므로, $A_s := A\ \exp(s(X+Y))$에서 $s=0$로 두면

(13.31) $$\alpha_A(AX,\ AY) = \frac{1}{2}A(XY+YX) \quad (X,\ Y \in \mathfrak{o}(n)).$$

$I_n = e$에서, 임의로 주어진 $\xi \in \mathfrak{s}(n)$에 대응된 형작용소(shape operator) A_ξ는 다음과 같이 주어진다.

(13.32) $$A_\xi X = -\frac{1}{2}(X\xi + \xi X) \quad (X \in \mathfrak{o}(n)).$$

왜냐하면, $X,\ Y \in \mathfrak{o}(n)$에 대해서 식 (13.10)과 (13.30)에 의해

$$g^0(\alpha(X,\ Y),\ \xi) = g(A_\xi X,\ Y),$$

$$\begin{aligned}g^0(\alpha(X,\ Y),\ \xi) &= \frac{1}{2}g^0(XY+YX,\ \xi) \\ &= \frac{1}{2}\mathrm{tr}({}^t(XY+YX)\,\xi) = -\frac{1}{2}g(\xi X + X\xi,\ Y)\end{aligned}$$

이므로 $A_\xi X = -\frac{1}{2}(\xi X + X\xi)$.

식 (13.28)에서 $s=0$로 두면, 좌불변벡터장 $X(\in \mathfrak{o}(n))$에 대해서

(13.33) $$\nabla_X X = 0$$

가 성립된다. 좌불변벡터장 $X,\ Y\ (\in \mathfrak{o}(n))$가 주어지면, 식 (13.3)으로 부터

$$0 = \nabla_{X+Y}(X+Y) = \nabla_X X + \nabla_X Y + \nabla_Y X + \nabla_Y Y = \nabla_X Y + \nabla_Y X$$

를 얻고, $T^\nabla = 0$이므로

(13.34) $$\nabla_X Y = \frac{1}{2}[X,\ Y] = \frac{1}{2}ad(X)Y$$

가 된다. 식 (13.34)로부터

$$\begin{aligned}(13.35)\qquad R^{\nabla}(X,\ Y) &= [\nabla_X,\ \nabla_Y] - \nabla_{[X,\ Y]} \\ &= \frac{1}{4}[ad(X),\ ad(Y)] - \frac{1}{2}ad([X,\ Y]) = \frac{-1}{4}ad([X,\ Y])\end{aligned}$$

를 얻는다. $SO(n)$상의 리만계량 g가 $SO(n)$-양측불변(bi-invariant)이므로, 식 (13.35)에 의해

$$(13.36)\qquad g(R^{\nabla}(X,\ Y)Y,\ X) = \frac{1}{4}g([X,\ Y],\ [X,\ Y]) \quad (X,\ Y \in \mathfrak{o}(N))$$

가 된다. 식 (13.36)의 덕분으로, $SO(n)$의 단면곡률은 항상 음이 아님(non negative)을 알 수 있다.

§9에서 소개한바와 같이, 점 x_0 $(\in M)$의 적절한 표준근방

$$U := \mathrm{Exp}_{x_0} N \ \left(N := \left\{X \in T_{x_0}M \mid \|X\|_g < r\right\}\right)$$

에 대해서, U를 U로 옮기는 U상의 등장변환 ϕ가 존재하여, $\phi^2 = I_U$ 이고 x_0가 ϕ의 유일한 부동점이 되어줄 때 ϕ를 점 x_0에 관한 **국소대칭사상**(local symmetry)이라 하고, M상의 임의로 주어진 점 x에 관하여 국소대칭사상이 존재할 때, 리만다양체 $(M,\ g)$를 **국소대칭적**(locally symmetric)이라 한다. 리만다양체 $(M,\ g)$가 국소대칭적일 필요충분조건은 $\nabla R = 0$ (cf. 정리 9.10)이다.

식 (13.34)와 (13.35)로부터

$$(\nabla_Z R^{\nabla})(X,\ Y)W = 0 \quad (X,\ Y,\ Z,\ W \in \mathfrak{o}(n))$$

를 얻는다. 즉, $(SO(n),\ g)$가 국소대칭적이다. 한편

$$\sigma:\ M(n,\ R) \ni A \mapsto \sigma(A) := {}^tA \in M(n,\ R)$$

은 $(M(n,\ R),\ g^0 = <,\ >)$의 등장사상이므로

$$\sigma: SO(n) \ni A \mapsto \sigma(A) \in SO(n)$$

은 $(SO(n),\ g := i^* g^0)$의 등장사상이고

$$\sigma(I_n) = I_n =: e, \quad \sigma^2 = I_{SO(n)}$$

이고

$$(\sigma_*)_e(X) = {}^tX = -X \quad (X \in \mathfrak{o}(n)).$$

더욱이, 임의로 주어진 $SO(n)$의 원 A에 대해서

$$\sigma_A : SO(n) \ni B \mapsto \sigma_A(B) = AB^{-1}A \in SO(n)$$

으로 정의하면, $\sigma_A(A) = A \quad {\sigma_A}^2 = I_{SO(n)}$ 이고

$$\sigma_A : SO(n) \ni B \mapsto {}^tB = B^{-1} \mapsto B^{-1}A \mapsto AB^{-1}A \in SO(n)$$

은 $(SO(n),\ g)$의 등장사상이다. 따라서 $(SO(n),\ g)$는 (국소)대칭공간(symmetric space)이다.

부분다양체 $i : (SO(n),\ i^*(g^0)) \hookrightarrow (M(n,\ R),\ g^0)$의 경우와 마찬가지로, 유클리드공간의 부분다양체 $i : (M^n,\ i^*g^0 = : g) \hookrightarrow (R^{n+p},\ g^0) = E^{n+p}$에 관하여 고찰한다. D를 유클리드 공간 E^{n+p}상의 리만접속이라 하고 $\widetilde{D}$는 포함사상(inclusion mapping) i에 의한 R^{n+p}의 접번들 $T(R^{n+p})$의 유도번들 $E := \{(x,\ Y) \mid x \in M^n,\ Y \in T_x(R^{n+p})\}$상에 유도되어진 접속이라 하자.

$$X,\ Y \in \mathfrak{X}(M^n),\quad \xi \in \Gamma(M,\ (TM^n)^{\perp})\ \ ((TM^n)^{\perp} := \cup_{x \in M^n} T_x(M^n)^{\perp})$$

에 대하여

(13.37) $\quad \widetilde{D}_X i_* Y =: i_*(\nabla_X Y) + \alpha(X,\ Y)$, 간단히 $D_X Y =: \nabla_X Y + \alpha(X,\ Y)$,

$\qquad\qquad \widetilde{D}_X \xi =: i_*(-A_\xi X) + \nabla^{\perp}{}_X \xi$, 간단히 $D_X \xi =: -A_\xi X + \nabla^{\perp}{}_X \xi$

로 둔다. 이제, 부분다양체 M^n, $i : (M^n,\ i^*g^0 =: g) \hookrightarrow E^{n+p}$가 다음과 같은 성질을 갖는다고 하자;

부분다양체 M^n의 각 점 x에 대해서 등장변환 $\sigma_x : E^{n+p} \to E^{n+p}$로서 조건

$$\sigma_x(x) = x,\ \sigma_x(M^n) = M^n,\ \ \sigma_*(X) = -X\ \ (X \in T_x(M)),\ \ \sigma_*(\xi) = \xi\ \ (\xi \in T_x(M)^{\perp})$$

를 만족하는 사상 σ_x (주어진 점 x에 관한 E^{n+p}의 **대칭**(symmetry))가 존재할 때, M^n을 E^{n+p}의 **대칭부분다양체**(symmetric submanifold)라 한다. M^n의 각 점 x에 대한 사상 σ_x가 E^{n+p}에서 주어진 x의 근방 U_x와 M^n에서 주어진 점 x의 근방 $U_x \cap M^n$에 관하여 위의 조건을 만족할 때, M^n을 E^{n+p}의 **국소대칭부분다양체**(locally symmetric submanifold)라 한다.

정리 13.1 E^{n+p}의 부분다양체 M^n $(i : (M^n,\ i^*g^0 =: g) \hookrightarrow (R^{n+p},\ g^0) = E^{n+p})$이 (국소)대칭일 필요충분조건은 M^n상의 적번들(product bundle) $T(M^n)^* \otimes T(M^n)^* \otimes T(M^n)^{\perp}$에서의 접속 ∇^*에 관하여 각 점 $x (\in M)$에서 제2기본텐서장 α가 평행이라는 것이다.

증명 E^{n+p}의 부분다양체 $(M^n,\ i^*g^0 =: g)$가 대칭부분공간이라고 가정하자. x를 M^n상의 임의로 주어진 점이라고 하고 σ를 점 x에 관한 E^{n+p}의 (국소)대칭이라 하자. $X,\ Y \in \mathfrak{X}(M^n)$에 대해서, $\sigma_* X,\ \sigma_* Y \in \mathfrak{X}(M^n)$. 식 (13.37)에 의해

$$D_{\sigma_* X}\sigma_* Y = \nabla_{\sigma_* X}\sigma_* Y + \alpha(\sigma_* X,\ \sigma_* Y),$$
$$\sigma_*(D_X Y) = \sigma_*(\nabla_X Y + \alpha(X,\ Y))$$

이므로

$$\nabla_{\sigma_* X}\sigma_* Y = \sigma_*(\nabla_X Y),\quad \alpha(\sigma_* X,\ \sigma_* Y) = \sigma_*(\alpha(X,\ Y)) \tag{13.38}$$

를 얻는다. 그리고 식 (13.37)에 의해

$$X,\ Y \in \mathfrak{X}(M^n),\ \xi \in \Gamma(M,\ (TM^n)^\perp)\ \ ((TM^n)^\perp := \cup_{x\in M^n} T_x(M^n)^\perp)$$

에 대해서

$$D_{\sigma_* X}\sigma_*\xi = -A_{\sigma_*\xi}\sigma_* X + \nabla^\perp_{\sigma_* X}\sigma_*\xi,$$
$$\sigma_*(D_X\xi) = \sigma_*(-A_\xi X + \nabla^\perp_X\xi)$$

이므로

$$A_{\sigma_*\xi}\sigma_* X = \sigma_*(A_\xi X),\quad \nabla^\perp_{\sigma_* X}\sigma_*\xi = \sigma_*(\nabla^\perp_X\xi) \tag{13.39}$$

를 얻는다. $X,\ Y,\ Z \in \mathfrak{X}(M^n)$에 대해서, 식 (13.15)에 의해

$$(\nabla^*_{\sigma_* X}\alpha)(\sigma_* Y,\ \sigma_* Z) = \nabla^\perp_{\sigma_* X}(\alpha(\sigma_* Y,\ \sigma_* Z)) - \alpha(\nabla_{\sigma_* X}\sigma_* Y,\ \sigma_* Z) - \alpha(\sigma_* Y,\ \nabla_{\sigma_* X}\sigma_* Z) \tag{13.40}$$

로 된다. 식 (13.15), (13.38), (13.39)와 (13.40)으로부터

$$(\nabla^*_{\sigma_* X}\alpha)(\sigma_* Y,\ \sigma_* Z) = \sigma_*((\nabla^*_X\alpha)(Y,\ Z)) \tag{13.41}$$

를 얻는다. 식 (13.41)을 주어진 점 x에서 평가하면

$$(\nabla^*_{-X}\alpha)(-Y,\ -Z)|_x = (\nabla^*_X\alpha)(Y,\ Z)|_x$$

이므로 $(\nabla^*_X\alpha)_x = 0$가 되고, x는 M^n상의 임의의 점이므로 M^n 전체에서

$$\nabla^*\alpha = 0 \tag{13.42}$$

가 성립된다.

역으로, $\nabla^* \alpha = 0$가 M^n상에서 성립한다고 가정하자. $\{\xi_i\}_{i=1}^p$를 M^n상에서 정의되어진 법벡터번들상의 정규직교프레임이라 하고, 각 ξ_i $(\in \Gamma(M^n, TM^\perp)$에 대응하는 형작용소(shape operator)를 A_i로 두면, (M^n, g)상의 곡률텐서장 R은 식 (13.12)에 의해

$$(13.43) \qquad R(X, Y)Z = \left(\sum_{i=1}^{p} A_i X \wedge A_i Y \right)(Z) \quad (X, Y, Z \in \mathfrak{X}(M^n)).$$

더욱이, $X, Y, Z, W \in \mathfrak{X}(M^n)$일 때

$$(13.44) \qquad \begin{aligned} (\nabla_W R)(X, Y)Z &= \nabla_W (R(X, Y)Z) - R(\nabla_W X, Y)Z \\ &\quad - R(X, \nabla_W Y)Z - R(X, Y)\nabla_W Z \end{aligned}$$

이므로, 식 (13.43), (13.44)로부터

$$(13.45) \qquad \begin{aligned} (\nabla_W R)(X, Y)Z = \sum_{i=1}^{p} [&\{g(\nabla_W (A_i Y), Z) - g(A_i(\nabla_W Y), Z)\} A_i X \\ &- \{g(\nabla_W (A_i X), Z) - g(A_i(\nabla_W X), Z)\} A_i Y \\ &+ g(A_i Y, Z)\{\nabla_W (A_i X) - A_i(\nabla_W X)\} \\ &- g(A_i X, Z)\{\nabla_W (A_i Y) - A_i(\nabla_W Y)\}] \end{aligned}$$

를 얻는다. 한편 접속 ∇, $\nabla^\perp$은 각각 fiber계량 g와 g^0에 관하여 계량적이므로

$$W(g(A_i Y, Z)) = g(\nabla_W (A_i Y), Z) + g(A_i Y, \nabla_W Z),$$
$$W(g(A_i Y, Z)) = g^0(\nabla^\perp_W (\alpha(Y, Z)), \xi_i) + g^0(\alpha(Y, Z), \nabla^\perp_W \xi_i)$$

가 성립되고, 이 두 식과 식 (13.10)으로부터

$$(13.46) \qquad \begin{aligned} g(\nabla_W (A_i Y), Z) &= g^0(\nabla^\perp_W (\alpha(Y, Z)), \xi_i) \\ &\quad + g^0(\alpha(Y, Z), \nabla^\perp_W \xi_i) - g^0(\alpha(Y, \nabla_W Z), \xi_i) \end{aligned}$$

를 얻는다. 식 (13.10), (13.15), (13.46)으로부터

$$(13.47) \qquad \begin{aligned} &\sum_{i=1}^{p} \{g(\nabla_W (A_i Y), Z) - g(A_i(\nabla_W Y), Z)\} A_i X \\ &= \sum_{i=1}^{p} \left\{ g^0((\nabla^*_W \alpha)(Y, Z), \xi_i) + g^0(\alpha(Y, Z), \nabla^\perp_W \xi_i) \right\} A_i X \end{aligned}$$

를 얻는다. 마찬가지로, 접속 ∇, $\nabla^{\perp}$의 fiber계량 g와 g^0에 관한 계량적 성질과, 식 (13.10), (13.15), (13.46)의 도움으로

$$(13.48)\quad -\sum_{i=1}^{p}\{g(\nabla_W(A_iX),\ Z)-g(A_i(\nabla_W X),\ Z)\}A_iY = -\sum_{i=1}^{p}\left\{g^0((\nabla^*_W\alpha)(X,\ Z),\ \xi_i)+g^0(\alpha(X,\ Z),\ \nabla^{\perp}_W\xi_i)\right\}A_iY$$

를 얻는다. $\{e_i\}_{i=1}^n$을 $(M,\ g)$상의 (국소적으로 정의된) 정규직교프레임이라 하면, 식 (13.10)에 의해

$$(13.49)\qquad A_iX=\sum_{j=1}^{n}g(A_iX,\ e_j)e_j=\sum_{j=1}^{n}g^0(\alpha(X,\ e_j),\ \xi_i)e_j$$

이므로, 식 (13.47)과 (13.48)은 식 (13.49)와 $\nabla^*\alpha=0$ (가정)에 의해

$$(13.50)\quad \sum_{i=1}^{p}\{g(\nabla_W(A_iY),\ Z)-g(A_i(\nabla_W Y),\ Z)\}A_iX = \sum_{i=1}^{p}\sum_{j=1}^{n}g^0(\alpha(Y,\ Z),\ \nabla^{\perp}_W\xi_i)\,g^0(\alpha(X,\ e_j),\ \xi_i)\,e_j,$$

$$(13.51)\quad -\sum_{i=1}^{p}\{g(\nabla_W(A_iX),\ Z)-g(A_i(\nabla_W X),\ Z)\}A_iY = -\sum_{i=1}^{p}\sum_{j=1}^{n}g^0(\alpha(X,\ Z),\ \nabla^{\perp}_W\xi_i)\,g^0(\alpha(Y,\ e_j),\ \xi_i)\,e_j$$

로 된다. 각 i $(i=1,\ 2,\ \ldots,\ p)$에 대해서, ∇, $\nabla^{\perp}$의 계량적(접속)인 성질 및 $\nabla^*\alpha=0$ (가정)와 식 (13.10), (13.15)의 도움으로

$$(13.52)\quad \nabla_W(A_iX)-A_i(\nabla_W X)=\sum_{j=1}^{n}g(\nabla_W(A_iX)-A_i(\nabla_W X),\ e_j)e_j = \sum_{j=1}^{n}g^0(\alpha(X,\ e_j),\ \nabla^{\perp}_W\xi_i)\,e_j$$

를 얻는다. 식 (13.10), (13.52)에 의해

$$(13.53)\quad \sum_{i=1}^{p}g(A_iY,\ Z)\{\nabla_W(A_iX)-A_i(\nabla_W X)\} = \sum_{i=1}^{p}\sum_{j=1}^{n}g^0(\alpha(Y,\ Z),\ \xi_i)\,g^0(\alpha(X,\ e_j),\ \nabla^{\perp}_W\xi_i)\,e_j$$

으로 된다. 각 j ($j=1, 2, \ldots, n$)에 대해서

$$\sum_{i=1}^{p} g^0(\alpha(Y, Z), \xi_i)\, g^0(\alpha(X, e_j), \nabla^{\perp}{}_W \xi_i) = W(g^0(\alpha(Y, Z), \alpha(X, e_j)))$$
$$-\sum_{i=1}^{p}\{g^0(\nabla^{\perp}{}_W(\alpha(Y, Z)), \xi_i)+g^0(\alpha(Y, Z), \nabla^{\perp}{}_W\xi_i)\}\, g^0(\alpha(X, e_j), \xi_i)\}$$
$$-g^0(\alpha(Y, Z), \nabla^{\perp}{}_W(\alpha(X, e_j)))$$

이므로

$$\sum_{i=1}^{p}\sum_{j=1}^{n} g^0(\alpha(Y, Z), \xi_i)\, g^0(\alpha(X, e_j), \nabla^{\perp}{}_W\xi_i)\, e_j = -\sum_{i=1}^{p}\sum_{j=1}^{n} g^0(\alpha(Y, Z), \nabla^{\perp}{}_W\xi_i)\, g^0(\alpha(X, e_j), \xi_i)\, e_j \tag{13.54}$$

를 얻는다. 식 (13.53), (13.54)에 의해

$$\sum_{i=1}^{p} g(A_iY, Z)\{\nabla_W(A_iX)-A_i(\nabla_W X)\} = -\sum_{i=1}^{p}\sum_{j=1}^{n} g^0(\alpha(Y, Z), \nabla^{\perp}{}_W\xi_i)\, g^0(\alpha(X, e_j), \xi_i)\, e_j \tag{13.55}$$

로 된다. 식 (13.55)와 마찬가지로

$$-\sum_{i=1}^{p} g(A_iX, Z)\{\nabla_W(A_iY)-A_i(\nabla_W Y)\} = \sum_{i=1}^{p}\sum_{j=1}^{n} g^0(\alpha(X, Z), \nabla^{\perp}{}_W\xi_i)\, g^0(\alpha(Y, e_j), \xi_i)\, e_j \tag{13.56}$$

를 얻는다. 식 (13.45), (13.50), (13.51), (13.55)와 (13.56)으로부터

$$(\nabla_W R)(X, Y)Z = 0 \quad (X, Y, Z, W \in \mathfrak{X}(M)), \ i.e., \ \nabla R = 0 \tag{13.57}$$

를 얻는다. ∎

참고문헌

이 책의 내용은 주로 다음 문헌들을 참고하여 기술하였다.

[1] W. Ambrose and I. M. Singer, A theorem on holonomy, Trans. Amer. Math. Soc. 75 (1953), 428-443.

[2] A. L. Besse, Einstein Manifolds, Springer-Verlag, 1986.

[3] D. Bleecker, Gauge Theory and Variational Principles, Dover Publications Inc., New York, 2005.

[4] W. M. Boothby, An Introduction to Differentiable Manifolds and Riemannian Geometry, Academic Press, New York San Francisco London, 1975.

[5] C. Chevalley, Theory of Lie Groups, Princeton Univ. Press, Princeton, New Jersey, 1946.

[6] J. Dixmier, General Topology, Springer-Verlag, 1984.

[7] C. Ehresmann, Les connexions infinitésimales dans un espace fibré différentiable, Colloque de topologie, Bruxelles, 1950, 29-55.

[8] D. Ferus, Symmetric submanifolds of Euclidean space, Math. Ann. 247 (1980), 81-93.

[9] S. Helgason, Differential Geometry, Lie Groups, and Symmetric Spaces, Academic Press, 1978.

[10] S. Kobayashi and K. Nomizu, Foundations of Differential Geometry, vol. I, John Wiley and Sons, New York, 1963.

[11] S. Kobayashi and K. Nomizu, Foundations of Differential Geometry, vol. II, John Wiley and Sons, New York, 1969.

[12] Y. Matsushima, Theory of Lie Algebras (in Japanese), Kyoritsushuppansha, 1957.

[13] Y. Matsushima, Differentiable Manifolds, Marcel Dekker, Inc. New York, 1972.

[14] J. Milnor, Morse Theory, Annals of Mathematics Studies, Princeton Univ. Press, Princeton, New Jersey, 1963.

[15] I. Mogi and M. Itoh, Differential Geometry and Gauge Theory (in Japanese), Kyoritsu Publ., 1986.

[16] S. Murakami, Theory of Manifolds (in Japanese), Kyoritsushuppansha, 1969.

[17] S. Murakami, Theory of Continuous Groups (in Japanese), Asakurashoten, 1973.

[18] K. Nomizu, Lie Groups and Differential Geometry, Publ. Math. Soc. Japan, 1956.

[19] K. Nomizu, Kinematics and differential geometry - Rolling a ball with a prescribed locus of contact, Tohoku Math. J. 30 (1978), 623-637.

[20] K. Nomizu, Invariant affine connections on homogeneous spaces, Amer. J. Math. 76 (1954), 33-65.

[21] W. A. Poor, Differential Geometric Structures, McGraw Hill, New York, 1981.

[22] I. Satake, Theory of Lie Groups (in Japanese), Nihonhyoronsha, 1982.

[23] I. Satake, Theory of Lie Algebras (in Japanese), Nihonhyoronsha, 1987.

[24] I. M. Singer and J. A. Thorpe, Lecture Notes on Elementary Topology and Geometry, Scott, Foresman and Co., 1967.

[25] M. Spivak, A Comprehensive Introduction to Differential Geometry, vol. I, Publish or Perish, Inc., Boston, Mass., 1970.

[26] N. Steenrod, The Topology of Fiber Bundles, Princeton Univ. Press, 1951.

[27] S. Tachibana, Riemannian Geometry (in Japanese), Asakurashoten, 1971.

[28] H. Urakawa, Calculus of Variations and Harmonic Maps, Trans. Math. Monographs, vol. 132, Amer. Math. Soc. Providence, RI, 1990.

[29] B. Wettstein, Congruence and existence of differential maps, Thesis, ETH (Hochschule, Eidgenossische Technische), 1978.

[30] N. R. Wallach, Harmonic Analysis on Homogeneous Spaces, Marcel Dekker, 1973.

[31] Sugakujiten(수학사전) (in Japanese), Iwanamishoten, 1985.

- Lie군론과 Lie대수론은 수레의 양 바퀴와 같은 관계라 알려져 있다. 위 참고문헌 중에서, Lie군의 참고서로는 [6], [9], [13], [17], [18]과 [22], Lie대수(반단순 (semisimple) Lie대수)론의 관련서로는 [9], [12]와 [23]이 있는데, 특히 [12], [13]은 Lie대수론의 교과서로 적합한 책이다.
- Lie군론과 Lie대수론을 토대로 한, 등질공간의 특성 및 분류에 관해선 [9], [10], [13]에 자세히 소개되어 있다.
- 참고문헌 [30]에는, Lie군과 Lie대수(semisimple Lie대수)의 표현론의 적용에 의한 이론들이 소상히 기술되어 있다.
- 더욱이, 대역적해석학 분야의 주요 과제인 변분원리를 이용한 연구로
  (1) Einstein 계량, (2) 조화사상, (3) Yang-Mills 접속
  등에 관한 구성(존재성), 안정성(Hessian의 부호검정) 및 분류문제 등이 알려져 있는데, 위 참고문헌 중에선 Einstein 계량에 관해선 [2], 조화사상에 관해선 [3], Yang-Mills 접속에 관해선 [3], [11], [15] 등을 들 수 있다.

찾아보기

ㅈ

ㅊ

▌박준식(朴俊植)

학력 : 경북대학교 대학원 박사과정 수학과 수료
토호쿠대학 대학원 이학연구과(수학전공) 졸업(이학박사)
경력 : 대구대학교 전임강사, 조교수
순천향대학교 조교수
부산외국어대학교 조교수, 부교수, 교수(현)
주연구분야 : 기하학에서 변분원리를 이용한 연구(형편 좋은 주어진 공간을 정의역으로 하는 범함수의 임계점 발견 및 그 임계점에서의 Hessian의 부호검정(안정성)에 관한 연구) ; 조화사상, Einstein계량, Yang-Mills접속의 구성 및 안정성 규명(타원형 미분연산자의 spectrum 문제)

현대기하학

지은이 박준식
펴낸이 조경희
펴낸곳 경문사
펴낸날 2015년 2월 25일 1판 1쇄
2018년 3월 5일 1판 3쇄
등 록 1979년 11월 9일 제313-1979-23호
주 소 04057, 서울특별시 마포구 와우산로 174
전 화 (02)332-2004 팩스 (02)336-5193
이메일 kyungmoon@kyungmoon.com
facebook facebook.com/kyungmoonsa

값 25,000원

ISBN 978-89-6105-872-8